PY CHAPPY
NEW WAVE PALE ALE
4.1%
COMPANY
Sv.NORBERT
Isabe
BLO
CHÍA TIPO WEISS
ELABORAMOS CERVEZAS INSPIRADAS EN ESTILOS CLÁSICOS EUROPEOS. NUESTRO MAESTRO CERVECERO LAS PRODUCE EN PEQUEÑAS COCHADAS PARA GARANTIZAR SU FRESCURA Y SABOR. NO USAMOS NINGÚN TIPO DE ADITIVOS NI PRESERVATIVOS, NI HARINAS DE MAIZ O ARROZ;
RECETA DE ORIGEN ALE
CERVEZA RUBIA • 330ML
IPA
16%
India
HITACHINO NEST
AVERY BRE
DICTATOR
FLASH GENIUS:
The AMERICAN-BELGIAN
FREAK
FIRST OF ITS KIND
THE KAIS
ALL MALT
AMBER LAGER
Cucapá
CLÁSICA
LE FREAK
9.2
BELGIAN
INSPIRED
AMERICAN
IPA
SANTORINI BREWING COMPANY
yellow donkey
always unfiltered and fresh
Shockingly ze
Green Flash Bre
Päff
kölsc
seit 1883
PIVOVAR MATUŠKA
REPUBLIC
PALE ALE
MICROBREWERY
TAP EAST
GOOD George
EAST END

CRAFT BEER WORLD

크래프트 비어 월드
세상에서 가장 위대한 맥주들

초판 1쇄 발행 2016년 4월 25일
초판 2쇄 발행 2018년 6월 5일

지은이 마크 드렛지
옮긴이 유지연
펴낸이 김지훈
펴낸곳 도서출판 어젠다

출판등록 2011년 7월 26일 (제2015-000263호)
주　소 서울시 마포구 양화로 7길 61-6(서교동)
전　화 (02)333-5897 | 팩스 (02)333-8460
이메일 agendabooks@naver.com

ISBN 978-89-97712-25-0 03590
이 도서의 국립중앙도서관 출판시도서목록(CIP)은 e-CIP홈페이지(http://www.nl.go.kr/ecip)와
국가자료공동목록시스템(http://www.nl.go.kr/kolisnet)에서 이용하실 수 있습니다.(CIP제어번호: CIP2016006978)

크래프트 비어 월드

마크 드렛지 지음 유지연 옮김

AgendA

CONTENTS

COGLI L'ATTIMO, COGLI L'ESSENZA
BIRRA ARTIGIANALE FRESCA E NON PASTORIZZATA
BIRRIFICIO ITALIANO
TIPOPILS

SHMALTZ BREWING COMPANY
CONEY ISLAND
HUMAN BLOCKHEAD
IMPERIAL AMERICAN BOCK

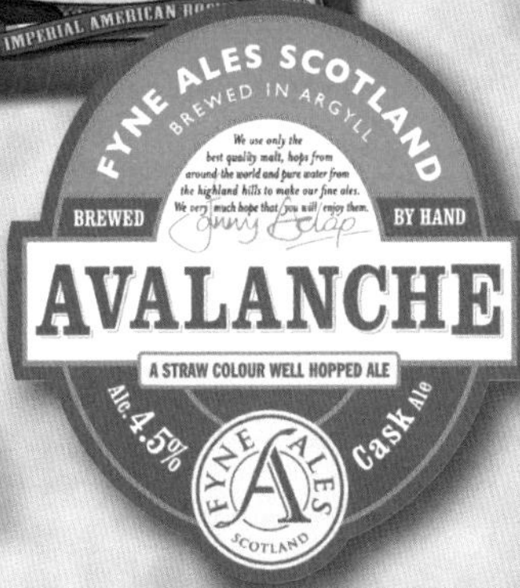
FYNE ALES SCOTLAND
BREWED IN ARGYLL
BREWED
BY HAND
AVALANCHE
A STRAW COLOUR WELL HOPPED ALE
Alc.4.5%
Cask Ale

Mikkeller
Dunkel Lager
the Fearless youth
Grimm Brothers

들어가며

내 왼쪽 팔에는 "이 병 밑바닥에는 이야기가 깔려 있다There's a story at the bottom of this bottle"라고 쓴 문신이 새겨져 있다. 이 구절은 내가 가장 좋아하는 맥주의 성격을 잘 요약하고 있다. 모든 맥주는 수많은 관련 정보들로 이루어진 이야기를 갖고 있다. 어떻게 양조되었는지, 왜 양조되었는지, 그리고 양조한 사람들에 대한 이야기를 말이다. 사용된 재료에 대한 이야기이자 재료들 이면에 담긴 이야기이기도 하다. 즉 어떻게 생산되었고 어디 태생인지에 대한 이야기이다. 이런 재료들이 결합해 하나의 맥주 스타일이 탄생하며, 스타일은 고유한 역사를 갖게 된다. 시간이 흐르며 차츰 발전한 스타일이든 혁신적으로 도입된 스타일이든 간에 말이다.

또 여러분, 바로 그 술을 마시는 사람에 대한 이야기가 있다. 그 병 맨 밑바닥에 가 닿는, 맥주의 참모습을 이해하는 사람 말이다. 사람들은 더 상쾌해지고 느긋해진 기분으로 맥주에서 어떤 느낌을 받았는지, 어디서 마셨는지, 누구와 함께 마셨는지 같은 자신만의 이야기를 보태서 맥주와 깊은 관계를 맺게 되기도 한다. 무엇이든 자신의 이야기가 자기가 마신 맥주에 덧붙으면 그 맥주는 훨씬 더 많은 의미를 갖게 된다. 지금까지 마셔본 최고의 맥주를 생각해보라. 실제 어떤 맛이 났는지보다 그 맥주를 마셨던 순간이 더 잘 떠오를 것이라고 장담할 수 있다.

크래프트 맥주의 모든 것을 다루려고 노력하면서 나는 양조계가 얼마나 흥미진진하고 혁신적이고 고무적인지 깨달았다. 또한 역사가 현재에 큰 영향을 미친다는 것도 알 수 있었다. 내가 맥주에 대해 가장 흥미롭게 느끼는 점은 맥주가 언제나 변화한다는 사실과 지금까지 변화해온 방식이다. 인디아 페일 에일 일화는 자주 회자되는 이야기 중 하나이다. 그러나 우리가 아는 이야기는 어느 특정 순간에 찍힌 스냅사진에 대한 짧은 인상 같은 것에 불과하다. 즉 발전 중인 일대기 전체를 보는 것이 아니다. 더 큰 그림에서 보자면 맥주 스타일은 10년 정도마다 새로운 취향에 맞게 발전해가며 많은 변화를 겪는다. 게다가 이런 변화는 지금도 진행 중이다. 1993년의 아메리칸 IPA인디아 페일 에일를 생각해보라. 그 다음에는 2003년의 아메리칸 IPA, 그런 후에는 다시 2013년의 아메리칸 IPA에 대해 생각해보라. 더욱이 이런 변화는 바에서 파는 모든 맥주 스타일에서 일어나고 있다. 이렇게 맥주는 당시의 향미 및 영감의 원천에 맞게 진화한다. 스타일 이름은 그대로 유지되곤 하지만 말이다.

맥주를 흥미진진하게 만들고 이 책의 전제가 되는 것도 바로 이런 변화이다. 지금 세계에서 가장 흥미롭고 맛 좋은 맥주들은 무엇인가? 온갖 새로운 맥주에 대해 알아보는 것도 멋지긴 하지만 과거에 어떤 일이 있었는지 아는 것도 중요하다. 이런 지식이 발전을 위한 단서나 영감을 제공하는 경우가

많기 때문이다. 새로운 맛을 찾기 위해 시간을 들이는 동안 간과해서는 안 되는 많은 고전 맥주들이 존재한다. 맥주의 역사 역시, 만들어지고 있든 모방되고 있든 아니면 영감을 제공하고 있든 언제나 존재하며 늘 중요하다. 맥주는 끊임없이 전진하고 있고 스스로 쇄신 중이다. 맥주가 흥미진진한 건 바로 이런 점 때문이다.

《크래프트 비어 월드》는 전 세계에서 만들어지는 맥주에 대한 이야기로 축배를 든다. 어떻게, 어디서, 왜, 그리고 누가 만드는지를 기린다. 또 맥주를 마시는 순간과 맥주가 우리 인생에서 어떤 역할을 하는지 찬양한다. 이 책은 크래프트 맥주의 세계를 포착한 스냅 사진이다. 그 세계에서 일어나고 있는 일의 일부분을 보여준다. 사실 너무 범위가 작긴 하다. 나로선 350가지 외에 맥주를 더 싣지 못해 유감일 따름이다. 그리고 아직 발견해야 할 맥주도 아주 많이 남아 있다. 새로운 맥주도, 되돌아봐야 할 고전 맥주도, 맥주를 맛보러 가야 할 새로운 양조장도, 해야 할 이야기도 정말 많다.

크래프트 맥주란 무엇인가?

크래프트 맥주는 종류가 다양해서 한 가지로 정의를 내릴 수는 없다. 단지 훌륭한 맥주나 소규모로 양조된 맥주만을 가리키는 것이 아니다. 열정이나 혁신성, 고결함, 최고의 맛만이 전부도 아니다. 내게 크래프트 맥주란 향미flavor, 품종variety, 재료 ingredient, 내력story과 연관이 있는 영리하고 세련된, 사려 깊은 양조brewing 및 음주drinking 방식이다.

전미양조협회The Brewers Association in America는 크래프트 맥주를 작고 독립적이며 전통적인 맥주라 정의한다. 소규모란 말은 1년에 600만 bbl배럴 미만의 맥주를 생산한다는 뜻이다. 이것도 많은 양이긴 하다. 독립적이란 말은 '크래프트 맥주 양조기술자가 아닌 주류 산업 구성원'이 소유하거나 운영하고 있는 해당 맥주제조업체의 비율이 25% 미만이라는 뜻이다. 전통적이란 말은 맥주를 오직 맥아나, 향미flavor를 약하게 하기보다는 더해주는 첨가물들을 넣어 양조한다는 뜻이다. 이런 정의가 완벽한 것은 아니어서, 시카고에 있는 구스 아일랜드Goose Island 같은 일부 맥주 제조회사들은 위 정의에 비추어보면 크래프트 맥주 양조업체로 볼 수 없다. 버드와이저 외에도 많은 브랜드를 보유한 앤하이저부시 인베브AB-InBev 소속이기 때문이다. 구스 아일랜드는 물론 확실히 크래프트 맥주 제조업체가 맞다. 블루문Blue

크래프트 맥주 정의하기

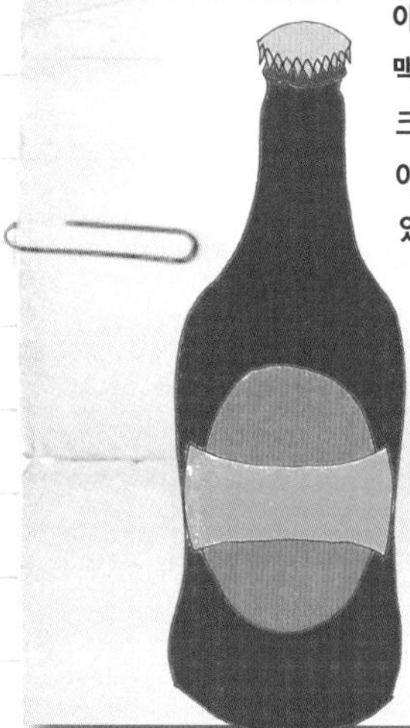

아마 무엇이 크래프트 맥주이고, 무엇이 크래프트 맥주가 아닌지는 다들 알고 있을 것이다. 사람들이 바에 가서 선택하는 것을 보면 알 수 있다. 이 주제에 대해 내 생각을 몇 가지만 밝혀보자면 이렇다.

크래프트 맥주란…

…'훌륭한' 맥주이다. (모든 맥주가 훌륭한 것은 아니다.)

…'소규모' 맥주 제조회사에서 만든다. (예전에는 이런 소규모 맥주 양조업체였던 곳들 일부는 현재 아주 큰 회사가 되었지만 말이다.)

…열정, 향미, 자유, 지식을 포함한 무형의 무엇이다. 그러나 동시에 성공적인 사업 방식도 고려되어야 한다.

…산지(provenance)를 중시하는 동사에 전 세계에서 나오는 재료를 사용한다.

…진취적으로 사고하고 혁신적이면서 역사와 전통에 기반을 둔다.

…아이디어, 마케팅 용어, 공동체

…교양 있고 의식 있는 선택

Moon이 세계에서 가장 큰 맥주 제조업체 중 하나인 밀러쿠어스MillerCoors 산하 브랜드이지만 분명 크래프트 맥주로 간주되어야 하는 것과 마찬가지로 말이다. 이런 맥주는 사람들이 색다른 맥주를 마시고 입맛을 바꿀 수 있도록 도와주는 역할을 하므로 크래프트 맥주에 속한다.

크래프트 맥주 - 인지도를 높이다

영국에서 어떤 사람들은 '크래프트 맥주'라는 용어에 따옴표를 넣어야 한다고 주장한다. 다소 의구심을 품고 봐야 한다는 뜻이다. 리얼 에일Real Ale, 전통 방식으로 제조하고 저장한 맥주—역자을 위한 소비자 대변 단체인 '리얼 에일을 위한 운동The Campaign for Real Ale; CAMRA'에서는 아직 크래프트 맥주에 이렇다 할 접근법을 갖지 못했으면서도 크래프트 맥주를 위협적일 만큼 이질적인 것으로 간주한다. 문제는 CAMRA가 크래프트 맥주를 케그에 담긴 맥주kegged beer, 금속 통에서 따라내서 주는 맥주—역자로 본다는 것이다. CAMRA는 리얼 에일에만 관여하며, 따라서 케그 제품은 이들이 지원하는 맥주에 들어가지 않는다. 하지만 이런 관점은 엄밀히 말해 옳지 않다. 그랬다간 영국에서 생산하는 거의 모든 캐스크 맥주cask beer가 크래프트 맥주로 규정될 수 있을 테니 말이다. 이는 그 자체로 논란을 불러일으킨다. 모든 소규모 맥주 제조회사는 크래프트 맥주 제조회사인가? 어떤 자격 요건 같은 것이 있어야 하지 않을까? '크래프트'라는 용어는 더 훌륭하거나 더 흥미로운 양조장에만 허락되어야 하는 것 아닌가? 그렇다면 누구에게 크래프트 맥주라는 관문을 통과할 자격을 주고 누구에게 주지 말아야 할까?

전 세계에서 사용되는 '크래프트'라는 라벨은 미국에서 유래했다. 마이크로브루어리microbrewery, 소형·지역 양조장—역자를 포함한 다른 단어들도 한때는 널리 쓰였지만 현재는 주로 '크래프트'와 아주 작은 규모의 양조장을 뜻하는 '나노브루어리nanobrewery'라는 단어로 대체되었다. 브루 펍brewpub, 자가 제조 맥주를 파는 선술집—역자이 구내에서 자체적으로 맥주를 만들어 파는 곳이라면, '집시 양조기술자gypsy brewer'는 양조장 건물을 소유하고 있진 않지만 대신 다른 양조업체들의 설비를 이용한다. 그러나 어느 쪽이든 모두 크래프트 맥주에 속한다. 다 맥주인 것이다.

맥주는 적당한 가격에 소비 가능한 호사를 제공한다는 점에서 다른 것과는 구분되는 산업이자 사회community이다. 세계 최고의 맥주를 마시고 싶다고 해도 자기 시급 이상의 돈을 써야 할 경우는 없다. 그 정도 돈으로 살 수 있을 만큼 적당한 가격이다. 맥주는 패스트푸드를 제외한 다른 어떤 식품과도 달리, 대량 생산해서 대량 판매하므로 손쉽게 구할 수 있으며, 보통 많은

사람들이 일시에 소비하는 제품이기도 하다. 누구나 빅맥 맛이 어떤지 아는 것처럼, 누구나 버드와이저가 어떤 맛인지 안다. 또 햄버거를 먹고 싶다면 빅맥보다 더 질이 낮은 것부터 더 고급인 것까지 많은 대안이 있다는 것도 안다. 맥주도 마찬가지다.

그러나 맥주에는 맹점이 하나 있다. 대중의 인식 수준이 패스트푸드와 다르다는 것이다. 어떤 사람들은 대규모 맥주 제조회사에서 나오는 맥주에 멋진 대안이 존재한다는 것을 전혀 모른다. 또는 자기가 반대쪽 맥주 세계에서 제대로 된 선택을 할 수 있을 거라고 자신하지 못한다. 미국에서 크래프트 맥주 산업은 2011년에 처음으로 시장 점유율이 5%를 넘으면서 환호하며 자축하는 분위기이다. 그러나 이 말은 소비되는 맥주 20병 중 19병은 크래프트 맥주가 아니라는 뜻이기도 하다.

그렇다면 미래는…

그러나 희소식이 있다. 크래프트 맥주가 전 세계 매출량과 총 매출액에서 성장세를 보이고 있는 반면, 대규모 맥주 제조회사의 맥주는 판매량이 줄고 있다는 것이다. 새로운 크래프트 맥주 제조회사가 따라갈 수 없을 만큼 무서운 속도로 생겨나고 있다. 소비자들은 맥주에 대해 알아갈수록 더 맛있는 술을 요구하기 시작하고 있다. 즉 무엇인가 다른 기원과 맛을 가진 맥주를 말이다. 먹거리에 대한 인식이 높아지면서 이런 수요가 생긴다. '크래프트 맥주' 같은 용어가 필요해진 이유가 여기 있다. 이런 말은 우리가 마시는 것이 이전과는 다른 것이란 딱지를 붙이기 위해서 생겼다. 5년, 10년이 지나면 시대에 뒤떨어진 것이 되어, 지난날을 돌이켜보면서 이런 것에 '크래프트'라는 이름을 붙였다며 웃음을 터뜨릴지도 모른다. 그러나 저 바깥세상에는 여전히 개종이 필요한 사람들이 남아 있으므로 우리 팀을 위한 이름은 필요하다. 내 생각에는 크래프트 맥주 유나이티드Craft Beer United가 괜찮아 보인다.

맥주는 어떻게 만들어지는가?

맥주 제조는 이론상으로는 간단한 과정이다. 곡물과 뜨거운 물을 양조용 맥아즙 통에 넣고 섞었다가 분리한 후, 맥주 박spent grain은 버린다. 그런 다음 맥아즙이라 불리는 이 액체를 솥kettle에 옮겨 끓이고, 홉을 더해 발효 탱크로 옮긴다. 이스트를 더해 발효시킨 후, 먼저 여과를 하거나 하지 않은 채로 포장 전에 숙성되게 두었다가 마신다.

맥주 제조는 실제로는 아주 복잡한 과정이다. 맥주 양조회사들은 각기 다른 시스템과 과정을 이용한다. 그래서 모든 재료나 제조상의 선택 하나하나가 최종적으로 맥주에 영향을 미친다. 이제부터는 맥주가 어떻게 만들어지는지 뿐만 아니라, 핵심적인 재료들도 살펴보도록 하겠다.

물

물의 중요성을 과소평가해서는 안 된다. 맥주의 주성분이기 때문이다. 따라서 좋은 맥주를 만들려면 좋은 물이 필요하다. 물은 맥주의 기본 재료가 되기 때문에 품질이 훌륭해야 한다. 수질 조성에서의 작은 차이가 맛에서 큰 차이를 가져올 수 있다. 예를 들어 연수軟水, soft water는 맥주에 부드럽고 깔끔한 보디body, 입 안에 머금었을 때 느껴지는 질감, 밀도감, 중량감 등을 의미—역자를 선사하며 헬레스나 필스너처럼 스타일이 가벼운 편인 맥주에 특히 적합하다. 한편 경수硬水를 쓰면 맥주는 홉과 맥아의 쓴맛을 강조한 달지 않은 쌉쌀함dryness을 갖게 된다. 따라서 IPA와 스타우트에 적합하다. 연수로 맥주를 만드는 체코공화국의 플르제니독어로는 필젠—역자와 경수로 맥주를 만드는 영국의 버튼 온 트렌트Burton-on-Trent, 산에서 나는 담수로 맥주를 만드는 오리건 주의 벤드Bend 같은 훌륭한 양조 도시들은 최고의 수원水源을 중심으로 성장했고, 지금도 계속 발전하고 있다.

모든 맥주 양조회사는 물을 어떤 식으로든 가공 처리한다. 일부 맥주 양조회사는 정수처리장을 직접 소유해 수질을 관리한다. 그런가 하면 어떤 맥주 양조회사는 그냥 다른 종류의 소금과 광물질들을 맥주에 첨가한다. 여기에는 양조회사가 만드는 맥주에 맞게 물 구성 상태의 균형을 유지하고, 양조용 물liquor이라 알려져 있는 양조 용수brewing water가 언제나 일관된 상태를 유지하게 하려는 목적이 있다.

곡물

홉과 이스트가 구체적 특징을 결정 짓기 전에 물과 곡물을 배합해서 맥주의 대략적 윤곽을 만든다. 맥아 보리malted barley, 엿기름가 가장

흔히 사용되는 양조용 곡물이다. 쓰이는 곡물이 이것만은 아니다. 밀, 귀리, 호밀이 맥주에 입 안에서 느껴지는 질감과 향미를 더한다. 쌀과 옥수수는 향미를 가볍게 만들기도 하는데, 일반적으로 대규모 맥주 양조에서 쓰인다.

곡물은 알코올을 만들어내는 데 필요한 당분을 제공한다. 따라서 알코올을 많이 만들고 싶으면 곡물이 많이 필요하다. 곡물은 보디와 색깔에도 영향을 미치기 때문에 맥주 제조회사에서는 다른 종류의 곡물을 섞어 맥주의 토대를 마련한다. 예를 들어, 연한 맥아pale malt, 뮌헨 맥아Munich malt, 크리스털 맥아crystal malt, 초콜릿 맥아는 브라운 에일Brown Ale, 짙은 색에 단맛이 느껴지는 병에 든 흑맥주—역자의 훌륭한 베이스가 된다. 뮌헨 맥아를 볶은 보리로 대체하면 스타우트 맥주가 된다. 진한 맥아dark malt를 완전히 빼고, 연한 맥아를 늘리면 IPA가 나온다.

보리를 맥주 양조에 쓰려면 그 전에 맥아화해야 한다. 각 곡물에는 녹말을 함유한 작고 둥근 단맛 나는 알갱이가 들어 있어 당분으로 전환할 수 있다. 이 당분이 나중에 이스트에 의해 알코올로 바뀐다. 보리는 딱딱한 겉껍질이 있기 때문에 먼저 발아를 시켜야 한다. 물에 담가서 잔뿌리가

곡물별 특징

필스너 맥아(PILSNER MALT)
: 아주 연한 주재료(base) 곡물, 가벼운 비스킷 맛

페일 에일 맥아(PALE ALE MALT)
: 살짝 구운 토스트 같은, 시리얼과 비슷한 주재료 곡물

뮌헨 맥아(MUNICH MALT)
: 구운 토스트 같고, 약간 불그스름하고, 견과류 맛이 나는 곡물

크리스털 맥아(CRYSTAL MALT)
: 캐러멜 같은 달콤함, 맥주 보디를 육중하게 만듦.

초콜릿 맥아(CHOCOLATE MALT)
: 진한 색을 낼 때 쓰고, 풍부한 구운 맛, 적은 단맛이 나는 곡물

볶은 보리(ROASTED BARLEY)
: 아리고 쓴 맛이 나는 검은색 곡물, 맥주를 검게 물들임.

겉껍질을 가르고 나올 수 있게 한다. 이 시점에서 발아 과정을 멈추고, 곡물을 가마에서 건조시킨 다음, 각각 다른 정도로 굽는다. 더 오래 구울수록 짙은 색이 나온다. 토스트를 떠올리면 된다. 처음에는 달콤하고 노릇노릇해지기 시작해, 중간에는 캐러멜처럼 달콤해지다가, 너무 오래 구우면 검게 타고 부스러지며 단맛은 전혀 없이 쓴맛이 나게 되는 것처럼 말이다.

맥아마다 각각 다른 과정을 거쳐 녹말과 당분 함량을 바꾼다. 예를 들어 크리스털 맥아는 보리를 발아시킨 다음, 맥아즙을 만드는 과정을 모방해 즉시 열을 가해 녹말을 당분으로 변환시킨 후에 구워서, 최종적으로 비발효성인 결정화된 당분을 얻는다. 이것을 넣으면 맥주가 캐러멜 같은 단맛과 농도를 갖게 된다. 어떤 보리는 맥아로 만들지 않고 그냥 굽기도 한다. 이러면 맥주가 검은색이 되고 쓴맛이 난다. 맥아로 만든 보리와 마찬가지로 다른 곡물도 저마다 각기 다른 특성을 가진 맥주를 낳는다. 귀리는 매끄러운 풍부함을 보디에 더하고, 밀은 맥주를 따랐을 때 생기는 거품이 풍성하게 오래 유지되는 데 도움이 되고 질감을 더해주며, 호밀은 견과류 맛이 나는 깊이 있고 맵싸한 향미를 더한다.

곡물은 갈거나 으깬 다음, 양조용 맥아즙 통mash tun에 넣고 뜨거운 물을 타서 맥아에 들어 있는 녹말을 발효성 당분으로 바꾼다. 이때 맥아에 타는 뜨거운 물의 경우, 온도마다 다른 효소활동이 일어나긴 하지만 당화의 최적 온도는 약 67℃이다. 이 뜨거운 물과 맥아 혼합물은 색과 단맛이 해당 곡물에서 빠져나와 물에 흡수되면서 대량의 엿기름 비슷한 걸쭉한 죽 같아진다. 이것을 맥아즙wort이라 부르며 달콤한 차 맛이 난다. 퍼트pert, 입맛을 돋우다, 알알하게 톡 쏜다는 뜻—역자와 운이 맞는다. 양조용 맥아즙 통에 든 건 모두 여과조lauter tun로 옮겨 맥아즙을 곡물에서 분리해내고, 뜨거운 물을 살포해 곡물에서 가능한 한 정수를 많이 뽑아낸다. 그런 후에 솥kettle으로 내용물을 옮긴다. 모든 양조장이 여과조를 갖춘 건 아니다. 이 경우, 분리 과정은 맥아즙을 다음 탱크로 옮길 때 양조용 맥아즙 통에서 이루어진다.

홉

홉은 맥주에 쌉쌀함, 향미, 향기aroma를 제공해 생명을 불어넣는다. 맥주에 있어 불꽃놀이 같은

것으로, 때로는 따귀를 때리고 때로는 웃음 짓게 하고 때로는 부드러운 입맞춤을 한다. 또 홉은 인기 스타 같은 재료로, 홉이 맥주에 선사하는 놀라운 특성들 덕분에 크래프트 맥주가 전 세계에서 일약 스타덤에 올랐다.

홉은 수백 년 동안 맥주에 쓴맛을 내는 물질로 쓰였다. 그러나 1970년대와 1980년대에 선구적인 미국 크래프트 맥주 제조사가 미국산 홉을 양조에 사용하면서 상황이 비로소 흥미진진해졌다. 이런 맥주 제조사들은 당시 가벼운 라거 맥주 외에 다른 맥주도 만들고 있었을 뿐 아니라, 방대한 향미 프로필flavor profile, 음식 맛을 특징적인 개별적 요소들로 분류한 것—역자과 중과피감귤류에서 껍질을 벗긴 후 먹게 되는 두툼한 육질 부분—역자 맛과 과즙, 쓴맛, 꽃향기 나는 신선한 맛이 혀에서 폭발하게 하는 홉도 사용하고 있었다. 바야흐로 맥주의 컬러 영화 시대였다.

전 세계에서 재배되는 홉은 품종마다 섬세한 것에서 거친 것에 이르는 각기 다른 향미 프로필을 가지고 있다. 향기가 좋거나 열대과일향tropical이거나 시트러스, 향신료, 허브herbal, 흙earthy, 풀grassy, 소나무piney, 꽃floral 같은 향일 수도 있다.

홉은 이제 양조용 맥아즙 통에서 제조한 맥주의 주재료 덩어리base block, 이스트와 함께 맥주 스타일을 결정짓는 데 쓰인다. 즉 똑같은 맥아를 가지고 홉으로 두 가지 다른 방법으로 풍미를 내서 두 가지 맥주를 만들어낼 수 있다. 포터Porter 대 블랙 IPABlack IPA, 또는 트리펠Tripel, 현재의 네덜란드, 룩셈부르크, 벨기에 3국으로 구성된 북해 연안 저지대에서 독한 에일을 가리키는 용어—역자 대 벨기에 IPABelgian IPA, 또는 스카치 에일Scotch Ale 대 발리 와인Barley Wine처럼 말이다. 음식에 들어가는 향신료처럼 홉도 대체로 단독으로 쓰일 때보다는 다른 것과 결합했을 때 최상의 효과를 낸다. "쿠민cumin으로만 만든 맛있는 커리를 맛보세요!"라고 하는 말을 들었다고 하면 무슨 말인지 이해가 될 것이다. 한 가지 종류만 쓴 훌륭한 맥주도 더러 있긴 하지만 말이다.

홉은 꽃, 알갱이pellet, 기름을 사용한다. 꽃은 수확해서 말린 후 모아서 압착한다. 알갱이는 꽃을 갈아서 짓이겨 덩어리로 만든 후, 잘게 썬 것이다. 기름은 부을 수 있는 형태로 쓴다. 홉 기름은 한때 크래프트 맥주에는 절대 쓰면 안 되는 것이었으나 현재는 허용되고 있다. 꽃이나 알갱이만으로는 내기 힘든 쓴맛과 향기를 주기 때문에 홉 풍미가 진한 맥주에서 특히 환영받는 재료다. 어떤 맥주 제조사들은 꽃만 쓰는가 하면 일부 맥주 제조사들은 알갱이만 고수하기도 한다. 그러나 둘을 섞어 쓰는 것이 일반적이다.

맥아즙을 솥에 넣은 다음에는 팔팔 끓인다. 홉을

처음 첨가하는 것이 이 단계이다. 끓이면 맥주가 살균된다. 또한 홉에서 쓴맛을 우려내는 역할도 한다. 홉에는 산acid과 기름이 들어 있는데, 맥주에 쓴맛을 내는 알파산alpha-acids은 끓여야 이성화돼서 수용성 이소 알파산iso-alpha acids이 된다. 홉 기름은 휘발성이라 오랜 시간 끓이면 향미와 향기가 날아가 버린다. 이 때문에 초반에 홉을 더하는 것은 쓴맛을 내기 위한 것인 반면, 중반과 후반에 홉을 넣는 것은 향미와 향기를 내기 위한 것이다. 홉은 발효 후에 첨가할 수도 있다. 드라이 호핑dry-hopping이라 알려진 이 과정을 통해 추가적으로 향기와 향미를 더할 수 있다. 크래프트 맥주 제조사들은 좀 더 많은 홉을 맥주에 넣기 위한 방법을 끊임없이 찾고 있다. 이 중에는 홉을 양조용 맥아즙 통에 넣는 방법도 있다.

홉은 크래프트 맥주업계를 지배하고 있으며 그 중에서도 IPA가 제일 그렇다. 어떤 스타일보다도 IPA는 강한 향미와 향기로 크래프트 맥주를 대표한다. IPA는 "날 봐! 나는 맥주 코너에 있는 모든 고만고만한 맥주들과는 완전히 달라"라고 외치고 있다. 미국산 홉을 시작으로, 홉 수요는 엄청나게 많다. 미국 홉 농장주들은 오스트레일리아 및 뉴질랜드 농장주들과 함께 신세계New World 홉을 재배한다. 반면 유럽은 전통적인 홉 품종을 키우는 홉의 구세계Old World이다. 그와 동시에 새로운 품종이 끊임없이 개발되고 이종교배 되어 새롭고 다른 향미 프로필을 선사하고 있다.

이스트와 온도

이스트 없이는 맥주를 만들 수 없다. 맥주 양조장에서는 이 미생물을 정성껏 돌본다. 좋은 이스트에서 좋은 맥주가 나오기 때문이다. 시판 중인 이스트의 종류는 굉장히 다양하다이에 대해서는 www.whitelabs.com을 참고하기 바란다. 어떤 것은 별 맛이 나지 않고, 어떤 것은 뒷맛이 과일 같고, 어떤 이스트는 고약하고 시큼한 맛을 내는 데 사용되기도 하며, 특정 양조장에서만 사용되는 것도 있고, 스타일을 결정짓는 것도 있다.

이스트에는 '상면 발효top-fermenting' 이스트와 '하면 발효bottom-fermenting' 이스트가 있다. 맥주를 계통도 맨 위에 놓는다면 여기서 두 갈래로 뻗어 나온 두 개의 큰 가지가 각각 '에일'과 '라거'이다. 에일은 상면 발효 이스트로 만들며, 3~6일 안에 18~24℃의 따뜻한 온도에서 맥아즙을 빠르게 발효시키는 역할을 한다. 이렇게 발효된 맥아즙은 탱크 맨 위로 떠올라 두껍고 끈적이는 거품이 되었다가 다시 현탁액으로 되돌아간다. 상면 발효 이스트는 맥주에 일종의 과일 같은 맛을 낸다. 반면 라거는 하면 발효 이스트로 만들며, 서서히 작용해 8~14℃의 찬 온도에서 5~10일 내에 모든 당분을 발효시켜 탱크 바닥에 가라앉힌다. 라거

이스트는 맥주에 거의 맛을 더하지 않아 깔끔한 맛이 나게 한다.

이스트는 발효 탱크에 들어가 당화mash 중 생긴 당분을 먹고 부산물로 알코올과 거품을 만들어낸다. 이스트는 민감하기 때문에 온도 조절이 중요하며 이스트와 온도는 협력하는 관계이다. 예를 들어 라거 이스트를 상온보다 높은 에일용 온도에서 발효시키려 한다면 보통 의도하지 않은 이상한 향기, 즉 에스테르ester, 알코올과 산이 반응해서 나오는 화합물—역자가 생길 것이다. 에일을 상온보다 낮은 라거용 온도에서 발효시키려 한다면 발효는 느리게 일어나거나 아예 일어나지 않는다. 이런 통상적인 온도 법칙에 어긋나는 예도 더러 존재하긴 하지만 말이다. 스팀 맥주Steam Beer가 그런 예다.

어떤 맥주는 베이스 맥아base malt로 스타일이 규정된다. 보크Bock와 스카치 에일Scotch Ales이 그렇다. 그런가 하면 어떤 맥주는 사용한 홉으로 규정된다. 모든 종류의 IPA가 여기 해당한다. 또 이스트와 그 이스트를 통해 더해진 특징으로 규정되는 맥주도 있다. 예를 들면 위트Wit, 세종Saison, 와일드 에일Wild Ales이 있다. 헤페바이젠Hefeweizen은 이스트가 향, 질감, 향미를 내는 핵심 성분이 되는 좋은 예다. 여과하지 않은 맥주에는 여전히 이스트가 전부 남아 있어서 바나나, 풍선껌, 정향, 바닐라 향기가 맥주잔에서 휘몰아친다. 이런 향기는 에스테르라는 이름으로 알려져 있으며 주로 발효 중에 이스트가 만들어낸다. 대표적인 에스테르 향기로는 바나나, 배, 사과, 장미, 꿀, 혹 끼치는 솔벤트 냄새 등이 있다. 에스테르는 어떤 맥주에는 어울리지만 그렇지 않은 맥주도 있다. 후자의 경우는 에스테르가 양조장에서 관리를 제대로 못한 증거일 수 있다.

많은 맥주가 이스트로 인해 풍미가 떨어진다. 이런 이유로 맥주 양조장에서는 이스트와 온도에 대한 세심한 관리가 가장 중요하다.

과일, 향신료와 기타 재료들

물, 곡물, 홉, 이스트를 사용한 후에 양조업자들은 무엇이든 원하는 것을 첨가할 수 있다. 이때 일반적으로 들어가는 것이 체리, 라즈베리, 블루베리, 스트로베리, 포도, 오렌지, 살구, 건포도, 호박 등의 과일이다. 과일은 생으로든 얼려서든 조리해서 쓸 수 있으며 시럽 형태로 쓰거나 아니면 껍질을 쓸 수도 있다. 또한 허브, 향신료도 깊이나 향미를 더하기 위해 쓸 수 있다. 보통 이럴 때 쓰는 것이 빻은 고수, 생강, 칠리, 후추, 큐라소, 그리고 타임, 라벤더, 로즈메리 같은 질긴 허브hard herbs이다. 커피는 가장 흔히 쓰는 재료 중 하나이다. 특히 스타우트 맥주가 그렇다. 꿀, 견과류,

바닐라, 초콜릿도 인기가 많다. 파격적인 재료 중에는 홉과 동류인 네틀nettle, 쐐기풀 속에 속하는 식물—역자과 베이컨, 차, 피넛 버터, 가문비나무, 그 밖에 많은 것이 있다. 어떤 재료는 양조용 맥아즙 통에 첨가하고, 어떤 것은 후반 홉 첨가 때나 드라이 호핑 때 넣고, 어떤 것은 발효 중에, 어떤 것은 숙성conditioning 중에, 어떤 것은 숙성 과정 후반에 혼합한다.

술통

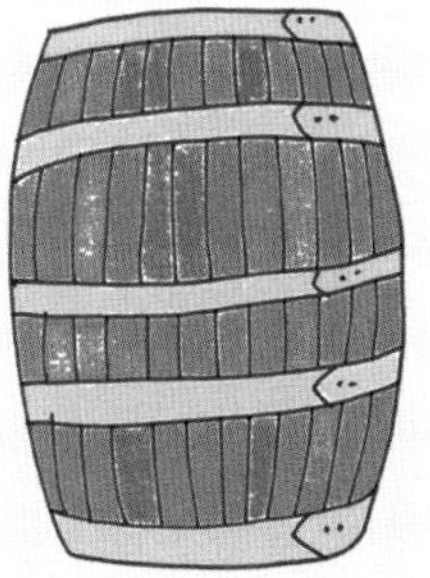

맥주 제조에서 때로 특별히 추가되는 과정이 통barrel을 사용해서 향미를 더하는 것이다. 위스키나 버번, 와인 같은 다른 무언가를 넣었던 통이나 아니면 한 번도 사용한 적 없는 처녀virgin 통에 맥주를 넣는다. 이전에 독한 증류주를 담은 적이 있는 통이라면 맥주는 원래 통에 담겼던 것의 유령ghost에 더해 일종의 나무 같은 특징과 질감을 갖게 된다. 이 과정이 맥주에 믿을 수 없을 만큼 놀라운 복합성을 더해줄 수도 있지만 지나치게 압도적일 수도 있다. 버번 통이 가장 일반적으로 쓰이는데, 버번 통과 결합해 바닐라, 코코넛, 토피, 향신료, 버번 같은 향미들이 맥주에 더해진다. 와인 통은 맥주에 과일류의 톡 쏘는 새콤함sharpness을 더한다. 이와 함께 야생 이스트wild yeast와 박테리아를 첨가해 신 벨기에 람빅Lambic 맥주 스타일을 모방할 수도 있다. 통은 일반적으로 특별한, 독한 맥주용으로 쓰며, 이런 맥주 중 일부는 아주 비범하다. 즉 통의 특성과 맥주의 깊이가 최상의 균형을 이룬다.

시간과 온도

물리적 재료가 아닌데도 불구하고 시간은 맥주 제조에서 핵심적인 요소이다. 좋은 맥주를 만드는 데는 시간이 걸린다. 어떤 맥주는 숙성에 몇 주가 필요하다. 어떤 맥주는 몇 달이 걸리기도 한다. 또 다른 맥주들은 병입 후 몇 년이 지나야 절정에 이른다. 온도가 이런 과정에서 중요한 역할을 한다. 그래서 발효 후에 맥주는 냉각 후 숙성기간conditioning period을 거친다. 맥주 숙성이나 숙성 기간을 이해하려면 맛있는 칠리를 만드는 데 드는 조리 시간을 떠올리면 된다. 즉 모든 재료를 넣고 20분 동안 조리하면 칠리 같은 맛이 나긴 한다. 그러나 훌륭한 맛은 아닐 것이다. 일정한 온도에서 두 시간 더 조리하면 모든 맛이 장엄하게 한데 어우러질 것이다. 그렇듯이 훌륭한 맥주도, 훌륭한 칠리도, 조급하게 서둘러서는 만들 수 없다. 맥주를 적절히 숙성하기 위해서는 찬 온도가 필요하다. 너무 따뜻하면 맥주가 피부 노화로 주름이 잔뜩 진 태닝 중독자처럼 노화 과정aging process이 가속화된다.

여과, 원심분리, 청징, 저온살균

어떤 맥주는 맥주 양조업체에서 이스트를 그대로 남겨서 탁하고 여과되지 않은 상태로 두며, 많은 소비자들이 이런 투명하지 않은 맥주를 즐긴다. 크래프트 맥주 덕분에 TV에서 보는 맥주가 곧 양질의 맥주는 아니라는 것을 배웠기 때문이다. 그러나 유감스럽게도 여전히 많은 소비자들이 혼탁함을 결함이라 생각한다. 그러나 혼탁한 것이 흠이 되는 것은 맛이 나쁠 때뿐이다. 물론 맑은 맥주가 요구되는 스타일이나 경우도 더러 있다. 맥주에서 이스트는 여과해 버리거나 원심분리기를 돌려 걷어내 버리거나 청징제淸澄劑로 탱크나 캐스크 바닥에 가라앉힐 수 있다. 맥주를 맑게 만드는 데는 좋은 방법과 나쁜 방법이 있고, 불가피하게도 이 과정에서 어떤 향미나 특징은 사라져버릴 수밖에 없다. 그러나 이것이 언제나 나쁜 것만은 아니다. 어떤 스타일에는 선명하고 깔끔한 마무리가 필요하기 때문이다.

저온살균은 크래프트 맥주 양조에서 특이한 절차로, 드물게 이루어진다. 대규모 맥주 양조업체들이 캔과 병의 유통기한을 늘리기 위해 이용하는 방법으로, 맥주에 아주 강한 열처리를 해서 있을 수 있는 모든 박테리아를 남김없이 죽인다. 대신 풍미를 잃게 되지만 말이다.

양조기술자

맥주는 맥주 양조기술자 없이는 만들어지지 않는다. 맥주 양조기술자는 레시피를 만들고, 모든 생산 과정을 관리하고, 사용할 재료와 맥주가 거치는 과정을 토대로 해서 어떤 맥주가 되게 할지 정한다. 또한 맥주 제조에 쓰이는 네 가지 재료를 놀라울 만큼 다양한 방법으로 변형한다. 훌륭한 맥주의 수준은 곧 그것을 만드는 양조기술자의 기술이다.

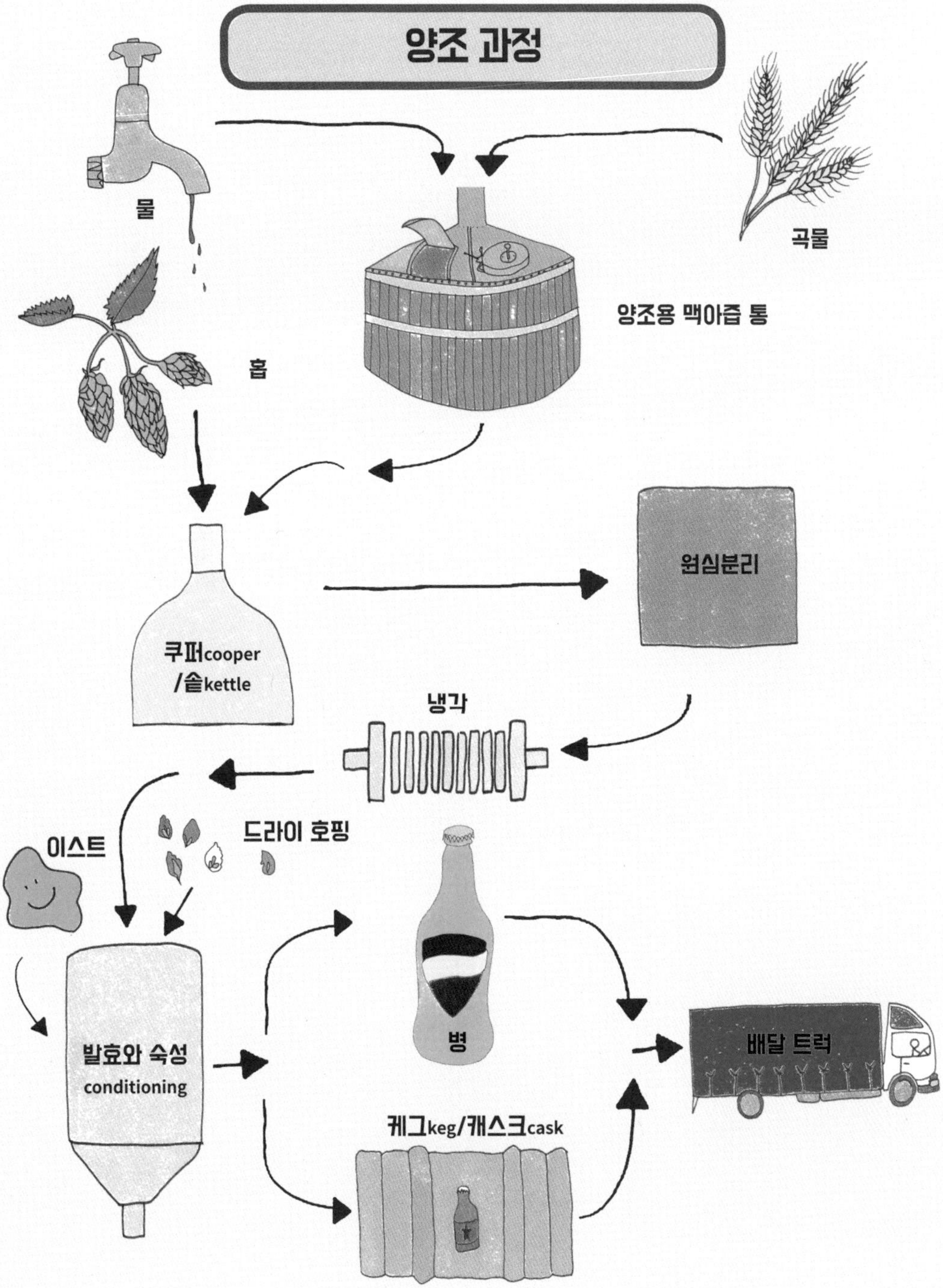
양조 과정
물
곡물
양조용 맥아즙 통
홉
쿠퍼cooper
/솥kettle
원심분리
냉각
이스트
드라이 호핑
병
발효와 숙성
conditioning
배달 트럭
케그keg/캐스크cask

홉의 세계

홉은 북반구와 남반구 모두, 위도 30°와 52° 사이 구간에 속하는 전 세계에서 자라는 품종이며 다년생 식물이다.

품종이기 때문에 같은 종류의 홉이 북아메리카와 영국과 오스트레일리아에서 자라고, 재배지에 따라 맛이 달라질 수 있다. 홉은 토양과 관계된 맥주의 테루아terroir, 재배되는 곳의 자연 환경에 영향을 받아 생기는 독특한 향미 — 역자, 즉 맥주의 '장소성sense of place'을 제공한다.

구세계 vs. 신세계

영국과
중부 유럽
vs.
미국, 오스트레일리아,
뉴질랜드

흙, 삼림지대 과일, 허브, 꽃
vs.
시트러스, 열대 과일,
꽃, 소나무

전통적 맥주 스타일
vs.
현대적 맥주 스타일

홉 재배 지역

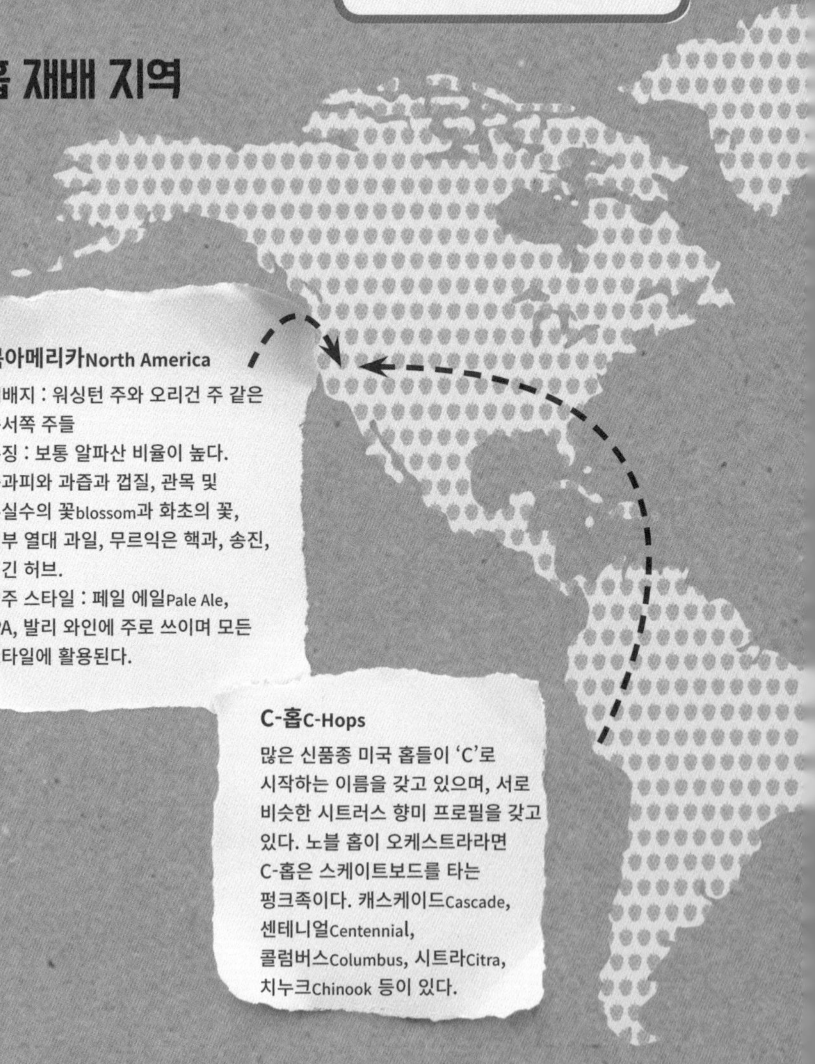

세계 10대 생산지
2011년 생산량 기준

독일
미국
중국
체코공화국
슬로베니아
폴란드
영국
오스트레일리아
남아프리카
스페인

출처 :
http://www.usahops.org/graphics/File/Stat%20Pack/2011%20Stat%20Pack.pdf

북아메리카North America

재배지 : 워싱턴 주와 오리건 주 같은 북서쪽 주들
특징 : 보통 알파산 비율이 높다. 중과피와 과즙과 껍질, 관목 및 유실수의 꽃blossom과 화초의 꽃, 일부 열대 과일, 무르익은 핵과, 송진, 질긴 허브.
맥주 스타일 : 페일 에일Pale Ale, IPA, 발리 와인에 주로 쓰이며 모든 스타일에 활용된다.

C-홉C-Hops

많은 신품종 미국 홉들이 'C'로 시작하는 이름을 갖고 있으며, 서로 비슷한 시트러스 향미 프로필을 갖고 있다. 노블 홉이 오케스트라라면 C-홉은 스케이트보드를 타는 펑크족이다. 캐스케이드Cascade, 센테니얼Centennial, 콜럼버스Columbus, 시트라Citra, 치누크Chinook 등이 있다.

영국Great Britain

재배지 : 주로 남동부와 중부 잉글랜드

특징 : 향신료, 꽃, 산울타리 관목hedgerow, 과수원 과일orchard fruit. 섬세한 동시에 강렬하고 거칠 수 있다.

맥주 스타일 : 베스트 비터Best Bitter, 잉글리시 페일 에일English Pale Ale, 골든 에일Golden ale, 마일드Mild, 스타우트Stout, 포터Porter

중부 유럽 Central Europe

재배지 : 주로 독일, 체코공화국, 폴란드, 슬로베니아

특징 : 주로 각양각색의 향기가 나고, 알파산 함량이 적다. 풀, 깔끔함, 우아함, 레몬, 허브 향미를 갖고 있으며, 많이 넣을수록 약간의 핵과核果, 복숭아, 살구, 자두, 매실 등의 씨 있는 과일 — 역자 향미가 난다.

맥주 스타일 : 필스너Pilsner, 헬레스Helles, 다크 라거dark lager, 보크Bock

홉의 종류

아마릴로	미국	복숭아, 살구, 오렌지, 자몽
캐스케이드	미국	톡 쏘는 신 자몽과 꽃
센테니얼	미국	오렌지의 중과피와 과즙과 꽃, 소나무
시트라	미국	아리게 쓴 망고, 열대과일, 톡 쏘는 신 시트러스
심코Simcoe	미국	송진, 자몽, 쓴 오렌지 껍질
소라치 에이스 Sorachi Ace	미국	원산지는 일본이고 재배지는 미국. 레몬그래스, 풍선껌
사츠	체코	섬세한 풀, 꽃, 깔끔한 시트러스 식물
스티리안 골딩 Styrian Golding	슬로베니아	슬로베니아산. 엄청나게 풍부한 향기, 후추, 향신료, 향긋함
할러타우어	독일	후추, 풀, 꽃, 질긴 허브, 중과피
푸글Fuggle	영국	영국 시골풍. 즉 흙, 나무, 꽃
브램링 크로스 Bramling Cross	영국	영국 숲풍. 즉 딸기, 과수원 과일, 나무
골딩Golding	영국	짜릿하게 콕 쏘는 맛, 꽃, 후추, 흙 같은 가벼운 거친 향미
넬슨 소빈 Nelson Sauvin	뉴질랜드	포도, 구즈베리, 망고, 패션프루트
모투에카 Motueka	뉴질랜드	과즙이 풍부한 새콤한 열대 및 외래 과일, 달콤한 베리
갤럭시Galaxy	오스트레일리아	망고, 파인애플, 패션프루트, 시트러스, 꽃

노블 홉 Noble Hops

전통적인 유럽산 라거용 홉으로, 이들이 남긴 유산과 광범위한 중요성 때문에 양조맥주의 귀족으로 칭송받는다. 이름은 재배지 이름을 딴다. 예를 들어 독일의 할러타우어Hallertauer, 테트낭Tettnang, 슈팔트Spalt, 체코공화국의 사츠Saaz가 있다.

남태평양South Pacific

재배지 : 오스트레일리아 남부 및 태즈메이니아, 뉴질랜드

특징 : 과즙이 풍부한 새콤한 열대 과일, 리치lychee, 망고, 패션프루트, 구즈베리, 포도

맥주 스타일 : 페일 에일Pale Ales, IPA, 현대화된 고전 스타일 맥주들

맥주에 대한 이해 : 유용한 용어 사전

처음 접하게 된 스포츠에서 버디, 오프사이드, 타율 같은 말을 듣게 될 때처럼 맥주에서 쓰이는 말도 전문용어, 약어, 과학 용어 등으로 가득해서 이해하기 어려울 수 있다. 다음은 알아두어야 할 주요 단어들이다.

ABV

알코올 도수. 술에 들어 있는 총 알코올 비율이다. 맥주는 발효를 거쳐 도수가 1% 미만에서 약 25%까지 이를 수 있다. 도수가 50%를 넘게 만든 맥주도 있었지만 그러려면 분별 증류fractional distillation로 도수를 그만큼 높이 끌어올려야 한다. 맥주를 얼리면 물은 알코올보다 어는 온도가 높기 때문에 양조기술자는 얼음 덩어리들을 제거하고 알코올만 남길 수 있다. 익스트림 맥주extreme beer, 도수가 아주 높아 독하거나 대단히 쓰거나 이국적 향이 나는 급진적인 유형의 맥주—역자뿐 아니라 아이스보크Eisbock에서도 이런 방법을 쓴다. 미국을 포함한 일부 나라에서는 불법이다.

에일Ale

상면 발효 이스트로 양조한 아주 다양한 맥주들. 하면 발효 이스트로 양조한 라거와는 대조적이다. 에일은 보통 이스트가 제공한 과일 같은 특성을 갖고 있다. 스타일은 라거와 비슷한 쾰슈Kölsch와 헤페바이젠Hefeweizen을 거쳐, 베스트 비터와 포터 맥주, IPA와 강렬한 임페리얼 스타우트Imperial Stout와 발리 와인에 이르기까지 다양하다.

알파산Alpha acid

홉에서 쓴맛이 나게 하는 물질이다. 맥주에 알파산이 가진 쓴맛을 제공하려면 알파산을 이성화해야 한다. 맥아즙을 오래 끓이면 이성화가 일어난다. 양조장에 도착하는 홉에는 알파산 총 함유량을 나타내는 숫자가 표시되어 있다. 홉의 알파산 비율은 3% 미만부터 20% 이상까지 다양하다. 노블 홉처럼 알파산 함유량이 낮은 품종은 보통 향 때문에 선호한다. 반면 알파산을 많이, 또는 압도적으로 대량 함유한 홉 품종은 쓴맛이 많이 나지만 대체로 강렬한 향을 내는 향미 프로필도 함께 갖고 있다. 저低 알파산 홉으로도 고高 알파산 홉과 동일한 정도의 쓴맛을 맥주에 낼 수 있지만 그러려면 홉을 훨씬 다량으로 사용해야 한다.

발효도Attenuation

발효하는 동안 이스트가 섭취하는 당분의 비율 단위. 고도 발효된 맥주는 깔끔하고 담백하며 단맛이 거의 나지 않는다. 비중gravity도 볼 것.

맥주Beer

발효된 곡물로 만드는 알코올 음료. 세계 최고의 술.

맥주광Beer geek

나는 맥주광이다. 맥주 맛만큼이나 맥주와 관련된 온갖 세부사항에도 집착한다. 즉 홉, 양조 과정, 신상 맥주, 맥주의 역사, 맥주 라벨 등에도 열광한다. 맥주 속물beer snob이 되는 것보다는 맥주광이 되는 편이 훨씬 낫다. 맥주 속물은 멋지지 않으니까.

보디Body

가볍거나 무겁거나 묽거나 진한 정도. 입에 머금었을 때 느껴지는 맥주의 중량감weight이다. 여과를 했든 안 했든 주성분이 된 곡물의 조합과 맥주에 남은 잔당殘糖, residual sugar에 좌우된다.

병 속 발효 맥주bottle-conditioned beer

병 속에서 2차 발효를 거친 맥주. 프라이밍 슈거priming sugar, 맥주 병입 시 넣는 맥아와 설탕, 옥수수 등을 가리킴—역자나 맥주에 남은 잔당과 이스트를 병에 첨가하면 점차적으로 느린 숙성 과정이 시작되며 탄산가스도 발생한다. 영국과 벨기에 맥주가 보통 병 속 발효 맥주이다. 어떤 병 속 발효 맥주는 숙성이 몇 십 년 동안 계속되기도 한다. 이런 맥주는 반드시 침전물은 병 속에 남기고 나머지만 따라야 한다. 이스트까지 전부 따라내지 않도록 말이다.

브루 펍BrewPub

자가 제조 맥주를 파는 술집. 브루 펍을 방문하면 맥주를 직접 만든 곳에서 신선한 맥주를 마실 수 있다.

BU : GU

맥주의 균형을 판단하는 방법. 비중gravity의 상대적인 단맛GU 대비 쓴맛BU의 비율이다. IBUinternational bitterness units, 즉 맥주의 쓴맛 수치를 아는 것은 흥미롭긴 하지만 이것으로 맥아와 홉 간의 균형을 판단할 수 있는 것은 아니다. 예를 들어 50IBU에 ABV가 5.0%인 맥주라도 단맛이 아주 많이 나는지, 아니면 아주 담백한지에 따라 서로 매우 다른 맛이 날 것이다. 즉 쓴맛을 감추고 있는 달콤한 버전과 쓴맛을 강조하는 담백한 버전으로 말이다. BU : GU는 아직까진 양조장 밖에서는 널리 사용하지 않지만 소비자들이 기술적인 세부사항에 점점 더 흥미를 보이는 추세이기 때문에 장차 소비자들이 알고 싶어 하는 통계수치가 될지도 모른다.

협업 양조 맥주collaboration brews

둘 이상의 회사가 함께 만든 맥주. 맥주 양조업체들끼리 협업하는 경우 외에도 맥주 양조업체와 레스토랑이 손을 잡는 경우도 여기에 들어갈 수 있다. 좋아하는 아티스트 두 명이 하나의 노래를 같이 녹음하는 것과 비슷한 경우로, 좀 더 창의적인, 특별한 맥주를 일회성으로 내놓는다. 이런 맥주는 해당 크래프트 맥주 업체에서 공유하는 정신을 대표적으로 보여준다.

색Color

아주 연한 금색에서 칠흑 같은 검은색까지 다양하다. 맥주 색은 두 가지 척도로 측정한다. 표준 참조 방법Standard Reference Method : SRM과 유럽 맥주 양조업체 규약European Brewery Convention : EBC이 그것이다. 연한 색 라거는 1SRM이나 2EBC로 수치가 낮다. 아메리칸 IPA는 6~14SRM이나 12~28EBC에 속한다. 가장 어두운색 스타우트는 70SRM이나 138EBC가 될 것이다. 다른 모든 맥주는 그 중간 어디쯤에 속한다. SRM이나 EBC에 대해 논하는 것은 보통 기술적 정보에 지나치게 집착하는 괴짜들을 위한 것이다. 우리는 대부분 그냥 금색이나 빨간색, 갈색, 검은색이라고 말한다.

계약 양조Contract Brewing

한 맥주 양조업체가 다른 맥주 양조업체를 위해 맥주를 생산하는 경우이다. 어떤 맥주 양조업체가 생산량을 감당할 수 없어서 자기 맥주를 다른 어딘가에서 만들어서 그곳에서 포장까지 하게 하거나, 아니면 시설은 갖추어져 있지 않고 이름만 있는 맥주 양조업체가 양조를 하청 줄 때 이런 계약 양조가 성립될 수도 있다. 집시 양조업자Gypsy brewer 항목도 참고할 것.

디그리스 플라토Degrees Plato

맥주의 알코올 함량을 측정하는 방법. 중부 유럽에서는 소비자에게 이를 고지하며 그 외 전 세계에서는 맥주 양조업체에서만 인지한다. 예를 들어 체코공화국에서 맥주를 주문하면 맥주 통 꼭지나 메뉴에 10°라고 나와 있지만 그 밖의 나라에서는 대신 ABV를 표시한다. 플라토는 맥주 양조업체에서 맥주의 알코올 함량을 측정할 때 사용하는 단위이다. 브루마스터brewmaster, 수년간의 전공 교육 과정을 이수한 맥주 제조 전문가—역자가 아닌 이상 플라토는 계산이 말도 못하게 복잡하다. 맥주를 주문할 때는 다음만 알면 된다. 12°는 약 5.0% ABV라는 것이다.

드라이 호핑Dry-Hopping

발효 후에 탱크나 캐스크에 홉을 첨가하는 것. 이렇게 해서 맥주에 향기와 향미를 추가한다. 집에서도 홉을 찬물에 넣어 드라이 호핑을 실험해볼 수 있다. 물이 얼마나 많은 향기를 머금게 되는지 보라. 맛도 보자. 좀 쓴맛을 갖게 되었을 것이다.

에스테르Esters

맥주에서 향기로 발산되는 에스테르는 비교적 높은 발효 온도에서 알코올과 유기산이 서로 반응할 때 생긴다. 보통 과일향기가 나지만 냄새가 아주 독해져서 매니큐어 제거제에 가깝게 변할 수도 있다. 일반적으로 바나나, 배, 사과, 장미, 꿀, 솔벤트 향을 예상하면 된다. 때로는 양조 과정상의 잘못으로 생기기도 하지만, 그 밖의 경우라면 에스테르가 생기는 것이 바람직하다. 바람직한 것인지, 나쁜 것인지는 해당 맥주 스타일과 현존하는 양에 따라 달라진다.

피니시Finish

입 안에 마지막으로 남았다가 여운처럼 감도는 맛을 묘사하기 위해 와인에서 빌려온 용어. 맥주의 뒷맛은 짧거나 길 수 있고, 씁쌀하거나 쓰거나 달콤하거나 톡 쏘게 새콤하거나 이런 맛이 서로 섞인 것일 수도 있다.

비중Gravity

최초 비중OG : original gravity과 최종 비중FG : final gravity. 비중은 물 중량 대비 맥아즙 중량으로, 맥주 양조기술자가 맥주에 들어 있는 당분을 측정하는 단위이다. OG는 양조용 맥아즙 통에 넣었을 때 함유되어 있던 당분이고, FG는 발효가 끝난 후에 남은 당분이다. OG는 완성된 맥주의 알코올 도수가 얼마나 될지 예측할 수 있는 지표가 되며, FG는 얼마나 발효되었는지에 따라 완성된 맥주가 얼마나 달거나 씁쌀할지 알려준다. 1.000은 당분이 전혀 없다는 의미이다. OG가 1.050면 맥주는 약 5.0% ABV가 될 것이며 FG가 1.005면 씁쌀하고 단맛은 안 날 것이다. 반면 FG가 1.030이면 맥주가 달고 입술에 끈적거리는 느낌이 날 것이다.

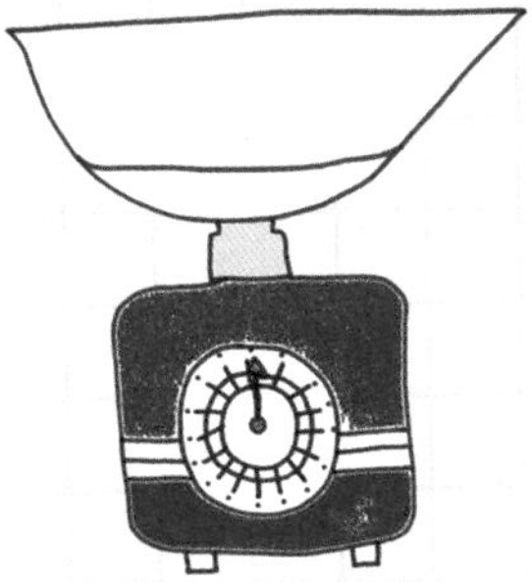

집시 양조기술자Gypsy Brewer

물리적인 양조장을 갖고 있지 않은 양조기술자. 이런 양조기술자는 여기저기 돌아다니면서 다른 맥주 양조업체들의 유휴설비를 이용한다. 계약 양조와 비슷하다. 집시 양조기술자는 계약 양조와 달리 보통 다수의 양조장을 이용하지만 말이다.

홉 기름Hop Oil

알파산이 맥주에 쓴맛을 낸다면 홉 기름은 향기를 제공한다. 기름은 산보다 약해서 끓이는 과정을 견뎌내지 못한다. 홉 기름에서 향기를 최대한 얻으려면 양조 과정 후반 즉 솥kettle에서 끓이는 단계 막판이나 발효 후 드라이 호핑 때에 넣는 것이 가장 좋다.

IBU

국제 쓴맛 수치International Bittering Units, EBUEuropean Bittering Units, 유럽 쓴맛 수치나 그냥 BU로도 알려져 있다. 맥주의 쓴맛을 측정하는 단위로, 맥주의 용존 이소 알파산 비율100만 분의 1을 나타낸다. 각 맥주 스타일마다 적절한 IBU

수준이 있다. 가벼운 라거는 10IBU, 필스너는 25~40IBU, 스타우트는 약 50IBU, 더블 IPA와 발리 와인은 100IBU를 기록할 수 있다. 어떤 맥주는 훨씬 높은 쓴맛 수치를 자랑하기도 한다. 비록 머리 좋은 과학자들은 인간의 혀가 더 이상 맛을 감지할 수 없게 되기 전에 어느 정도까지 쓴맛을 처리할 수 있는지를 놓고 논쟁을 벌이고 있긴 하지만 말이다.

이소 알파산Iso-Alpha Acid

홉에 존재하는 알파산에서 나온다. 알파산을 장시간 끓여서 수용성 이소 알파산으로 변화시키면 맥주에 쓴맛을 낸다.

솥kettle

쿠퍼cooper, 원래 구리로 만들었던 세탁이나 취사용 솥. 현재는 철을 많이 쓴다. ―역자로도 알려져 있다. 여기에서 맥아즙을 끓이고 홉을 첨가한다. 맥주 양조기술자들은 차와 커피도 많이 마신다. 그래서 또 다른 솥 케틀에는 솥이라는 뜻도 있지만 주전자라는 뜻도 있다. ―역자, 즉 주전자도 맥주 양조장 설비의 중요한 일부분이다.

라거Lager

하면 발효 이스트로 만드는 맥주. 보통 섬세한 이스트 프로필을 갖고 있다. 라거 이스트는 에일 이스트보다 낮은 온도에서 천천히 작용한다. 라거 스타일의 범위는 가벼운 라거에서 독한 아이스보크eisbock까지 매우 광범위하다. 라거라는 이름은 숙성을 위해 맥주를 찬 곳에서 라거링lagering, 독일어 lager에 저장이라는 뜻이 있다. ―역자하는, 즉 저장하는 과정에서 왔다.

라거링Lagering

라거의 숙성 과정. 발효 후에 온도를 오랜 시간 0℃까지 떨어뜨려 놓는다. 이렇게 해서 맛을 숙성한다. 이 과정은 몇 주가 걸리며, 때로는 몇 달이 걸리는 경우도 있다.

여과Lautering

맥아즙을 솥으로 옮기기 전 곡물을 맥아즙에서 분리해내는 과정.

대규모 맥주 제조회사 맥주Macro beer

거대 다국적 맥주 양조회사가 만드는 맥주. 어떤 사람들은 이런 회사를 규모 때문에 싫어하며 어떤 사람들은 이런 회사에서 나오는 맥주는 풍미가 부족하다며 싫어한다. 개인적으로 나는 이런 대규모 맥주 양조업체 맥주를 마실 수 있어 기쁘다. 적어도 이런 맥주는 왜 내가 크래프트 맥주를 사랑하는지 다시금 일깨워주기 때문이다. 이런 맥주 양조업체들 중 다수가 알아볼 만한 가치가 있는, 아주 흥미로운 역사를 갖고 있다. 어쩌다 하루아침에 생긴 커다란 맥주 공장이 아닌 것이다. 대규모 맥주 양조업체들은 현재 크래프트 맥주 브랜드를 만들고 있다. 브랜드 중 일부는 믿을 수 없을 정도로 큰 성공을 거두었다. 그중 가장 눈에 띄는 브랜드로 몰슨쿠어스MolsonCoors 사에서 만드는 블루문Blue Moon이 있다. 대규모 맥주 양조업체들이 사들였거나 유통 계약을 맺은 크래프트 맥주 양조업체들에 주목해 봐도 흥미롭다. 소규모·크래프트 맥주 제조사와 대규모 맥주 제조사 간의 차이는 예전처럼 단순하지가 않다.

양조용 맥아즙 통Mash tun

맥아즙을 물과 섞어 으깨서 곡물에서 단맛과 색깔을 추출하는 곳.

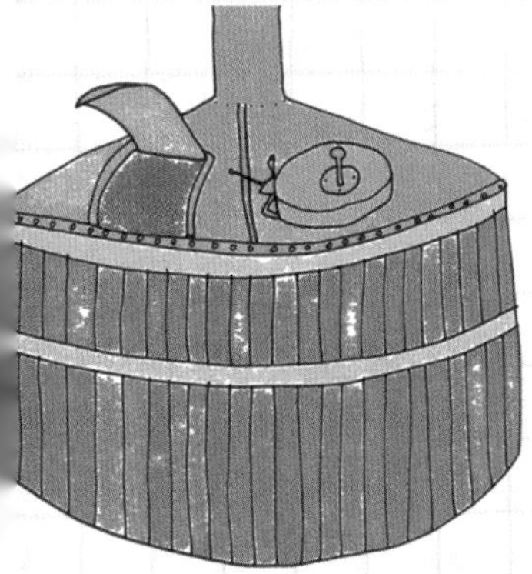

마우스필Mouthfeel

맥주가 입 안에서 주는 느낌. 보디를 묘사하는 또 다른 방법이다. 마우스필은 좀 더 자극을 느끼는 감각에 가까운 것이기는 하지만 말이다. 즉 꺼끌꺼끌한, 섬세한, 크림 같은creamy, 톡 쏘는sharp, 쌉쌀한dry, 매끄러운smooth 느낌 등이다.

질소/니트로Nitrogen/Nitro

질소는 이스트의 중요한 영양분인 동시에 맥아에 든 단백질 양의 측정 단위기도 하다. 소비자들에게는 니트로가 '니트로'라고 묘사되는 맥주를 의미한다고 보는 것이 알맞다. 이 경우 니트로라는 표시는 해당 맥주가 기네스 같은 맥주를 모방해, 탱크에서 질소를 주입받아서 크기가 더 큰 이산화탄소 거품과는 대조적으로 질소가 맥주에 제공한 작은 거품 덕분에 묵직한, 크림 같은 마우스필을 가졌다는 뜻이다.

페놀릭Phenolic

맥주의 향신료처럼 맵싸하거나 매캐한 연기 같은 향미나 향기. 때로는 양조 과정상의 잘못에 의해 생긴 것으로 여겨지기도 한다. 맵싸하다는 것은 정향 같은 것을 뜻하는 반면, 연기처럼 매캐하다는 말은 좀 더 약물에 가깝다는 뜻이다. 즉 다소 소독약이나 아일레이 위스키 같다는 말이다. 훈제 고기나 장작불에 구운 향미는 아니다. 훈연된 맥아가 내는 것이니까 말이다. 일부 소비자들은 이 맛을 좋아하든 싫어하든 페놀 같은 향미에 매우 민감하다.

생산 양조장Production Brewery

맥주를 만들고 포장한 다음, 바나 냉장시설에 유통시키는 곳. 대부분의 양조장은 생산 공장이다. 점점 더 많은 양조장이 맥주를 소비자들에게 직접 팔기 위해 구내에 바를 갖추는 추세이긴 하지만 말이다.

잔당Residual Sugars

발효 후 맥주에 남은 당분.

2차 발효Secondary Fermentation

2차 발효를 발동시키는 행위. 탱크나 병, 캐스크에서 이루어질 수 있다. 병 속 발효 맥주는 리얼 에일이 그런 것처럼 2차 발효를 겪으며 이 과정에서 가벼운 탄산가스가 발생한다. 일반적으로 2차 발효는 느리고 완만한 과정으로, 탄산을 만들어내고 맥주를 숙성하는 데 필수적이다.

탭 룸Tap Room

많은 양조장이 현재 탭 룸을 갖고 있다. 이런 곳을 방문하면 가장 신선한 상태의 맥주를 마실 수 있다.

트라피스트 양조장Trappist Brewery

수도원 맥주. 극소수만이 취득에 성공하는 트라피스트 맥주 인가를 얻으려면 수도승들이, 또는 이들의 감독 아래 수도원 경내에서 제조하되, 영리 목적으로 만들지 않는 맥주라야 한다. 라 트랍la Trappe과 쉬메Chimay처럼 일부 트라피스트 양조장은 아주 규모가 크며, 베스트블레테렌Westvleteren처럼 아주 작은 곳도 있다. '애비 맥주Abbey beer'는 트라피스트 맥주를 새롭게 해석한 버전이라 하겠다.

비여과Unfiltered

이스트를 여과하지 않은 맥주. 이런 맥주는 보통 탁하며 여과된 맥주보다 향미와 질감이 좀 더 진하다. 혼탁한 상태는 청징제를 써서 맑게 할 수 있다. 청징제는 맥주에 남은 모든 입자를 컨테이너 바닥에 가라앉힌다. 영국에서 캐스크 에일cask ale에 쓰는 가장 흔한 청징제는 말린 물고기 부레로 만든 부레풀이다.

야생 이스트Wild Yeast와 박테리아

이런 것이 의도치 않게 맥주에 들어가면 맥주에서 시큼한 맛이 날 수 있다. 그러나 일부 양조업자는 일부러 야생 이스트와 박테리아를 넣어 거칠고 신 맛을 내기도 한다. 야생 이스트로 만든 훌륭한 맥주는 식초 같은 신맛 없이 톡 쏘며 깔끔한 맛이 난다. 이런 스타일 중 최고를 맛보려면 람빅Lambic과 구에즈Gueuze를 마셔보자. 줄여서 브레트brett라 부르는 브레타노미세스Brettanomyces가 보편적으로 쓰이는 야생 이스트이며, 박테리아로는 페디오코쿠스pediococcus와 락토바실러스lactobacillus를 흔히 쓴다. 야생 이스트는 퀴퀴함을 더해주고 박테리아는 시큼한 맛을 낸다. 두 가지를 함께 쓰거나 따로 써서 맥주 향미를 바꿀 수 있다.

맥아즙Wort

달콤한 엿기름 같은 액체로, 양조용 맥아즙 통에서 만들어진다. 솥에서 맥아즙에 홉을 첨가한 다음, 발효 탱크로 옮긴다. 맥아즙은 아침에 마시기 아주 좋은 음료이다. 특히 지난밤 음주로 인한 숙취 때문에 고생 중이라면 말이다.

맥주가 변질되는 경우

모든 맥주가 훌륭한 것은 아니다. 맥주가 그냥 입맛에 맞지 않아서일 수도 있고, 맥주에 기술적인 결함이 있어 그런 경우도 있다. 흥미롭게도 감식가들은 특이한 성질을 감지해내는 데 있어서 개인차가 심하다. 예를 들어 어떤 감식가는 버터 맛 팝콘 같은 디아세틸diacetyl을 아예 감지하지 못할 수도 있다. 반면 어떤 감식가는 이 맛에 매우 민감하며 속이 느글거린다고 느낄지도 모른다. 그런가 하면 다른 감식가는 이 냄새를 맡고 맛도 느낄 뿐만 아니라 좋아할 수도 있다.

이런 특별한 향미는 맥주에 들어 있는 양에 따라 달라지기도 한다. 미량일 경우에는 마음에 들지 몰라도 함량이 높을 때는 역겨울 수도 있다. 다음은 갖가지 맛과 이런 맛이 야기할 수 있는 느낌에 대한 몇 가지 정보이다.

버터, 버터 맛 팝콘, 버터 스카치, 기름진 마우스필

무엇이? 디아세틸

왜? 발효의 자연스러운 부산물. 이 맛이 맥주에서 난다면 맥주를 양조장에서 너무 급하게 출하했다는 뜻일 수 있다. 이스트가 오염되었기 때문일 수도 있다.

괜찮을까? 라거, 포터, 스타우트에 아주 적은 양이 들어 있을 때.

사탕옥수수, 채소 스튜, 토마토

무엇이? 디메틸 설파이드Dimethyl sulfide : DMS

왜? 곡물, 대부분 연한 맥아pale malt에서 생긴다. 솥에서 충분히 끓이지 않았거나 발효가 느린 것이 원인이다.

괜찮을까? 일부 라거에 아주 적은 양이 들어 있는 경우.

흥미로운 사실 : 트러플 버섯을 찾아내는 개들에게 추적을 위해 맡도록 훈련시키는 냄새가 DMS이다.

종이, 판지, 오줌, 셰리주酒

무엇이? 산화

왜? 산소는 맥주에 좋지 않다. 이런 맛이 난다면 만든 지 오래된 신선하지 않은 맥주를 마시고 있는 것이다.

괜찮을까? 신선한 맥주에서는 절대 나서는 안 되지만 숙성시킨 맥주에서는 필수적인 요소로, 맥주를 개성 있게 만든다.

매캐한 연기, 아일레이 위스키Islay Whiskey, 일회용 반창고, 소독약

무엇이? 클로로페놀

왜? 맥아에 자연적으로 존재하는 페놀산이 물의 염소 성분이나 양조장에서 사용한 세정액 중 하나와 반응해서 생겼을 가능성이 있다.

괜찮을까? 안 된다. 페놀류의 정향 같은 맵싸한 맛을 내는 훈연 맥아smoked malt나 벨기에 이스트Belgian yeast가 만들어낸 맛과 이런 맛을 혼동해서도 안 된다.

'스컹크 방귀 냄새', 썩은 채소, 마늘

무엇이? 햇빛 노출

왜? 햇빛과 맥주는 만나면 안 된다. 날이 무더워 차가운 맥주 1파인트를 마시고 있는 것이 아니라면 말이다. 자외선은 홉 분자를 깨뜨려 맥주 속 유황과 반응하게 해 스컹크가 뿜어내는 것과 같은 악취 나는 화학 물질을 일부 만들어낸다.

괜찮을까? 절대 불가. 투명하거나 초록색 병에 든 맥주를 피하고, 햇빛이 비치지 않는 곳에 맥주를 보관해야 한다.

달걀이나 태운 성냥

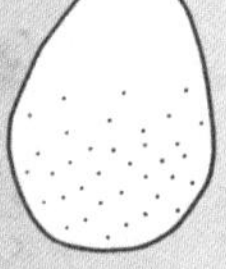

무엇이? 유황

왜? 물('버튼 스내치Burton Snatch'는 버튼-온-트렌트 맥주들 특유의 순간적으로 훅 끼쳐오는 유명한 유황 냄새를 제공한다)이나 이스트에서 생길 수 있다. 오염됐거나 아직 덜 숙성된 맥주라는 증거일 수도 있다.

괜찮을까? 아주 적은 양일 경우. 어떤 맥주는 멋지게 느껴질 수 있는, 섬세하고 달콤한 유황 냄새를 갖고 있다. 다만 일부 소비자들은 유황 냄새에 아주 민감하다.

바나나, 페어 드롭스pear drops, 사과, 장미

무엇이? 아세트산 이소아밀(바나나와 페어 드롭스), 카프릴산 에틸과 카프론산 에틸(사과, 사과나 아니스의 씨), 아세트산 에틸(솔벤트), 초산 페닐에틸(꿀, 장미) 등의 에스테르

왜? 발효되는 동안 이스트가 내는 과일 향기들

괜찮을까? 특정 맥주 스타일에서, 또는 아주 적은 양인 경우에는 괜찮다. 괜찮은지 여부는 얼마나 감지되는지에 달려 있다. 헤페바이젠에서 느낄 수 있는 아세트산 이소아밀을 생각하면 된다. 그러나 다른 스타일에서는 결함일 수도 있다.

간장, 고무 타는 냄새, 마마이트marmite*

무엇이? 자기 분해된 이스트

왜? 이스트가 죽으면서 맥주를 망치는 내장이 터져 맥주에 들어간다.

괜찮을까? 일부 묵힌 맥주에서 아주 적은 양인 경우 허용 가능하다. 그 외에는 안 된다.

사과 껍질 및 즙, 사과주cider, 대량의 페인트

---

* 영국에서 주로 토스트에 발라먹는 이스트 추출물 — 역자

무엇이? 아세트알데히드

왜? 발효의 자연스러운 부산물.

이런 것이 나타난다면 보통 양조장에서 너무 서두른 바람에 맥주가 '덜 익었기' 때문이거나 이스트가 질이 나쁘기 때문이다. 이것이 '사과주 같은' 상태로 확 넘어갔다면 극단적인 수준에 이른 것이다.

괜찮을까? 아니다. 아주 적은 양이라면 넘어갈 수 있겠지만 말이다.

상한 우유, 식초, 레몬즙

무엇이? 어떤 나쁜 것. 시큼한 맥주는 의도적인 것이 아닌 한 좋지 않다.

왜? 맥주에 산패를 가져오는 박테리아가 들어 있기 때문이다.

괜찮을까? 일부 와일드 에일wilde ale을 와일드 에일답게 만든다. 그런 경우가 아니라면 버리는 것밖에 도리가 없다.

아기 토사물Baby Sick

무엇이? 부티르산

왜? 박테리아로 인한 부패. 그리 흔한 경우는 아니지만 일단 발생하면 재앙이다.

괜찮을까? 아니다. 절대 안 된다. 토사물 냄새가 나는 맥주를 마시고 싶은가?

강한 술 냄새, 알코올, 매니큐어 제거제

무엇이? 퓨젤 알코올Fusel alcohol, 솔벤트, 아세트산 에틸

왜? 맥주의 에스테르에서 생긴다. 아주 적은 양이면 과일 같다고 느껴지지만 다량이면 눈이 따가울 수 있다.

괜찮을까? 양이 적으면 괜찮다. 독한 맥주에는 생길 수 있다. 항상 좋게 느껴지는 것은 아니지만 말이다.

치즈, 고린내 나는 양말

무엇이? 이소발레르산이나 오래된 홉

왜? 치즈 맛을 내는 박테리아에 감염되거나 오래되어 산패한 홉을 사용했다는 증거일 수 있다.

괜찮을까? 아니다. 양말 냄새 나는 맥주가 맛있을 리 없지 않은가.

내 맥주는 혼탁하다…

왜? 많은 원인이 있을 수 있다. 이스트가 여전히 남아 있는, 여과하지 않은 맥주나 차가운 상태로 내서 생긴 '냉기 안개chill haze'나 홉이 많이 들어간 맥주에서 생기는 '홉 혼탁hop haze'이나 오염된 맥주 등이 원인일 수 있다.

괜찮을까? 혼탁하다고 해서 나쁜 것은 아니다. 맛이 안 좋다면 나쁜 맥주이다. 그런 경우가 아니면 괜찮다.

맥주 내놓기

맥주를 담아 마시기 위해 고른 잔은 자기가 따르는 맥주에 대한 인식과 경험에 큰 영향을 줄 수 있다. 나도 이런 생각에 의구심을 가졌을 때가 있었다. 당연히 중요한 것은 맥주이지, 잔이 아니라는 생각에서 말이다. 그러다 동일한 맥주를 여러 가지 종류의 잔에 담아 마셔보고 나서 그런 의심이 사라졌다. 그렇게 해보니 어떤 잔은 맥주를 가려버렸고, 어떤 잔은 모든 것을 지나치게 강조했으며, 어떤 잔은 맥주를 좀 더 섬세하게 만들거나 덜 세련되게 만들기도 했다. 특정한 크기와 모양의 술잔이 맥주의 결정적 특징에 대한 감상을 크게 향상시킬 수 있다.

잔

나는 즐겨 이용하는 잔을 따로 모아놓는다. 대부분의 경우, 셰이커, 튤립, 볼, 이 세 종류 잔 중에서 하나를 고른다. 여러분은 오직 하나의 잔에만 맥주를 마시고 싶을지도 모르지만 맥주잔을 선택하는 배후에는 어떤 과학적 원리가 깔려 있어, 이 유리그릇의 형태와 크기가 향미에 대한 감상을 바꿀 수 있다는 것을 알게 될 것이다.

케그

전 세계에서 크래프트 맥주용으로 가장 인기 있는 용기容器이다. 케그 맥주는 가스를 밀어 넣는 통의 꼭지를 통해 탄산이 포화되어 밀려나온다. 케그 맥주는 시원하거나 차가운 상태로 낸다.

캐스크

맥주를 캐스크에서 숙성하는 영국식 전통이 전 세계에서 인기를 끌고 있다. 일반적으로 여과하지 않은 맥주를 탄산을 포화시키지 않고 캐스크에 넣는다. 이스트와 프라이밍 슈거 용액을 추가해서 캐스크 안에서 2차 발효를 일으키면 섬세한 탄산이 생기며 맛도 천천히 발달한다. 제대로 된 캐스크 맥주는 펍에 배달한 후, 며칠 동안 안정과 숙성을 위해 그대로 놔둔다. 따라서 좋은 맥주에는 언제 바에서 낼지를 잘 아는 좋은 저장 담당자가 필요하다. 캐스크 맥주는 저장고cellar의 통에서 직접 뽑아내 파인트 잔에 따르거나 바에서 눌러서 뽑는 디스펜서gravity dispenser에서 따라서 서빙한다. 원칙적으로는 캐스크에 든 맥주는 빨리 마셔버리는 것이 좋다. 안 그러면 산소가 캐스크에 들어가 맥주가 산패되어 고약한 냄새가 날 수 있기 때문이다.

맥주병

맥주 가게에 가면 엄청나게 다양한 모양과 크기의 맥주병을 볼 수 있다. 병은 소비자들이 집에 가져가 냉장고에 넣어놓을 수 있어서 좋다. 또 소비자에게 정보나 지향점을 전달하는 브랜드 라벨을 붙일 수 있어서 좋다. 투명하거나 초록색 병에 든 맥주는 피하자. 이런 맥주는 햇빛에 노출되어 맛이 좋지 않을 가능성이 있기 때문이다.

여러 종류의 맥주잔

다음은 모든 맥주용 찬장에 갖추어야 할 기본적인 잔이다.

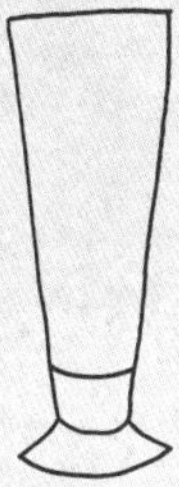

1. 필스너 Pilsner : 길고 가늘어서 기포들이 조밀한 거품을 이루며 차오른다. 이름이 암시하듯이 필스너와 페일 라거의 경우, 이런 잔 스타일이 특유의 섬세한 향기를 바로 코로 밀어 올린다.

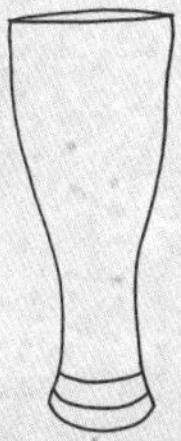

2. 바이스비어 베이스 Weissbier Vase : 헤페바이젠용인 꽃병 모양의 이 잔은 거품이 향기 나는 베개처럼 잔 위에 응집된다. 아름다운 뿌연 보디를 볼 수 있고, 에스테르 향기의 효과를 본격적으로 실감할 수 있는 형태를 하고 있다.

3. 셰이커 Shaker : 땅딸막한 모양을 한 팔방미인으로, 미국 스타일 맥주, 즉 아메리칸 위트American Wheats, 페일 에일pale Ales, 레드Reds, 브라운Browns, IPA와 최고의 궁합을 보여준다. 홉 향기를 지나치게 강화하지 않으면서도 강렬하게 다가오는 홉 향기를 느낄 수 있다.

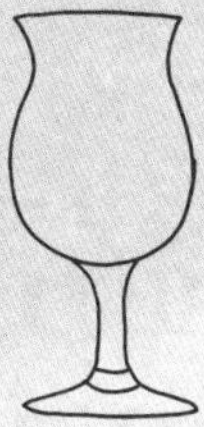

4. 튤립 Tulip : 위트Wits, 세종Saisons, 트리플Triples, 와일드 에일 같은 벨기에 맥주나 그런 스타일에 최적인 우아한 잔이다. 아름다운 색과 탄산을 눈으로 감상하는 동시에, 빙빙 돌려 냄새를 맡고, 위로 점점 가늘어지는 잔 테두리에서 향기에 집중할 수 있다.

5. 볼 Bowl : 임페리얼 스타우트와 발리와인처럼 좀 더 집중을 요하는 강렬한 맥주에 알맞다. 이런 맥주들이 잔을 휘감으며 차오를 때는 고급 증류주를 떠올리면 된다. 즉 마실 때 강화된 향기가 소용돌이치며 올라오게 해줘야 한다.

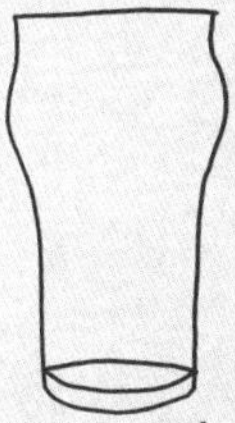

6. 파인트 Pint : 노닉nonic, 맨 위에서 몇 센티 아래 부분이 빙 둘러 밖으로 비어져 나오듯 튀어나온 형태의 맥주잔 – 역자이나 튤립, 또는 각진 형, 또는 겉면이 보조개처럼 푹푹 파인 머그는 도수가 낮은 소위 세션-스타일 맥주인 비터, 페일 에일, 스타우트, 포터를 위한 잔이다. 체코 라거는 따르면 보통 둥근 형태로 움푹움푹 파인 머그에 조밀한 거품이 손가락 세 개 높이만큼 덮인 형태가 나온다. 맥주를 마시기 위한 잔이지, 맥주를 찬찬히 살펴보기 위한 잔은 아니다.

7. 고블릿 Goblet : 땅딸막하고 둥그런 잔으로, 독한 어두운색 맥주인 두벨Dubbel과 쿼드Quad 같은 벨기에 맥주를 마실 때 쓴다. 이런 맥주들은 보통 탄산 함량이 높았다가 금방 사라진다. 고블릿으로 맥주를 마시는 것에는 어딘가 위엄 있고 특별한 구석이 있다. 특히 벨기에의 카페에서 마실 때 그렇다.

캔

캔 맥주는 장점이 많다. 가볍고, 포개 쌓기 쉽고, 산소 수치가 낮고, 햇빛에 노출될 가능성이 없다. 또한 박살나지도 않고, 병보다 더 빨리 차게 만들 수도 있다. 점점 더 많은 크래프트 맥주 양조회사들이 맥주를 캔에 넣어 팔고 있다.

탱크

맥주를 마실 때 탱크에서 따라 마시는 것보다 더 좋은 방법도 없다. 원칙적으로는 맥주는 탱크에서 만들어진 것이니 말이다. 전 세계의 브루 펍은 현재 바 꼭지를 직접 탱크에 연결해 맥주를 내고 있다. 이보다 더 신선한 맥주는 있을 수 없다.

그라울러

동네 양조장에 가서 그라울러를 구해 신선한 생맥주를 가득 채워 집에 가져와 마신 다음, 양조장에 다시 가서 다시 생맥주를 채우길 끝없이, 그리고 행복하게 반복해보자. 그라울러는 보통 용량이 최대 2*l*인 재사용이 가능한 용기로, 양조장에서 갓 나온 맥주를 집에서 마실 수 있도록 해준다.

온도에 대해 한 마디

맥주를 너무 차갑게 하면 향미와 향기가 일부 드러나지 않을 수 있다. 다만 나는 개인적으로 차가운 맥주를 좋아한다. 너무 차갑더라도 얼마 있으면 뜨뜻해질 테지만, 뜨뜻한 것이 저절로 다시 차가워지진 않는 법이다. 각 맥주 스타일마다 마시기에 이상적인 온도가 있다. 라거 같은 일부 맥주는 임페리얼 스타우트 같은 맥주보다 이 온도가 더 낮다. 내 생각에는 얼마든지 자기가 가장 마음에 드는 온도로 마시면 될 것 같다.

맥주와 음식

맥주와 음식이 함께 할 때의 장점은 서로를 새롭고 흥미진진한 방향으로 이끌 수 있다는 것이다. 고급스러운 흰 식탁보에 놓인 음식이든 종이 냅킨이 놓인 식탁에 놓인 음식이든 맥주의 다양한 향미와 강점, 질감은 지금 먹는 것이 무엇이든 그것과 잘 어울리는 융통성을 발휘한다. 시작하기에 가장 좋은 방법은 그냥 직접 뛰어들어보는 것이다. 저녁을 만들고 맥주 몇 병을 따서 맥주와 음식이 어떤 상호작용을 하는지 살펴보자. 이 방법이 언제나 성공하는 것은 아니지만 곧 좋은 조합을 찾아낼 수 있을 것이다.

배경이 되는 과학적 원리

맥주는 식사에 곁들이기에 이점이 많다. 먼저 맥아가 있다. 연한 맥아 보리pale malted barley를 한 움큼 먹어보면 달콤한 견과류 향미가 난다. 초콜릿 맥아를 먹으면 볶은 커피 같은 맛이 난다. 곡물이 가진 특성이 감칠맛savory taste을 더해 음식에 상호보완적으로 작용한다. 이런 곡물에서 맥주의 보디와 깊이depth가 생긴다. 보디와 깊이는 깔끔하면서 섬세하거나, 견과류 맛이 나면서 향신료 맛이 나거나, 부드러우면서 풀 보디이거나, 캐러멜 같거나, 진하고 볶은 풍미이거나, 쌉쌀하거나 달콤하거나, 토닉 워터처럼 가볍거나 크림처럼 묵직할 수 있다. 핵심적으로 고려해야 할 사항은 맥주의 보디, 강도intensity, 알코올 도수이다. 즉 맥주와 음식이 비슷한 강도를 가져야 하고, 알코올과 깊이가 구조를 제공해야 하고, 맥주의 보디는 편안한 풍부함fullness이나 경쾌한 쌉쌀함 둘 중 하나를 제공할 필요가 있다. 밍밍한 맥주는 음식과 전혀 어울리지 않는다. 음식에 압도당해 향미가 살아나지 못하기 때문이다.

홉이 맥주 향기의 대부분을 제공한다. 게다가 우리 미각은 대부분 냄새와 직결되어 있다. 홉이 음식을 흥미롭게 만들 수 있는 것은 이 때문이다. 짜릿하게 강렬하고 맵싸하고 향기롭고 꽃 같고 열대과일 같으며, 시트러스, 흙, 허브 같은 향기와 향미가 비슷하거나 상호보완적인 향미끼리 다리를 놓아 맥주와 요리를 연결해줄 수 있기 때문이다. 홉은 쓴맛도 제공한다. 이 쓴맛이 무겁고 기름진 향미와 질감을 잡아줄 수 있으며, 혀에 약간의 기분 좋은 자극이 되어 맛을 재미있게 만든다. 쓴맛이 너무 강하지 않도록 주의하기만 하면 된다. 아주 쓴 맥주는 짭짤한 스낵과 먹을 때만 좋다. 대부분의 맥주에서 이스트는 중립적인 향미나 미묘한 과일 맛을 낸다. 이스트는 이미 힘든 과업을 해냈다. 즉 맥주에 깊이와 강렬함을 제공하는

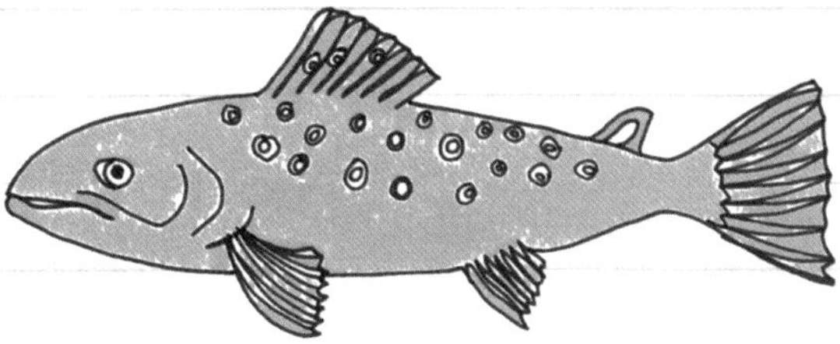

알코올을 만들어냈다. 일반적으로 알코올 함량이 높아질수록 향미 프로필도 풍부해진다. 그래서 헬레스Helles는 가볍고 섬세한 반면, 도펠보크Doppelbock는 독하고 달콤하고 좀 더 풀 보디에 가깝다. 어떤 스타일에서는 이스트가 향미와 질감을 더하기도 한다. 아마 헤페바이젠의 풀 보디와 에스테르 향기, 위트Wit의 맵싸한 과일 향과 톡 쏘는 피니시, 풀 보디를 가진 여과하지 않은 맥주, 또는 이스트와 박테리아로 신 맛을 낸 식욕을 돋우는 산미와 기름진 맛을 잡아주는 능력을 가진 사우어 맥주Sour beer가 그런 경우일 것이다.

탄산도 영향을 미친다. 이때 탄산은 혀의 새로 고침 버튼과 같다. 맥주는 입 속을 휩쓸고 지나가면서 작은 거품들이 터지는 생동감을 안겨줘서, 현재 혀가 맛보고 있는 것에 싫증이 나거나 너무 익숙해지지 않게 해준다. 기름기가 많은 고기나 단 디저트의 경우, 탄산이 향미를 돋우고 입 안을 가볍게 한다.

과일이나 향신료, 대체 곡물, 커피, 술통barrel을 이용해서도 맥주의 향미와 질감을 바꿔서 특정 유형의 식품에 가까워지거나 멀어지게 방향을 틀 수 있다.

맥주와 음식 페어링에 대한 여러 가지 접근법

맥주와 음식에 대해서는 여러 접근법이 있으며, 각 접근 방식은 맥주와 음식을 조합해 서로 다른 결과를 낳는다. 맥주에서 출발해서 거기에 어울리는 음식을 찾아보자. 나는 다음과 같은 방법을 쓴다.

조합

이 방법의 목표는 양쪽에서 비슷한 향미 프로필을 찾아 음식과 맥주 간에 연결고리를 만들어내는 것이다. 잘 어울려서 서로 향미를 끌어당기는 맥주와 요리의 한두 가지 측면을 골라낸다는 뜻이다. 초콜릿 브라우니와 진한 초콜릿 같은 스타우트를 함께 맛보거나, 세종의 미묘한 거친 향미 나는 맵싸함을 후추처럼 알싸한 맛이 나는 샐러드와 짝지어 본다. 중요한 것은 향미를 연결해서 한데 묶어 향상시키는 것이다.

밸런스가 맞는 음식

향미가 풍부한 음식은 풍미가 작렬하는 맥주와는 충돌할 수 있다. 때때로 모든 것을 부드럽게 만들거나 강한 향미를 누그러뜨리는 페어링이 필요하다. 칠리의 얼얼한 매운맛이 좋은 예다. 홉은 칠리의 매운맛에 맞서 강하게 치고 나오기 때문에 어울려 노는 대신 싸우게 된다. 부드러운 초콜릿 같은 밀크 스타우트와 고추의 매운맛 조합을 시도해보자. 이 경우 밀크 스타우트가 모든 것을 진정시킨다. 같은 방식으로 우유는 차에 들어 있는 타닌의 떫은맛을 차분하게 가라앉힌다. 풀 보디와 과일류 향미에 쓴맛이 적은 헤페바이젠도 칠리의 불타는 매운맛을 진화할 수 있다. 매운맛뿐 아니라 어떤 풍미 강한 음식도 맥주로 균형을 맞출 필요가 있다. 훈제한 기름기 많은 생선, 향이 진한 향신료를 쓴 요리, 토마토를 기본 재료로 쓴 톡 쏘는 새콤한 요리, 향이 강한 치즈, 아주 짠 음식 등이 그렇다. 강한 향미의 경우, 섬세한 맥주가 미각을 새롭게 하고, 가벼운 느낌을 유지해줄 수 있다. 두 헤비급 선수가 서로 강타를 주고받는 것처럼 향미를 향미로 맞받아치는 대신 말이다. 위트, 필스너, 세종처럼 쌉쌀하거나 맵싸한 피니시를 가진 맥주나 페일 에일과 IPA처럼 기름기를 잡아줄 수 있는 쓴맛을 가진 맥주, 사우어 맥주처럼 톡 쏘는 신맛을 가진 맥주를 시도해보자. 이런 페어링은 향미 간의 균형을 맞추고 제어해서 어떤 향미가 너무 압도적이거나 서로 싸우지 않게 하기 위한 것이다.

맛있게 마시는 법

어떤 향미는, 아침 햇살을 받으며 잠에서 깨어나면 하루가 훨씬 더 행복해지는 것과 같은 방식으로 다른 향미를 북돋는다. 이 경우에는 여러 다른 향미와 질감을 결합해서 부분의 합보다 큰 전체를 만드는 것이 목표이다. 예를 들어, 훈연 맥주는 고기의 풍미를 주사기로 스테이크나 소시지에 주입하는 것과 같다. 과일 같은, 기름기를 없애주는 IPA는 치즈버거의 기름진 맛을 잡아줄 뿐 아니라, 햄버거의 양념과 치즈 조합과도 잘 어울린다. 또 달콤하고 새콤한 체리 맥주는 초콜릿 디저트의 맛을 북돋우고 생기 넘치게 만든다. 맥주는 이처럼 추가적 요소가 되어 음식에 보탬이 된다또는 음식이 맥주에 보탬이 된다.

지역성

음식과 맥주 조합에는 중요한 지리적·계절적인 측면이 존재한다. 지역 맥주와 지역 요리는 보통 자연스럽게 상호보완적이게 마련이다. 농후한 맛의 만두, 돼지고기와 풀 보디의 어두운색 프라하 라거, 거친 향미가 나고 약간 달콤하며 강렬한 감칠맛이 나는 비프스튜와 ESB엑스트라 스페셜 비터나 벨기에 두벨, 아시아풍 요리와 열대지방 특유의 향이 나는 퍼시픽 페일 에일Pacific Pale Ale, 홍합과 감자튀김Moules-frites 요리와 벨기에 블론드Belgian Blonde나 위트처럼 말이다. 제철 음식도 염두에 두어야 한다. 즉 가을이 다가올 때는 호박 맥주를 거친 향미 나는 채소에 곁들이고, 크리스마스 음식인 칠면조에는 강렬한 향신료 맛이 나는 독한 에일을 선택하고, 여름에는 가벼운 샐러드와 함께 블론드를 마셔라.

피해야 할 것

어떤 향미는 서로 어울리지 않는다. 어떤 맥주는 특정 음식과 그냥 무조건 어울리지 않는다. 예를 들어 섬세한 헬레스는 초콜릿의 맛에 압도당할 것이다. 임페리얼 스타우트는 어떤 섬세한 음식도 압도해버릴 것이다. 산미와 쓴맛은 충돌한다.

다음은 음식과 가장 잘 어울리는 맥주 스타일과 각 스타일은 어떤 음식과 함께 하는 것이 좋은지에 대한 몇 가지 제안이다.

스타일 : 필스너

특성 : 씁쓸한, 허브 같은, 쓴, 향기로운, 섬세한. 가볍고 깔끔한 보디, 허브 같은 짜릿한 쓴맛, 섬세한 탄산 덕분에 필스너는 기름기를 잡기에 아주 좋을 뿐 아니라, 지나치게 요리를 압도하지 않을 만큼 섬세하기도 하다. 활기를 북돋는 데 아주 뛰어나서 혀가 더 많은 즐거움을 느끼도록 자극한다.

조합 : 샐러드의 후추처럼 알싸한 쓴맛과 어울린다. 마늘과 함께 버터로 요리한 조개류, 허브를 넣은 닭날개, 소금과 후추로 요리한 오징어 등

밸런스가 맞는 음식 : 기름기 많은 생선, 톡 쏘는 치즈, 크림 리조토, 타파스, 저크 치킨jerk chicken, 강하고 매운 향신료를 버무리거나 발라 숯불에 구운 닭 요리—역자, 야키도리yakitori

맛있게 마시는 법 : 레몬즙을 짜 넣은 갓 튀긴 생선, 카르보나라의 크림 풍미를 필스너가 잡아주고 경쾌하게 만들 수 있다. 그뿐 아니라 레몬과 허브의 깊이 있는 맛을 더해주기도 한다. 예를 들어 모로코 타진moroccan tagine, 모로코식 매운 스튜. 원추형 뚜껑이 있는 두꺼운 도자기 접시인 모로코 전통 그릇인 타진에 넣어 낸다.—역자

지역성 : 돼지고기, 오리고기, 만두, 칠리와 층을 지어 쌓은 '식초에 절인' 카망베르를 빵과 곁들여 내는 체코풍 맥주 안주 나클라다니 헤르멜린nakládaný hermelín

피해야 할 것 : 필스너의 섬세한 측면을 파괴하는 모든 종류의 디저트

스타일 : 다크 라거

특성 : 구운, 씁쓸한, 향기로운, 섬세한. 색깔에서 짐작되는 것보다 미묘하며 보통 목 넘김이 가볍다. 다크 라거는 희미한 진한 색 맥아dark malt 향미와 캐러멜의 깊이를 제공해서 음식과 대단히 잘 어울린다. 그러나 조심해야 할 것이 있다. 보디가 있는 다크 라거여야만 한다는 것이다. 그렇지 않으면 음식에 곁들여 마실 때 아린 맛이 나고 밍밍할 수 있다.

조합 : 검게 태운 스테이크, 고기나 연어 구이 요리, 소시지, 케이준 생선이나 흰색 육류닭고기처럼 요리하면 연한 색깔이 되는 육류—역자

밸런스가 맞는 음식 : 구운 돼지고기나 오리, 훈제 생선, 햄버거, 토마토소스 파스타, 피자, 한국 요리, 반미banh mi, 쌀로 만든 바게트 빵에 갖가지 재료를 끼워 만든 베트남식 샌드위치—역자, 파타타스 브라바스patatas bravas, 매콤한 토마토소스를 얹은 작은 감자튀김 조각으로 된 스페인 요리—역자

맛있게 마시는 법 : 부드러운 초콜릿의 깊이 있는 맛이 매캐하고 자극적인 향신료와 잘 어울리는 멕시코 요리가 알맞다. 예를 들어 통닭 꼬치rotisserie chicken, rotisserie는 회전식 쇠꼬챙이에 끼워 전기로 돌려가며 굽는 기구—역자. 다크 라거는 생선회의 단맛과 간장의 짠맛, 작은 봉지에 든 고추냉이의 매운맛을 감싸준다.

지역성 : 브라트부르스트bratwurst, 지져서 구워 먹는 독일식 돼지고기 소시지—역자와 푸짐한 감자 샐러드

피해야 할 것 : 달거나 톡 쏘는 새콤한 요리. 이런 요리는 다크 라거의 가벼움을 지워버린다.

스타일 : 쾰슈

특성 : 섬세한, 과일 같은, 상쾌한, 쌉쌀한.

크림 같은 보디에 이어서 짜릿한 쓴맛이 갑자기 나타나기 때문에 음식과 아주 잘 어울리는 맥주이다. 살짝 스치는 미묘한 과일 향기는 매혹적인 향수를 뿌린 누군가가 옆에 앉은 것 같은 느낌을 준다. 쾰슈와 더불어 크림 및 스팀 맥주도 비슷한 향미 프로필을 가진다.

조합 : 기름진 연어는 쾰슈의 부드러운 보디와 찰떡궁합을 이룬다. 시저 샐러드, 아스파라거스 타르트 등

밸런스가 맞는 음식 : 로스트 치킨Roast chicken, 팟타이, 포나 국수류, 중국 딤섬, 생선 케밥, 순한 치즈, 양파와 겨자가 듬뿍 들어간 핫도그

맛있게 마시는 법 : 관자, 바다가재, 게의 단맛을 쾰슈가 멋지게 끌어올린다. 프라이드치킨이 가진 버터 같은 성질을 이런 스타일의 맥주가 부드러운 맥아 향미로 덮어준다. 해산물 탈리아텔레, 프렌치프라이의 짠맛과도 잘 어울린다.

지역성 : 돼지고기와 사우어크라우트, 감자튀김

피해야 할 것 : 디저트. 쾰슈는 식사 시작이나 중간에 곁들일 술이지, 끝에 마실 만한 술은 아니다.

스타일 : 위트

특성 : 향신료 같은, 과일 같은, 쌉쌀한, 허브 같은.

보통 부드러운 보디를 갖고 있으며, 특히 미국 버전 위트가 그렇다. 또 향신료의 톡 쏘는 맛과 탄산은 위트에 쌉쌀하고 산성 산미에 가까운 상큼하고 짜릿한 맛을 갖게 한다. 한편 대부분의 위트에 들어가는 오렌지와 빻은 코리앤더ground coriander가 제공하는 깊이는 생기 넘치는 과일류 향미를 더한다.

조합 : 대부분의 샐러드가 위트의 신선함과 좋은 궁합을 보인다. 레몬을 곁들인 흰 살 생선, 허브에 구운 닭, 차우더, 레몬 드리즐 케이크나 오렌지 마들렌, 모차렐라와 바질 샐러드

밸런스가 맞는 음식 : 기름기 많은 생선, 북아프리카 향신료, 팔라펠, 굴, 칼라마리, 순한 치즈, 화이트 피자화이트소스, 리코타 치즈, 모짜렐라 치즈 등을 시금치를 넣어 만든 피자—역자

맛있게 마시는 법 : 위트는 스시 맛을 우아하게 북돋아준다. 타이 음식이 가진 시트러스, 향신료, 녹색 잎이 무성한 허브의 조화가 위트와 만나 활기를 얻는다. 빠에야나 해산물 리조토, 봉골레 스파게티도 좋다.

지역성 : 홍합과 감자튀김moules frites은 맥주를 넣어 만들어도 최고이고, 맥주와 먹기에도 최고이다.

피해야 할 것 : 초콜릿은 위트의 씁쌀한 향신료 맛과 전혀 어울리지 않는다.

스타일 : 헤페바이젠

특성 : 과일 같은, 향신료 같은, 때로는 크림 같은, 씁쌀한.

남아 있는 이스트로 인한 풍부한 보디가 혀에 포근한 담요를 덮는 것 같은 느낌을 준다. 한편 상쾌한 탄산은 입 안에서 활기 있게 터지고 약간의 산미를 더해주기도 한다. 은은하게 깔리는 미묘한 맥아 향이 깊이를 더하는가 하면, 에스테르, 과일, 훈제와 향신료 향기는 축구에서 예기치 못한 방향으로 하는 눈속임 패스 같은 효과를 내서 여러 음식과 잘 어울린다. 헤페바이젠의 큰 형님 격이라 할 만한 바이젠보크Weizenbock는 더 풍부하고 강한 향미를 가지고 있다.

조합 : 바나나 케이크, 이런 맥주의 향신료 같은 짜릿한 맛과 희미한 훈연 향미를 똑같이 가진 바비큐 케이준, 저크 피시, 닭고기, 돼지고기, 바이젠보크와 애플파이

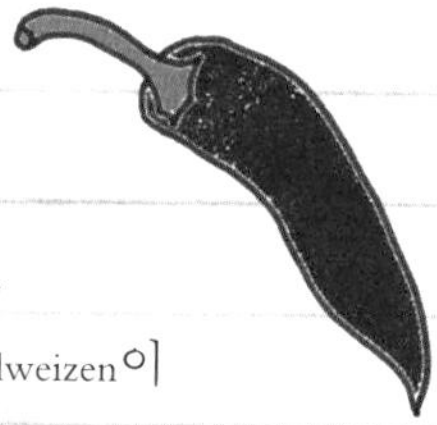

밸런스가 맞는 음식 : 멕시코 음식의 향신료 맛과 매운맛을 헤페바이젠이 상쇄하고 눌러줄 수 있다. 짙은 색 헤페바이젠인 둥켈바이젠Dunkelweizen이 이런 역할에 더욱 뛰어나다. 인도 향신료로 구운 닭고기, 콧속에서 폭발하는 스시 속 고추냉이를 헤페바이젠이 진정시킬 수 있다.

맛있게 마시는 법 : 태국 음식은 헤페바이젠을 곁들이면 맛이 배가된다. 맥주가 모든 맛을 완성해주기 때문이다. 코코넛을 넣은 커리와 훈제 햄에 곁들여보자. 달걀과의 궁합도 훌륭하다. 오믈렛, 에그 베네딕트, 베이컨과 달걀 등과 함께 마셔보자. 디저트의 경우에는 바이젠보크를 구운 바나나와 함께 마셔보자. 양쪽에 공통적으로 들어 있는 토피 향미가 서로 환상적인 조화를 이룬다.

지역성 : 모든 종류의 돼지 부위 요리

피해야 할 것 : 강한 산미와 톡 쏘는 향미는 맥주에 약하게 깔려 있는 산미와 충돌한다.

스타일 : 벨기에 두벨

특성 : 맥아 같은, 과일 같은, 견과류 같은, 때로는 씁쌀한, 때로는 강렬한.

상쾌한 탄산이 가벼움을 더하고, 보디는 말린 과일의 단맛을 풍부하게 가졌으며, 깊이 있는 빵 같은 맛이 있고, 크리스마스 요리에 들어가는 향신료 같은 느낌의 후추 맛이 나, 달콤하고 감칠맛 나는 요리와 잘 어울린다. 다양한 요리에 어울리는 유연성 있는 맥주이다.

조합 : 블루베리 프렌치 토스트, 애프터눈 티, 무화과와 블루치즈, 달콤한 소스를 곁들인 구운 가지, 테리야키

밸런스가 맞는 음식 : 향이 강한 치즈, 중국 국수, 찻잎으로 훈제한 생선tea-smoked fish, 볼로네제 스파게티, 로즈마리를 뿌린 구운 양고기

맛있게 마시는 법 : 향신료를 뿌려 구운 사과, 온갖 곁들임 음식과 함께 하는 칠면조 구이, 치즈와 버섯 타르트

지역성 : 카르보나드carbonnade, 쇠고기와 양파에 맥주를 넣어 끓여 조린 요리—역자. 특히 두벨로 끓인 경우.

피해야 할 것 : 모든 종류의 커리나 시트러스

스타일 : 벨기에 트리펠/ 스트롱 골든 벨기에 에일

특성 : 향신료 같은, 쌉쌀한, 향기로운, 상쾌한. 벨기에 트리펠이 가진 콕 쏘는 탄산은 아주 진하고 무거운 향미에 맞서 맛을 가볍게 띄워 날려버리는 헐크 같은 괴력을 발휘한다. 벨기에 트리펠은 깊이 있는 거친 향신료 향미를 갖고 있지만 놀라울 정도로 섬세한 뒷맛을 남긴다. 한편 견고한 쓴맛과 무게감 있는 알코올 도수 덕분에 트리펠은 슈퍼 히어로 같은 반주용 맥주가 된다. 또 트리펠을 샴페인의 아주 근사한 분신으로 보아도 된다. 벨기에 블론드와 페일 에일이 비슷하지만, 좀 더 부드러운 버전이다. 보통 더 톡 쏘는 쓴맛을 갖고 있지만 말이다.

조합 : 허브 버터를 첨가한 아귀나 바다가재, 시저 샐러드, 구운 야채, 해산물 파스타

밸런스가 맞는 음식 : 강한 마늘 향미. 이 경우, 맥주에서 풍기는 미묘한 유황 냄새와 음식이 굉장히 잘 어울린다. 안초비, 아티초크, 바질을 넣은 피자, 돼지고기 요리, 고다 치즈나 냄새가 고약한 세척 외피 치즈숙성시키면서 주기적으로 소금물이나 와인으로 씻어 독한 향미를 갖게 한 치즈—역자, 향긋한 아시아 코코넛 요리, 카술레cassoulet, 고기와 소시지 등을 흰 강낭콩과 섞어 뭉근히 끓인 요리—역자, 크리스마스·추수감사절 만찬

맛있게 마시는 법 : 아스파라거스와 트리펠은 아주 궁합이 잘 맞는다. 특히 수란과 훈제 베이컨을

곁들이면 더욱 그렇다. 바질, 치즈, 마늘을 넣은 페스토 파스타는 이 맥주 스타일과 아름다운 화음을 이룬다. 살구 타르트는 트리펠의 견과류 향미와 만나면 더욱 달콤해진다.

지역성 : 와테르주이Waterzoi—채소를 넣어 조리한 생선이나 닭고기 크림 스튜

피해야 할 것 : 칠리의 매운맛. 또 벨기에 초콜릿은 쿼드루펠Quadrupel이나 크리크Kriek가 아니면 피해야 한다.

스타일 : 플랑드르 레드와 플레미시 브륀

특성 : 강렬한, 톡 쏘는, 식초 같은, 씁쌀한.
이런 핏빛 맥주들은 보통 강하게 톡 쏘는 맛을 갖고 있다. 식초 같이 톡 쏘는 신맛은 요리에 특별한 첨가물처럼 작용하거나 기름진 맛을 잡아준다. 향미를 향상시킬 수 있는 감칠맛 비슷한 육미를 더해주기도 한다. 씁쌀하고 타닌처럼 떫은, 셰리주 같은 피니시와 오크 같은 나무 향이 합쳐진 깊이 있는 맥아 향미를 갖고 있기도 하다.

조합 : 아침식사에 블러디 메리 대신 이 스타일 맥주를 곁들여보자. 레드는 샐러드드레싱의 식초처럼 여기면 된다. 토마토 브루스케타와도 잘 맞는다.

밸런스가 맞는 음식 : 염소젖 치즈와 세척 외피 치즈, 구운 오리고기나 사슴고기, 크로크 무슈나 마담 무슈

맛있게 마시는 법 : 푸아그라나 파테. 플랑드르 레드는 케첩을 뿌린 것처럼 레어로 구운 스테이크 맛을 향상시킨다. 보존 처리된 고기, 소시지도 마찬가지.

지역성 : 스텀프Stoemp—감자와 채소를 함께 으깨 소시지와 함께 내는 요리

피해야 할 것 : 식초 절임 식품, 시트러스, 모든 종류의 커리

스타일 : 사우어 맥주와 과일 맥주

특성 : 강렬한, 톡 쏘는, 씁쌀한, 과일 같은.

수많은 맥주 스타일이 여기 속한다. 람빅, 구에즈, 아메리칸 사우어/와일드 맥주, 크리크와 프람부와즈Framboise 등의 과일 맥주. 플랑드르 레드가 콕 쏘는 식초 같다면 이런 맥주는 시트러스의 톡 쏘는 신맛에 가깝다. 어떤 맥주는 추가 재료로 과일이 들어가고, 이런 맥주 중 일부는 단맛이 나기도 한다. 술통 숙성으로 감칠맛 같은 깊이를 더하기도 한다. 톡 쏘는 새콤함, 쌉쌀한 피니시, 발포성 탄산 덕분에 이런 맥주는 식욕을 돋우고 음식에 곁들이는 반주로 인기가 있다.

조합 : 굴, 세비체ceviche, 페루의 대표 요리로, 새콤한 해산물 샐러드—역자나 해산물, 특히 아보카도를 곁들인 경우에 좋다. 염소치즈와 구에즈, 체리 치즈케이크와 달콤한 크리크, 자연 건조한 돼지고기의 기름진 풍미가 람빅과 구에즈의 오크 프로필과 잘 어울린다.

밸런스가 맞는 음식 : 초콜릿의 농후한 풍미와 과일로 당분을 첨가한 과일 맥주, 푸아그라나 파테와 전통적인 사우어 맥주, 구운 오리, 크림 파스타, 브리와 카망베르 치즈

맛있게 마시는 법 : 닭 껍질 튀김이나 프렌치프라이 같은 짭짤한 음식, 크림 브륄레와 새콤달콤한 프람부와즈는 천상의 조화를 이룬다.

지역성 : 칩과 마요네즈, 크리크와 벨기에 초콜릿이나 벨기에 와플

피해야 할 것 : 칠리의 매운맛, 산미, 신맛과 충돌하므로 쓴맛 나는 모든 음식

스타일 : 아메리칸 페일 에일과 IPA

특성 : 강렬한, 과일 같은, 쓴.

홉을 받쳐주어야 하기 때문에 이런 맥주의 맥아 베이스는 보통 풍부한 맛을 낸다. 캐러멜 같은 단맛도 난다. 이 말은 음식과 아주 잘 어울린다는 뜻이다. 피해야 할 것은 아주 짠 음식에 곁들이는 경우가 아니라면 쓴맛이 아주 강한 맥주이다. 그런 맥주를 골랐다가는 누군가 내 혀를 팔꿈치로 내리찍는 것 같은 느낌을 받게 될 것이다. 아메리칸 크래프트 라거와 비슷하지만 이쪽 프로필이 더 가볍다.

조합 : 체다 치즈가 가진 과일 향미가 홉의 과일 향과 딱 들어맞는다. 육포용 양념은 맥주의 시트러스와 소나무 향과 잘 어울린다. 너무 화끈하게 매운 것만 피하면 된다. 프랑스령 카리브 요리, 특히 소금에 절인 생선도 좋다.

밸런스가 맞는 음식 : 스테이크와 프렌치프라이, 3단 샌드위치, 어니언 링, 토핑을 얹은 나초, 크림 같은 블루치즈, 퀘사디야

맛있게 마시는 법 : 치즈버거, 홉의 과일 향이 치즈버거의 치즈 및 양념 소스와 잘 어울리고, 홉의 쓴맛은 느끼함을 잡아준다. 쓴맛이 적은

맥주라면 시트러스 치즈 케이크. 당근 케이크 종류도 맛있다. 특히 당근 케이크에 두텁게 크림치즈 프로스팅을 입힌 경우라면 더 좋다.

지역성 : 치즈버거, 맥앤치즈, 타코

피해야 할 것 : 초콜릿, 토마토소스 커리. 토마토와 자몽을 같이 먹는다고 생각해보라. 절대 사양이다.

스타일 : 퍼시픽 에일 및 IPA

특성 : 강렬한, 과일 같은, 쓴, 향기로운.

아메리칸 에일 및 아메리칸 IPA와 비슷하지만 홉 향미가 시트러스보다는 열대과일자몽, 오렌지, 소나무 대신 구즈베리, 포도, 패션프루트, 망고, 파인애플에 더 가깝다.

조합 : 치킨이나 생선 샐러드, 베트남 국수, 망고 샐러드를 곁들인 요리

밸런스가 맞는 음식 : 스시, 피시 앤 칩스, 과일 맛 치즈, 태국 코코넛 커리, 양고기 버거

맛있게 마시는 법 : 맥주의 향긋한 과일 향기가 요리의 단맛과 잘 어울리는 태국 음식, 폴리네시아 요리

지역성 : 향긋한 샐러드를 곁들인 생선 바비큐

피해야 할 것 : 토마토소스. 토마토와 패션 프루트를 같이 먹는다고 상상해보라. 나라면 사양하겠다. 다크 초콜릿, 산미 나는 모든 것

스타일 : 앰버, 레드, 브라운 에일

특성 : 토스트 같은, 과일 같은, 쓴, 구운roasty, 견과류 같은.

이 경우 맥주의 복합적인 향미가 결합해서 가볍고 견과류 같은 맛에서 진하고 구운 맛에 이르는 맥아 맛을 낸다. 쓴맛은 적당하거나 강할 수 있고, 향기도 마찬가지이므로 너무 강렬한 것은 피해야 한다. 이런 스타일은 음식과 잘 어울린다. 맥아 향미가 견고한 바탕을 이루며 그다음에 홉이

일격을 가한다. 영국 버전은 더 거친 향미가 나고, 미국 버전은 좀 더 시트러스에 가깝다.

조합 : 구운 붉은 고기, 바비큐 고기, 햄, 고구마 튀김, 살코기가 많은 생선, 사테이satay, 꼬치에 꿴 고기에 향신료를 발라 구운 인도네시아 및 말레이시아 쪽 고기 요리 — 역자.

밸런스가 맞는 음식 : 화히타, 퀘사디야, 내장, 필라프, 견과류 맛이 나는 치즈, 맥앤치즈, 피자

맛있게 마시는 법 : 버섯의 거친 향미를 브라운 에일이 강화한다. 레드 에일의 단맛이 버거의 고기 맛을 한층 진하게 만든다. 풀드 포크pulled pork, 저온에서 오래 구운 돼지고기 요리 — 역자와도 잘 어울린다.

지역성 : 영국의 일요일 점심 요리, 미국의 바비큐 립

피해야 할 것 : 산미, 섬세한 요리는 맥아에 묻혀 버린다.

스타일 : 비터와 ESB

특성 : 과일, 쓴, 맥아 풍미의, 향기로운. 전통적인 영국 맥주 스타일로, 호박색에서 갈색에 이르는 색을 가지고 있다. 맥아와 홉 간의 향미 균형이 담당 브루마스터의 기량을 보여준다. 홉들이 거친 향미와 꽃향기, 산울타리 관목과 함께, 현대적으로 해석한 버전에서는 시트러스 향도 내는 한편, 맥아는 토피나 토스트 향미가 난다. 일상적으로 편하게 마실 목적으로 제작한 맥주이기 때문에 함께 즐기는 음식도 이런 개념으로 고른다.

조합 : 고기, 치즈, 빵, 피클로 이루어진 플라우맨즈 런치Ploughman's lunch, 주로 영국 펍에서 내는 일상적인 식사 메뉴 — 역자, 구운 고기의 캐러멜화된 겉면이 이런 스타일 맥주의 깊이 있는 단맛과 특히 잘 맞는다. 소시지와 양파 그레이비를 곁들인 으깬 감자도 좋다.

밸런스가 맞는 음식 : 돼지비계 껍질 튀김pork scratching처럼 술집에서 파는 간단한 식사용 짠 스낵 종류, 감칠맛 나는 파이, 스카치 에그, 피시 앤 칩스, 치즈 샌드위치

맛있게 마시는 법 : 거친 향미가 훅

끼치는 홉과 맥아 베이스가 버섯 리조또에 생기를 북돋운다. 비터 맥주와 태국 음식 조합도 뭔가 흥미로운 구석이 있다. 그래서인지 현재 많은 영국 펍이 메뉴에 이국적 음식을 올리고 있다. 이런 맥주의 둔탁한 쓴맛이 발랄한 아시아 요리의 향미를 맞받아친다.

지역성 : 온갖 곁들임 음식과 함께 나오는 로스트 비프, 플라우맨즈 런치

피해야 할 것 : 강한 단맛

스타일 : 훈연 맥주

특성 : 강렬한.

훈연 맥주는 경향에 따라 몇 가지로 분류할 수 있다. 아일레이 위스키 같은 매캐함, 장작불 같은 매캐함, 훈제 고기 같은 매캐함으로 말이다. 아일레이 위스키 같은 매캐함은 강렬하기 때문에 보통은 음식과 상호보완적이지 않다. 그러나 다른 종류는 음식과 아주 잘 어울린다. 특히 고기 풍미가 진할수록 그렇다. 저녁 요리에 고기 풍미를 한방에 차넣는 것 같은 역할을 한다. 훈연 맥주는 짜릿한 산미를 부드럽게 다스리는 데도 능하다.

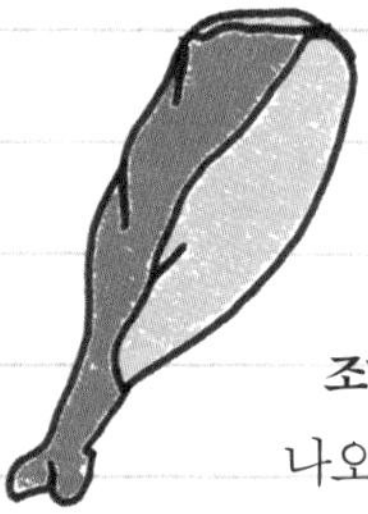

조합 : 특히 드레싱을 뿌린 샐러드와 함께 나오는 구운 고기와 생선, 훈연한 고기와 치즈 등과 궁합이 좋다. 구운 가지는 깊이 있는 매캐한 맛이 난다. 후무스, 갓 구운 빵과 함께 먹어보자. 브리스킷 앤드 번트 엔드 빈즈캔자스식 훈제 바비큐 요리인 brisket and burnt-end. burnt-end는 훈제 소고기 가슴살인 bristket에서 지방이 풍부한 부분을 따로 떼어내서 때로는 달콤한 바비큐 소스를 입혀 바짝 더 훈제해 적어도 한쪽은 까맣게 탄 풍미 가득한 요리이다. 이것을 토마토소스에 넣어 삶은 콩과 함께 낸다. — 역자도 어울린다.

밸런스가 맞는 음식 : 훈연 향미는 산미의 균형을 맞추고 차분하게 만들 수 있으며 그 반대도 성립한다. 따라서 톡 쏘는 곁들임 요리가 함께 나오는 고기와 마시면 보통 가장 좋다. 사우어크림과 함께 나오는 치포틀 같은 멕시코 요리나 김치와 한국 음식, 일본식 석쇠구이 고기와도 잘 맞는다.

맛있게 마시는 법 : 소시지와 고기 맛을 더 진하게 만든다. 칠리, 토마토 파스타, 생선 파이, 라면. 장작불 종류의 훈연 향미를 가진 훈연 맥주를 레몬 타르트와 먹어보자. 색다르고 맛있을 것이다.

지역성 : 밤베르크의 라우흐비어는 커다란 고깃덩어리와 한 무더기의 사우어크라우트, 감자 요리와 잘 어울리도록 만들어져 있다.

피해야 할 것 : 너무 섬세한 모든 것, 대부분의 커리 요리

스타일 : 밀크와 오트밀 스타우트

특성 : 매끄러운, 구운, 크림 같은.

드라이 스타우트가 요리에 까맣게 탄 것 같은 쓴맛을 줄 수 있다면 밀크 및 오트밀 스타우트는

짙은 색 맥아 향미 뿐 아니라, 깊이 있는 단맛과 매끈한 보디를 전해주기 때문에 다양한 음식과 잘 어울린다.

조합 : 구운 고기, 훈연 치즈, 크림 같은 디저트. 일본식 닭꼬치yakitori는 석쇠가 만들어낸 달콤한 탄 맛을 낸다. 초콜릿 케이크도 좋다.

밸런스가 맞는 음식 : 멕시코와 카리브 연안 요리의 매운맛과 향신료, 부리토, 그뤼에르와 콩테 같은 견과류 맛 나는 치즈

맛있게 마시는 법 : 칠리와 몰mole, 고추와 카카오 외에 갖은 양념을 더한 멕시코식 매운 소스—역자 같은 멕시코 요리. 이 경우 맥주의 초콜릿 향미가 요리의 이런 요소들과 잘 어울린다. 깊이 있는 진한 맛이 토마토 파스타와 피자와 대단히 어울린다. 바비큐와 석쇠구이 고기의 향미를 맥주의 단맛이 원숙하게 마무리 짓는다.

지역성 : 본격적인 영국식 아침식사에 곁들여 마신다. 건강식을 원한다면 오트밀과 마셔보자.

피해야 할 것 : 가벼운 샐러드. 초콜릿 맛은 조금도 어울리는 구석이 없다.

스타일 : 임페리얼 스타우트

특성 : 부드러운, 구운, 크림 같은, 농후한, 강렬한, 강력한 맥주, 원숙한 향미, 독한 술 맛. 구운 맛 비터나 홉 맛 비터, 단맛 나는 비터 같은 맛이 날 수 있다. 아니면 셋 모두일 수도 있다. 술통에서 얼마간 더 숙성시키면 버번, 견과류, 추가적인 단맛과 질감이 생긴다.

조합 : 초콜릿 디저트, 브라우니, 립, 블루치즈의 짭짤한 농후한 맛

밸런스가 맞는 음식 : 바닐라 아이스크림, 향이 강한 치즈, 칠리 콘 카르네쇠고기와 콩에 칠리와 토마토 소스 등을 넣어 끓인 스튜—역자

맛있게 마시는 법 : 베리 종류의 디저트와 함께 즐긴다. 이 경우 딸기와 초콜릿이 섞인 디저트를 고려해보자.
배노피 파이banofee pie, 토피와 바나나, 크림으로 만든 파이—역자, 크림 브륄레, 피넛버터&젤리 샌드위치

지역성 : 고향은 영국이지만 전 세계를 누빈다. 현지에서 만든 초콜릿과 스타우트 한 병을 마셔보자.

피해야 할 것 : 섬세한 향미, 그리고 과음

맥주와 요리

맥주는 음식과 함께 마시는 것뿐 아니라, 깊이 있는 향미가 많은 요리와 훌륭하게 어울릴 수 있어 탁월한 요리 재료가 될 수 있다. 나는 개인적으로 어떤 경우든 레시피에 액체가 들어가면 그 자리에 맥주를 넣는 식으로 맥주를 요리에 사용한다.

어떤 맥주를 사용할지는 쓰는 사람 마음이지만 음식을 돋보이게 할 수 있다고 예상되는 향미나 맥주를 골라야 한다. 더불어 경고 한 마디를 덧붙여야겠다. 조리는 보통 맥주의 쓴맛을 강화한다는 것이다. 따라서 쓴 맥주를 쓰면 필시 아주 강한 맛이 나는 요리가 될 가능성이 높다. 어떤 사람들은 맥주를 요리에 쓰는 것이 쓸데없는 짓이라 여기기도 한다. 그러나 나는 그런 말에 개의치 않는 편이다. 다음은 내가 가장 좋아하는 맥주 레시피들이다.

비어라미수Beeramisu

티라미수 같지만 맥주로 만든 것이다. 커피 대신 임페리얼 스타우트를 넣는다. 커피 스타우트처럼 술통 숙성 맥주를 써도 좋고 맥주를 크림 토핑에 조금 섞어도 좋다.

맥주 맥 앤 치즈Beery Mac 'N' Cheese

맥주와 치즈는 환상의 짝이다. 맥주가 느끼함을 잡아주고 치즈의 과일 향미를 두드러지게 하기 때문이다. 맥주를 더해 맥 앤 치즈의 치즈 소스에 깊이 있는 토피 풍미를 더해보자. IPA도 여기에 잘 어울린다. 아니면 방향을 아예 다르게 잡아서, 치즈와 맥주 퐁듀를 만들어 맥주로 만든 술 빵beer bread을 찍어 먹어보자.

맥주 베이킹Beer baking

임페리얼 스타우트나 발리 와인, 과일 맥주를 컵케이크나 브라우니 믹스에 넣는다. 쿠키의 경우, 임페리얼 스타우트나 독한 밀 맥주를 믹스에 넣거나 연한 색 맥아를 일정량 빻아서 밀가루 반죽에 넣는다. 나는 빻은 연한 색 맥아를 닭고기에 입혀 치킨 너겟을 만들기도 한다. 맥주 케첩과도 아주 잘 어울린다. 맥아 풍미가 진한 흑맥주를 치즈 막대 과자에 넣어 요리한 다음, 같은 맥주를 더 가져다 함께 마신다.

맥주 반죽beer batter

청량감 있는 차가운 라거를 튀김옷 반죽에 부으면 튀김옷이 가볍고 바삭바삭해진다. 여기서 쓰이는 것은 맥주의 거품이다. 예전에 한 번 펍에 가서 피시 앤 칩스를 주문한 적이 있었다. 펍 주인이

"반죽에 어떤 맥주를 넣을까요?"라고 물었다. 바에 있는 맥주 중에서 아무거나 고르면 주인은 그 맥주를 넣어 즉석에서 반죽을 만들었다. 내가 고른 맥주 맛이 딱히 나는 것은 아니었지만 아주 멋있었다. 나는 딸기, 맥주 튀김옷 반죽을 입혀 피넛버터&젤리 샌드위치를 기름에 튀겨본 적도 있었다. 그 후 다신 시도하지 않았지만 말이다. 맥주는 팬케이크를 만들 때도 좋다. 이때는 임페리얼 스타우트와 과일 맥주가 가장 좋다. 특히 팬케이크 위에 뭔가 맥주와 상호보완적인 것을 곁들인다면 말이다.

캔 맥주 통닭beer-can chicken

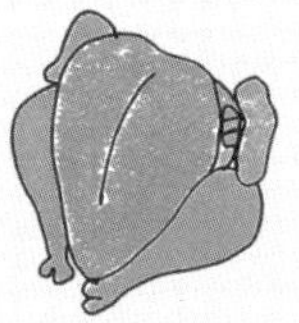

크래프트 맥주 한 캔을 가져다 잔에 반을 부은 다음, 반이 빈 맥주 캔을 바로 세워 그 위에 통닭 엉덩이 쪽을 끼운다. 이런 상태로 닭을 똑바로 세워서 조리한다. 가급적 뚜껑이 있는 바비큐 석쇠 위에서 굽는 것이 좋다. 닭 위에 맥주를 약간 끼얹어 조미료, 허브, 향신료와 함께 마리네이드양념장에 재우는 것—역자한다. 끝내주는 닭 요리법이다.

맥주 젤리 Beer jelly

대학교에서 나는 보드카 젤리를 많이 먹었다. 학생에게는 "액체 빵liquid bread, 맥주가 한때는 식사 대용과 영양 제공용이었을 만큼 배를 부르게 하고 영양분을 제공하기 때문에 이런 별칭이 있다.—역자"에 해당되는 것이 이 보드카 젤리라고 할 수 있다. 젤라틴, 설탕 시럽, 맥주, 물을 섞는다. 이때는 과일 맥주가 최고이다. 작은 위스키 잔에 이 젤리를 담고 맥주 아이스크림을 위에 올려서 낸다. 이러면 꼭 맥주잔을 축소해놓은 것처럼 보인다.

맥주 수프beer soup

달콤한 양파와 브라운 에일, 치즈 크루통을 얹으면 특히 맛있다.

체리 맥주 소스cherry beer sauce

과일 맥주는 쓴맛이 아주 적어서 소스를 만들 때 쓰기에 아주 좋다. 그레이비에 넣어 엽조獵鳥, 야생오리와 꿩 등 사냥해서 잡는 새—역자 요리에 같이 낸다.

칠리 콘 카르네chili con carne

느린 조리 방식이 맥주와 잘 어울린다. 임페리얼 스타우트 한 병을 칠리에 넣는다. 한 병을 온전히 다 부을 배짱만 있다면 술통 숙성 맥주를 쓴다. 몇 시간 동안 조리한 다음, 칠리의 작렬하는 매운맛과 섞인 스타우트의 깊이 있는 달콤한 맛을 음미해보라.

초콜릿 소스chocolate sauce

초콜릿 소스를 만든다. 그리고 맥주를 넣는다. 이때 술통 숙성 맥주가 가장 적합하다. 끝으로 바닐라 아이스크림 위에 붓는다.

양념condiment

맥주 케첩이나 맥주 바비큐 소스, 맥주 겨자소스, 맥주 처트니, 맥주 마요네즈를 만들거나 아니면 맥주 샐러드드레싱을 시도해보자. 훈연 맥주를 케첩이나 바비큐 소스에 써보라. 맥아 풍미가 강한 에일은 처트니나 겨자소스를 만들 때 사용한다. 사우어 맥주나 위트는 마요네즈에 넣어보자. 맥주는 샐러드드레싱에 넣어도 좋다. 오일, 식초, 맥주를 섞는다. 이 경우에는 IPA도 괜찮지만 과일 맥주나 아메리칸 위트나 위트, 헤페바이젠이 최고이다.

홉 프라이드 치킨hop-fried chicken

나만의 조리 비법으로, 허브와 향신료를 섞어 프라이드치킨에 쌉쌀한 과일 향미를 낸다. 홉 꽃을 통째로 으깨고 여기에 소금, 후추, 카이엔 가루cayenne pepper, 일종의 붉은 고춧가루—역자, 칠리 파우더, 파프리카, 타임, 월계수 잎, 설탕과 밀가루 약간을 더한다. 그다음 일반적인 프라이드치킨처럼 조리하거나 굽는다.

아이스크림과 셔벗ice cream and sorbet

맥주를 믹스에 넣고 휘젓는다. 다만 쓴맛이 나지 않도록 임페리얼 스타우트나 과일 맥주를 사용하도록 한다. 톡 쏘는 새콤한 사우어 맥주는 훌륭한 셔벗이 된다. 나는 빻은 연한 색 맥아, 우유, 크림을 이용해 우리 집 부엌에서 양조 과정을 재현해 멋진 아이스크림이나 크림 브륄레용 기본 재료를 만든 적이 한 번 있다. 임페리얼 스타우트에 아이스크림 한 덩이를 띄워 유쾌한 맥주 플로트float, 아이스크림을 띄운 음료수—역자도 만들어보자.

마리네이드marinades

훈연 맥주는 훌륭한 고기용 마리네이드가 될 수 있다. 특히 갈비나 스테이크용으로 적합하다. 고기 맛을 다소 진하게 돋우는 역할도 한다.

홍합과 감자튀김moules frites

큰 팬에서 마늘과 양파를 흐물흐물 부드러워지게 볶은 다음, 신선한 홍합을 넣고 위트나 구에즈Gueuze를 소량 끼얹는다. 레몬으로 마무리해 감자튀김을 푸짐하게 곁들여 낸다.

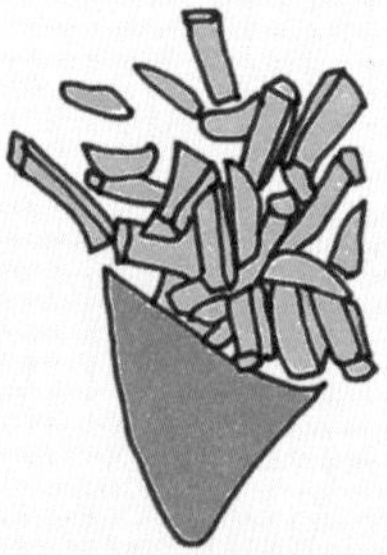

피자 반죽이나 빵pizza dough or bread

반죽을 만들 때 맥주를 넣는다. 브라운 에일이나 다크 라거, 오트밀 스타우트처럼 맥아나 견과류 향미를 가진 맥주를 고른다.

리조토risotto

리조토에는 보통 와인을 조금 넣지만 와인 대신 맥주를 써보자. 위트나 헤페가 가장 적합하다. 그러나 나는 IPA로도 훌륭한 치즈 리조토를 만들어본 적이 있다. 스톡과 섞어서 사용했고, 생쌀에다 바로 넣은 것은 아니었지만 말이다.

스튜stews

전통적인 맥주 요리이다. 브리티시 마일드British Mild, ESB, 오트밀 스타우트, 보크 등은 모두 요리에 탁월한 맥아 풍미를 더한다. 이런 맥주를 믹스에 섞어 고기와 에일 파이용 파이 크러스트에 넣어도 좋다. 다만 맥주를 팬에 데글레이즈deglaze, 팬에 술을 둘러 엉겨 붙은 즙 따위를 끓여 녹여내는 것—역자하는 데 써서는 안 된다. 이러면 쓴 맛이 끼어들게 되기 때문이다. 전통적인 카르보나드에는 벨기에 두벨이나 구에즈를 써라. 코크 아 라 비에르coq à la Bière는 맥주로 요리한 닭고기이다. 이 경우 비에르 드 갸르드Bière de Garde나 앰버 에일Amber Ale을 고른다. 가급적이면 프랑스나 벨기에 맥주가 좋다.

웰시 레어빗Welsh Rarebit

세계 최고의 치즈를 얹은 토스트이다. 버터와 밀가루로 루 소스roux sauce를 만들고, 우유와 흑맥주, 향이 강한 치즈, 겨자, 우스터소스, 후추, 계란 노른자를 더한다. 이렇게 만든 걸쭉한 혼합물을 토스트 위에 부은 다음, 기포가 생길 때까지 그릴에서 가열한다.

맥주 즐기기

오래되고 상한 맥주는 식초, 판지, 마마이트, 셰리주 같은 맛이 난다. 따라서 어떤 맥주를 저장고에 넣거나 숙성시켜야 하는지, 그리고 어떤 맥주를 신선한 상태로 마셔야 하는지 알고 있으면 유용하다. 이것을 알면 자기가 좋아하는 모든 맥주를 최상의 상태로 즐길 수 있게 되니까 말이다.

맥주 저장하기cellaring Beer

어떤 맥주는 갓 나온 상태에서 마시는 것이 가장 좋은 반면, 어떤 맥주는 잘 숙성해서 마셔야 한다. 때로는 병 속에 20년 넘게 있었어도 여전히 마실 수 있는 경우도 있다. 관건은 온도이다. 저장고 온도가 12℃나 그보다 낮은 것이 맥주의 느린 숙성에 가장 적합하다. 어떻게 온도가 모든 것을 바꿔놓는지 알고 싶다면 병을 따뜻한 곳에 일주일간 두었다가 맛을 보라. 저장고에 몇 달은 둔 것 같을 것이다.

숙성 과정은 매혹적이다. 같은 맥주를 숙성 기간을 다르게 해서 늘어놓고 차례로 시음해보면 시간이 지나면서 맥주에 어떤 일이 벌어지는지 알 수 있다. 처음에는 쓴맛과 홉 향기에 변화가 일어난다. 맥주의 IBU 수치가 떨어지고 향이 변하는데, 이런 변화는 병입 후 첫 1년 내에 병 속에서 일어난다. 따라서 홉이 많이 든 맥주는 저장하지 말고 신선한 상태로 마시는 것이 좋다. 홉의 위세가 맥주에서 약화되는 시점에도 맥아와 이스트의 특징은 계속 확장된다. 이스트가 이 과정에서 핵심적인 역할을 해서, 숙성에 최적인 맥주는 병 속 발효bottle-conditioned 맥주나 비어과 맥주이다.

누구나 집에 저장실이 있는 것도 아니고, 커다란 맥주 냉장고를 갖출 여유가 있는 것도 아니다. 따라서 차고나 벽장처럼 꾸준히 온도를 차게 유지할 수 있는 어딘가를 골라야 한다. 나는 온도가 오르락내리락하긴 해도 변화폭이 아주 완만한 차고에 맥주를 보관한다. 숙성 기간별로 비교해볼 수 있도록 숙성이 잘 된다는 것을 아는 맥주를 골라 몇 병만 산다. 때로는 맛이 단조롭고 시시한 맥주를 만나게 되기도 하지만 1년 후 같은 맥주를 다시 마셔보면 놀라운 맛이 날 수도 있다.

맥주를 저장할 때 지켜야 할 몇 가지 규칙

* 맥주 저장은 사우어 맥주가 아닌 경우, 알코올 함유량이 6.0% 이상인 것만 한다.
* 저장에는 병 속 발효 맥주가 가장 좋다.
* 어두운색 맥주일수록 밝은색 맥주보다 숙성이 더 잘 되는 경향이 있다.
* 벨기에 사우어 맥주는 잘 숙성된다.
* 홉 중심의 맥주는 홉을 최대한 즐기고 싶다면 가능한 한 신선한 상태에서 마셔야 하며 냉장 보관으로 신선함을 유지해야 한다.

❖❖❖❖❖❖❖❖❖❖❖❖❖❖❖❖❖❖❖❖❖❖❖❖❖

맥주가 저장에 적당한지 알려면?

다음 맥주는 신선한 상태에서 마실 것 :
필스너, 헬레스, 쾰슈, 알트,
헤페바이젠, 위트,
페일 에일, 모든 IPA,
브라운 에일, 포터, 비터

❖

다음 맥주는 숙성시켜 마실 것 :
발리 와인,
임페리얼 스타우트,
오래되고 독한 빈티지 에일,
와일드 맥주

❖❖❖❖❖❖❖❖❖❖❖❖❖❖❖❖❖❖❖❖❖❖❖❖❖

세계 최고의 맥주는?

맥주 순위를 매기는 웹사이트인 ratebeer.com과 beeradvocate.com에서는 이용자들이 자기가 마신 맥주에 점수를 매기고 품평을 한다. 두 곳 다 최고 점수를 받은 맥주 목록이 실려 있다. 사람들이 매긴 점수에 따라 집계한 이 순위는 세계 최고의 맥주를 보여주며, 여기서 일관되게 높은 점수를 얻은 맥주만이 정상을 차지할 것이다.

이런 맥주 대부분이 얼마나 독한지 보라. 또 어떤 맥주가 두 사이트 목록에 모두 올라 있는지도 주목해보자. 이것은 그저 우연의 일치일까? 아니면 정말 그만큼 대단한 맥주인 것일까?

향미와 명성이란 측면에서 큰 영향력을 가진 맥주와 희귀성 있는 맥주가 언제나 이런 목록에서 정상에 오른다. 마치 맥주의 향미가 강할수록 환호성이 더 요란해지기라도 하는 것 같다. 사람들이 매우 향긋하고 맛깔스러운 4.0% ABV 맥주를 더 좋아하는지 아닌지 여부와 상관없이 말이다.

최고의 맥주에 대한 떠들썩한 입소문이 좋은 점수를 보장한다는 점에서 자기 충족적인 결과일 수도 있고, 또는 희귀성과 열광이 점수를 상승시킨 것일지도 모르고, 아니면 그저 정말 뛰어나서였을 수도 있다. 어쩌면 이 세 가지 모두 진실일지도 모른다. 다만 이런 맥주에 대해 한 가지만큼은 확실하다. 다들 유명하고, 맥주광을 몰고 다닌다는 것이다.

RATEBEER Top 10 : 2012

1. 베스트블레테렌 12	10.2% ABV	트라피스트 맥주
2. 네르케 카겐 슈토르마크트스포르테르	9.5% ABV	술통 숙성 임페리얼 스타우트
3. 구스 아일랜드 레어 버번 카운티 스타우트	13.0% ABV	술통 숙성 임페리얼 스타우트
4. 파운더스 켄터키 브랙퍼스트 스타우트	11.2% ABV	술통 숙성 임페리얼 스타우트
5. 로슈포르 트라피스트 10	11.3% ABV	트라피스트 쿼드루펠
6. 벨스 홉슬람	10.0% ABV	더블 IPA
7. 러시안 리버 플리니 더 영거	11.0% ABV	더블 IPA
8. 시가 시티 파일럿 시리즈 패션 프루트 앤 드래곤프루트 베를리너 바이세	ABV 미상	베를리너 바이세
9. 에일스미스 스피드웨이 스타우트	12.0% ABV	임페리얼 스타우트
10. 데슈츠 더 어비스	11.0% ABV	임페리얼 스타우트

BEERADVOCATE Top 10 : 2012 이 목록은 매일 바뀔 수 있다.

1. 러시안 리버 플리니 더 영거	11.0% ABV	더블 IPA
2. 베스트블레테렌 12	10.2% ABV	트라피스트 맥주
3. 파운더스 캐내디언 브랙퍼스트 스타우트	10.6% ABV	술통 숙성 임페리얼 스타우트
4. 알케미스트 헤디 타퍼	8.0% ABV	더블 IPA
5. 쓰리 플로이즈 바닐라 빈 에이지드 다크 로드	13.0% ABV	임페리얼 스타우트
6. 러시안 리버 플리니 디 엘더	8.0% ABV	더블 IPA
7. 구스 아일랜드 킹 헨리	13.4% ABV	발리 와인
8. 컨 리버 시트라 DIPA	8.0% ABV	더블 IPA
9. 파운더스 켄터키 브랙퍼스트 스타우트	11.2% ABV	술통 숙성 임페리얼 스타우트
10. 네르케 카겐 슈토르마크트스포르테르	9.5% ABV	술통 숙성 임페리얼 스타우트

아름다운 맥주

맥주에서 중요한 것은 맛만이 아니다. 나는 마시는 맥주병 라벨의 멋진 그래픽 디자인에 사족을 못 쓰는 사람이다. 여기 보이는 것은 내가 좋아하는 라벨 중 일부이다.

향미 바퀴Flavor Wheel

여러분이 마시는 맥주의 향미는 무엇이고 그 향미는 어디서 왔는가?

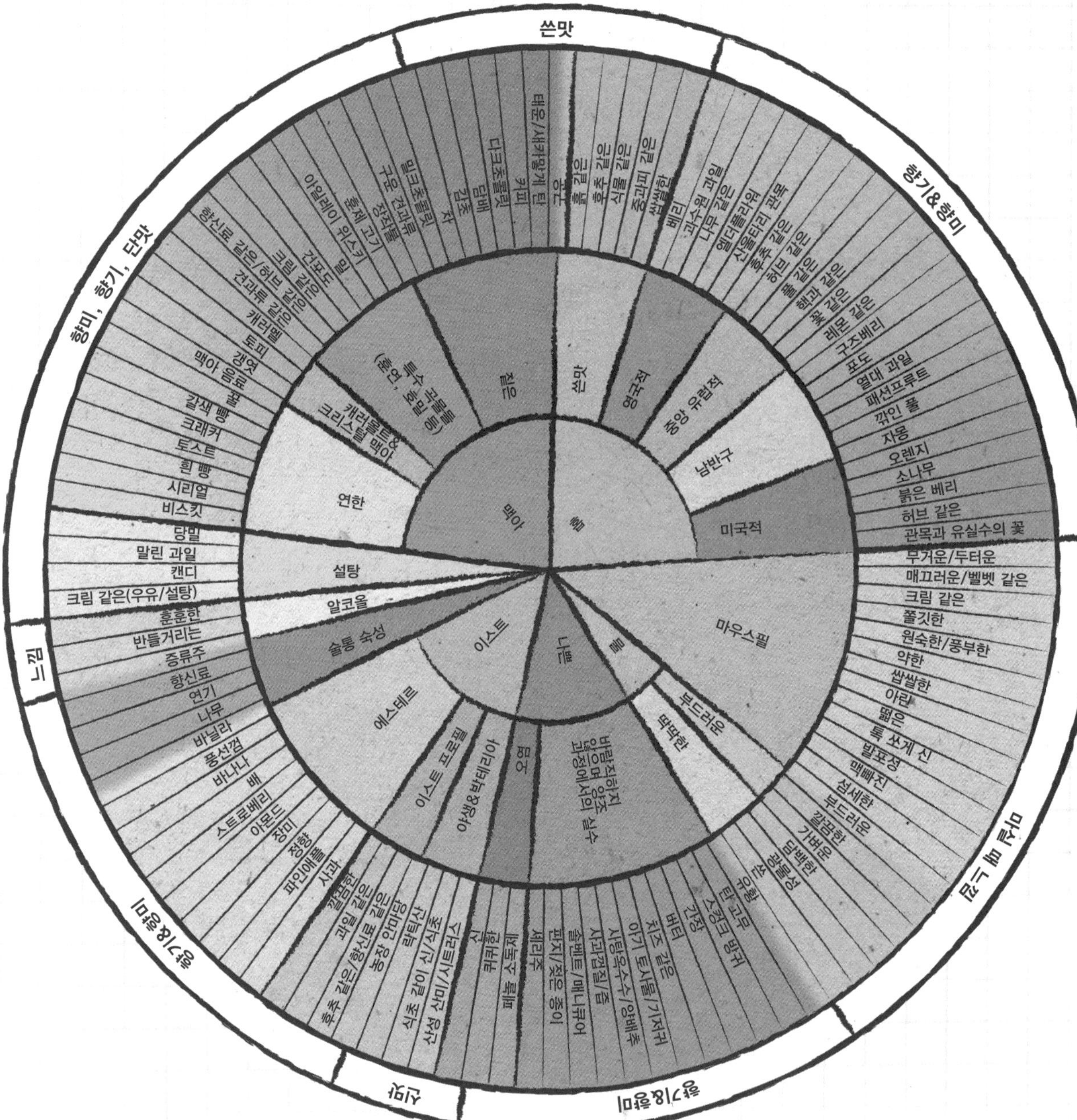

전통적인 스타일 VS 새로운 스타일

양조기술자들에게 맥주 스타일이란 따르거나 거스르게 되는 어떤 구조, 즉 하나의 규칙이 된다. 어떤 스타일은 전통적이다. 보통 영국, 벨기에, 독일 맥주가 그렇다. 이런 스타일 중에서도 각 범주별로 몇몇 맥주는 그 스타일에서 나는 맛의 전형적인 특징으로 구분할 수 있다. 그런가 하면 전통적인 향미 프로필에서 벗어나 새로운 영감을 가지고 나아가는 사례도 많이 있다. 전통적인 맥주 스타일에서 벗어나 실험을 통해 우리가 마시는 것을 바꿔놓고 있는, 끊임없이 변화하는 맥주와 스타일의 세계가 존재한다.

맥주 스타일은 어떻게 진화하고 있는가

맥주 스타일은 언제나 진화 중이다. IPA가 좋은 예다. 18세기에 인디아 페일 에일로 탄생한 IPA는 영국에서 양조해 인도까지 배로 수송했다. 홉 풍미가 강한 이 독한 맥주는 긴 항해로 인해 이동 중 숙성되었다. 200년이 지나자 ABV는 낮아졌고, 초기 항해 시대 맥주의 그림자는 옅어졌다. 그 후, 미국 크래프트 맥주 양조업자들이 독한 홉 맥주라는 개념을 가져다, 미국산 홉을 이용해 시트러스 같은 홉 풍미가 강한 맥주로 탈바꿈시켰다. 현재는 흰색, 검은색, 붉은색이 있으며, 임페리얼 버전이 나온다거나 벨기에에서 만들어진다거나, 그 밖에 다른 많은 방식으로 변화를 겪었다. 원형은 사라지고 그 자리를 많은 새로운 버전이 대체하고 있다.

이 책은 맥주의 진화에 대해 다룬다. 맥주가 그토록 흥미진진한 주제가 되는 것은 오랫동안 만들어진 흥미로운 역사와 많은 이야기, 그리고 여러 고전적인 스타일이 존재하기 때문이다. 현재 양조업자들은 이전에 양조되던 것을 가져다 현대적 태도와 접근방식을 적용해서 자기들 방식으로 맥주를 만들어낸다. 맥주 역사에 대한 인식이 이렇게 점점 높아지면서 양조업자들은 옛날 양조 서적에서 레시피를 찾아내 포터, 람빅, 베를리너 바이세Berliner Weisse, 위트 등 거의 멸종되다시피 한 스타일을 복원하는 한편, 쾰슈, 라우흐비어, 알트 같은 특정 지역 맥주 스타일을 전 세계로 퍼뜨렸다. 우리가 현재 서 있는 위치를 좀 더 폭넓게 바라보자면 다음과 같이 말할 수 있다. 이 책을 2003년에 썼다면 여기 실린 맥주 스타일 중 일부는 존재하지조차 않았을 것이다. 마찬가지로 2023년에 이 책을 다시 쓴다면 어떤 스타일이 추가되거나 사라질지 누구도 알 수 없다.

옛것의 진가를 이해하고 새로운 것을 받아들이기

스타일에 대해서라면 맥주는 특징에 따라 다른 범주에 들어간다. 스타일 지침서는 어떤 스타일의 색, ABV, IBU, 최종 비중과 함께 예상되는 맛에 대한 '적정' 범위를 열거한다. 그렇지만 특정 스타일이라는 딱지가 붙은 많은 맥주가 더 독하거나 더 쓰거나, 더 색이 진하거나 더 가볍거나, 더 달거나, 다른 식으로 홉이 첨가됐거나 등등의 이유로 지침서에서 말하는 스타일을 벗어나기도 한다. 이것이 바로 맥주 스타일이 진화해 새로운 스타일이 탄생하는 방식인 것이다. 어떤 스타일의 전형적인 특징이 어떤 맛인지 아는 것은 중요하다. 그러면 어떤 양조업자가 그들이 내놓은 새로운 버전을 어떻게 해석하는지 알 수 있기 때문이다. 어떤 양조업자들은 고전적인 맛을 내기 위해 전통 방식 그대로 양조하려 하는 반면, 어떤 이들은 개념만 취해 그것을 새로운 방향으로 뒤집고 비틀기 때문에 원형이 된 스타일과 비슷한 면이 거의 없다시피 되기도 한다.

새로운 버전의 맥주 스타일은 현재 맥주 양조의 흐름을 알려준다. 맥주의 아이디어 실험이 가능한 이유는 소비자들이 새로운 무언가를 시도하는 데 목말라 있기 때문이다. 언제나 또 다른 맥주가 있다는 것, 언제나 한번 맛봐야 할 신상 맥주가 존재한다는 것, 이것이야말로 맥주를 앞으로 나아가게 하는 힘이다. 더 이상 소비자들은 똑같은 맥주를 24개들이 팩으로 사고 싶어 하지 않는다.
네 가지 맥주를 각 맥주마다 6개들이 한 팩씩 해서 네 팩을 사거나, 그보다도 한 팩에 전부 서로 다른 맥주가 섞여 있는 6개들이 팩을 네 개 사는 것이 더 낫다고 생각한다.

맥주 애호의 즐거움은 일정 부분 고전적인 맥주로 되돌아가는 것에 있다. 혀를 재정비하거나, 옛날 사진을 들여다보다가 당시 어떤 일이 있었는지 문득 떠올리는 것과 같다. 웬만하면 사람은 새로운 것에 홀리고 옛것을 잊기 쉽다.

그러나 소비자들이 성숙해갈수록 고전적인 맥주 스타일의 향미로 되돌아가는 추세가 나타난다. 맥주 스타일도 패션, 음식, 영화처럼 색다른 방식으로 숙성되어 간다. 시간이 흐르면서 어떤 맥주 스타일은 돌이킬 수 없이 시대에 뒤떨어진 것이 되어버리기도 하지만 어떤 맥주는 장엄한 원숙미를 갖추게 되기도 한다. 그리하여 다른 것처럼 맥주도 주기적인 유행에 휩쓸리기 때문에 술집 판매대를 훑어보면 언제나 양조 동향이 눈에 들어온다. 즉 처음에는 홉, 그 다음에는 술통, 그런 후에는 사우어 맥주, 그 다음은 세종, 그러고 나서는 세션 맥주session beer, 알코올 도수가 낮고 맥아와 홉의 균형이 잘 맞아 마시기 편한 가벼운 맥주—역자 등등으로 말이다.

특징에 초점을 맞추는 한편, 이런 것이 유래한 스타일에게 날리는 감사의 하이파이브이기도 하다. 여기 나오는 모든 스타일에 고전명작이 존재하는 것은 아니다. 어떤 스타일은 나온 지 너무 얼마 안 되어서 아직 완전히 정착하지 못했기 때문이다. 그와 다른 스타일, 보통 구세계 맥주 스타일은 대표적 고전을 갖고 있다. 특정 맥주 스타일은 어떤 맛이 나는지, 또는 양조업자들이 레시피를 어떻게 해석하는지 확실히 알고 싶으면 참고하게 되는 맥주 말이다. 이 책에는 고전 맥주가 많이 나오진 않는다. 지금껏 나온 다른 맥주 책에 수없이 실렸던 맥주이다보니 말이다. 이 책은 어디까지나 진화, 창의성, 해석에 중점을 둔다.

이 책의 목적

이 책은 새롭고 흥미진진한 맥주 스타일의

세상에서
가장 위대한
맥주들

ETTY THINGS
CAMDEN
INK
CAMDEN TOWN
2010
BREWERY
HAIR THE DOG
BREWING COMPANY
EST. 1993
LOYAL
PURE
FAITHFUL
WET NOSE
PORTLAND OREGON
ADAM
HEARTY OLD WORLD ALE
ATION · PASSION · KNOWLEDGE
Thornbridge
IPLING
UTH PACIFIC PALE ALE
5.2% abv
MELON WARHEAD
FERAL
REWING COMPANY
Baird Beer
Angry Boy Brown Ale
AVERY BREWING CO
JOE'S
Premium American Pilsner
EST. 1993
AVERY BREWING
RNEL
BREWERY LONDON
A PALE ALE
CITRA
6.1% ABV

잔의 맨 위에 왕관처럼 덮이는 필스너(Pilsner, 또는 Pilsener, Pils)의 거품은 이 스타일이 세계 맥주의 왕으로 등극했다는 사실을 상징적으로 보여준다. 어떤 술집에 가든 연한 색 라거 파인트는 옛날 옛적에 미국 대기업들이 인수해서 망쳐놓기 전의 필스너에 기원을 두고 있다. 해피엔딩이 찾아온 것은 신흥 맥주 양조회사들이 자기 나름대로 그 스타일을 해석해서 필스너를 왕좌에 복귀시키면서였다. 내가 프라하에서 처음 마셔본 진정한 필스너는 하늘에서 내린 계시와도 같은 맥주였다. 그 필스너는 내가 라거에 해당한다고 여겼던 맥주와는 너무나 거리가 멀었다. 기막히게 멋지고 깊이 있는, 복합적인 향미와 짜릿한 홉 풍미와 풍부한 보디 덕분에 필스너는 내가 가장 좋아하는 스타일의 맥주 중 하나가 되었다.

필스너

깔끔하고, 홉이 호쾌하게 들어갔으며, 목 넘김이 편한 이 맥주는 고향이 둘이다. 독일 필스는 보통 연한 금색에, 쌉쌀하고 허브 같고 톡 쏘는 거친 맛과 함께 홉이 입 안을 강타한다. 한편 보헤미아(지금의 체코 서부 지역—역자)의 필스너는 더 짙은 금색에, 보다 풍부하고 약간 더 달콤한 보디에, 더 깔끔하고 쓴 홉 피니시를 가졌다. ABV는 약 5.0%이다. 전통적으로 사용하는 홉은 향긋한 노블 품종으로, 풀과 꽃, 중과피, 허브 향이 난다. 신대륙 홉을 사용한 필스는 맛과 향이 아주 유쾌하고 새롭다.

필스너 우르켈PILSNER URQUELL

플르제니, 체코공화국
ABV : 4.4%
홉 : 사츠

고전명작

1830년대 후반에 플르제니는 저급 맥주를 생산하는 작은 양조업체가 즐비한 도시였다. 그래서 주민들은 재원을 공동 출자해 새로운 양조장을 하나 세우기로 결정했다. 이것이 바로 시민 양조장(Burghers' Brewery)이다. 여기서 양조기술자 요세프 그롤(Josef Groll)이 1842년에 최초의 골든 라거 중 하나이자, 고향 밖에서도 유명세를 떨치게 된 맥주를 만들었다. 병맥주든 생맥주든 이 맥주는 꿀과 토스트 맛이 나는 맥아와 맵싸한 사츠 홉의 근사한 향기와 깔끔하면서 쓴 피니시를 갖고 있다. 할 수 있다면 이 양조장을 방문해보라. 믿을 수 없을 만큼 놀라운 미로 같은 지하 저장고를 보게 될 테니 말이다. 이 지하 저장고는 거대한 양조 공장 아래 위치해 있으며, 인공 냉장 전에 맥주를 차게 유지하기 위한 곳이다. 여기서 여과와 저온 살균 처리를 하지 않은 필스너 우르켈을 마셔보자. 평소 라거에 대해 갖고 있던 모든 생각을 영원히 바꿔놓을 경험이 될 것이다. 지금은 거대 양조기업이 만들지만 그런 이유로 이 맥주를 무시해선 안 된다. 이 맥주야말로 원조 보헤미아 필스너이니까 말이다.

비리피초 이탈리아노 티포필스Birrificio Italiano Tipopils

루라고 마리노네, 이탈리아
ABV : 5.2%
홉 : 노던 브루어, 펄, 슈팔터 셀렉트

필스너 우르켈이 고전명작이라면 이 맥주는 현대명작이다. 잔에 따르면 나타나는 아름다운 뿌연 금빛 액체부터 베개같이 덮이는 폭신한 하얀 거품과, 믿기지 않을 만큼 신선한 향기부터 깊이 있는 향미에 이르기까지, 모든 면에서 이 맥주는 완벽한 필스너이다. 이 맥주가 보여주는 홉의 특징은 이 스타일에 속하는 다른 모든 맥주를 뛰어넘는 독보적 위치에 이 맥주를 올려놓는다. 희미한 허브와 꽃의 향기가 살짝 스치고 지나가면 입 안 가득 침이 고이게 만드는 새콤한 열대 과일과 오렌지 향기가 나타나, 유럽 홉의 숨은 장점을 드러낸다. 이탈리아노스 엑스트라 홉(Italiano's Extra Hop)을 찾을 수 있다면 꼭 마셔보자. 더 가볍고 홉 풍미가 진하며 더 오랫동안 저장한 맥주이다. 1년에 두어 번 밖에는 양조하지 않지만 어쩌면 티포필스보다도 더 뛰어난 맥주일지 모른다. 이것보다 피자와 잘 어울리는 맥주는 없을 것이다. 특히 생맥주로 마시고, 오븐에서 갓 꺼낸 피자를 함께 먹을 수 있다면 말이다.

에이버리 조스 프리미엄 아메리칸 필스너Avery Joe's Premium American Pilsner

보울더, 콜로라도
ABV : 4.7%
홉 : 매그넘, 헤르스브뤼커

내가 콜로라도에 산다면 이 맥주 6개들이 한 팩을 우유, 겨자, 핫 소스처럼 집 냉장고에 상비해놓을 것이다. 필스너의 핵심은 별 생각 없이 부담 없이 마실 수 있는 맥주라는 데 있다. 단순하고 갈증을 풀어주고 맥주가 필요한 순간마다 언제나 쉽게 구할 수 있다는 말이다. 조스(Joe's) 맥주가 주는 즐거움은 6개들이 한 팩에서 한 캔을 뽑아 쭉 들이켠 후 만족스러운 한숨을 내쉬는 것이다. 천천히 생각을 하면서 마셔보면 홉이 목구멍에 들러붙을 때 "날 좀 봐!"라고 외치며 어떤 식으로 존재감을 과시하는지 알 수 있을 것이다. 보울더의 이 양조업체는 레몬 중과피와 상큼한 셔벗, 꽃 같은 향기와 쌉쌀하며 후추처럼 알싸한 맛이 나는 홉을 대담하게 사용해 이런 스타일에서 흔히 예상할 수 있는 맛보다 훨씬 강렬한 인상을 전한다. 그럼에도 식스 팩 복근이 선명한 몸처럼 빈틈없이 탄탄한 보디가 모든 것을 지탱해 균형을 유지한다.

코우트 나 슈마베 12° 스베틀리 레작Kout na Šumavě 12° Světlý Ležák

코우트 나 슈마베, 체코공화국
ABV : 5.0%
홉 : 사츠

체코 라거 양조계의 새로운 유파에 속하는 이 맥주는, 전통 맥주를 새롭게 발전시켰지만 여전히 필스너 스타일에도 충실하다. 스베틀리 레작은 체코 양조계의 연한 색 프리미엄 라거이다. 레작은 플라토 척도로는 11°~12°이고, ABV로는 4.4~5.0%이다. 10°인 비세프니 피보(výčepní pivo)는 도수가 낮아 일상적으로 가볍게 마실 만한 맥주라고 할 수 있다. 코우트(Kout)의 12°는 두터운 거품과 부드럽고 짙은 금빛 보디를 가진 아름다운 맥주이다. 풀과 희미한 시트러스 향기에, 크림 같은, 말린 살구가 약간 느껴지는 홉이 폭발적으로 치고 나와 쓴맛으로 일격을 가한다. 대부분의 훌륭한 라거가 그렇듯이, 여과하지 않은 버전을 마실 수 있다면 운이 좋다. 비여과 버전은 더 놀라운 향기와 함께 더 묵직한 풀 보디와 약간의 크림, 빵, 밀가루 반죽 같은 질감을 가졌으며, 더 신선한 맛이 나서 왜 필스너가 세상에서 가장 훌륭한 맥주 스타일인지 여실히 느끼게 한다.

에머슨스 필스너Emerson's Pilsner

더니든, 뉴질랜드
ABV : 4.9%
홉 : 리와카

뉴질랜드 필스너는 고유한 오스트레일리아 및 뉴질랜드 맥주 스타일을 갖고 있다. 기본이 되는 맥주를 독일과 체코 맥주 양조업자에게서 빌려온 뉴질랜드 맥주는 뉴질랜드 품종 위주로 홉을 쓰면서 발전했다. 새콤한 열대 과일 향으로 유명한 뉴질랜드 홉은 두세 군데 핵심 지역에서 재배된다. 이런 홉 대부분은 품종 이름을 재배지에서 따왔다. 리와카(Riwaka), 모투에카(motueka), 넬슨(Nelson)처럼 말이다. 많은 뉴질랜드 홉 품종이 유럽 품종을 가져다 현지에서 재배한 것이다. 그래서 노블 홉과 비슷한 깊이를 가졌지만, 여기에 아주 강렬하게 풍겨오는 구즈베리, 포도, 망고, 소비뇽 블랑 와인 같은 리치의 과일 향기가 더해진다. 에머슨스 필스너는 리와카 홉을 써서 옅은 열대과일 향기와 톡 쏘는 패션프루트(Passion Fruit)와 시트러스 껍질의 상큼한 향기를 제공한다. 이 모두가 필스너 맥아의 깔끔한 보디와 아주 잘 어울린다. 특히 현지에서 잡아 구운 생선과 함께 마시면 끝내주는 맥주이다.

문라이트 리얼리티 체코Moonlight Reality Czeck

산타로사, 캘리포니아
ABV : 4.8%
홉 : US 펄

맥주광이라면 반드시 방문해야 할 도시를 쭉 떠올려보자. 이때 대도시는 무시하고, 대신 맥주 세계에 큰 영향을 미친 작은 도시를 둘러본다는 개념으로 목록을 작성해 보자. 샌프란시스코에서 가까운 북쪽에 위치한 산타로사가 이런 도시 중 하나로, 북 캘리포니아 포도밭 사이에 끼어 있다. 사람들이 산타로사에 끌리는 것은 러시안 리버 브루잉 컴퍼니(Russian River Brewing Co.) 때문이지만 이곳에 머물게 되는 것은 문라이트 때문이다. 하루 종일 술을 마신 내가 런던 출신의 폴 스토켈드(Paul Stokeld)가 운영하는 멋진 펍인 더 토드 인 더 홀(The Toad In the Hole)에 갔을 때는 피곤에 절어 있는 상태였다. 나는 리얼리티 체코를 주문했다. 금빛의 부드러운 보디를 가진 이 맥주는 내 지친 혀에 베개처럼 느껴졌다. 동시에 흘러넘치는 강한 풍미와 꽃·향신료 같은 향기를 가진, 미국에서 재배한 유럽산 홉이 생기 넘치는 향미로 마치 개운한 낮잠처럼 미각에 기운을 되찾아주는 역할도 한다. 리얼리티 체코의 쓴맛이 목구멍에 착 달라붙자 술에 대한 갈망이 갑자기 되살아났고, 맥주를 더 주문할 수밖에 없었다.

더 크레이트 브루어리 라거The Crate Brewery Lager

런던, 영국
ABV : 5.0%
홉 : 할러타우어, 캐스캐이드

크레이트 브루어리에 가면 여기가 런던이라는 것이 믿기지 않을 것이다. 이곳은 감옥 같은 창문이 달린 거대한 흰색 건물로, 폭이 좁은 강가에 위치해 있다. 벽면을 따라 도심 옥외 갤러리가 펼쳐져 있어, 술을 홀짝이면서 밝고 대담한 그래피티 작품을 감상할 수 있다. 실내에는 유리창을 통해 안이 들여다보이는 양조 탱크들과 뒤편에 피자를 만드는 주방이 딸린 중앙 바가 드문드문 놓여 있어 여유 공간이 많고 공장 같은 느낌을 준다. 참고로 여기서 파는 피자는 정말 맛있다. 가볍고 쫄깃쫄깃하며 가장자리가 검게 탄 그런 피자이다. 크레이트 골든 에일(Crate's Golden Ale)은 쌉쌀하고 쓴맛이 나며, 기원은 영국이지만 미국적 색채가 살짝 배어 있다. 전반적으로 브루클린 분위기가 감도는 것만 빼면 말이다. 밝고 신선한 홉 풍미가 무척 강해서 마시고 있으면 문득 프라하에 대한 격렬한 향수가 밀려든다. 이 맥주는 명실상부한 필스너는 아니지만 헬레스나 비엔나도 아니다. 일종의 신종 런던 라거로, 향긋하고 생기 넘치고 깔끔하고 토스트 같고 맛있다.

헬(HELL)은 독일어로 '가벼운'이란 뜻으로, 헬레스는 고전적인 금빛 바이에른 라거이다. 필스너와 형제지간이자 페일-라거 팀의 일원으로, 둘의 판매량을 합하면 독일에서 소비되는 맥주량의 거의 절반을 차지한다. 필스너가 명쾌한 쓴맛이 난다면 헬레스는 홉이 가벼운 느낌을 더해 더 부드럽고 원숙한 맛이 난다. 헬레스, 즉 헬은 뮌헨의 대표적인 맥주로, 19세기 말에 뮌헨에서 탄생했다. 1894년에 첫 출시된 헬레스가 슈파텐(SPATEN)이다. 헬레스가 지역 전체로 전파되기까지는 시간이 좀 걸렸다. 일부 대규모 양조업체가 원래 만들던 다크 둥켈을 고수하려고 했기 때문이었다. 그러나 페일 필스너의 인기와 더불어 맥주잔으로 유리잔이 쓰이게 되면서 맥주는 더 보기 좋은 모습으로 변하고 색도 밝고 연해졌다.

헬레스

헬레스는 연한 금빛의 미디엄 보디를 가진 맥주로, 갓 구운 빵 맛과 가볍게 구운 맥아 풍미가 특징이다. 홉은 전통적으로 섬세하게 쓰여서 약간의 향미와 향기, 낮고 균형 잡힌 쓴맛을 낸다. 꽃이나 풀 향이 옅게 난다고 보면 된다. 이 맥주는 목 넘김이 차분하면서 부담 없기 때문에 정말 기분 좋게 다가오는데, 알코올 함량은 4.5~5.5%이며 쓴맛은 전통적으로 20IBU이다. 헬레스는 1ℓ짜리 큰 스타인(stein) 잔에 마시면 가장 좋다. 그러나 이런 유리잔은 가득 차면 정말 무겁기 때문에 미리 이두박근 운동을 좀 해두어야 한다. 어찌 된 일인지 아담한 체구에 발걸음도 경쾌한 웨이트리스가 만면에 미소를 띤 채 한 번에 이런 잔을 6개씩이나 나르긴 하지만 말이다.

아우구스티너 브로이 라거비어 헬
AUGUSTINER BRÄU LAGERBIER HELL

뮌헨, 독일
ABV : 5.2%

고전명작

뮌헨에는 대형 맥주 양조업체가 여섯 곳뢰벤브로이(Löbenbräu), 호프브로이(Hofbräu), 파울라너(Paulaner), 해커-프쇼르(Hacker-Pshorr), 슈파텐(Spaten), 아우구스티너(Augustiner) 있다. 이들의 양조 역사를 합치면 3000년이 넘는다. 모두 가장 유명한 현지 스타일인 헬레스를 만든다. 아우구스티너는 6대 업체 중에서도 가장 오래된 곳으로, 1328년에 양조장이 생겼다. 어떤 맥주는 특정 장소와 잘 맞아서 그곳에서 마실 때 가장 맛이 좋다. 아우구스티너 헬은 꼭 뮌헨의 초대형 노천 맥줏집에서 마셔봐야 한다. 갓 구운 빵 같은 깊이 있는 맛과 상쾌하게 스치는 홉의 꽃향기, 이보다 더 부드러울 수 없는 보디 덕분에 다시는 이것 말고 다른 맥주는 마시고 싶지 않다는 생각이 들 것이다. 마치 햇빛 찬란한 휴가지에서 펼쳐진 로맨스처럼 평생의 반려자를 만난 기분으로 말이다. 물론 이 맥주는 뮌헨이 아니더라도 여전히 훌륭하다. 그러나 여기를 벗어나면, 금빛 맥주잔을 들어 올린 채 활짝 웃고 있는 다정한 얼굴에 둘러싸여 맥주를 마실 때의 빛나는 느낌은 사라지고 만다.

캠든 타운 브루어리 헬스 라거

Camden Town Brewery Hells Lager

런던, 영국
ABV : 4.6%
홉 : 펄, 할러타우어 트래디션

딱히 필스너도 아니고 딱히 헬레스도 아닌 캠든 타운 헬스 라거는 두 스타일에서 영감을 받아 런던을 위한 라거로 만들어졌다. 이름은 헬레스와 필스를 섞었을 뿐, 지옥(hell)과는 상관없다. 헬스는 독일 필스너의 쌉쌀하고 가벼운 보디에 헬레스의 가벼운 홉의 쓴맛이 더해져 누구에게나 편하게 다가오면서도 여전히 풍미는 아주 짙은 맥주가 되었다. 레몬 같고 생기 있는 홉 향기가 희미하게 섬세한 필스너 맥아 베이스를 뚫고 올라왔다가, 후추 같은 알싸한 쓴맛이 느껴지는 쌉쌀하고 산뜻한 피니시가 이어진다. 굳이 파고들자면 맛이 좀 복잡하게 느껴지지만 그게 아니라면 미묘해서 알아채기는 힘들다. 런던에 있다면 이 양조장에 가보자. 구내에 바를 갖추고 있어 여과하지 않은 헬레스를 맛볼 수 있다. 비여과 버전은 더 부드럽고 더 크림 같으며 더 강한 홉 피니시를 갖고 있다. 나는 이 비여과 헬레스가 영국 최고의 라거라고 생각한다.

크납스타인 리저브 라거Knappstein Reserve Lager

클레어, 오스트레일리아
ABV : 5.6%
홉 : 넬슨 소빈

좋은 와인을 만들기 위해서는 좋은 맥주가 많이 필요하다. 이 말은 와인 양조기술자들 특유의 갈증에 대한 유명한 말이다. 와인 양조장이 맥주 양조장도 열어서 중간상은 배제하는 것이 타당하다는 뜻이다. 크납스타인이 했던 일이 바로 이것이기도 하다. 이곳에서는 오직 한 가지 맥주만 만들지만, 이렇게 훌륭하다면 하나로 충분하다. 바이에른 라거에서 영감을 받은 이 맥주는 전형적인 헬레스는 아니고, 대신 엄청난 과일 향을 가진 뉴질랜드산 홉인 넬슨 소빈을 사용한다. 그래서 소비뇽 포도와 유사한 구즈베리와 패션프루트 향미를 이끌어낸다. 향긋한 리치, 꿀처럼 단 망고, 홉의 열대성 향기가 유리잔에서 피어오르며 구운 빵 한 바구니 같은 연한 색 맥아 맛이 그런 향기를 하나로 감싸고, 목으로 넘어갈 때는 중과피의 쓴맛이 장악한다. 리저브 라거는 맥주를 마시는 사람이 벌컥벌컥 편하게 마시기 딱 좋으면서도 와인을 마시는 사람이 홀짝 홀짝 마시는 것과 같은 우아함과 균형감을 보여준다.

VICTORY
BREWING COMPANY

빅토리 V 라거Victory V Lager

다우닝턴, 펜실베이니아
ABV : 4.8%
홉 : 할러타우어

빅토리는 프리마 필스(Prima Pils)의 폭발적인 향기와 홉의 거친 쓴맛부터, 전통적인 홉 품종의 전시장 같은, 단일 품종 홉을 쓴 라거 몇 종류를 거쳐, 강렬하고 대담한 도펠보크(Doppelbock)에 이르기까지 아주 다양한 라거를 만든다. 창업자 중 한 명이 빅토리가 탄생하기 전, 뮌헨에서 양조업을 하며 살았던 것을 고려할 때, 하면 발효 양조로 이토록 훌륭한 맥주를 만들어낸 것도 놀라울 것이 없다. V 라거는 섬세한 맥주를 지나치게 압도적이지 않은 향미로 채운다는 점에서 빅토리 양조기술자들이 가진 기량을 뽐내는 맥주이다. 눈부신 금색의 이 맥주는, 은은하게 빵 맛이 나는 맥아 베이스에, 풀과 짜릿한 중과피 맛이 나는 균형 잡힌 홉 향미를 가졌으며 가볍지만 장악력 있는 피니시로 더 마시고 싶어 못 견디게 만든다. 필라델피아는 미국 최초로 라거를 양조한 곳으로, 빅토리 덕분에 몇몇 최고의 맥주가 여전히 만들어지고 있는 곳이다.

시스코 서머 오브 라거Cisco Summer of Lager

냰터킷, 매사추세츠
ABV : 5.6%
홉 : 마운틴 후드

이 맥주는 저장에 시간을 아낌없이 들인다. 즉 연말쯤 양조해서 태양이 다시 찬란히 빛나기 시작할 무렵까지 숙성한다. 고전적인 바이에른 스타일에 바탕을 두고 있지만 모든 것을 조금씩 더 강화해서, 보디는 더 강력해지고, 따르면 호박색 도는 금색으로 색은 더 짙어지고, 가능한 한도 내에서 알코올 도수는 최고치에 다다르고, 미국에서 재배하지만 노블 할러타우어 종과 관련 있는 마운틴 후드 품종이 제공하는 홉의 개성이 충만하다. 빵 같은 단맛과 미디엄 보디가 중심을 잡고, 희미하게 떠도는 풀냄새 같은 꽃향기로 홉이 치고 들어왔다가, 맥주를 삼키면 갈증을 풀어주는 얼얼한 쓴맛이 장악한다. 다른 헬레스보다 확실히 당돌하리만큼 적극적으로 홉으로 쓴맛을 냈는데, 정말 효과가 있다. 시스코의 모토는 이렇다. "손에 넣을 수만 있다면 훌륭한 맥주이다" 작은 양조장에서 계절 한정으로 출시하므로, 서머 오브 라거야말로 정확히 저 모토에 부합한다.

투아타라 헬레스Tuatara Helles

와이카나에, 뉴질랜드
ABV : 5.0%
홉 : NZ 할러타우어, 퍼시픽 제이드, 와이-이티

뉴질랜드 필스너처럼 이 맥주도 뉴질랜드 홉 품종 특유의 풍성한 과일 향미를 이용해 헬레스에 신대륙의 향미를 제공한다. 언제나 신뢰할 만한 냉장 보관용 맥주 중 하나인 이 맥주는, 뭔가 시원하고 갈증을 풀어주는 맛있는 것이 필요할 때, 축구 경기에서 믿음직한 윙 포워드 같은 역할을 한다. 깔끔하고 쌉쌀하고 상쾌한 맛인데, 빵 같은 맥아 향미가 중심이 되고, 풀을 거쳐 복숭아에서 오렌지 중과피에 이르는 홉 향미가 가득 퍼져 나온다. 전부 현지 홉 품종이 제공한 향미이며 모두 연한 색 맥아와 섬세한 균형을 이룬다. 투아타라 브루잉(Tuatara Brewing)이란 이름은 공룡이 살던 시대의 고대 파충류의 이름을 땄다. 이 파충류는 현재 뉴질랜드에서만 발견된다. 등을 따라 쭉 날카로운 가시가 박힌 동물로, 귀여운 초소형 공룡처럼 생겼다. 쥐라기적으로, 어마어마하게 목이 마르고, 벨로시랩터보다도 탐욕스런 갈증을 느낀다면 투아타라 헬레스가 해결해줄 것이다.

세르베자리아 웨이 프리미엄 라거
Cervejaria Way Premium Lager

피냐이스, 브라질
ABV : 5.2%

페일 라거의 나라에서 세르베자리아 웨이 프리미엄 라거는 전 세계 라거의 빨강과 초록 수비 라인을 뚫고 돌진하는 노란 티셔츠를 입은 브라질 축구선수처럼 선명하게 빛난다. 웨이의 프리미엄 라거는 독일, 체코, 미국 홉을 섞어 만드는데, 맥주의 중심을 이루는 깔끔한 맥아에 흙·꽃·시트러스 향미를 더했다. 향미와 개성이 넘친다는 점에서 얼음처럼 차갑게 내야 제대로 즐길 수 있는 밋밋한 라거와 달리 이 맥주는 엉덩이를 흔들어대며 춤추는 삼바 댄서처럼 흥겹다. 모든 웨이 맥주는 라벨 디자인이 대담하다. 웨이에서 나오는 맥주로는 크림 포터, 아메리칸 페일 에일, 더블 페일, 벨기에 다크 IPA, 아이리시 레드, 또 숙성 때 담겼던 술통의 목재에서 이름을 따온, 독한 짙은 색 라거인 암부라나(Amburana)가 있다. 이 맥주는 훨씬 더 훌륭한 브라질 라거이다.

아메리칸 크래프트 라거

과거로 돌아가 지금은 맛볼 수 없는 예전 맥주를 아무거나 마셔볼 수 있다면 내가 골랐을 1위에서 5위까지의 맥주 중 하나는 금주령 이전에 나온 아메리칸 라거일 것이다. 짙은 금색에, 독일에서 수입한 품종과 함께 현지 품종으로 홉을 첨가했던 아메리칸 라거는 금주령 이후 몇 년이 지나면서 돌이킬 수 없이 변해버렸다. 아메리칸 크래프트 라거는 이런 스타일 맥주에 다시 초점을 맞추고 있다. 다만 갓 수확한 홉만 쓰고, 현대적 미각을 지향하고 있는 것이 다르지만 말이다.

이 맥주는 동시대에 탄생해 여전히 진화 중인 맥주 중 하나로, 종류가 다양하며 하면 발효 이스트로 만들어야만 한다는 것 외에는 제한도 거의 없다. 이런 이유 때문에 전 세계에서 어떤 식으로 발전하고 있는지 지켜보기에 흥미로운 스타일이다. 한편 내가 이 맥주에 '아메리칸'을 앞에 붙인 이유는 주로 여기 들어간 특징적인 홉 때문인데, 이 스타일은 북유럽에서도 매우 인기가 많다. 가벼운 아메리칸 라거나 고급 아메리칸 라거와는 전혀 다르게 이런 맥주는 옛 미국 금주령 이전 라거와 마찬가지로 유럽 라거 제조 전통을 가져와 크래프트 맥주 특유의 화사하고 강렬한 신대륙 홉과 섞는다.

이 스타일 맥주는 보통 색은 금색에서 호박색을 띠고, ABV는 4.5~6.0%에, 특히 향기와 향미에서 홉 풍미가 좋을 것이라 예상하면 된다. 페일 에일이 페일 라거를 만나 탄생한 것이 이 스타일이라고 할 수 있다. 이런 라거가 어떤 맥주인지에 대해 최근 명문화된 규칙이 생겨나고 있으며, 내가 이들을 이 책에 포함시킨 것은 좋은 라거가 가진 깔끔한 깊이와 함께 홉의 폭발적인 과일 향기를 사랑하기 때문이다.

코니 아일랜드 라거Coney Island Lager

뉴욕, 뉴욕
ABV : 5.5%
홉 : 워리어, 아마릴로, 캐스케이드, 테트낭, 사츠, 할러타우어

슈말츠 브루잉 컴퍼니(Schmaltz Brewing Company)는 두 갈래로 나뉜다. 하나는 미국 맥주 스타일을 다양한 유대풍으로 비튼 '선민(選民) 맥주(The Chosen Beers)'이고, 다른 하나는 '라거 광과 맥주광'을 위해 만든 코니 아일랜드 크래프트 라거이다. 모두 서커스 쇼만큼이나 다채로울 뿐 아니라, 코니 아일랜드가 만드는 라거는 새로운 묘기까지 부린다. 머메이드 필스너(Mermaid Pilsner)는 드라이 호핑한 호밀 필스너이다. 휴먼 블록헤드(Human Blockhead)는 임페리얼 아메리칸 보크이다. 소드 스왈로워(Sword Swallower, 칼을 목구멍으로 넣는 묘기를 부리는 사람이라는 뜻—역자)는 IPA와 라거로 이루어진 샴쌍둥이다. 맥아는 코니 아일랜드 라거에서 모든 것을 관장하는 서커스 단장에 해당한다. 우리가 기대하는 것은 홉이 보여주는 쇼라고 해도 말이다. 이 맥주는 호박색에 맥아 향미가 풍부하면서도 지나치지는 않으며 드라이 호핑한 캐스케이드가 폭발적인 꽃향기 같은 중과피 향을 내다 향미로 발전해 마지막에는 앙코르처럼 더 많은 시트러스 향미를 더한다. 재밌고 발랄하고 향미 가득한, 끝내주게 훌륭한 맥주이다.

미켈러 더 아메리칸 드림Mikkeller The American Dream

코펜하겐, 덴마크
ABV : 4.6%
홉 : 넬슨 소빈, 사츠, 심코, 아마릴로

코펜하겐에 있는 미켈러 바는 맥주광에게 있어 꿈의 장소이다. 다양한 미켈러 맥주 20종과 손님들이 섞여 있는 이곳에 가면 모든 것을 맛보고 싶어질 것이다. 특히 크고 두툼한 병맥주 메뉴를 살펴보고 있자면 말이다. 아메리칸 드림으로 시작해보자. 다음에 무슨 맥주를 시킬지 결정하는 데 도움이 되기 때문이다. 반드시 다른 맥주를 또 주문하게 된다는 것은 기정사실이니 말이다. 아메리칸 드림은 아마도 아메리칸 크래프트 라거 중 특급 스타일일 것이다. 이 맥주의 가장 큰 매력은 강렬하게 치고 들어오는 향기이다. 복숭아, 살구, 자몽 향이 나지만 어떤 다른 맥주보다도 신선하게 느껴지게 하는 재주를 부린다. 홉 광인 미켈러는 이 초록색 수류탄(수류탄 같은 외양에 초록색인 홉을 초록색 수류탄에 비유—역자)을 솥에 첨가하는 데서 기량을 과시한다. 맥아 베이스는 낮은 온도에서 느리게 이루어지는 라거 발효만이 만들어낼 수 있는 미묘하고 깊이 있는 견과류 맛을 낸다. 그러나 주목을 끄는 것은 홉이다. 특히 마지막에 연속해서 강타하는 후추처럼 알싸한 맛이 그렇다.

모호크 브루잉 언필터드 라거
Mohawk Brewing Unfiltered Lager

타비, 스웨덴
ABV : 5.3%
홉 : 할러타우어, 넬슨 소빈, 아마릴로, 캐스케이드, 시트라, 센테니얼

"헤어스타일!" 모호크의 수석 양조기술자인 스테판 구스타브슨(Stefan Gustavsson)은 가장 중요하게 생각하는 것이 무엇인지 묻는 내게 이렇게 답했다. "그게 전체 컨셉에서 큰 부분을 차지해요. 튀는 것을 두려워하지 않고 마음이 이끄는 대로 가는 거죠. 군중 속에 휩쓸리는 게 아니라 멈춰서 맞서고 사람들이 주목하게 만드는 겁니다" 스테판을 만나면 확실히 주목할 수밖에 없다. 사람들로 붐비는 바에서 상어 등지느러미 모양을 한 그의 머리가 삐죽 솟아나와 있으니 말이다. 또 그가 만든 맥주를 마셔도 확실히 주목하게 된다. 라거 베이스로 시작한 다음, IPA 같은 홉 풍미가 난다. 아름다운 뿌연 금빛에 탠저린, 톡 쏘는 새콤한 시트러스, 망고, 허브 향기가 터져 나온다. 쓴맛이 치고 들어오기 전까진 보디는 부드럽고 풍부하다. 미묘하거나 조심스럽진 않지만 잘 생각해보면 모호크에게 그런 섬세한 면은 딱히 없지 않은가.

시그투나 이스트 리버 스프링 라거
Sigtuna East River Spring Lager

아를란다슈타드, 스웨덴
ABV : 5.2%
홉 : 할러타우어, 미텔프뤼, 캐스케이드

나는 이 맥주 라벨을 사랑한다. 이것을 보면 예전에 브루클린 다리를 걸어서 건너려 했을 때의 기억이 떠오른다. 때는 새벽 2시였고, 하루 종일 술을 마신 상태였다. 우리는 브루클린에 있었고 호텔은 퀸즈에 있었다. 지도를 살펴보았더니 가까운 곳에 다리가 있었다. 그것이 브루클린 다리일 거라 추측한 우리는 거기로 가기로 했다. 걷다보니 북동쪽으로 가야 하는데 서쪽으로 가게 됐지만 말이다. 다리를 반쯤 건너 쌩쌩 달리는 트럭과 철제 새장처럼 생긴 골조에 둘러싸여서야 지금 서 있는 곳이 윌리엄스버그 다리 위라는 것을 깨달았다. 다시 목적지까지 가는 여정은 정신이 번쩍 들 만큼 길고 고되었다. 이스트 리버 라거는 다행히 그보다는 행복한 경험이다. 이 맥주는 호박색에, 홉이 자몽·라임·만다린·새콤한 살구와 약간의 붉은 베리 향기를 내고 토스트, 빵 같은 비엔나풍 베이스와, 달지 않은 묵직한 쓴맛을 가졌다.

라거 이야기

라거는 생일이 없다. 몇 년도에 태어났는지조차 알 수 없다. 아는 것이라곤 만 년에 이르는 맥주 역사에서 라거는 보이지 않게 숨어 있다가 200년도 채 안 돼 문자 그대로 어디서나 눈에 띄게 되었다는 것뿐이다.

수백 년 동안, 양조업자들은 맥주를 이스트균으로 만들었다. 각각 맥주 온도에 따라 활성화되는 상면과 하면 발효 이스트로 말이다. 온도가 낮으면 라거 이스트가 활동에 나서고, 따뜻하면 에일 이스트가 우세를 점한다. 이럴 때 라거 이스트는 이상한 냄새를 풍기긴 하지만 말이다. 독일 맥주 양조기술자들은 맥주를 차가운 지하 저장고나 동굴에 몇 달 동안 두면 맥주에 깨끗한 맛의 깊이가 생기고 고약한 맛은 거의 나지 않아 좋다는 것을 깨달았다. 이런 냉장 보관은 느리게 발효를 진행하는, 서서히 숙성하는 라거 이스트가 느긋하게 일을 해나가게 도와주었다.

그러나 양조기술자들은 이스트에 담긴 과학에 대해 19세기 말이 될 때까지 별로 아는 것이 없었다. 그때가 되어서야 마침내 발효과정을 과학적으로 이해하기 시작해서, 탱크 속을 미시적으로 들여다볼 수 있었다. 덕분에 상면 발효와 하면 발효의 이스트 활동을 알 수 있게 됐을 뿐 아니라, 건강한 이스트균을 분리해낼 수도 있게 되었다.

라거 이야기는 19세기 중반 보헤미아에서 더욱 흥미로운 국면을 맞이한다. 맥아 제조 기술이 발전해 더 연한 색 맥아를 만들 수 있게 되자, 맥주용 잔으로 유리잔이 금속 잔을 대체하기 시작한다. 이는 맥주의 겉모습이 더 중요해진다는 뜻이었고, 이렇게 해서 냉장 숙성이 점점 늘어나면서 더욱 깔끔한 맛이 나는 맥주가 탄생했다.

더 연한 색 맥주와 하면 발효에 유리한 과정이 결합해 첫 번째 골든 라거가 등장했다. 19세기 말에 발효 과학에 대한 이해도가 높아지자 라거 맥주는 비로소 전 세계적으로 발전할 수 있었다.

최초의 미국 라거 맥주는 1840년에 필라델피아에서 양조되었다. 그 후 시카고와 밀워키에서 인기가 높아졌다. 그 전에는 모든 미국 맥주가 짙은 색 영국 에일에 바탕을 두고 있었다. 중유럽 사람들이 대거 미국으로 이주했고, 이들은 무겁고 탁한 식민지 에일이 아닌 자기 고향 맥주를 원했다. 1850년대부터 불그스름한 둥켈 라거와 비슷한 독일 맥주가 미국 주요 대도시 곳곳으로 퍼져나갔다.

라거가 영원히 바뀐 것은 아돌푸스 부시(Adolphus Busch) 덕택이라고 할 수 있다. 그는 보헤미아로 여행을 갔다가 골든 라거를 마셨다. 영감이 떠오른 그는 레시피를 갖고 돌아와 미국에서 이 맥주를 재현했고, 1876년에 버드와이저가 탄생했다. 그러나 맥주를 제대로 만들기 위해 양조기술자들은 쌀이나 옥수수를 레시피에 첨가해야 했다. 미국의 여섯줄보리는 유럽의 두줄보리보다 단백질 함량이 높아서 맥주에 보기 싫은 희부연 덩어리를 형성했기 때문이다. 쌀을 사용해 맥주에 들어가는 보리 양을 줄여 이런 혼탁함을 최소화할 수 있었다. 연한 색인 데다 유리잔에 따라 내는 맥주의 경우 금속 잔에 내는 짙은 색 맥주에서와 달리 이런 혼탁함을 용납할 수 없었던 것이다. 미국 라거는 첨가 곡물 사용으로 유럽 라거와 다르게 만들어졌다. 원래는 이민자들에게만 인기가 있었지만 곧 미국인이 두루 찾는 맥주가 되었다.

미국 라거 양조는 20세기가 시작되면서 전성기에 이르렀다. 이 단계에서 라거 양조장들은 인공 냉장과 저온살균 같은 기술적 진보를 선도해 거대한 맥주 공장으로 성장했으며, 동시에 맥주 유통을 위해 철도망을 닦았다. 그러나 이런 상황이 영원히 계속되진 않았다. 음주를 전면 금지한 금주령이 13년 동안 위세를 떨치면서 소다가 맥주를 대신하게 되었다. 대다수의 양조장이 문을 닫았다. 일부는 0.5% 정도의 '맥주에 가까운' 음료를 양조해 명맥을 유지했지만 말이다.

금주령이 끝났을 때 라거는 재기를 위해 분투했지만 곧 다시 상황이 바뀌었다. 대공황, 전쟁, 재료 배급제로 맥주가 더 가벼워졌던 것이다. 1950년대에 10년 동안 미국인의 미각이 균일화되는 변화기를 겪으면서 라거는 향미, 특징, 색이 한층 더 옅어졌다.

그러다 1970년대가 되고, 라이트(Light) 맥주의 시대가 열린다. 사람들은 스포츠 경기를 관람하며 맥주를 마시게 된다. 더불어 향미와는 더욱더 멀어지게 된다.

100년도 안 되는 시간 동안 미국 라거는 탄생하고 눈부신 전성기에 도달했다가 완전히 사라졌다 부활한 후 서서히 가벼워지다 못해 더 이상 가벼워질 수 없는 지경에 이르게 된 것이다. 맥주가 모두 똑같은 맛을 갖게 되었다. 전 세계에 페일 라거가 퍼져나가면서 라거 맛도 향미가 줄어들며 지나치게 단순화되었다.

그러나 위대한 하면 발효 맥주의 고향인 중부 유럽에서는 모든 것이 발전일로에 있었다. 스타일은 똑같이 유지하면서 품질은 향상됐고 전통을 유지한 그들은 다른 세계에서 일어나는 일에는 아랑곳하지 않았다. 지역적 금지가 맥주를 지켜내 둥켈은 사라지지 않았고, 헬레스와 필스너는 라우흐비어와 보크와 조화를 이루며 살아갔고, 쾰슈, 알트, 바이젠은 묵묵히 상면 발효 양조를 계속해나갔다. 독일이여, 당케 쇤(danke schön, 고맙다는 뜻의 독일어—역자).

무미건조한 맥주에 반기를 든 것은 크래프트 맥주 양조업자들이었다. 이들 중 다수는 거액을 들인 광고 캠페인보다 유럽 맥주에서 영감을 얻었다. 모든 맥주가 똑같은 맛이 나는 미국에서 1980년대부터 새롭게 나타난 맥주 양조업자들은 맛이 더 좋은 맥주, 맛이 탁월한 맥주를 원했다. 향미가 풍부한 에일이 단조로운 라거의 패권에 맞서는 호적수로 등장했다. 그러자 라거가 되살아났다. 향미와 개성을 가진 라거, 즉 금주령 이전, 미국 라거의 황금기를 떠올리게 하는 맥주가 말이다.

현재 일부 맥주 양조업체들은 오직 라거나 독일 스타일 맥주만을 전문적으로 만든다. 그러나 대부분의 맥주 양조업체들은 에일이든 라거든 상관없이 독일 스타일의 무엇인가를 만든다. 최고의 라거 중 일부는 미국에서 나오고 있다. 또 전 세계에서, 이탈리아, 뉴질랜드, 스칸디나비아, 영국, 남아메리카에서 전통적 스타일을 응용해 특유의 버전을 만들어 내거나, 아예 새로운 무엇인가를 만들어내는 소규모 맥주 양조업자들이 라거에 새로운 활기를 불어넣고 있다. 크래프트 라거, 뉴질랜드 라거, 임페리얼 라거, 미국 홉을 넣은 도펠복스, 일본 홉을 넣은 헬레스, 영국산 재료만 써서 영국에서 양조한 라거 등이 그런 예다. 좋은 것이 나쁜 것에 반격을 가하고 있으며, 이를 통해 라거의 인기와 품질은 계속 높아지고 있다.

과거의 바이에른과 보헤미아 라거들을 되돌아보면, 그곳 라거들이 지금도 세계 최고긴 하지만 만만찮은 경쟁 상대를 만난 셈이다.

임페리얼 라거

역시 라거이지만 더 강력해진 라거이다. 이런 라거는 필스너와 헬레스처럼 섬세하고 가벼운 보디를 가졌지만, 근육이 울퉁불퉁한 보디빌더처럼 보디의 규모를 키웠다. 굉장히 독한 유럽 라거도, 술 마시는 사람들이 가성비 좋은 맥주로 찾는, 캔에 넣어 싸게 파는 맥아주도 아니지만 라거와 IPA 사이 어디쯤에 위치한 엄연한 크래프트 맥주이다. 탱크에서의 냉장 숙성(COLD-CONDITIONING)과 섬세한 라거 이스트 때문에 확성기 같은 IPA보다 세련되고 고상하다. 임페리얼 라거가 독한 유럽 라거나 심지어 헬러보크(HELLERBOCK)와도 다른 점은 임페리얼 라거가 더 확실한 목표를 가지고 체계적으로 홉을 첨가한다는 데 있다. 그래서 보통 쓴맛과 향기에서 풍부한 홉의 존재감을 느낄 수 있다.

임페리얼 라거는 필스너나 헬레스, 아메리칸 크래프트 라거의 돌연변이다. 알코올 도수는 올라가고 홉의 양은 늘어나서 ABV는 7.0~9.0%, IBU는 40~80 이상이다. 대개 연한 색부터 호박색에 이르는 색을 띠는 임페리얼 라거는 라거 이스트로 만들어, 맥아와 이스트 프로필에 깔끔한 깊이를 더하고, 홉에게 중요한 솔로 공연을 맡긴다. 전 세계 어디서 생산된 홉도 쓸 수 있으며, 폭발하는 향기·향미와 함께 요란한 쓴맛보다는 균형감을 준다. 보디는 쌉쌀하고 산뜻하거나 아니면 원숙하고 묵직하다. 맥아 향미는 무대에 주역으로 나설 수도 있고 스스로 무대가 되어 홉을 받쳐줄 수도 있다. 돌연변이 맥주 스타일답게 아름다운 동시에 거칠다.

프리티 씽즈 아메리칸 달링Pretty Things American Darling

캠브리지, 매사추세츠
ABV : 7.0%
홉 : 자피르, 펄, 할러타우어

프리티 씽즈는 마시면 마실수록 점점 더 사랑에 빠져 정신을 못 차리게 만든다. 일부 맥주 양조업체들은 특별한 감각을 갖고 있는데 아주 드문 경우이다. 즉 이런 곳에서 만드는 모든 맥주에는 가벼움이 깃들어 있다. 그래서 무시무시하게 독한 맥주조차 어이없을 정도로 부담 없이 넘어간다. 또 모든 맥주에 재밌는 뒷이야기가 있고 느긋한 유쾌함이 있다. 동시에 근사해 보이기도 한다. 이러니 누군들 여기서 만든 맥주를 골라 계산대로 직행하지 않고 배기겠는가. 아메리칸 달링은 모든 재료를 미국산 대신 독일산을 사용한다는 점에서 여타 임페리얼 필스너와는 다른 길을 개척해가는 맥주로, 말하자면 맥주 라벨에 그려져 있는 잔디 깎는 기계처럼 빤하고 평탄한 길을 가는 맥주가 아니다. 6주 동안 저장해서 놀라운 깊이를 만들어낸 이 맥주는 태양 같은 황금빛에 집 뒤뜰 같은 꽃과 풀 향기가 나고, 이슬 맺힌 봄날 아침보다 더 신선하고, 맛의 고장(Delicious Town)이 있다면 그곳에서 가장 맛있는 맥주일 것이다.

미켈러 드래프트 베어Mikkeller Draft Bear

코펜하겐, 덴마크
ABV : 8.0%
홉 : 아마릴로, 캐스케이드

어떤 맥주는 맛보는 순간 그 자리에 멈춰 서서 "와!" 하는 감탄사를 절로 내뱉게 된다. 드래프트 베어도 그런 맥주이다. 당시 나는 이처럼 대단한 향기와 신선함, 탄성이 터져 나오는 걸출함은 미처 예상하지 못했다. 마치 새콤한 오렌지, 탠저린, 만다린, 자몽이 먹음직스럽게 담긴 그릇에 얼굴을 파묻고 있는 것 같았다. 어떻게 홉에서 이토록 엄청난 과일 향기를 얻는 것이 가능했는지 모르겠다. 하여간 이들은 홉을 과일보다도 더 과일 같게 만들고야 말았다. 나는 이 향기를 작은 유리병에 담아서 언제나 갖고 다니고 싶다. 필요할 때마다 꺼내서 냄새를 맡아야 직성이 풀리는 홉 중독자처럼 말이다. 한 입 가득 머금으면 우아! 하는 감탄이 나오는 것과 동시에, 이 맥주 한 상자를 구해다 집에 몇 병씩은 떨어지지 않게 비축해놓고 싶어진다. 향미 면에서 라거보다 IPA에 가까운 이 맥주는 약간의 단맛과 깊이 있고 깔끔한, 연한 맥아 향미를 가졌다. 중독적일 만큼 편하게 넘어가며 아주 다양한 방식으로 오렌지 같은 느낌을 준다. 우아!

에픽 브루잉 라거
Epic Brewing Lager

오클랜드, 뉴질랜드
ABV : 8.5%
홉 : 퍼시픽 제이드, 코하투, 리버티, 테트낭, 산티암

루크 니콜라스(Luke Nicholas)는 에픽의 막후에 있는 인물이다. 에픽은 따로 건물을 갖고 있지 않은 양조업체지만 다른 양조업체와 탱크를 같이 쓴다. 폭발적인 IPA로 유명하지만 라거는 다른 방향으로 폭발한다고 할 수 있다. 색이 연한 금색인 이 맥주는 나로서는 도저히 무엇인지 알아낼 수 없는, 규정하기 어려운 종류의 과일 향기를 낸다. 파인애플, 어떤 풀냄새, 강황, 타임 같은 향신료 향, 레몬 같은 향기가 나는데 이런 것은 쉽게 분간해낼 수 있다. 그러나 이게 다가 아니다. 멜론이나 포도, 어쩌면 엘더플라워 같은 향기도 느껴진다. 이런 불가해한 신비로움이 맥주를 더 흥미롭게 하는 것 같다. 에픽 라거는 무척 균형이 잘 잡혀 있으며 표시된 ABV에서 예상되는 것보다 훨씬 가볍게 넘어간다. 70IBU의 쓴맛이 입 안을 휩쓸기 전에 견고한 보디가 모든 홉을 제자리에 잘 잡아두기 때문이다. 타임, 레몬, 마늘, 다량의 소금과 후추로 뒤덮인 갓 구운 닭고기에 곁들여 마셔보자. 기념비적인 저녁 식사가 될 것이다.

도그피시 헤드Dogfish Head & 비라 델 보르고Birra Del Borgo 마이 안토니아My Antonia

밀튼, 델라웨어
ABV : 7.5%
홉 : 워리어, 심코, 사츠

마이 안토니아는 도그피시와 비라 델 보르고가 협업해 처음 만든 새로운 라거 스타일 맥주이다. 두 양조업체는 자신만의 버전으로 각각 마이 안토니아를 만들었고, 결국 둘 다 굉장한 인기를 모아서 양쪽 다 계속해서 해당 맥주를 생산하기로 결정했다. 이런 맥주는 병을 따기도 전부터 맛이 좋을 거라는 것을 안다. 보기만 해도 무척 근사하기 때문이다. 유럽과 미국 홉을 섞어서 후추와 레몬 같은 향이 깔리고, 약하게 타임과 향신료 향이 났다가 소나무 향 같은 중과피 향이 전면에 나선다. 벨기에 트리펠 같은 보디를 가진 맥아 베이스는 부족한 것과 과한 것 사이에서 균형을 잘 잡은 예리한 쓴맛과 함께 쌉쌀하고 깔끔하다. '이 맥주는 끊임없이 홉이 들어간다' 이 말은 끓이는 과정 내내 홉을 쉴 새 없이 투입한다는 뜻이다. 대부분의 맥주처럼 시작과 중간, 끝에 넣는 대신 말이다. 할 수 있다면 두 버전을 모두 사서 유사성을 비교해보자. 카르보나라 스파게티에 곁들여 마셔보는 것도 좋다.

비엔나, 메르첸, 옥토버페스트

이 독일 라거 삼총사는 많은 역사를 공유한다. 그러나 그 과정이 그리 단순명쾌한 것은 아니다. 알다시피 몇 백 년 전 메르첸은 3월에 양조해서, 양조 후에는 너무 더운 여름을 견디도록 시원한 지하 저장고에서 숙성한 맥주였다. 비엔나 라거는 맥아 제조 과정에서 새로운 유형의 간접 건조로 연한 색 맥아가 만들어진 덕분에 탄생했다. 1841년, 비엔나에서 만들고 있던 새로운 라거에 영감을 얻은 메르첸 스타일 맥주가 뮌헨에서 슈파텐 브루어리(Spaten Brewery)에 의해 양조되어 그해 옥토버페스트에 처음 소개되었다. 슈파텐이 '옥토버페스트비어(Oktoberfestbier)'라는 이름을 붙인 맥주를 출시한 것은 1872년이 되어서였지만 말이다. 즉 비엔나가 원래는 메르첸이던 맥주에 영감을 주어 옥토버페스트가 되었다는 말이다. 이제 이해가 되는가?

세 스타일은 한 부류로 묶어도 될 만큼 비슷하다. 알코올은 ABV 5.0~6.0% 사이이고, 미디엄 보디에, 금색에서 빨간색에 이르는 색을 띠고, 20~30IBU 사이의 균형 잡힌 쓴맛을 가졌다. 맥아의 특징은 옥토버페스트와 메르첸은 토스트 같고 깔끔하며, 비엔나는 견과류 맛이 더 강해진다. 홉 함량은 전통적으로 낮으며, 비엔나는 풀 향이 더 강해지고 뚜렷해진다. 메르첸이나 비엔나, 아메리칸 앰버 라거 간에는 겹치는 면이 더러 있다. 보통 아메리카 홉 품종이 차이를 결정짓는다.

학커-프쇼르 옥토버페스트 메르첸
HACKER-PSCHORR OKTOBERFEST MÄRZEN

뮌헨, 독일
ABV : 5.8%
홉 : 할러타우어

고전명작

세계에서 가장 유명한 맥주 축제가 황태자 루드비히와 바이에른의 테레제 공주의 결혼을 축하하기 위해 1810년에 시작되었다. 며칠 동안 이어진 기념행사가 호응이 좋아 다음 해에도 파티를 열기로 했고, 그렇게 전통이 되었다. 시간이 흐르면서 기간이 늘어나 거의 3주 동안 즐기는 축제가 되었다. 9월의 마지막 햇빛을 좀 더 볼 수 있기를 바라는 마음에 날짜도 옮겨서 10월 첫째 주에 축제는 막을 내리도록 바뀌었고, 결국 세계에서 가장 규모가 큰 음주 행사로 자리 잡았다. 초기 메르첸 스타일 맥주는 시간이 지나며 짙은 금색 맥주로 발전해 술집들을 장악했고, 현재는 1ℓ짜리 유리 맥주잔 마스maß(독일 바이에른 지방 용어로, 액체 용량 단위이자 맥주잔을 가리킨다—역자)에 다량으로 부어 마신다. 학커-프쇼르의 옥토버페스트 메르첸은 약간의 깊이 있는 구운 곡물 맛, 옅은 캐러멜 맛, 빵 맛, 약간의 마지팬(아몬드와 설탕, 계란을 버무려 만든 부드러운 희거나 노란 색 음식으로, 케이크 장식이나 과자를 만들 때 쓴다—역자) 같은 견과류 맛이 나며, 홉은 쓴맛이 적고 균형이 잡혀 있다. 초대형 천막 안에서 6000명의 사람들과 함께 마셔야 제맛인 맥주이다.

메트로폴리탄 다이나모 코퍼 라거Metropolitan Dynamo Copper Lager

시카고, 일리노이
ABV : 6.2%
홉 : 호라이즌, 뱅가드, 마운틴 후드

"맥아와 홉이 양조의 양 기둥이라면, 이 맥주는 둘 사이에서 부드럽게 회전하고 있는 중심축이다" 양조업체가 웹 사이트에서 이 맥주를 유려하게 표현한 문구이다. 메트로폴리탄은 녹음이 우거진 시카고 교외에 있는 단아한 작은 창고 건물에서 다양한 종류의 뛰어난 라거를 만든다. 수석 양조기술자인 더그 허스트(Doug Hurst)는 독일에서 전문 교육을 받았고, 라거와 우아한 향미에 대한 사랑이 싹튼 곳도 바로 독일에서이다. 다이나모는 비엔나 스타일 라거로, 원산지가 유럽인 미국에서 재배한 홉으로 만든다. 잔 위로 피어오르는 옅은 라임과 꽃향기가 유혹의 손길을 내민다. 보디는 빵과 토스트 맛이 나며 알코올 도수가 높고 진하다. 그러다 이런 맛을 홉이 시트러스의 쓴맛으로 싹 정리해버린다. "다이나모를 즐기기 가장 좋은 때는 목이 마를 때다"라고 메트로의 웹 사이트는 말한다. 마음에 드는 말이다.

레이크프론트 브루어리 리버웨스트 스타인 라거

Lakefront Brewry Riverwest Stein Lager

밀워키, 위스콘신
ABV : 5.7%
홉 : 윌러멧, 캐스케이드

밀워키는 미국 라거의 고향이다. 1800년대 중후반에 수천 명의 독일 이민자들이 대서양을 건너왔고, 밀워키 호숫가를 중심으로 유럽인 인구가 늘어났다. 그들은 식민지 영향을 받은 진하고 탁한 에일을 싫어했고, 대신 고향에서 마셨던 것 같은 라거를 원했다. 20세기 초에는 밀워키의 팝스트(Pabst), 블라츠(Blatz), 슐리츠(Schlitz), 밀러(Miller)가 미국에서 가장 큰 맥주 양조업체에 속했다. 현재는 밀러만이 여전히 이 도시에서 양조를 하고 있지만 그들이 양조하던 곳에서 그들의 유산을 바탕으로, 적극적인 발전이 일어나고 있다. 레이크프론트의 리버웨스트 스타인이 가장 좋은 예다. 전통적인 비엔나 맥주처럼 호박색에, 중간에는 토피와 토스트가 나타나다가 미국산 홉이 만들어내는 꽃 향과 약간의 시트러스 향이 섞인 향기가 난 다음, 풍부하고 오래 가는 쓴맛을 남긴다. 밀워키의 19세기 말을 되돌아본다면 그때의 라거가 아마 이와 조금 비슷했을 것이다.

레 트와 무스카테르 옥토버페스트

Les Trois Mousquetaires Oktoberfest

브로사, 캐나다
ABV : 6.0%
홉 : 할러타우어, 펄

레 트와 무스카테르는 독일 홉이 더해준 약간의 베리 및 맵싸한 꽃향기와 함께 구운 곡물, 통밀빵, 볶은 견과류의 구수한 맛으로 가득하다. 맥아 풍미가 입에 닿는 느낌을 지배하지만 절대 무겁지 않다. 그런 다음 홉이 혀 안쪽으로 미끄럼틀 타듯 미끄러져 들어와 힘들이지 않고 편하게 마실 수 있으며, 더 마시고 싶은 욕구를 불러일으킨다. 독일 소시지, 사우어크라우트, 프레첼을 곁들여보자. 옥토버페스트 맥주가 건강에 좋고 원기를 회복시킨다는 증거인지, 전동 휠체어, 목발 한 쌍, 370개의 안경이 2011년에 분실물 보관소에서 발견되었다. 맥주 만세!

닐스 오스카 칼라셀

Nils Oscar Kalasöl

뉘셰핑, 스웨덴
ABV : 5.2%
홉 : 푸글, 캐스케이드, 사츠

이 맥주의 이름을 번역하면 '축제 맥주(fest beer)'로, 스웨덴어로 옥토버페스트를 나타낸다. 원래는 계절 한정으로 양조했지만 인기가 많아, 현재는 닐스 오스카가 생산하는 폭넓고 다양한 맥주의 일부로, 1년 내내 구입할 수 있다. 구릿빛을 띤 칼라셀은 풍성한 크림 같은 거품을 가졌고, 맥아와 홉을 섞은 향기가 나다가, 토피와 시트러스즙을 얹은 토스트 한 쪽 같은 맛으로 끝난다.
홉 3인방은 뜻밖에 성공적인 조합을 이루는데, 거친 향미 나는 맵싸한 영국 푸글이 나머지 둘의 거친 쓴맛과, 또 자몽과 꽃 향이 나는 미국산 캐스케이드는 둘의 기름진 홉의 농후함과 결합하며, 섬세하고 향기로운 체코 사츠는 과일과 허브 향으로 다른 홉과 균형을 맞춘다. 옥토버페스트를 마실 때는 음식이 꼭 필요하다. 닭고기, 소시지, 돼지 뒷다리 정강이살(pork knuckle), 프레첼을 장 볼 목록에 넣어라. 필요하다고 생각하는 것보다 더 많은 양을 주문하자.

밤베르크 데 비즌

Bamberg De Wiesn

상파울루, 브라질
ABV : 5.7%
홉 : 할러타우어 매그넘, 할러타우어 미텔프뤼, 할러타우어 자피르

비즌은 옥토버페스트를 현지에서 부르는 이름이다. '목초지(meadow)'란 뜻으로, 옥토버페스트가 열리는 지역인 테레지엔비제(Theresienwiese)에서 이름을 따왔다. 지역 이름 자체는 이 축제가 처음 열린 계기가 된 신부의 이름에서 딴 것이다. 최고의 맥주 축제를 위한 이름치곤 너무 싱거울지도 모르겠다. 리오 카니발을 친구들과 차분히 한잔하는 것이라고 표현하는 것과 마찬가지니까 말이다. 알렉산드르 바조(Alexandre Bazzo)가 양조하는 밤베르크 맥주는 라인하이츠게보트(Reinheitsgebot), 즉 맥주순수령을 따른다. 라인하이츠게보트는 맥주를 오직 맥아, 물, 홉, 이스트로만 만들어야 한다고 명한다. 밤베르크 맥주는 모두 독일에서 영감을 얻었으며 독일 맥주의 충실한 해석본으로, 위대한 독일 스타일 맥주를 브라질에서 새롭게 되살린다. 데 비즌은 꽃과 허브 향을 내는 독일산 홉과 함께, 비스킷, 토스트, 캐러멜 맛이 나는 보디를 가지고 있다. 정말 가벼우며 깨끗하고 신선한 향미가 난다. 오랫동안 탱크에서 숙성한 후 9월 축제를 위해 계절 한정으로 출시한다.

에이버리 더 카이저 임페리얼 옥토버페스트

Avery The Kaiser Imperial Oktoberfest

보울더, 콜로라도
ABV : 9.3%
홉 : 매그넘, 스털링, 테트낭, 헤르스브뤼커

에이버리의 독재자(Dictator) 시리즈에 속하는 더 카이저 임페리얼 옥토버페스트는 마하라자(임페리얼 IPA), 차르(임페리얼 스타우트)와 함께 전통적인 스타일을 어디까지 밀어붙일 수 있을지 알아보는 것을 목표로 하는 강력한 삼두 정치를 탄생시킨다. 카이저는 나머지 둘보다 한계를 더 멀리 밀어붙인다. 구리색을 한 카이저는 토스트 맛 나는 맥아와 캐러멜, 빵 맛이 지배적이다. 또 바닐라와 아몬드 향 때문에 케이크처럼 느껴지기도 하며 술 맛이 강하게 도는 구운 사과와 핵과(核果) 풍미도 약간 있다. 여기에 홉이 맵싸하고 꽃처럼 향기롭고 쓴 풍미로 강력하게 맞받아쳐 균형을 잡아주지만 혀를 너무 심하게 자극하진 않는다. 풍성하고 지배적이고 강렬한데도 어이없을 만큼 편하게 넘어가 마시는 사람을 빠져들게 만든다. 지금껏 한 번도 맛본 적 없는 옥토버페스트면서도 여전히 이 스타일의 핵심적 특징을 유지하고 있다는 것이 참 인상적이다. 이 맥주와 함께라면 세계에서 가장 큰 프레첼이 필요할 것이다.

맥아 제조자들이 맥아를 연한 색으로 만들 수 있게 되기 전까지 맥주는 색상 범위가 붉은색-갈색-검은색이었다. 색이 더 연한 맥주를 전 세계에서 일상적으로 양조하게 된 것은 19세기 말에 이르러서였다. 물론 그 전에도 연한 색 맥주를 양조하는 지역이 일부 있긴 했지만 흔하지는 않았다. 다크 라거는 옛날 맥주 맛을 떠올리게 한다. 독일 둥켈과 슈바르츠비어는 체코의 다크 라거와 마찬가지로 이 부류의 고전이다. '둥켈'은 짙다는 뜻이고 '슈바르츠'는 검다는 뜻이다. 슈바르츠비어에는 볶은 보리가 더 많이 들어 있어 더 짙은 색에, 더 쓴 맥아 향미가 난다. 바이에른은 다크 라거의 고향으로, 헬레스가 대세가 되기 전에는 다크 라거를 일상적으로 마셨다. 중부 유럽을 벗어나면 가장 인기 있는 스타일이 아니라는 점은 좀 의외다. 대단히 섬세하고 상쾌한 동시에 굉장히 복합적이고 흥미로울 수 있는 스타일인데 말이다.

다크 라거

이런 맥주에서는 맥아가 주도적인 역할을 한다. 그러나 어디까지나 미묘한 우아함을 잃지 않는다. 대표적인 예를 보면 그렇다. 적갈색에서부터 불투명한 검은색에 이르는 색을 띠며, 보디의 종류는 가벼운 것에서 풍성한 것까지 다양하다. 빵·초콜릿·캐러멜·볶은 맥아 향미가 바탕을 이루며, 이때 구운 맥아로 인한 쓴맛은 적다. 한편 홉은 늘 그랬듯이 모든 것의 균형을 맞추는데, 때로는 향긋한 향을 약간 더 두드러지게 해서 그런 효과를 내기도 한다. 향미는 이런 라거의 어두운색에서 예상되는 것보다 가벼운 것이 일반적이다. ABV는 전통적으로 4.0%과 6.0% 사이이다. 음식에 곁들이는 술로 아주 좋은 이 스타일 맥주는 전 세계 어떤 음식과도 잘 어울린다. 묵직한 동유럽 고기 요리나 가벼운 스시, 멕시코 음식과 함께 마셔보자. 멕시코 음식에 곁들이면 초콜릿 향미가 무시무시한 칠리의 매운맛을 마치 망토처럼 덮어준다.

우 플레쿠U FLEKŮ

프라하, 체코공화국
ABV : 4.6%
홉 : 사츠

고전명작

맥주를 500년도 더 전부터 양조한 덕분에 이곳은 세계에서 가장 오래된 펍 중 하나이다. 오래된 문으로 들어서면 여기서 양조하는 유일한 맥주인 트마비 레자크(Tmavý Ležák)를 마시는 사람들이 있는, 화려하게 장식된 홀이 나온다. 홀에는 맥주잔과 본고장 독주인 벡케로프카(Beckerovka)가 담긴 작은 유리잔으로 가득한 거대한 쟁반을 들고 다니는 남자들이 바쁘게 돌아다닌다. 따로 주문할 필요는 없다. 일단 무조건 갖다 놓긴 하지만 의무적으로 마셔야 하는 것은 아니다. 몇 시간 동안 있으면서 어떤 일이 벌어지는지 구경하기 편한 곳이다. 느린 아코디언 음악과 대조적으로 분주한 분위기에 약간 얼떨떨해진 채로 말이다. 맥주 자체도 굉장히 훌륭하다. 묵직한 질감 및 보디와 함께 아주 뛰어난 향미 때문이다. 오크통에서 발효한 이 맥주는 쓴맛도, 지나치게 구워진 불쾌한 맛도 나지 않는다. 초콜릿 같은 단맛과 약간의 캐러멜, 훈연 향미가 있어 한 잔만으론 충분치 않다. 누가 세상에서 이보다 나은 다크 라거를 찾아낼 수 있다면 나도 그것이 무엇인지 알고 싶다.

포트 브루잉 핫 락스

Port Brewing Hot Rocks

샌마르코스, 캘리포니아
ABV : 6.2%
홉 : 할러타우어 매그넘, 테트낭

이건 스타인(stein, 원래는 독일어로 '슈타인'이라 읽으며 '돌'이라는 뜻이다—역자), 즉 돌 맥주이다. 20세기 초까지 수백 년 동안 존재했던 진귀한 양조 방식이다. 일부 양조기술자들은 목재 용기를 사용하기도 했는데 목재 용기는 아래에서 불을 피워 가열하기에 적당치 않았다. 그래서 스타인 맥주는 시뻘겋게 달군 돌을 뜨거운 물과 맥아 혼합물이나 맥아즙에 집어넣는 과정을 추가해 일시에 열을 가해 순간적으로 확 끓어오르게 만들었다. 이때 돌은 '경사암(gray wacke)'라 불리는 특정한 종류를 사용했는데, 불에서 액체로 옮겨도 산산조각 나지 않고 버틸 수 있었다. 불을 활용하는 것이 안전한 과정은 아닌 데다, 세계적으로 스테인리스를 이용하게 되면서 크래프트 맥주 양조업자들이 다시 돌을 불에 집어넣기 시작하기 전까지 이 방법은 점차 사라지고 말았다. 3월과 4월에 계절 한정으로 나오는 포트 브루잉 버전은 콜라 색이 나며 보디는 탄탄하고 약간의 섬세한 구운 맛, 딱딱하게 결정화된 설탕에서 나는 약간의 토피 맛, 작렬하는 훈연 향미, 흙과 재 같은 쓴맛, 꽃처럼 향기로운 홉 향기를 갖고 있다. 정말 끝내주는 맥주이다.

밤베르크 슈바르츠비어 Bamberg Schwarzbier

상파울루, 브라질
ABV : 5.0%
홉 : 할러타우어 매그넘, 할러타우어, 미텔프뤼

독일에서 가장 유명한 맥주 도시 중 하나에서 이름을 딴 이 브라질의 소규모 맥주 양조업체는 굉장히 다양한 고전 독일 맥주 스타일을 만든다. 또 이런 맥주로 다수의 상을 수상하기도 했다. 이 중에서도 뮌헨이란 이름의 둥켈과 이 슈바르츠비어는 다크 라거 팬이라면 꼭 맛봐야만 한다. 슈바르츠는 거의 검은색으로, 가장자리에 약간 붉은 빛이 감돈다. 풍부한 거품이 가라앉으면서 얇은 한 가닥이 되면 초콜릿, 커피, 크래커 향미가 느껴지지만 어떤 맛도 압도적이진 않아서 가벼운 느낌을 잃지 않는다. 홉과 맥아의 쓴맛이 동시에 합쳐져 쌉쌀하고 구운 향미와 꽃향기가 나고, 갈증을 풀어주는 청량감이 생긴다. 뮌헨은 색이 더 연하고 구운 맛 대신 견과류 같은 고소한 캐러멜 향미가 있다. 둘 다 전통적인 방식으로 만들고, 독일 골키퍼와 마주한 브라질 스트라이커처럼 마무리가 능숙하다. 소고기, 돼지고기, 콩, 채소를 넣어 끓인 브라질 스튜인 페이조아다(feijoada)에 곁들여 마셔보자.

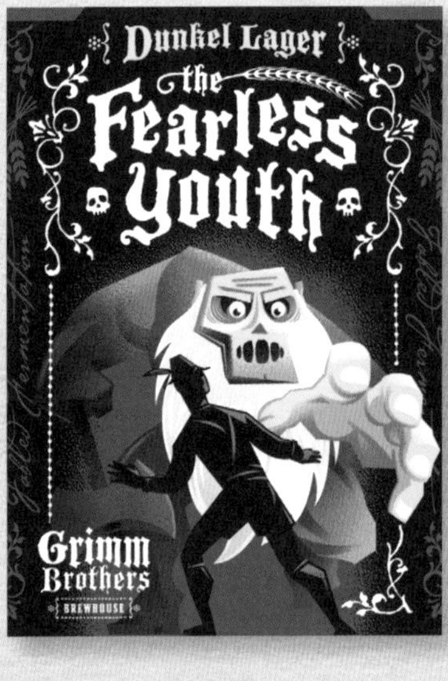

그림 브라더스 더 피어리스 유스 Grimm Brothers The Fearless Youth

러브랜드, 콜로라도
ABV : 5.2%
홉 : 매그넘

이름에서 짐작했겠지만 그림 브라더스에서 나오는 맥주들은 모두 독일 스타일이며 각각 옛 독일 민담을 주제로 하고 있다. 더 피어리스 유스(두려움을 모르는 소년이라는 뜻—역자)는 아무리 무서운 난관에 맞닥뜨려도 두려워서 몸이 떨린다는 것이 무엇인지 모르는 둔감한 소년이다. 어느 날, 이 소년에게 한 여관 주인이 유령이 나오는 성에서 사흘 밤을 보내라고 한다. 많은 사람들이 도전했지만 아무도 성공하지 못한 일이었다. 성에서 두려움에 떠는 것이 무엇인지를 배우거나, 사흘 밤을 무사히 버텨내는 경우, 소년은 왕의 딸과 성에 있는 재물을 얻을 수 있었다. 끔찍한 귀신의 위협에도 사흘 동안 전혀 공포에 떨지 않은 소년은 공주와 결혼하고 나서도 도대체 소름이 끼친다는 것이 무엇인지 모르겠다며 아내에게 투덜거린다. 어느 날 밤, 공주가 아주 차가운 시냇물 한 통을 잠든 소년에게 들이붓자 그는 덜덜 떨며 깨어난다. 더 피어리스 유스 맥주를 부으면 루비색이 감도는 갈색 맥주가 나온다. 놀랍도록 깔끔하고 목에서 가볍게 넘어간다. 건포도, 견과류, 약간의 캐러멜과 토스트 맛이 나지만 어디까지나 소극적인 수준이라 달지 않다. 동화의 마지막 구절 다음에 적힌 '끝'이란 말처럼 모든 것을 마무리 짓는 홉과 함께 맥아가 맥주의 이야기를 이끈다.

카 라레니스 구이네우 코아네르Ca l'arenys Guineu Coaner

발스 데 토로엘라, 스페인
ABV : 4.7%
홉 : 갈레나, 사츠

스페인 크래프트 맥주는 유행을 따라잡는 데는 느리지만 한창 발전가도에 있으며 속도에도 탄력이 붙고 있다. 구이네우는 홉을 다량 쓴 ABV 2.5%의 페일 에일부터 육중한 아메리칸 스타우트까지 다양한 종류의 흥미로운 맥주를 만든다. 코아네르는 루비색 도는 갈색 다크 라거로, 슈바르츠와 둥켈 사이 어디쯤에 위치한 맥주이다. 약간 훈연한 맥아로 만든다. 그래서 먼저 초콜릿과 구운 맥아 향미가 나타나고, 뒤이어 황설탕·자두·건포도·약간의 달콤한 훈연 향미, 심지어 크리스마스 요리 향신료 향미도 희미하게 느껴진다. 훈연 향미는 마치 당일치기 단체 여행의 인솔자처럼 모든 것을 결집시키는 역할을 한다. 말린 과일, 코코아, 구운 견과류 맛이 난 다음 37IBU의 쓴맛이 마무리를 지을 때는 꽃처럼 향기로운 홉과 쌉쌀한 맛이 나타난다. 현지 맥주와 음식을 곁들여보자. 보존 처리한 돼지고기나 이 고장 소시지인 보티파라(botifarra), 또는 코아네르의 옅은 훈연 향미가 토마토의 신맛을 억제해 주므로 토마토소스 스튜에 곁들여 마셔보자.

오스틴 비어웍스 블랙 썬더
Austin Beerworks Black Thunder

오스틴, 텍사스
ABV : 5.3%
홉 : 매그넘, 테트낭, 사츠, 할러타우어

텍사스의 주도인 오스틴에서는 "오스틴을 계속 괴상하게 보전하자(Keep Austin Weird)"는 슬로건을 범퍼 스티커로 붙이는데, 지역 산업의 독창성을 장려하는 한 가지 방법이다. 괴상하진 않지만 오스틴 비어웍스는 분명 색다르며, 따라서 현지 맥주를 위해 도움이 되는 일을 하고 있는 것은 확실하다. 블랙 썬더는 오스틴 비어웍스가 독일 슈바르츠를 그들만의 방식으로 바꾼 맥주이다. 짙은 갈색을 띠며, 초콜릿·볶은 견과류·탄 토스트·캐러멜 향미가 먼저 나타난 다음, 희미한 구운 과일 향미가 뒤따른다. 깔끔하고 마시기 편한 이 맥주는 톡 쏘는 탄산이 텍사스의 뜨거운 햇빛 아래 청량감을 주고, 홉이 쌉쌀한 맛으로 아주 기분 좋게 마무리한다. 마치 자기가 여기 있다고 조용히 말할 뿐, 얼굴에 대고 고함을 지르는 것은 아닌 느낌이다. 석쇠에 굽거나 훈연한 고기와 잘 맞는 맥주이다. 맥주의 진한 구운 향미가 바비큐의 탄 부분과 균형을 이루기 때문이다. 음식을 석쇠에 굽는 동안 캔으로 바로 마셔라.

프리티 씽즈 러블리 세인트 와인프라이드
Pretty Things Lovely St Winefride

캠브리지, 매사추세츠
ABV : 7.0%
홉 : 헤르스브뤼커

나는 작은 검은색 수첩에 내가 마신 맥주에 대해 기록한다. 일부는 대여섯 줄에 불과하기도 하지만 대부분은 한 페이지를 꽉 채운다. 지금까지 오직 한 맥주만이 한 페이지를 넘겼는데 그것이 바로 이 맥주이다. 결국에는 두 페이지를 꽉 채우고야 말았다. 사랑스러운 세인트 와인프라이드는 갈색 라거로, 부으면 황갈색 거품이 생기고, 초콜릿·구운 견과류·바닐라·거친 향미와 꽃향기 나는 홉의 아주 풍성한 향기와 약간의 훈연 향미가 느껴진다. 이 맥주가 이토록 마시기 즐거운 것은 보디 덕분이다. 묵직하고 매끄러우며 매번 입에 닿을 때마다 느껴지는 약간의 단맛과 짙은 맥아 풍미, 이런 강력한 보디에 존재한다는 것이 당혹스러울 정도의 가벼움, 입맛을 돋우는 감칠맛 나는 향미, 오래 남는 쌉쌀한 쓴맛이 모두 상쾌한 미풍 같은 홉과 함께 전해진다. 이 맥주에 대해 내가 수첩에 남긴 기록은 사랑 고백을 마구 쏟아내는 러브레터처럼 보인다. "어떻게 이렇게 멋진 맥주를 만들어낼 수 있는가"로 시작해서 "우아!"로 끝나니 말이다.

보크 패밀리

독일산 독한 라거 가문인 도펠보크, 헬러보크(Hellerbock), 마이보크(Maibock)를 소개한다. 보크와 도펠보크는 각각 16세기, 17세기에 등장했다. 중부 유럽에 위치하며 전 유럽에 수출하는 독하면서 맛있는 맥주로 유명한 아인베크(Einbeck)라는 도시가 보크의 고향이다. 보크가 인기가 있자, 뮌헨에서는 한 양조기술자를 아인베크에서 데려오기도 했다. 축구선수가 거액의 이적료를 받고 다른 팀으로 가는 것처럼 말이다. 이 양조기술자는 바이에른에서 보크를 생산했고, 이 스타일은 여기서부터 발전했다.

도펠보크는 뮌헨의 한 수도원에서 태어났다. 양조업을 하는 수사들이 더 독한 버전의 보크를 만들었는데, 크래프트 맥주에서도 나타나는 임페리얼과 더블 버전 선호 경향을 앞지른 셈이다. 맥주의 '액체 빵'으로서의 특징을 압축해놓았다고 할 만한 도펠보크는 수사들이 사순절 금식 기간에 마셨다. 마이보크와 헬러보크는 이 스타일의 호박색과 금색 버전으로, 전통적으로 봄에 나오며 좀 더 활기 넘치는 홉의 풍미가 느껴진다.

곡물 마대 위에서 잠자는 것 같은 느낌을 주는 보크와 도펠보크는 이런 맥주의 결정적 특징인 부드럽고 깊이 있는 맥아 풍미를 갖고 있다. 액체 빵과 도펠보크보다 더 풍부하게 구운 맥아의 단맛이 있고 홉의 존재감이 작으며 색은 금색에서 검은색에 이른다. 대표적인 색은 적갈색 계열이지만 말이다. 중간급 보디에, 보통 독할수록 단맛이 좀 남는다. 쓴맛은 30이 되는 경우도 드물다. 마이와 헬러를 포함한 보크 맥주는 ABV가 6.0~7.5%이고 도펠보크는 6.5~8.0%를 오간다. 이런 맥주에서는 장중한 맥아의 독백이 펼쳐질 것이라 예상하면 된다.

아잉거 셀레브레이터 도펠보크AYINGER CELEBRATOR DOPPELBOCK

아잉, 독일
ABV : 6.7%

고전명작

모든 맥주 애호가들은 아잉거 셀레브레이터를 마실 때마다 모아 놓은 작은 플라스틱 염소들을 갖고 있을 것이다. 왜 병목에 염소를 매달아놓는 건지는 모르겠지만 좋은 기념품이 된다. 보크는 독일어로 '숫염소'를 뜻한다. 그래서 많은 브랜드가 라벨에 염소를 등장시킨다. 여기에 대해서는 재밌는 이야기가 하나 있다. 공작과 기사가 기묘한 음주 시합을 하게 되었고, 결국 만취해 쓰러진 기사가 그것을 염소 탓으로 돌렸다는 이야기이다. 아인베크가 이 맥주 스타일의 고향이라는 것을 감안하면 '아인 베크(ein beck)'를 주문하던 것이 어느새 '아인 보크(ein bock)'로 발음이 바뀌었고, 염소도 거기서 유래한 것일 가능성이 높다. 이 맥주를 따르면 황갈색 거품이 왕관처럼 덮인 진한 갈색 액체가 나타난다. 달지 않고, 초콜릿, 말린 과일, 희미한 연기 향미로 느껴지는 옅은 구운 맛, 뛰어난 복합성, 부드럽게 균형 잡힌 홉 향미를 가졌다.

에멜리세 렌테보크Emelisse Lentebock

캄페를란트, 네덜란드
ABV : 7.5%
홉 : 사츠, 모투에카

보크 맥주를 사계절에 비추어 생각해보자. 전통적으로 가을에 출시되는 보크는 햇곡식을 원료로 만든, 첫 맥주이다. 점점 날이 추워지고 해가 짧아지고 하늘이 어두워지면 도펠보크가 사순절을 나는 데 필요했던 액체 빵 역할을 해서, 겨울 추위에 맞서 몸을 따뜻하게 덥혀준다. 그런 다음, 해가 길어지고 날이 점점 환해지면 보크는 더 가벼워져서 마이보크나 헬러보크가 된다. 이 스타일의 연한 색 봄철 버전인 이 맥주들은 알코올 도수가 더 낮고, 홉 피니시는 더 생기 넘친다. 마이보크가 모든 것을 상큼하게 소생시키고 나서 여름 햇살 속에 헬레스와 필스너가 합류하면 보크는 휴식에 들어간다. 에멜리세의 렌테보크는 밝은 호박색으로, 살구와 복숭아, 열대 과일, 중과피, 잘린 풀, 약간의 곡물 향이 난다. 중간에 토피 맛 맥아 풍미와 함께, 꿀과 꽃향기가 나는 홉이 과감하게 튀어나와 신선한 쓴맛을 풍성하게 더한다. 화창한 봄날 같은 맥주이다.

샤러스 리틀 브루어리 보크

Scharer's Little Brewery Bock

시드니, 오스트레일리아
ABV : 6.4%

조프리 샤러(Geoffrey Scharer)는 오스트레일리아 크래프트 맥주의 영웅적인 선구자이다. 그가 양조장 개장을 위해 면허 신청서를 요청했을 때 그런 것은 아예 존재하지 않는다는 답이 돌아왔다. 양조장을 폐업하기 위한 신청서는 한 무더기였지만 말이다…. 1981년에 그는 오스트레일리아 최초로 사업장 시설 내 주류 양조 면허(on-premises brewing license)를 취득했다. 이 말은 그가 사랑하는, 독일에서 영향을 받은 맥주를 직접 만들어 그가 소유한 펍인 조지 4세 주막(George IV Inn)에서 팔 수 있다는 뜻이었다. 첫 맥주는 1987년에서야 나왔다. 그런 다음에는 부라고랑 보크(Burragorang Bock)가 이곳에서 가장 인기 있는 맥주가 되었다. 2006년에 데이비드 라이트(David Wright)와 루크 데이비스(Luke Davis)가 그의 펍과 양조장을 인수해 계속해서 보크를 만들었고, 현재는 샤러스 보크(Sharer's Bock)로 이름을 바꿨다. 이 맥주는 진한 갈색에 토스트, 초콜릿, 약간 구운 향미를 가졌다. 가벼운 보디 뒤에는 말린 과일 향과 모든 것의 균형을 잡아주는 쓴맛이 깔려 있다. 조프리 샤러는 2012년 초에 죽었다. 오스트레일리아 양조업자들은 그에게 큰 빚을 지고 있다.

그레이트 레이크스 더 도펠락

Great Lakes The Doppelrock

클리블랜드, 오하이오
ABV : 6.2 %
홉 : 할러타우어

우리는 각자 6종 맥주 시음 세트(tasting flight)를 주문했다. 그렇게 우리 앞에는 18잔의 맥주가 놓이게 되었다. "우아, 이 도펠보크, 정말 맛있어!"라고 도펠락을 마시며 내가 말했다. 친구인 매트, 마크와 함께 밀워키의 한 바에서 맥주를 마시고 있을 때였다. 둘은 놀란 표정으로 나를 쳐다보았다. "네가 그런 말을 한 건 처음이야!" 매트가 말했다. 문제는 도펠보크가 냉장고에 한가득 쟁여두게 되는 필스너나 페일 에일 같은 스타일이 아니라는 데 있다. 그 이유는 도펠보크가 달고 독할 수 있는데, 보통 맥아보다 홉 풍미를 강하게 선호하는 내가 많이 마시게 되는 스타일이 아니기 때문이다. 우리가 감탄에서 비롯된 "와!", 실망에서 비롯된 "으윽"을 내뱉으며 각 시음용 맥주를 마실 때 매트와 마크는 각자 도펠락에서 멈칫하며 "우아, 이 도펠보크는 진짜 맛있다!"고 말했다. 도펠락은 빵과 말린 과일에 더해 약간의 초콜릿 맛을 느낄 수 있다. 풀 보디로 입 안을 만족스럽게 꽉 채운다. 꼭 액체 빵 같은 면이 있다. 쌉쌀하고 달지 않으며 복합적이고 흥미로우며, 우리 모두가 말한 것처럼 맛있다.

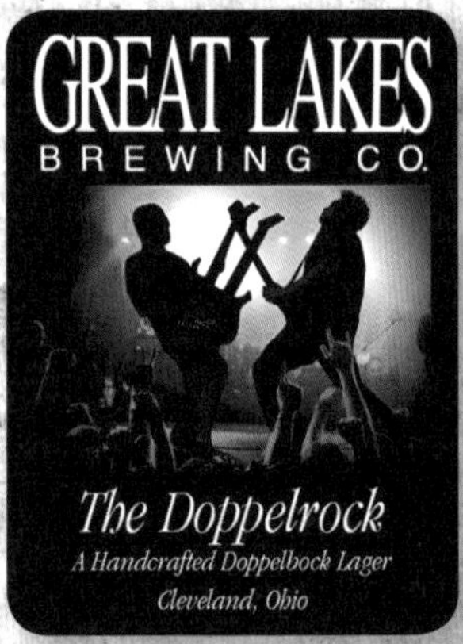

비리피초 이탈리아노 비보크

Birrificio Italiano Bibock

루라고 마리노네, 이탈리아
ABV : 6.2%
홉 : 매그넘, 헤르스브뤼커

우리는 로마에 있는 마 케 시에테 베누티 아 파(Ma Che Siete Venuti a Fà)에 있었다. 혀가 그리 빨리 돌아가지 않는 사람들에게는 그냥 풋볼 펍(Football Pub)이란 이름으로도 알려져 있다. 이름은 "여기서 뭐 하는 거야?" 같은 뜻이다. 비보크를 주문한 나는 즉시 그 신선한 향기에 반하고 말았다. 과일, 풀, 꽃향기가 잔에서 소용돌이치며 피어오르면 마치 머리를 독일 홉 부대 속에 넣고 있는 것만 같다. 보통 보크는 홉의 존재감이 미미한 편이지만, 이 맥주는 독특하고 멋진 향을 갖고 있다. 비보크는 잔에 따랐을 때 캐러멜색이 감도는 붉은색이다. 홉 아래로는 부드러운 캐러멜 같은 맥아 풍미가 깔린 다음, 쌉쌀하고 산뜻하게 마무리된다. 마실수록 홉이 점점 더 선명하게 모습을 드러내 맵싸한, 풀 향기 같은 신선함을 더한다. 다음 날 아침까지도 홉 맛을 느낄 수 있을 정도였다. 이탈리아노는 교과서적으로 양조한 다음, 홉으로 개성을 가미해서 고전 맥주를 놀랍도록 근사하게 해석해낸다. "마 케 시에테 베누티 아 파?" "비보크를 마시고 있지"

코니 아일랜드 휴먼 블록헤드

Coney Island Human Blockhead

뉴욕, 뉴욕
ABV : 10.0%
홉 : 워리어, 테트낭, 리버티, 크리스털, 캐스케이드

임페리얼 아메리칸 보크이다. 콧수염을 기른 남자가 자기 코에 망치로 못을 박고 있는 라벨을 보면 코니 아일랜드, 또는 그 부모뻘 맥주 양조업체인 슈말츠(Schmaltz)의 광기 너머에 어떤 정신이 깔려 있는지 짐작할 수 있다. 블록헤드는 독일과 미국 홉으로 양조한 독한 도펠보크이다. 캐러멜, 토스트, 황설탕, 빵, 견과류, 말린 과일의 달콤한 맛을 내는 맥아 풍미가 지배적이다. 홉은 꽃처럼 향긋한, 향신료풍의 맵싸한 향기와 식물 같은 쓴맛을 내서 이런 단맛과 균형을 이룬다. 서커스에서 풍만한 여자 곡예사가 줄타기를 하는 장면을 상상해보라. 이 맥주가 주는 느낌이 그런 식이다. 과격한 데다 우아하지도 않지만 도저히 눈을 뗄 수 없이 흥미진진해서 점점 더 갈망이 커지는 그런 느낌이다. 이 맥주의 버번 오크통 숙성 버전을 구해서 맛보라. 거기서는 여자 곡예사가 횃불로 저글링을 하면서 줄타기를 하고 있을 것이다.

세르베자리아 웨이 암부라나 라거

Cervejaria Way Amburana Lager

피냐이스, 브라질
ABV : 8.4%

맥주를 나무 술통에서 숙성하는 방식은 수백 년 동안 이어져온 양조 방식이다. 강철이 우세를 점하게 됐지만 요즘 양조업자들은 나무통으로 되돌아가, 다양한 종류의 나무통을 이용해서 의도적으로 향미와 질감을 맥주에 더한다. 오크가 가장 흔히 쓰이지만 사용 가능한 목재의 종류는 광범위하다. 와인이나 위스키를 담았던 나무통을 맥주로 채우거나, 나뭇조각들(woodchips)을 철제 탱크에 집어넣는 식이다. 암부라나 세아렌시스(amburana cearensis)는 남아메리카 토착 나무로, 웨이는 이 나무의 조각들을 이용해서 나뭇조각들이 맥주를 빨아들이고, 역으로 나무가 가진 향미가 맥주에 배어들게 한다. 암부라나는 맥주에 맥아 베이스의 초콜릿, 캐러멜, 말린 과일 풍미 아래로 바닐라 같은 깊이 있는 나무 향미와 함께 약간의 체리와 톡 쏘는 과일 향미를 더한다. 마지막에는 쌉쌀한 허브의 쓴맛이 목재 타닌(wood tannin, 목재에서 추출한 타닌—역자) 맛과 섞인다. 독특하면서 뛰어난 브라질의 향미이다.

바덴 바덴 보크

Baden Baden Bock

캄푸스 두 조르당, 브라질
ABV : 6.5%

브라질에는 독일 인구가 많다. 브라질에서 양조하는 지배적인 맥주 스타일을 보면 그렇다는 것이 확실하게 드러난다. 필스너, 헬레스, 둥켈, 바이젠을 변형한 맥주들이 브라질 전역에 퍼져 있으며, 미국 크래프트 맥주의 영향도 존재하긴 하지만 아직 거기에 필적하는 확고한 장악력을 보여주진 못 하고 있다. 브라질 남동쪽에 위치한 도시인 블루메나우(Blumenau)는 1859년에 독일인들이 세웠고, 여전히 독일인 거주지구로 남아 있다. 블루메나우에서는 매년 약 100만 명의 관광객과 함께 옥토버페스트를 기념한다. 이곳은 최고의 크래프트 맥주 양조업체 중 하나인 아이젠바헨(Eisenbahen)의 고향이기도 하다. 아이젠바헨은 아주 다양한 독일풍 맥주를 만든다. 북쪽으로 더 올라가면 상파울루와 리우 데 자네이루 사이에 세르베자리아 바덴바덴이 있다. 이곳의 하면 발효 생산 품목 중에 필스너와 여기 소개하는 보크가 있다.

구리색의 이 맥주는 구운 맥아 풍미가 가득하며, 초콜릿 입힌 건포도와 커피 향미가 옅게 느껴지다가, 후추처럼 알싸하고 풋내 나는 홉이 짜릿하게 톡 쏜다. 섹시한 브라질 특유의 엉덩이춤을 열정적으로 추는 독일 염소가 바로 보크이다.

독일의 진기한 맥주들

구대륙에 속하는 중부 유럽에서 기원해서 각기 다른 지역에 기반을 둔 특이하고 진귀한 상면 발효 맥주들을 소개하려고 한다. 이들의 특징을 요약하면, 시거나 훈연한 맛을 가진, 또는 두 가지 맛을 동시에 가진 밀 맥주라고 할 수 있다. 또 이 스타일은 기원이 수백 년 전까지 거슬러 올라가며, 옛날 맛의 재현을 목표로 한 양조업자들이 현대 맥주 소비자들에게 소개하면서 간신히 멸종을 면했다. 이 스타일이 가진 톡 쏘는 신맛은 락토바실러스 박테리아나 락틱산에서 생긴다. 원래는 벨기에 람빅처럼 자연 발효된 것이었을지도 모르지만 말이다.

다음 맥주들을 구해보라. 먼저 베를리너 바이세(Berliner Weisse). ABV가 낮고 가벼우며 짜릿하게 신 맥주이다. 이 부류 중에서 가장 대중적이다. 상쾌하고 톡 쏘는 새콤함을 가졌으며 전통적으로 라즈베리나 선갈퀴아재비(woodruff) 시럽으로 달게 만든다. 다음은 고제(Gose)이다. 독일 라이프치히 지역 스타일의 시고 짠 밀 에일로, 전통적으로 자연 발효 방식으로 만들고 코리앤더와 소금을 넣어 양조한다. 그로드지스키(Grodziskie) 또는 그래쳐(Grätzer)는 폴란드 토착 스타일 맥주인데, 훈연 향미에 때로는 얼얼한 쓴맛이 톡 쏜다. 리히텐하이너(Lightenhainer)는 베를리너 바이세와 그로드지스키 사이 어디쯤에 해당하는 맥주로, 가볍고 시며 훈연 맥아를 써서 만든다. 어떤 맥주는 사실상 사라졌지만 언제라도 부활이 가능하다. 진한 색에 가벼운 홉 풍미를 가졌고 마시면 달콤새콤한 스타일인 브로얀(Broyan)은 베를리너 바이세의 ABV가 낮은 전신(前身)으로, 기원이 16세기까지 거슬러 올라간다. 뭄메(Mumme)는 진한 색에 달고 독하고 쓴 맥주이다.

바이에리셔 반호프 고제BAYERISCHER BAHNHOF GOSE

라이프치히, 독일
ABV : 4.5%
홉 : 펄

고전명작

고제는 지역 고유의 진귀한 독일 스타일 맥주로, 양조업자들의 상상력 덕분에 크래프트 맥주 세계로 퍼져나가게 되었다. 이 맥주는 고슬라(Gosla) 시를 관통해 흐르는 고제 강에서 이름을 땄다. 역사의 어느 시점에 이 맥주는 동부로 이주해 라이프치히의 토착 맥주 스타일이 되었다. 요즘은 소금을 넣어 양조하는데, 원래는 염분과 미네랄이 풍부한 고슬라 현지 물로 만들었다. 20세기에 인기를 잃었지만 현재 재기 중으로, 양조 기술자들이 소금과 코리앤더를 탱크에 넣어 락틱균에서 의도적으로 신맛을 얻으면서 다시 주목받고 있다. 반호프는 고전명작이다. 오존, 레몬, 미네랄, 향신료 덕에 독특한 신선함과 상쾌하고 새콤하면서 짭짤하고 특이하고 아주 맛있는 향미로 흥미를 끈다. 반호프의 브루마스터인 마티아스 리히터(Matthias Lichter)는 테킬라 통에서 숙성한 ABV 10.5%짜리 고제와 게뷔르츠트라미너(Gewürztraminer, 와인 양조용 포도 품종 중 하나—역자)로 만든 맥주와 브레타노미세스(Brettanomyces)로 만든 포터(Porter) 같은 특이한 맥주를 만든다.

벨스 오즈먼Bell's Oarsman

칼라마주, 미시건
ABV : 4.0%

몇 가지 맥주의 유행에 힘입어 인기가 날로 높아지는 맥주 스타일로 베를리너 바이세가 주목받고 있다. 사우어 맥주는 색다른 맛을 찾는 소비자들 덕분에 이렇게 가치가 급상승 중이다.
다시 말해 옛 맥주 스타일에 대한 관심이 높아지고, 도수가 낮은 맥주가 점점 더 관심을 끌고, 소규모 맥주 양조장에서 밀을 점점 더 많이 사용하고, 미각이 성숙하면서 소비자들이 사이즈가 270mm가 넘는 부츠로 꾹 밟는 것 같은 홉 대신 미묘함을 찾는 추세가 나타난 것이다. 베를리너 바이세는 이런 모든 취향을 충족한다.
게다가 벨에서 나오는 오즈먼은 이런 스타일 맥주 중에서도 아주 접근하기 쉬운 버전이다. 따르면 뿌연 백금색에, 깔끔하고 가볍고 입맛 당기는 레몬 같은 신선함과 약간의 중과피 느낌에, 쓴맛은 적고 락틱산의 톡 쏘는 산미가 있으며, 불타는 여름 햇빛 아래 차가운 음료수를 마시는 것처럼 청량하다. 무더운 날 참을 수 없이 목이 마르다고? 그럼 이 맥주를 마셔라.

프라이가이스트 비어쿨투르 아브락사스
Freigeist Bierkultur AbraxXxas

쾰른, 독일
ABV : 6.0%
홉 : 슈팔터 셀렉트

색다른 시도를 곧잘 하는 어느 독일 크래프트 맥주 양조장에서 리히텐하이너(Lichtenhainer)를 강화해서 만든 맥주이다. 리히텐하이너는 시게 만든 훈연 밀 맥주로, 일반적으로 덜 숙성된 채로 마시며 ABV가 낮고 쓴맛이 적다. 현재는 두세 가지 드문 예를 제외하면 거의 사라진 스타일이다. 그러다 보니 리히텐하이너를 강화한 이 버전은 꼭 무지개 끝에서 춤추는 유니콘을 보는 것 같은 느낌이다. 리히텐하이너는 일반적으로 에일 이스트로 발효한 다음, 나중에 락틱산균으로 신맛을 낸다. 훈연한 맥아가 곡물 구성(grain bill, 알코올로 발효하기 위한 맥아즙을 만들어내는 양조용 혼합 곡물 원료—역자)에 들어가며, 훈연 향이 잔에서 소용돌이치며 피어오를 때 냄새를 맡으면 이탄 향과 재 냄새가 가장 먼저 느껴진다. 색은 흐릿한 금색이고, 훈연 향이 톡 쏘는 신 락틱산 냄새와 섞여 과일 한 그릇을 불에 쏟아붓기라도 한 것 같은 시트러스와 포도 향기가 난다. 처음에는 얼굴이 찌푸려지는 시큼한 맛이 나다 마지막에는 훈연 맛이 오래 남는다. 복잡하다 못해 거의 난해하다시피 한 이 맥주는, 한편으로 굉장히 흥미진진해서 도저히 손에서 놓을 수 없게 만드는 그런 기묘한 매력이 있다.

업라이트 브루잉 고제Upright Brewing Gose

포틀랜드, 오리건
ABV : 5.2%
홉 : 할러타우어

나에게 있어 고제는 바닷가에 앉아 샴페인을 홀짝거리는 광경을 떠올리게 한다. 짭짤한 소금기와 산들바람 같은 상쾌함, 탄산의 청량감, 산뜻한 신맛이 느껴진다. 업라이트의 고제는 흔히 이런 스타일에서 예상할 수 있는, 놀랍도록 입맛을 돋우는 짠맛을 갖고 있어서 이를테면 시장기를 느끼게 하는 뇌 속 스위치와 바로 연결된 일종의 눈에 보이지 않는 버튼 같다. 이 맥주를 짜릿한 산미와 감칠맛 나는, 맵싸한 코리앤더 맛이 느껴지고 상쾌하고 쌉쌀한 피니시를 가진 음식에 곁들여 마셔보라. 마시는 동안 음식을 찾게 만드는 그런 맥주이다. 고기 풍미가 강한 요리와 함께 마셔보자. 맥주의 자극적인 감칠맛이 고기 맛을 더 진하게 만들어줄 것이다. 아니면 크림 같은 치즈를 고려해보자. 맥주의 톡 쏘는 신맛이 환상적인 신선함을 더해줄 테니 말이다. 업라이트는 고제 외에도 뛰어난 맥주를 다양하게 생산하고 있다. 이 중에는 술통에서 숙성해서 쿼쿼한 풍미를 더한 맥주와 벨기에 맥주를 아주 멋지게 자기들 방식으로 해석한 맥주, 현대 미국식 맥주가 있다.

프로페서 프리츠 브리엠 피보 그로드지스키

Professor Fritz Briem Piwo Grodziski

프라이징, 독일
ABV : 4.0%
홉 : 펄, 사츠

시카고에서 그 날 밤 마지막으로 들른 바에서였다. 우리는 로컬 옵션(Local Option) 바에 있었고, 여기까지 오느라 빗속을 너무 오래 걸은 상태였다. 밖은 깜깜한 밤인데다 지쳐 있어서 원하는 것은 오직 야단스러운 IPA로 잠들어버린 오감을 깨우는 것뿐이었다. 그러나 생맥주 리스트를 보자마자 맥주광으로서의 레이더가 번쩍이기 시작한 나는 두 동행이 어떤 홉 폭탄을 고를지 결정을 내리기도 전에 바로 달려갔다. 그리고 그로드지스키, 베를리너 바이세, 고제를 한 잔씩 들고 자리로 돌아왔다. 사실 나는 그로드지스카가 무엇인지 잘 알지도 못했다. 그냥 그게 마시고 싶을 뿐이었다. 나는 흥분한 상태였다. 그러나 다른 두 사람은 나만큼 들뜬 것 같지 않았다. 그로드지스키, 또는 그래쳐는 시게 만든 상면 발효 밀 맥주로, 너도밤나무 목재로 훈연한 맥아로 만든다. 연노란색이 소용돌이치는 이 맥주는 무난해 보이지만 이런 겉모습에 속으면 안 된다. 실제로 혀에 전해지는 맛은 딴판이니까 말이다. 시트러스와 락틱산의 톡 쏘는 신 맛과 맵싸한 정향, 장작불, 바나나의 단맛, 또 인정사정없는 쓴맛도 갖고 있는 맥주이다.

MEAT CHEESE BREAD BEER COCKTAILS
THE FARMERS' CABINET
EST. 2011

파머스 캐비닛 레이오버 인 베를린

Farmers' Cabinet Layover in Berlin

필라델피아, 펜실베이니아
ABV : 3.0%

하루의 첫 맥주로 어떤 맥주를 마실지는 내가 할 수 있는 선택 중에서 가장 중요하다. 잘못된 결정은 마치 신발을 좌우 바꿔 신은 것과 같다. 균형을 잡기 위해 이 맥주, 저 맥주를 오가며 휘청대야 하니까 말이다. 반면 제대로 고르면 웃음을 짓게 된다. 이 맥주는 문자 그대로 나를 기뻐서 웃게 했다. 한 맥주 축제에 가려고 코펜하겐까지 날아가 내리자마자 첫 맥주로 이것을 고른 후의 일이었다. 이 맥주를 선택한 이유는 가볍고 톡 쏘는 맛이 활기를 주어서 발동을 걸기에 완벽한 맥주였기 때문이었다. 그러나 이 맥주는 아주 많은 면에서 나를 놀라게 했다. 깔끔하고 섬세했을 뿐 아니라 망고·구즈베리·패션프루트·포도향이 나는 가벼운 소비뇽 블랑 같아서, 상쾌한 동시에 복잡하고, 톡 쏘게 새콤하고, 놀랄 만큼 신선했다. 계속해서 마실 수밖에 없었다.

더 브루어리 호텐로스 The Bruery Hottenroth

플라센티아, 캘리포니아
ABV : 3.1%
홉 : 슈트리셀슈팔트

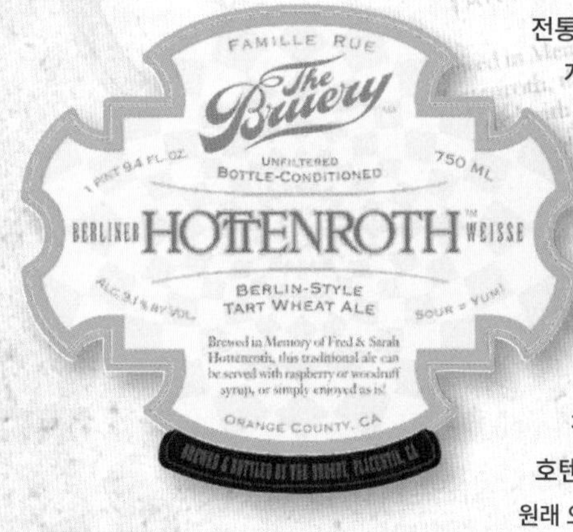

전통적으로 베를리너 바이세는 라즈베리나 선갈퀴아재비 시럽을 섞어 단맛으로 신맛을 중화한다. 개인적으로는 이 스타일의 깔끔하고 상쾌한 면을 사랑하기 때문에 아무것도 첨가하지 않고 그대로 마시는 것이 좋다. 더 브루어리(The Bruery)는 아주 기분 좋게 난해한, 유럽에서 영향을 받은 다양한 맥주로 유명하다. 술통 숙성 과정을 거치는 많은 신 맥주도 여기 포함된다. 호텐로스는 락토바실러스균으로 만들어 톡 쏘는 구연산 같은 신맛을 가미한다. 브레타노미세스(brettanomyces) 이스트는 신맛은 없고 쌉쌀하며 퀴퀴한 맥주를 만든다. 말 담요(안장 아래 까는 담요—역자) 냄새는 브레타노미세스의 대표적인 특징이다. 잔에 부으면 아주 연한 노란색이고, 레몬 같은 락틱산 향기가 난다. 약간의 톡 쏘는 신맛과 옅은 거친 향미, 톡 쏘는 새콤한 사과 향, 그리고 쌉쌀한 피니시를 가졌다. 쓴맛은 2IBU 정도로, 아주 적다. 이보다 더 상쾌한 맥주는 찾기 어렵다. 호사를 누려보고 싶은가? 그렇다면 호텐로스 한 병을 따서 아침식사와 함께 마시거나 호텐로스를 섞은 맥주 미모사 칵테일(미모사는 원래 오렌지주스와 샴페인을 섞은 칵테일—역자)을 만들어보자.

그림 브라더스 스노우 드롭

Grimm Brothers Snow Drop

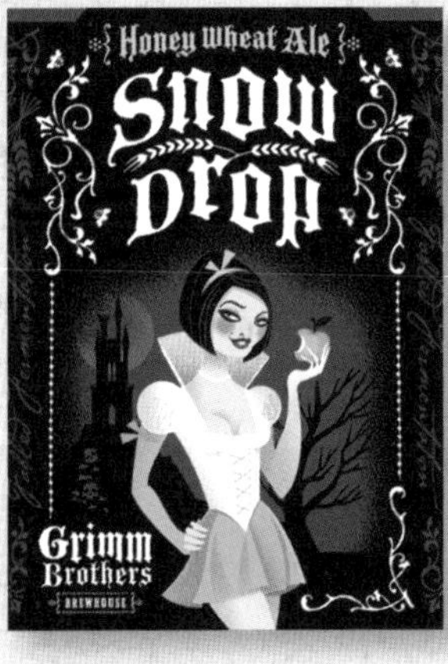

러브랜드, 콜로라도
ABV : 5.2%
홉 : 매그넘

스노우 드롭은 쾨트부서(Köttbusser)라 불리는 독일 스타일 맥주이다. 꿀·귀리·설탕으로 양조한 에일로, 독일 맥주 순수령, 즉 라인하이츠게보트(Reinheitsgebot)를 비웃기라도 하는 듯한 맥주였다. 라인하이츠게보트는(훗날 이스트·밀·호밀·설탕도 허용했지만) 원래는 오직 보리·물·홉만 사용해서 양조해야 한다는 법령이다. 라인하이츠게보트가 결국 이겨서 쾨트부서는 사라지고 말았다. 그림 브라더스 맥주들은 각각 옛날이야기 하나와 연관이 있다. 여기서는 스노우 드롭이 어떻게 백설공주가 되었는지에 대한 이야기이다. 원작은 친숙한 디즈니판 결말과는 거리가 한참 멀어서, 사악한 계모는 시뻘겋게 달군 쇠로 된 구두를 신고 춤을 추어야만 하는 벌을 받는다…. 당밀로 만든 이 맥주는 스노우 드롭이 손에 든 사과 같은 금색이며 약간의 꽃향기 나는 꿀, 바나나와 배의 에스테르 향, 여기에 더해 약간의 중과피 향을 갖고 있다. 매끄러운 보디에 홉은 섬세하며 피니시는 깔끔하다. 보라, 라인하이츠게보트여, 쾨트부서가 돌아왔다.

슈렘서 로겐

Schremser Roggen

슈렘스, 오스트리아
ABV : 5.2%
홉 : 몰링

로겐비어는 독일 스타일의 호밀 에일로, 기원이 16세기까지 거슬러 올라간다. 그러나 호밀이 맥주 양조업자들보다 제빵사들에게 더 중요한 재료로 여겨지면서 사라지기 시작했다.
이 스타일은 20세기가 끝날 무렵 다시 돌아왔는데 밀을 몽땅 호밀 맥아로 대체한, 둥켈바이젠(Dunkelweizen) 같은 현대 버전을 떠올리면 된다. 슈렘서는 현존하는 몇 안 되는 전형적인 이런 스타일의 맥주이며 훌륭한 맥주이다. 탁한 낙엽 같은 갈색인 이 맥주에서는 이스트 균주의 정향과 바나나 향과 섞인, 호밀의 맵싸하고 빵 같고 허브 같은 깊이 있는 향미와 바탕에 깔리는 꽃향기를 느낄 수 있다. 매끄러운 미디엄 보디를 갖고 있으며, 호밀 빵·토피·향신료·민트와 거친 향미 나는 홉의 특징과 호밀이 만들어내는 짜릿하게 신맛에 가까운 쌉쌀한 피니시를 가졌다. 이 맥주는 어울리는 음식을 찾기 쉽다. 바로 겨자소스와 새콤한 오이피클을 넉넉히 곁들인 뉴욕 스타일의 파스트라미를 넣은 호밀 샌드위치다.

웨스트브룩 리히텐하이너 Westbrook Lichtenhainer

마운틴 플레전트, 사우스캐롤라이나
ABV : 4.2%
홉 : 밀레니엄

코와 입이 관여하기도 전에 눈과 귀부터 당장 만족시키는 맥주이다. 맹렬한 거품이 쏴아, 탁탁 하는 기포 터지는 소리를 내면서 빠르고 거침없이 힘차게 잔 속에서 소용돌이치며 일어나, 맨 위에서 단단한 하얀 거품을 형성한다. 귀를 기울여보면 평소 그냥 지나쳐버리기 쉬운 소리가 들려온다. 기포가 쉬쉬거리고 팡팡 터지는 소리이다. 나는 거품이 내는 이런 소리를 5분쯤 즐기다가 한 모금을 꿀꺽 마셨다. 달콤한 훈제고기 맛과 레몬즙 같은 맛이 난다. 이런 맛은 너도밤나무 목재로 훈연한 맥아와 베를리너 바이세 같은 락틱산이 내는 짜릿한 신맛에서 나온다. 과일과 시트러스 향이 풍부하게 나다가, 연기 냄새가 모닥불을 쬔 다음 날 아침 셔츠에서 나는 냄새처럼 오래 남아 있다. 참 묘한 매력을 가진 요소들이 하나로 모여 광기 어린 걸작으로 탄생한 것이 바로 이 맥주이다. 라벨에 그려진 돼지고기, 프레첼과 함께 마시면 진가를 제대로 맛볼 수 있다.

지역주의가 강한 양조 도시인 쾰른은 언제나 자부심을 가지고 지역 특산 맥주를 보호했다. 19세기 말에 페일 라거가 등장해 현지 맥주보다 인기를 끌 조짐이 보이자 쾰른 맥주 양조업 길드는 여기에 대적할 맥주를 자체적으로 만들기로 했다. 쾰슈는 이런 훌륭한 변칙적인 지역 특산 맥주 중 하나로, 크래프트 맥주 양조업자들이 알아보고 전 세계에 퍼뜨렸다. 하면 발효 라거에 포위되어 있는 쾰슈는 이웃인 알트(ALT)처럼 상면 발효 맥주이다. 쾰슈는 200ML 용량의 수직 변을 가진 '기둥(STANGEN)'형 유리잔에 따라서 낸다. 또 이 맥주는 샴페인과 로크포르(양젖으로 만든, 푸른곰팡이가 많이 핀 냄새 독한 치즈의 일종—역자)처럼 EU의 원산지 표시 보호(PROTECTED DESIGNATION OF ORIGIN; PDO)를 보유하고 있다. 라거처럼 변장한 에일이다.

쾰슈

에일 이스트로 발효한 쾰슈는 라거처럼 차가운 온도에서 천천히 발효시킨 맥주이다. 쾰른의 맥주 양조업자들은 쾰슈를 연한 색깔에, 발효도가 높아 깔끔하고 단맛이 거의 없으며, 홉의 풍미가 강하다고 정의한다. 따뜻한 온도에서 발효해서 약간의 과일 향기가 나고, 연수(軟水) 때문에 부드러운 보디와 매끄러운 질감이 나타나다가 피니시 단계에서 홉의 쌉쌀한 맛이 혀를 아리게 한다. 홉의 이런 쌉쌀하고 풍미 강한 피니시는 맥주를 여과하면서 강화된다. 전통적으로 ABV는 약 5.0%에 약 25IBU이다. 섬세하며 끊임없이 입으로 들어가는, 마시기 편한 스타일로, 전 세계에서 라거의 대안으로 인기를 얻어가고 있다.

페프겐 쾰슈PÄFFGEN KÖLSCH

쾰른, 독일
ABV : 4.8%

고전명작

프뤼(Früh), 게펠(Gäffel), 돔(Dom) 같은 다른 쾰른 양조 쾰슈는 병맥주로 살 수 있는 반면, 페프겐을 마시려면 페프겐 양조장에 꼭 가야만 한다. 허나 잘된 일이다. 때로는 집에서 편안히 늘어져서 마시는 것, 그래서 맥주가 내게 다가오게 하는 것도 좋지만 맥주에게 내가 찾아가는 편이 훨씬 좋으니까 말이다. 특히 쾰슈처럼 그토록 한 장소와 불가분의 관계에 있는 경우라면 말이다. 맥주를 찾아가면 그 맥주를 확실히 제대로 즐길 수 있다. 맥주가 만들어진 곳을 직접 보고, 다른 사람들과 그곳을 공유하게 된다. 그렇게 페프겐에 가면 쾰슈를 마시게 된다. 이들은 딱 이 한 가지 맥주만 만들기 때문이다. 작은 유리잔에 나오는 이 맥주를 두어 번 만에 다 마시고 나면 또 한 잔을 주문하게 되고 만다. 맑고 깨끗하며 맥아 향미가 언뜻 느껴지지만 홉이 전면에 나서 쌉쌀한 허브 같은 과일 향미와 갈증을 풀어주는 상쾌한 균형 잡힌 피니시를 제공한다. 직접 가서 마셔보라.

바이-두 로더슈Bi-Du Rodersch

올자테 코마스코, 이탈리아
ABV : 5.1%
홉 : 매그넘, 펄, 스티리안 골딩, 셀렉트

이 맥주를 따라서 풍성한 하얀 거품이 덮인 탁한 금빛을 보고 있으면 목이 말라온다. 로더슈는 이 스타일의 다른 맥주에 비해 홉의 풍미가 강하지만 그래서 더 맛있다. 오렌지·복숭아·살구와 함께 꽃 향과 풀 향이 나고, 마지막에는 약간의 달콤한 초본 식물(지상으로 올라온 잎과 줄기가 연하고 물기가 많아 목질이 없으며 겨울에는 이런 부분들이 완전히 말라서 죽어버리는 풀 종류—역자) 같은 느낌과 함께 매끈한 보디와 쾰슈로서는 특이하게 여과하지 않은 데서 오는 약간의 크림 같은 질감이 느껴진다. 흰 빵과 비스킷 같은 맥아 향미도 있으며, 그 후 오래도록 쌉쌀하고 과일 맛 나는 피니시가 이어진다. 쾰슈는 음식에 아주 잘 어울리는 맥주로, 무기력하게 음식에 압도당하지 않을 만큼 가벼우면서도 당당하고 뚜렷하다. 이탈리아 음식과 특히 잘 어울린다. 구체적으로는 이탈리아 쾰슈가 그렇다. 해산물 파스타나 크림 리조또, 또는 그냥 피자 큰 조각과 함께 마셔보라.

쏜브릿지 짜라Thornbridge Tzara

베이크웰, 영국
ABV : 4.8%
홉 : 펄, 테트낭, 미텔프뤼

어떤 맥주는 한 장소와 떼려야 뗄 수 없는 관계에 있지만 그럼에도 불구하고 양조의 본질은 물의 구성비를 균형 있게 맞추고, 적합한 맥아와 홉과 이스트를 쓰고, 훌륭한 양조기술자를 두어 어떤 맥주 스타일을 전 세계 어디서나 복제할 수 있다는 데 있다. 짜라는 교과서적인 쾰슈로서 혀를 위한 순간이동 장치라 할 수 있다. 즉 셰필드에서 이 맥주를 한 입 마신 사람은 곧장 쾰른으로 날아가게 된다. 따르면 연한 금색에 하얀 한 줄기 거품이 생긴다. 향기는 미묘하고 깔끔하며 홉이 약간의 레몬, 과일, 꽃 향과 함께 풍선껌 향을 팡 터뜨린다. 섬세하면서도 호기심을 자아내는 종류의 향기로, 잔 속을 여기저기 쫓아다니며 "날 잡아봐라" 손짓하는 복잡한 향기를 파헤쳐보고 싶게 만든다. 입에 닿는 느낌은 물로 인해 부드러우며 이스트는 쾰슈 균주이고, 홉은 모두 독일산이다. 정말 탁월한 맥주이다.

메트로폴리탄 크랭크샤프트Metropolitan Krankshaft

시카고, 일리노이
ABV : 5.0%
홉 : 산티암

메트로폴리탄 브루어리는 시카고 노스사이드의 앤더슨빌(Andersonville) 지역에 있다. 밀워키와 함께 시카고는 미국 라거 양조의 중요한 본거지이다. 19세기 중반에 대거 이주해온 독일 인구 다수가 시카고 노스사이드에 정착해 이 지역에 독일 스타일의 맥주 시장을 대규모로 형성했다. 시카고는 대화재, 갱단, 금주령, 양조장 매입이 맞물려서 라거와 맥주 양조가 어쩔 수 없이 오랜 기간 도시 밖으로 밀려났다가 2000년대에 와서야 맥주 제조업의 부활을 맛본다. 크랭크샤프트는 라거는 아니지만 독일풍 향미와 스타일을 시카고에 다시 불러들이고 있다. 이 맥주는 메트로 사의 베스트셀러이다. 일단 한 입 마셔보면 왜 그런지 알 수 있을 것이다. 잔에서 올라오는 새콤한 과일 향, 부드러운 보디, 깔끔하고 매끄러우면서도 착 달라붙는 쓴맛 덕분에 더 마시고 싶어지니까 말이다.

알트비어(Altbier)는 뒤셀도르프에서 유래한 독일 에일로, 보통 쾰슈와 함께 독일 맥주의 변절자 형제라고들 부른다. '알트'는 '오래된 것'이라는 뜻인데, 숙성시켰다는 의미가 아니라 옛날 양조 스타일이라는 뜻에서 나온 이름이다. 쾰슈처럼 알트가 보존되게 한 기폭제는 페일 라거였다. 즉 필스너가 득세할 조짐이 보이자 알트는 뒤셀도르프 특산 맥주로서 보호와 진흥 대상이 된 것이다. 알트 맥주는 양조 과정상 에일과 라거의 중간쯤에 들어간다. 보통 따뜻한 온도에서 잘 발효되는 에일 이스트를 저온에서 발효하고, 라거처럼 차가운 곳에서 숙성한다. 또 쾰슈와 비슷한 한 가지는 '베허(Bechers)'라 불리는 200ml 용량의 유리잔에 낸다는 것이다. 슈티케(Sticke)는 알트의 더 독하고 쓴 버전이다. ABV가 최대 6.5%에 이른다. 도펠 슈티케(Doppel Sticke)는 ABV가 최대 8.5%까지 올라가서, 알트의 더욱더 독한 버전이라 할 수 있다.

알트

어쩌면 갈색에 가깝게 보일 수도 있는 구리색인 알트비어는 보통 ABV가 4.5~5.5%이다. 쓴맛이 확연한데, 양조 용수의 경도가 쓴맛을 더욱 강화한다. 고전적인 알트는 중간급 보디에, 맥아 풍미가 강하나 달지는 않으며 때로는 약간 과일 맛이 느껴지기도 하고 전통적으로 독일 홉을 쓴다. 긴 저장 기간이 맥주에 맑고 그윽한 깊이를 더해줘 알트를 저온 저장하지 않은 사촌뻘 맥주들과 차별화한다. 어떤 알트 맥주는 더 현대적인 앰버 에일(Amber Ales)로 변장하기도 하며, 그 반대 경우도 일어난다. 앰버 라거는 모호하게 그 어디 중간쯤에 위치한다. 차이는 홉 첨가와 라벨에 있다.

우에리게 알트
UERIGE ALT

뒤셀도르프, 독일
ABV : 4.7%
홉 : 할러타우어, 슈팔트

고전명작

지역 특산 맥주에 대한 자부심이 상면 발효하는 쾰슈와 알트를 계속 유지되게 하는 원동력이다. 쾰슈와 알트 둘 다 훌륭한 술이다. 알트는 전체 독일 맥주 소비량에서 보면 점유율이 미미하지만 고향에서만큼은 팔리는 맥주의 약 절반을 차지한다. 알트를 마시는 즐거움은 오랜 기간 탱크에 있어야만 생기는 맑고 우아한 미묘함과 거기에서 나오는 가벼움에 있다. 이 때문에 저장하지 않은 동급 맥주는 상대적으로 둔하고 볼품없어 보인다. 그뿐 아니라 몇 주간의 저온 저장 과정 덕분에 이스트가 보통 에일에서 나타나는 과일 향 나는 에스테르를 재흡수해서 맥주를 정화하는 것도 가능해진다. 우에리게는 뒤셀도르프의 구시가지에 있는 아름다운 브루 펍으로, 라인 강에서 베허 맥주잔을 던지면 닿을 거리에 있다. 잔에 따르면 적갈색을 띠며 두터운 거품이 덮인다. 중간급 보디에, 갈색 빵의 구운 맛과 견과류 맛이 나는 맥아 풍미가 느껴지다가, 맵싸하고 거친 향미 나는 쓴맛이 거침없이 공격해온다.

닐스 오스카 컨트롤 알트 딜리트

Nils Oscar Ctrl Alt Delete

뉘셰핑, 스웨덴
ABV : 4.5%
홉 : 슈팔트

구리색이며 아주 연한 황백색 거품이 끈 모양으로 생긴다. 베리와 갈색 빵 향미의 이 맥주는 목 넘김이 깔끔하고 경쾌하며 희미한 베리 종류의 과일과 약간의 시트러스도 느껴지다가 오래 남는 거친 향미 나는 쓴맛이 마무리한다. 이것이 다가 아니다. 무엇이라 딱 꼬집어 말할 수 없는 것이 존재한다. 미묘한 복합성, 의외로 풍성한 홉의 풍미, 대단한 깊이 등…. 마시는 동안 나는 이 맥주를 관찰하고 궁리하게 된다. 도대체 알 수 없는 이 향미는 무엇인가, 홉이 무슨 재주를 부리고 있는 것인가, 이런 깊이를 더하기 위해 어떤 맥아를 사용하고 있는 것일까. 그러나 이 맥주는 날 돌아보며 이렇게 말한다. "멍청아, 생각은 그만하고 그냥 마시기나 해!" 컨트롤 알트 딜리트(컴퓨터의 ctrl-alt-delete 키 조합으로, 컴퓨터나 프로그램을 리셋, 리부트 하는 기능을 한다. 현재는 무언가를 복원하거나 재시작하고 재고하는 일을 가리키는 비유적 표현으로 쓰인다—역자). 머릿속을 리셋하고, 그냥 마신다. 이 맥주는 이렇게 머릿속의 스위치를 끄는 맥주이다. 특별한 관심을 요하지 않으면서도 끝내주게 훌륭한 맥주인 것이다.

프라이가이스트 비어쿨투어 호페디츠

Freigeist Bierkultur Hoppeditz

쾰른, 독일
ABV : 7.5%
홉 : 슈팔터 셀렉트, 테트낭, 헤르스브뤼커, 자피르, 노던 브루어

독일 양조장들은 대부분 전통의 지배를 받지만, 프라이가이스트 비어쿨투어는 이런 것을 거침없이 비웃고 있다. 이곳은 전통에서 벗어난 다양한 맥주를 만듦으로써 새로운 시도를 한다. 시게 만든 포터, 고제와 리히텐하이너 같은 특이한 스타일의 재창조뿐 아니라, 맥주에 과일과 허브를 첨가하는 등 라인하이츠게보트가 고개를 절레절레 흔들 만한 도전을 한다. 호페디츠는 거대한 맥아 베이스에 아낌없이 홉을 첨가한다는 점에서 발리 와인과 유사한 독한 독일 에일인 도펠 슈티케(Doppel Sticke)이다. 따르면 가장자리로 호박색이 감도는 갈색이며, 풍겨나는 향기에서 새로운 무언가를 기대해도 좋다는 것을 알 수 있다. 토피, 말린 과일, 대추야자, 베리, 풍부한 거친 향미와 풀 냄새 나는 홉 향기로 말이다. 맥주의 풍성한 보디는 건포도와 초콜릿, 차와 향신료 향미를 내내 실어 나르다, 마지막에는 강하게 느껴지는 후추 같은 알싸함과 소나무 향으로 맥아와 홉이 혼합된 아주 복잡한 풍미를 전해준다. 이 맥주는 알트의 전위적 유파에 속한다.

메트로폴리탄 아이언 웍스 Metropolitan Iron Works

시카고, 일리노이
ABV : 5.8%
홉 : 마운틴 후드, 뱅가드, 호라이즌

뒤셀도르프와 쾰른은 약 40km 떨어져 있으며 서로 경쟁의식이 있다. 두 도시를 갈라놓는 것은 두 가지이다. 하나는 라인 강으로, 라인 강을 가운데 두고 양편에 위치해 있기 때문이다. 또 하나는 맥주이다. 메트로폴리탄이 취하는 태도는 이를테면 둘을 가까이 불러 모아 양쪽 스타일에 모두 감사를 표하는 의미로 힘껏 끌어안는 것이라 할 수 있다. 그런 맥락에서 메트로폴리탄은 알트와 쾰슈 맥주를 모두 제조한다. 적동색(赤銅色) 알트 맥주인 아이언 웍스는 미국산 홉이 내는 과일 향기가 지배적으로, 베리와 풀·시트러스·허브가 느껴진다. 쓴맛이 풍부하고 오래가며 마지막에 나타나는 투박한 쌉쌀한 맛이 갈색 빵 같은 맥아 맛을 멋지게 맞받아친다. 메트로폴리탄 웹사이트의 제안에 따르면 이 맥주는 무엇보다 스피드 데이트(싱글 남녀가 한곳에 모여 차례대로 자리를 옮겨가며 상대방과 정해진 짧은 시간 동안 이야기를 나누는 소개팅 방식—역자), 에어하키(테이블 위에서 두 사람이 양쪽 끝에 서서 타구 도구로 퍽을 쳐서 움직여 상대편 골대에 넣는 일종의 하키 오락—역자), 펑크 락에 곁들이면 제격이다. 네 명으로 한 팀을 짜 파티 초대장을 보내보자.

크림 및 스팀 맥주

두 가지 미국 토착 맥주 스타일인 크림 맥주와 스팀 맥주는 미국과 유럽 맥주의 양조법을 혼용한 것으로, 미국 전역으로 뻗어나간 페일 라거에 대적하려는 목적으로 탄생했다.

크림 맥주는 찬 온도에서 상면 발효하거나 상면 발효와 하면 발효 이스트를 섞은 다음 저온 숙성(cold conditioning) 과정을 거친다는 점에서 퀼슈와 공통점이 있다. 크림 맥주는 기원이 19세기 말까지 거슬러 올라가며 인기 있는 라거의 대안이 될 만한 에일로 개발되었다. 현재는 보기 드문 스타일로, 이 맥주에 대해 제대로 알거나 이름이 어디서 유래했는지 아는 사람은 아무도 없는 것 같다. 색은 창백한 금색에서 호박색 중간쯤이고, ABV는 4.0%에서 5.5% 사이, 쓴맛은 20대 IBU, 대담하게 두드러지는 일 없이 균형을 잡아주는 클러스터와 노던 브루어라는 전통적인 미국산 홉을 쓰는 것이 일반적이다. 퀼슈와 앰버 같은 더 현대적 스타일로 대체될 조짐이 보이긴 하지만 여전히 명맥을 유지하고 있는 스타일이다.

스팀 맥주는 미국인들이 19세기에 태평양 연안의 따뜻한 기후와 부자가 될 가능성을 보고 서부로 이주하면서 탄생했다. 지금까지 살던 곳보다 온도가 높은 그곳에서 이스트를 활동하게 만드는 데 필요한 인공 냉장 기술도 없었고 얼음도 쉽게 구할 수 없었던 라거 양조업자들은 차츰 이런 유형의 발효에 적합한 특정 이스트 균주를 개발해 나갔다. 샌프란시스코가 캘리포니아 커먼(California Common)이라고도 알려진 이런 맥주의 고향이다. 이 맥주는 금색부터 호박색에 이르는 색을 띠며 중간에는 구운 맥아 향미가 나고, 홉은 우아한 것부터 박력 있는 것에 이르는 다양한 느낌을 준다. 노던 브루어처럼 나무와 허브 향 나는 품종을 보통 쓴다. ABV는 4.5~5.5%이며 IBU는 25에서 45 사이이다.

앵커 스팀 비어ANCHOR STEAM BEER

샌프란시스코, 캘리포니아
ABV : 4.9%
홉 : 노던 브루어

고전명작

앵커 스팀은 스팀 비어(Steam beer)라는 이름을 등록 상표로 갖고 있어 캘리포니아 커먼이라는 호칭으로 불리기도 한다. 이 맥주는 한때 양조장 지붕 위에서 차게 식혔다. 그래서 건물 위로 증기가 피어오르는 것처럼 보여서 스팀 비어라는 별명이 붙었다. 또 다른 어원적 설명으로는 이 맥주에 탄산이 많이 들어가 있어 통에서 꼭지를 열어 술을 따르면 증기가 폭발적으로 분출되기 때문이라는 말도 있다. 앵커 스팀은 특별한 이스트 균주로 만들어 에일 온도에서 발효한다. 노던 브루어 홉을 쓰는데 이 홉은 나무 향 나는 민트의 신선함을 갖고 있으며, 홉이 이 스타일의 특징을 결정짓게 되었다. 잔에 따르면 골드러시 때 채굴꾼들이 보기를 꿈꿨던 그런 종류의 반짝이는 금색이 난다. 섬세한 탄산과 깊이 있는 구운 맛과 캐러멜 맛 나는 맥아 풍미를 가졌고, 사실상 에스테르는 없으며 쌉쌀한 청량감 있는 홉 피니시를 가졌다. 1896년 이래로 샌프란시스코에서 쭉 양조되었다. 1970년대가 되어서야 아마도 훌륭한 맛을 냈을 테지만 말이다.

갓스 커먼 컨스피러시Gadds' Common Conspiracy

램스게이트, 영국
ABV : 4.8%
홉 : 노던 브루어, 캐스케이드

이 맥주는 원래 램스게이트 브루어리의 에디 갓(Eddie Gadd)과 두 양조업자 친구인 필 로우리(Phil Lowry), 스티브 스키너(Steve Skinner)의 합작품이었다. 그래서 ESP 제작이라는 문구가 적혀 있다. 그들은 어느 날 앵커 스팀을 마시다가 이 스타일에 대한 이야기와 역사를 화제로 삼기 시작했고, 그러다 커먼 컨스피러시를 위한 아이디어를 떠올렸다. 현재 커먼 컨스피러시는 1년에 한 번씩 출시하는 한정판이다. 연한 맥아의 두툼한 보디가 생기 넘치는 시트러스 향의 미국산 홉과 강타하는 식물성 허브 향을 떠받치는 등뼈 역할을 한다. 약간의 자몽, 연한 허브, 캔디, 향기로운 꽃 냄새가 나다가 오래가는 쌉쌀한 피니시로 접어든다. 양조업체 이름은 램스게이트 브루어리이다. 모두가 상냥한 에디의 이름을 따서 갓스라 부르지만 말이다. 켄트 동부 연안 밖으로는 별로 공급되지 않아서, 이곳 해안가를 방문해 멋진 맥주를 마실 좋은 핑계가 된다.

배드 애티튜드 부트레거
Bad Attitude Bootlegger

스타비오, 스위스
ABV : 6.94%
홉 : 아마릴로, 펄, 이스트켄트 골딩

내게 양조장이 있다면 제조한 맥주는 배드 애티튜드가 쓰는 것 같은 뭉툭한 병에 담겠다. 이 맥주는 우리 아버지가 영국 해협을 건너 다녀온 당일치기 크루즈 여행(booze cruise, 주로 술, 담배 등을 싸게 사기 위해 영국에서 프랑스로 영국 해협을 건너 다녀오는 당일 여행—역자)에서 사가지고 온 싸구려 프랑스 라거 상자를 떠오르게 해서, 이 맥주를 손에 들면 어린 시절의 향수가 되살아난다. 이 병에 든 맥주를 마시고 있는 어른들이 보이고, 내 작은 손으로는 차가운 잔을 손아귀에 완전히 움켜쥘 수 없었던 일이 기억나며, 소년일 때 처음 느껴본 맥주의 쓴맛이 떠오른다. 미국, 독일, 영국 홉에 더해 코리앤더와 사탕수수 설탕을 넣어 만든 이 맥주는 라거 이스트로 따뜻한 온도에서 발효된다. 잔에 따르면 탁한 금빛이며 처음에는 홉의 꽃, 복숭아, 시트러스 향이 입 안에 부딪혀온다. 크림 같은 보디에 피니시는 쌉쌀하고 후추 같이 알싸하다. 병째로 마시자. 그래야 더 즐거우니까 말이다.

식스포인트 스위트 액션
Sixpoint Sweet Action

브루클린, 뉴욕
ABV : 5.2%
홉 : 호라이즌, 글라시어, 캐스케이드, 센테니얼

양조한 업체마저도 이 맥주를 무엇으로 분류해야 할지 잘 몰라서 페일 에일, 위트 에일(Wheat Ale), 크림 에일(Cream Ale) 사이 어디쯤에 위치한다고 말한다. 그 세 가지 스타일을 모두 좋아하는 나로선 아무래도 좋다. 호박색이며 소나무 향에 더해 짜릿한 오렌지 향과 자몽 향이 나서 페일 에일을 떠올리게 한다. 맥아가 입 안을 묵직하게 꽉 채우고, 매끄러운 크림 질감에 약간의 꿀맛이 나서 크림과 밀 같은 특징이 두드러지다, 중과피와 후추 같은 알싸한 쓴맛이 크림에 좌우 연타를 가해 다시 희미해지게 만든다. 내 생각에는 이 맥주를 마시기에 브루클린에 있는 바케이드(Barcade)보다 나은 장소가 또 있을까 싶다. 벽면을 따라 한 판에 25센트짜리 복고풍 비디오 게임 기기들이 불을 밝힌 채 쭉 늘어서 있는 이 어두운 창고 같은 공간에는 말도 안 되게 멋진 사람들이 게임기 버튼을 맹렬하게 두드리고 있거나, 일렬로 늘어선 보기만 해도 즐거운 생맥주 통 꼭지에서 맥주를 따라 마시고 있다. 귀여운 비디오 게임과 강렬한 맥주가 공존하는 곳이다.

바이스비어 패밀리

바이스비어나 헤페바이젠, 바이젠비어는 모두 같은 종류로, 독일 스타일 밀 맥주 패밀리의 일원이다. '이스트 밀'은 헤페바이젠을 무미건조하게 표현한 말로, 저 두 단어로 이런 맥주를 정의할 수 있다. 즉 특정한 이스트 균주를 쓰며, 그 이스트 균주가 에스테르성 과일 향기를 제공한다는 것이다. 보통 바나나, 바닐라, 정향, 풍선껌, 때로는 톡 쏘는 시트러스 향기가 날 것이라 보면 된다. 밀이 양조용 곡물 구성에서 최소 50%를 차지해 맥주에 부드러움을 더하며, 밀에 함유된 단백질이 맥주를 혼탁하게 만든다. 이스트가 이 스타일의 핵심적인 요소인데, 따라서 홉 첨가로 인한 쓴맛은 매우 적다. 여기서 홉은 보통 균형을 잡아주는 역할을 하지, 존재감은 없다. 탄산 포화도와 발효도가 높다. 그래서 피니시는 단맛 없이 쌉쌀하다. 처음에는 단맛이 날지도 모르지만 마지막으로 갈수록 단맛이 어떻게 사라져버리는지에 주목해보라.

밀 맥주는 다양한 종류가 있는데 종류를 파악하기 위한 가장 좋은 방법은 색을 살펴보는 것이다. 금색은 고전적인 헤페이다. 호박색은 스타일 지침서에 따르면, 발음하기도 어려운 베른슈타인파르베네스, 또는 독일 남부 스타일이라 알려져 있다. 진갈색은 둥켈바이젠이다. 이런 맥주에서 나타나는 맥아 향미는 미묘하고 빵 같은 것에서 캐러멜을 거쳐 초콜릿에 이른다. 수치를 봐도 알 수 있다. 가볍다는 뜻의 라이히테스는 헤페의 가벼운 버전으로, ABV가 약 3.0%이며 독일에서는 구할 수 있지만 다른 데서는 찾아보기 힘들다. 한편 바이젠보크는 더 독한 버전으로, ABV가 6.0~9.0%이다. 크리스털바이세는 여과 버전이라 남은 이스트 없이 출시된다.

바이헨슈테파너 헤페 바이스비어

WEIHENSTEPHANER HEFE WEISSBIER

고전명작

프라이징, 독일
ABV : 5.4%
홉 : 펄, 매그넘

세계에서 가장 오래된 양조장인 이곳에서는 세계 최고의 바이스비어를 만든다. 그리고 바이헨슈테판은 이 스타일의 가장 전형적인 예다. 얼마나 전형적인지 다른 많은 양조장이 바이헨슈테판 이스트 균주를 자기들이 만드는 밀 맥주에 사용할 정도이다. 1021년에 한 수도원이 바이헨슈테판 언덕(Weihenstephan Hill) 위에 세워졌다. 1803년에 베네딕트 수도원에서 이곳 양조장에서 손을 떼고 바이에른 주 정부가 양조장을 인수했다. 헤페는 바이헨슈테판의 주력제품이다. 연한 호박색에 탁하고, 크림 같은 하얀 거품이 덮여 있다. 향기는 맥주 교과서 저자들이 맥주 스타일 지침서에 헤페바이젠에 대해 쓸 때 떠올렸을 그런 것이다. 바나나, 풍선껌, 정향, 약한 레몬향, 희미한 꽃향기가 나는 홉이다. 한 모금 마시면 단맛이 약하게 느껴지며 구운 견과류와 캐러멜 맛이 약간 났다가 말끔히 사라지면 에스테르 향기가 맛에 천천히 섞여든다. 마시면 입 안을 풍성하고 만족스럽게 꽉 채우는데, 큰 꽃병 모양 잔에 따라서 마셔야 가벼우면서도 풍부한 향미를 가진 이 맥주의 우아함을 제대로 즐길 수 있다.

라이브 오크 헤페바이젠

Live Oak HefeWeizen

오스틴, 텍사스
ABV : 5.2%
홉 : 사츠, 할러타우어, 자피르, 테트낭

두 명의 자가 양조기술자가 시작한 라이브 오크는 전통 방식으로 고전 스타일 맥주를 양조해 독일 스타일 맥주를 텍사스에서 재현해낸다. 여기서 나오는 헤페바이젠(HefeWeizen)은 무척 뛰어난 맥주로, 독일 바이스비어의 귀감이며 미국 최고의 맥주 중 하나라 해도 손색이 없다. 두툼한 거품이 덮이는 탁한 금색의 이 맥주는 바나나, 알싸한 정향, 바닐라, 약간 자극적인 핵과, 옅은 꽃냄새 같은 홉 향기를 갖고 있다. 진한 크림 같은 풍미를 가졌는데, 내가 이 스타일에서 아주 좋아하는 요소이다. 이런 농후함은 동시에 가볍기도 하다. 자꾸만 다시 찾게 만드는 깊이도 갖고 있다. 마지막에는 약한 과일 풍미의 홉에 더해 약간의 시트러스 맛이 손을 흔들며 작별 인사를 건넨다. 라이브 오크는 끝내주는 바이젠보크인 프리머스(Primus)도 만든다. 헤페보다 더 풍성하고 대담하며 독한 맥주이다.

마트슈카 프셰니치네

Matuška Pšeničné

브로우미, 체코공화국
ABV : 5.1%
홉 : 사츠, 프레미안트

사실 저 이름을 어떻게 발음하는 것인지는 나도 모른다. 그리고 프라하에 있는 어느 바에 이 맥주를 주문하러 갔을 때는 이것이 무슨 스타일인지도 전혀 몰랐다. 내가 아는 것이라곤 마트슈카에서 나오는 맥주를 무엇이든 마시고 싶다는 것뿐이었다. 무진 애를 써서 내 딴에는 "프셰니치네"라고 말했지만 무참히 주문에 실패했다. '밀'이란 뜻을 가진 단어이지만 어떻게 발음해야 하는지는 아직도 모른다. 바텐더가 완벽한 영어로 내가 원하는 것이 무엇인지 물어볼 때까지 나는 손가락으로 가리켰다 손을 흔들었다 기를 쓰고 있었다. 마트슈카는 체코공화국에서 가장 흥미롭고 재미있는 맥주 몇 가지를 만든다. 또 고전적인 스타일을 아주 멋지게 해석한 맥주도 내놓는다. 프셰니치네가 바로 그런 맥주이다. 탁한 금색에 맨 위에 두툼한 하얀색 거품이 덮인 프셰니치네는 마시는 사람이 바라는 모든 것과 그 이상의 무언가를 좀 더 가진 맥주로, 풀 보디와 깊이 있는 향미를 제공한다. 더 독한 버전도 있는데, 더없이 다행스럽게도 이것은 발음이 쉽다. 그냥 '바이젠보크(Weizenbock)'니까 말이다.

보고타 비어 컴퍼니 치아 바이스 Bogota Beer Company Chía Weiss

보고타, 컬럼비아
ABV : 4.6%
홉 : 매그넘, 골딩

컬럼비아의 수도에 있는 현대적 맥주 양조업체인 보고타 비어 컴퍼니는 컬럼비아에서 몇 안 되는 크래프트 맥주 양조업체 중 하나이다. 치아는 탁월한 맥주로, 연한 금색에 약간 탁하다. 에스테르 향기가 있지만 누가 내 코에 으깬 바나나를 들이대기라도 한 것 같은 그런 느낌은 아니다. 깔끔하고 상큼한 탄산이 들어 있고, 약간 크림 같은 질감에 신선한 시트러스처럼 톡 쏘는 맛이 이 맥주를 더욱 목 넘김이 좋게 만든다. 보고타에 있는 수없이 많은 펍들 덕에 BBC는 그들이 생산하는 아주 다양한 좋은 맥주를 컬럼비아 소비자들에게 제공하고 있다. 이 맥주를 제대로 만끽하려면 현지 요리 하나와 같이 마셔보자. 아히아꼬(ajiaco) 같은 것이 좋겠다. 아히아꼬는 닭고기와 옥수수로 만든 수프로, 감자를 넣어 걸쭉하게 만들며 크림·케이퍼·아보카도를 곁들여 낸다. 치아는 아히아꼬의 농후한 크리미함과 잘 어울리며 케이퍼와 아주 비슷한, 시트러스처럼 콕 쏘는 맛을 낸다.

무 브루 헤페바이젠 Moo Brew Hefeweizen

태즈메이니아, 오스트레일리아
ABV : 5.1%
홉 : 이스트켄트 골딩

지금쯤 이 책에서 반복되는 패턴을 알아차렸을지도 모르겠다. 나는 보기 좋은 맥주를 좋아한다는 것을 말이다. 잔에 따라 놓았을 때 뿐 아니라, 마시기 한참 전부터도 말이다. 어떤 맥주병은 예술 작품 수준인 경우가 있는데 무 브루가 이런 맥주병을 몇 가지 내놓고 있다. 이 양조장이 태즈메이니아 호바트에 위치한, 초인적 영웅의 은신처처럼 바다를 굽어보는 전면이 유리로 된 원통형 건물인 신구(新舊) 예술 미술관(Museum of Old and New Art)에서 시작했다는 것을 알면 여기서 만들어지는 맥주병이 분명 보기 좋을 것이라고 예상할 수 있겠지만 말이다. 현실적이고 견실하다는 측면에서 전형적인 오스트레일리아인 같은 이 양조업체는 이렇게 말한다. "독특한 무 브루 병은 앞면에는 존 켈리(John Kelly)의 그림이, 뒷면에는 헛소리가, 가운데에는 맥주가 들어 있다" 가운데 들어 있다는 이 맥주는 탁하고 옅은 금색이며, 기분을 경쾌하게 만드는 미묘한 바나나·바닐라·정향 향기가 풍겨, 공격적인 독일 버전보다 부드럽다. 보디는 매끄럽고 깔끔하다가 피니시는 톡 쏘는 맛이어서 상쾌한 동시에 옛 독일 스타일과 세련된 신식 오스트레일리아 스타일이 효과적으로 섞인 맥주가 된다.

비리피초 이탈리아노 부두 바이젠
Birrificio Italiano VùDù Weizen

루라고 마리노네, 이탈리아
ABV : 5.5%
홉 : 할러타우어 매그넘

나는 이탈리아노가 어떤 유럽 양조업체의 고전 맥주든 가장 뛰어나게 현대적으로 해석한 맥주로 만들어낸다고 본다. 이탈리아노는 필스너, 보크, 밀 맥주 모두에서 대단한 기량을 발휘해서 원래의 고전 맥주가 지루하게 느껴지기까지 할 정도이다.
이들이 만든 B.I. 바이젠(B.I. Weizen)은 깊이와 풍미로 가득하며 매끈하고 크림 같으면서도 상쾌하고 가볍다. 부두는 1년에 한 번이나 두 번 제조하는 둥켈바이젠이다. 밀크초콜릿색에 바위 표면처럼 울퉁불퉁하고 거친 거품이 생겨 시각적으로 즐겁다. 향기는 바나나와 초콜릿 향이 아주 많이 나며, 말린 과일·사과·계피 향과 깊이 있는 크리미함과 함께 생기발랄한 탄산을 갖고 있다.
홉은 약한 시트러스와 허브 같은 쓴맛이 있는데, 보통 이 스타일에서 예상되는 것보다 영향력이 커서, 더 목이 마르게 만드는 동시에 마실 때 충족감을 느끼게 한다. 마법처럼 말이다. 아니, 어쩌면 부두교 주술로 만든 맥주일지도 모르겠다.

슈나이더 아벤티누스 바이젠 아이스보크
Schneider Aventinus Weizen Eisbock

켈하임, 독일
ABV : 12.0%
홉 : 할러타우어 매그넘

부분적으로 냉각된 적이 있는 바이젠보크이다. 알코올은 물보다 낮은 온도에서 얼기 때문에 처음에 생기는 얼음은 물뿐이다. 이 얼음을 제거해 알코올과 당분을 농축해서 맥주를 더 독하게 만든다. 분명히 현대에 와서 생겨난 신화일 테지만 일단 기원에 대한 이야기는 다음과 같다. 어느 뼛속까지 얼어붙게 추운 밤에 사람들이 맥주를 출하할 준비를 하고 있을 때, 한 게으른 양조장 일꾼이 술통 몇 개를 밖에 그냥 남겨두는 바람에 맥주 일부가 얼어버렸다. 해고될까 두려워진 일꾼은 얼음을 골라냈는데 그렇게 했던 맥주에서 정말 훌륭한 맛이 난다는 것을 알게 되었다는 이야기이다. 이런 양조 방식은 기술적으로는 부분적인 증류에 해당하는데 미국을 포함한 일부 국가에서는 불법이다. 슈나이더에서 나오는 아이스보크는 잔에 따르면 적갈색에 크림색 거품이 생긴다. 건포도·사과·자두·짙은 색 과일·마지팬·구운 바나나·바닐라·크리스마스 음식 양념(festive spice)·초콜릿 향미가 느껴진다. 부드럽고 온화하고 달콤하고 복합적이며 농후하다.

슈나이더 바이세 탭 5 마이네 홉펜바이세

Schneider Weisse Tap 5 Meine Hopfenweisse

켈하임, 독일
ABV : 8.2%
홉 : 할러타우어 트래디션, 할러타우어 자피르

'홉의 불꽃놀이' 슈나이더에서는 이 맥주를 이렇게 묘사한다. 특히 독일처럼 전통적인 나라에서 1872년에 문을 연 이래로 같은 맥주를 만들어오고 있는 맥주 양조업체로서 이 홉펜바이세는 맥주 세계에 쏘아올린 폭죽이었다. 이 맥주는 브루클린 브루어리(Brooklyn Brewery)와 쌍방향 협업으로 출발했다. 즉 양사 모두 바이젠보크를 만든 다음, 드라이 호핑을 했다. 이때 슈나이더는 할러타우어 자피르(Hallertauer Saphir)를 썼고, 브루클린은 아마릴로와 팰리세이드(Palisade)를 넣었다. 이렇게 탄생한 맥주들은 맛이 아주 훌륭해서 슈나이더는 정규 생산품목에 이 맥주를 추가했다. 탭 5는 놀랄 만큼 뛰어난 맥주인데, 이스트에서 나오는 에스테르성 향인 바나나 향이 홉의 오렌지, 살구, 풀 향기의 신선함과 하나가 된다. 가히 후각적으로 걸작이다. 매끄러운 보디에 맥아 향미가 진하며 홉 향미도 풍성해서 바이젠 IPA처럼 거친 향미 나는 쓴맛과 쌉쌀한 식물성 피니시와 오래 남는 홉의 존재감을 더한다. 전통적인 독일이 개척가적인 미국을 만난 격이다.

후지자쿠라 하이츠 코우겐 바이젠

Fujizakura Heights Kougen Weizen

야마나시 현, 일본
ABV : 5.5%
홉 : 펄

후지자쿠라는 아주 다양한 맥주를 만들지는 않지만 만드는 것마다 탁월하다. 그중 바이젠 맥주들이 훈연 버전과 초콜릿 바이젠, 바이젠보크와 더불어 가장 사랑받는 것 같다. 이들이 만드는 정석적인 바이젠은 간절히 원할 만한 맥주이다. 탁한 노란색에 크림 같은 하얀 거품을 가졌으며, 바나나·풍선껌·사과·바닐라·정향 향이 나고 이런 향기는 모두 광란의 게임 쇼 참가자처럼 소리를 질러대기보단 부드럽게 콧노래를 흥얼거리는 쪽이다. 부드럽고, 균형 잡혀 있고, 대부분의 정통 독일 바이젠보다 크림 같으며 생기 넘치는 탄산 덕분에 가벼움을 잃지 않는다. 생선회에 확실히 잘 어울리는 맥주로, 맥주가 가진 미묘한 향신료 향과 크림 같은 면이 생선의 크림 같은 질감과 잘 맞아서, 밀려드는 고추냉이의 맛을 덮어 방화용 모포 같은 역할을 한다. 바이젠의 과일 향기와 깊이 있는 매끈함으로 일본에서 가장 인기 있는 맥주 스타일로 등극했다.

피스 다크 앤 커비 Piece Dark-n-Curvy

시카고, 일리노이
ABV : 6.0%

피스는 브루 펍 겸 피자 가게이다. 두 가지 사업 부문 모두 대단히 우수하다. 내가 여기 갔던 날은 마침 가라오케의 밤이라서, 속 깊은 팬에 넣어 굽는 것으로 유명한 시카고 특유의 환상적인 얇은 크러스트 피자를 먹는 동안 많은 사람들이 무대에 올라가 옛 명곡을 형편없는 실력으로 고래고래 불러댔다. 다행히 맥주는 저들과 달리 양조기술자 조너선 커틀러(Jonathan Cutler)가 옛 명작들을 완벽하게 소화해냈다. 특히 여러 메달과 상을 수여받은 밀 맥주가 그렇다. 다크 앤 커비는 맛있는 둥켈바이젠으로, 초콜릿 빛 도는 갈색에 바나나와 풍선껌 향기가 아주 근사하며, 짙은 색 곡물에서 비롯된 약간의 초콜릿 향도 난다. 입에 꽉 차는 묵직한 보디를 가졌지만 약간의 황설탕, 바닐라 향미와 함께 맵싸한 쌉쌀함으로 끝난다. 탑 헤비(Top Heavy)도 마셔보자. 최상급 헤페바이젠으로, 부드럽고 편해서 한없이 넘어가며, 깔끔하고 풍미가 가득하다. 피자와 함께 마시기 정말 좋고, 가라오케와 함께 하면 즐거운 맥주이다.

아메리칸 위트

현대적 미국 스타일로, 헤페바이젠 · 위트 · 쾰슈 · 미국 페일 에일 사이 어디쯤에 속한다. 보통 색은 매우 연하며 양조용 맥아즙 통에서 30~60%에 달하는 높은 함량의 밀로 만든다. 전통적인 바이에른이나 벨기에 균주가 아닌 미국 에일 이스트로 양조한 아주 보기 좋게 탁한 맥주이다. 이 말은 바나나 에스테르나 정향 같은 맵싸한 특징이 주도적이지 않다는 뜻이다. 그런 면이 약간은 배어나와 아주 멋진 효과를 낼 수는 있을지도 모르지만 말이다. 이 스타일에서는 홉이 전면에 나서며, 순하든 독하든 미국 품종을 주로 사용한다. 후반 홉 첨가와 드라이 호핑을 이용해서 홉의 과일 향과 맛을 이중으로 더하며, 이스트는 이렇게 목 넘김이 부드럽고 편하면서 향긋한 맥주들과 훌륭한 조합을 이룬다.

이 스타일의 ABV는 약 4.0~6.0%이고, 쓴맛은 낮은 것부터 시작해 가장 쓴 맥주의 경우에는 40IBU까지도 이른다. 이 스타일은 거의 여과를 하지 않는다. 간혹 하는 경우도 있긴 하지만 말이다. 잔존 이스트는 풀 보디와 더불어, 충만감을 주는 깊이 있는 향미를 제공한다. 밀로 양조한 맥주는 전 세계로 퍼져나가면서 유럽 고전명작들에 미국 영향을 받은 요소를 결합해 더 인기 있는 스타일이 될 가능성이 높아 보인다.

쓰리 플로이즈 검볼헤드Three Floyds Gumballhead

먼스터, 인디애나
ABV : 5.5%
홉 : 캐스케이드, 아마릴로

나는 이 맥주를 쓰리 플로이즈 양조장에서 처음 마셔봤다. 거기 갔던 이유는 1년에 한 번씩 열리는 행사인 다크 로드 데이 (Dark Lord day)에 참석하기 위해서였다. 다크 로드 데이는 쓰리 플로이드의 대성공작인 임페리얼 스타우트, 다크 로드가 출시되는 날이다. 이 날은 6000명이나 되는 사람들이 그 정도 인원을 수용하기에는 어림없는 공간에 꾸역꾸역 들어차고, 많은 사람들이 줄을 서서 이 진귀한 맥주를 각자 네 병씩 받아든다. 이와 함께 나는 검볼헤드를 처음 한 입 마셨던 순간을 뚜렷하게 기억한다. 맥주의 록 콘서트장이라 할 만한 곳 한복판에서 얼이 빠진 상태였지만, 열대 과일·복숭아·레몬·망고 같은 이 맥주의 과일 풍미에 내가 있는 곳이 여기든 어디 낙원 같은 해변이든 알 게 뭐냐는 심정이 되었다. 보디는 약간 크림 같고 뛰어나게 부드러우며 쓴맛은 균형 잡혀 있고 맥주는 강한 과일 향미와 새콤한 홉에 의해 활기를 띤다. 확고한 스타일을 가진 완벽한 맥주이다. 비록 두 번째 잔을 마시고 나서는 방광이 터지기 일보 직전인데도 내 앞에 줄이 아직 한참 남아 있는 처지가 되었지만 말이다.

벨스 브루어리 오베론Bell's Brewery Oberon

칼라마주, 미시건
ABV : 5.8%
홉 : 사츠, 헤르스브뤼커

오베론은 잔에 따르면 흐린 금빛 오렌지색이다. 유리잔을 들어서 빛에 비추어보면 잔을 잡은 손가락이 잔을 통해 멀리 있는 그림자처럼 보인다. 여과하지 않은 맥주는 어딘가 섹시한 면이 있다. 너무 깨끗하거나 정제된 것처럼 맑게 여과된 맥주는 좀처럼 갖지 못하는 섹시함이다. 에스테르와 홉에서 비롯된 미묘한 과일 향이 잔에서 피어올라 바로 마시고 싶어진다. 이 맥주의 미덕은 정말 깔끔하고 매끈하게 목으로 넘어간다는 것이다. 약간의 레몬 향과 옅은 거친 향미가 느껴지다가 후추 같은 쓴맛으로 끝난다. 정확히 유럽산 홉에서 예상할 수 있는 그런 향과 맛이다. 편하게 마실 수 있으며 갈증을 싹 가시게 하는 힘이 대단하다. 여과되지 않은 멋진 풀 보디가 매운맛의 불길을 완전히 잡아줄 수 있기 때문에 칠리의 매운맛과 잘 어울린다. 더 가벼운 음식과도 궁합이 아주 좋다. 샐러드, 크리미한 치즈, 생선 석쇠구이에 곁들여 마시기를 고려해보라.

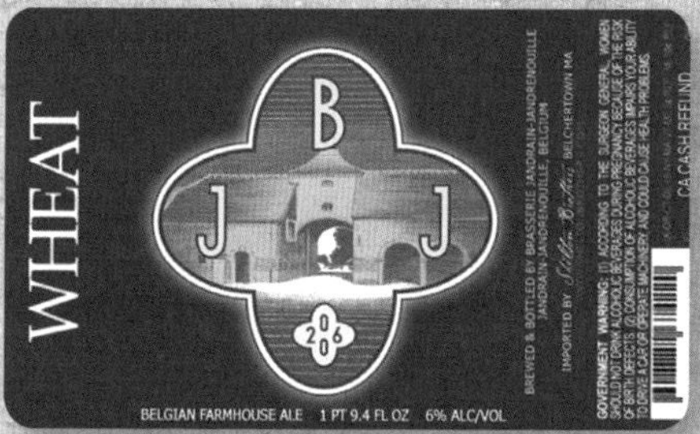

장드랭-장드랭누이 VI 위트
Jandrain-Jandrenouille VI Wheat

장드랭-장드랭누이, 벨기에
ABV : 6.5%

미국 태평양 연안 북서부(Pacific Northwest)의 최상급 농작물을 취급하는 벨기에의 홉 무역상들이 고향에서 양조장을 시작하기로 결심한 결과 탄생한 맥주이다. 미국과 벨기에 맥주에서 영감을 얻은 J-J는 양쪽에서 받은 영향을 조합해서 우아하고 균형 잡히고 환상적인 맥주를 만들어내는 데 어떤 곳보다도 뛰어나다. VI 위트는 구체적인 품종은 양조장의 영업 비밀이라 알려지지 않은 미국산 홉으로 만든다. 탁한 노란색에 구름 같은 거품이 덮인 이 맥주는 공기 중으로 아련하게 퍼져 나가는 아름다운 귤, 복숭아, 파인애플 향기를 가졌다. 오렌지, 달콤한 바질, 관목이나 유실수의 꽃향기가 부드러운 여름 미풍처럼 실려와 배후에 감돌고, 기포들이 혀 위에서 터지면서 미각을 간질인다. 쓴맛은 상당히 적어, 희미한 정향 맛이 살며시 등장해 조국을 향해 발길질을 날리지만 뻔뻔한 미국산 홉에게 쫓겨 다시 꽁무니를 감춘다. 정말 놀라운 맥주이다. 가능하다면 생맥주로 신선하게 마셔보자.

3 코르디예라스 블랑카3 Cordilleras Blanca

메데인, 컬럼비아
ABV : 4.6%

컬럼비아 크래프트 맥주 양조업계의 선두에 서 있는 3 코르디예라스는 새로운 소비자들 앞에 더 양질의 맥주를 내놓고 있다. 이곳의 소셜 미디어 페이지들을 2초만 훑어봐도 이들이 일을 대단히 잘하고 있다는 걸 알 수 있다. 정기 견학 프로그램을 운영하고 있고, 밴드 연주의 밤을 양조장에서 열어 잘나가는 컬럼비아 젊은이들이 어울려 노는 파티 장소가 되어, 다들 반짝이는 맥주잔을 들고 카메라를 보며 활짝 웃고 있는 것을 보면 말이다. 블랑카는 연한 색 밀 맥주로, 미국산 에일 이스트로 발효하고, 영국과 독일 품종 홉으로 맛을 첨가한다. 꽃향기와 거친 향미, 이스트에서 나오는 매혹적인 과일 향기가 나고, 훌륭한 보디에, 가볍지만 계속해서 입 안에 감도는 경쾌한 종류의 쓴맛을 갖고 있다. 컬럼비아에 가게 되면 3 코르디예라스의 아메리칸 페일 에일인 메스티자(Mestiza)도 구해서 마셔보라. 시트러스 향에 새콤하고 유쾌하며 '무이 부에노(muy bueno, '굉장히 훌륭하다'는 뜻의 스페인어—역자)'하다.

벨기에 스타일의 백색 맥주로, 비트비어(WITBIER)로 알려져 있다. 프랑스어로는 비에르 블랑쉬(BIÈRE BLANCHE)라고 부른다. 위트 맥주의 최근 인기는 서로 성격이 다른 두 곳에 빚지고 있다. 하나는 호가든 맥주의 배후에 있는 피에르 셀리스(PIERRE CELIS)이고, 또 하나는 몰슨쿠어스(MOLSONCOORS)가 만든 크래프트 맥주 브랜드인 블루문(BLUE MOON)이다.

위트 맥주

위트 맥주는 톡 쏘고 탁하며 맵싸한 스타일로, 수백 년 동안 북유럽에서 인기를 끌었다. 특히 플랑드르 지역에서 그랬는데, 이 지역은 맥주에 꼭 필요한 작물인 보리, 밀, 귀리가 풍부했고 네덜란드산 향신료도 가까이 있었다. 마지막 백색 맥주 양조장인 호가든의 톰신(Tomsin)이 1955년에 문을 닫으면서 이 스타일은 사라졌다. 젊을 때 톰신에서 일한 적이 있었던 지역 우편집배원 피에르 셀리스는 백색 맥주를 되살리기로 결심하고 1966년에 양조장을 열어 제조한 맥주에 고향 이름을 붙였다. 다른 사람들이 셀리스의 맥주 스타일을 따라 하기 시작하면서 호가든은 세상에서 가장 인기 있는 백색 맥주로 성장했다. 탁한 노란색에, 후각적으로는 코리앤더와 시트러스 껍질 향으로 느껴지는 향기에 톡 쏘는 매끈한 보디를 가졌고, 균형이 잡혀 있고 상쾌하면서 탁월한 맥주이다. 호가든은 미국에서 성공을 거두었고, 나중에 셀리스는 텍사스에서 또 다른 양조장을 시작했다. 그의 양조장 두 곳 모두 대기업에서 사들였다. 피에르 셀리스는 2011년 4월에 죽었다. 전 세계를 둘러보면 많은 위트 맥주가 양조되고 있는데, 이런 맥주는 모두 거슬러 올라가면 셀리스와 연이 닿아 있는 셈이다.

위트의 인기는 블루문 덕분이기도 하다. 블루문은 어느 순간 불쑥 등장해서 삽시간에 어디서나 볼 수 있는 맥주가 되었다. 그러나 대기업 크래프트 맥주 브랜드의 급속한 성장에 대해 걱정할 필요는 없다. 오히려 성공을 축하해야 옳다. 덕분에 현재 크래프트 위트 맥주가 많이 양조되고 있기 때문이다. 더블 IPA를 주문할 준비가 아직 되지 않은 사람들에게, 다가가기 쉬운 스타일인 위트 맥주는 많은 술꾼을 크래프트 맥주 진영으로 불러들이고 있다. 오렌지와 코리앤더로 만든 블루문은 마실 때 오렌지 한 조각을 맥주잔에 넣으라고 권한다. 이 방법이 맥주가 가진 오렌지 향미를 전부 끌어내긴 하지만, 그냥 맥주에 과일을 한 조각 넣어서 같이 마신다는 뜻이기도 하다. 이는 그저 남의 이목을 끌어보려는 술책에 불과해서, 나는 과일 없이 맥주만 마시는 것이 더 좋다. 이 맥주는 그 자체로 까다롭지 않고 미묘하며 부드럽고 오렌지 같고 깔끔하다.

벨기에 위트 맥주는 밀과 때로는 맥아로 만들지 않은 밀과 귀리로 양조한다. 향신료도 첨가하는데, 흔히 코리앤더·큐라소·오렌지 껍질을 쓴다. 곡물 구성 덕분에 외관상 탁하고 연한 색이며, 이스트 균주는 시트러스·정향·향신료 향미를 제공한다. 실제로 이런 재료를 양조 과정에 써서 향미를 강화한다. 이렇게 향신료와 향신료 풍미를 내는 맵싸한 이스트의 조합이 위트를 독일 스타일 바이젠과 차별화한다. ABV는 일반적으로 4.5~5.5%에 이르며 IBU는 낮아서 수치가 20대를 기록하거나 그 이상이 되는 경우는 좀처럼 없다. 매끄러운 크림 같은 보디에 보통 약하게 콕 찌르는 시트러스 향미나 산미가 있고, 깊이 있는 향신료 맛이 난다. 백색 맥주가 전 세계로 퍼져나갔으니 이제 이 스타일에 어떤 흥미진진한 일이 벌어지는지 지켜보자. 이 중에는 맥주를 시게 만들거나 더욱 이국적으로 만드는 향신료를 더하는 것, 또는 맛을 강화하는 것 등이 있다.

히타치노 네스트 화이트 에일
Hatachino Nest White Ale

이바라키, 일본
ABV : 5.5%
홉 : 펄, 스티리안 골딩, 소라치 에이스

아주 훌륭한 위트 맥주로, 어떤 맥주 스타일에 대해 잘 안다고 자신했던 것을 부끄럽게 만드는 맥주 중 하나이다. 코리앤더와 오렌지 껍질이라는 고전적인 조합으로 만든 이 맥주에는 너트멕과 오렌지즙도 들어 있다. 오렌지즙은 환상적인 과일 풍미와 부드러운 깊이를 더하는 한편, 너트멕은 오렌지와 코리앤더가 펼치는 꽃향기와 거친 향미의 합동 공연에 아주 잘 어울리는, 크리스마스 분위기 나는 흥겨운 무대 배경이 된다. 풍부한 향신료 향이 맥주잔 밖으로 폭발하듯 솟구쳐 올랐다가 편도선을 간질이며 다시 내려가면서 활기차고 흥미진진한 맛을 낸다. 그러나 이 맥주를 즐겁게 마실 수 있게 하는 것은 바로 보디의 묵직함이다. 입 안을 꽉 채우면서도 가볍고 우아하기 때문이다.

에인스퇴크 아이슬랜딕 화이트 에일
Einstök Icelandic White Ale

아쿠레이리, 아이슬란드
ABV : 5.2%
홉 : 할러타우어 트래디션

좋은 물이 맥주에 어떤 역할을 하는지 알고 싶으면 이 맥주를 마셔보면 된다. 에인스퇴크는 북극권에서 97km 밖에 떨어져 있지 않은 아이슬란드 북부 아쿠레이리의 항구에서 맥주를 양조한다. 산으로 둘러싸인 곳에서 빙하 녹은 물이 아주 오래된 용암원(lava field)으로 흘러내렸다가 현대적 양조용 맥아즙 통 안에 담긴다. 이곳에서 에인스퇴크는 포터, 페일 에일, 그리고 계절 한정으로 나오는 도펠보크를 만든다. 그러나 내가 사랑하는 것은 이곳의 백색 맥주이다. 그리고 백색 맥주를 이토록 훌륭하게 만드는 것이 바로 저 물이다.
이 맥주는 산뜻한 탄산과 신선한 부드러움, 깨끗하고 반짝반짝 빛나는 가벼움을 가졌고, 모든 것이 바로 훌륭한 물에서 나온다. 이런 바탕에다 코리앤더, 오렌지 껍질, 섬세하게 맵싸한 이스트를 섞으면 시트러스의 톡 쏘는 신맛을 가진, 오렌지 같은 청량감 있는 맥주가 나온다. 보통은 아주 질이 나쁘거나 에인스퇴크 화이트의 경우처럼 질이 아주 좋지 않은 한, 맥주에 쓰인 물의 품질은 알아차리지 못한다.

브루레볼루션 베누스 위트 BrewRevolution Venus' Wit

타마니케, 엘살바도르
ABV : 5.3%
홉 : 윌러멧, 마운틴 후드, 스털링, 미텔프뤼

브루레볼루션에 "올라(친한 사이에 주고받는 '안녕'이란 뜻의 스페인어—역자)"라고 인사를 건네보자. 엘살바도르의 첫 번째 양조장이자 이 지역 맥주의 구세주에게 말이다. 미국 크래프트 양조법에서 영향을 받은 브루레볼루션은 소수정예로 흥미로운 맥주를 만든다. 각 맥주에는 꿀이나 커피, 과일, 꽃처럼 현지에서 나는 재료를 첨가한다. 비정제 사탕수수 설탕으로 만든 메르쿠리오 IPA(Mercurio IPA), 파인애플과 이곳에서 나는 일종의 패션프루트인 마라쿠야(maracuya)로 만든 베누스 위트가 다른 맥주에 비해 핵심적인 두 가지 맥주이다. 베누스 위트는 연한 금색에 뿌옇고, 파인애플의 달콤함과 패션프루트의 톡 쏘는 꽃향기 나는 과일 풍미가 먼저 앞으로 나선다. 맵싸하고 씁쓸한 피니시는 이 스타일을 이국적으로 만든다. 연질 치즈로 속을 채운 옥수수 또르띠야인 살바도르식 푸푸사 데 퀘소(pupusa de queso)와 함께 베누스 위트를 마셔보자. 맥주의 과일 맛 같은 새콤함이 치즈의 과일 맛 나는 풍미와 놀라울 정도로 잘 어울린다.

배커 엑스테르미나도르 데 트리고

Bäcker Exterminador De Trigo

벨로 호리존테, 브라질
ABV : 5.0%
홉 : 아마릴로

내 생각에 악어를 탄 남자가 그려진 라벨이 붙은 맥주를 한 병도 사지 않는다면 바보가 분명하다. 물론 내가 워낙 튀는 라벨에 사족을 못 쓰며 악어에 언젠가 꼭 타보고 싶었다는 고백도 해야겠지만 말이다. 엑스테르미나도르는 세르베자리아 배커의 쓰리 울브즈(Three Wolves) 시리즈의 하나로, 레몬그래스를 넣어 양조한 위트이다. 여과하지 않았으며, 시트러스 향이 나는 미국 홉으로 만들어서 달콤하고 나무 향 나는 레몬그래스 맛이 두드러진다. 이 맥주는 위트와 아메리칸 위트 사이 어디쯤에 위치한다. 꽃 향과 중과피 향이 나는 홉이 전면에 나서며 레몬그래스에서 나온 콕 쏘는 거친 향미 나는 신선한 쓴맛이 기습적으로 나타나 오래 머문다. 한편 이스트는 저 아래 조용히 숨어 있다. 기척이라도 냈다간 마치 악어에게 물리기라도 할 것처럼 말이다.

굿 조지 화이트 에일Good George White Ale

해밀턴, 뉴질랜드
ABV : 4.5%
홉 : 퍼시픽 제이드, 모투에카, 와카투

한때 세인트 조지 교회였던 곳이 현재는 자체 양조한 천상의 맥주를 내는 레스토랑이 되었다. 이종교배 스타일인 이 화이트 에일은 벨기에 위트와 아메리카 위트로부터 모두 영향을 받았다. 양조업자인 켈리 라이언(Kelly Ryan)은 이를 '뉴질랜드 화이트'라 부른다. 이 맥주는 맵싸한 맛이 나는 전통적인 위트 이스트 대신 미국 에일 이스트를 쓰고, 코리앤더를 현지에서 재배한 토착 식물로 대체하고, 뉴질랜드산 네이블 오렌지의 껍질을 쓴다. 아름다운 탁한 노란색에 탄탄한 하얀 거품이 덮인 이 맥주는 달콤한 오렌지가 감질나게 나타나고, 식물들은 혀를 후추처럼 알싸하게 간질인다. 홉은 아련하고 향긋한 과일 향기를 내는 새콤한 뉴질랜드 품종을 써서 통제된 절묘함을 발휘한다. 한 잔만으로는 절대 만족하지 못할 것이다. 그러니 마시면서 음식 메뉴판을 집어 들자. 해산물이나 훈제 닭고기 피자와 아주 잘 어울린다. 굿 조지에서는 이 맥주의 드라이 호핑 버전을 포함한 사과주도 만든다. 이 사과주는 사과와 에일의 중간 지대를 즐겁게 깡충대며 뛰논다.

펑크웍스 화이트Funkwerks White

포트 콜린스, 콜로라도
ABV : 6.0%
홉 : 자피르

펑크웍스는 벨기에 스타일 맥주를 만든다. 작고 깔끔한 맥주 양조장에는 홉이 많이 들어간 블론드 에일과 톡 쏘는 밀 맥주, 한 무더기의 술통 숙성 맥주가 있다. 펑크웍스의 주력 맥주는 최상급 세종(Saison)이다. 그야말로 황홀하기 짝이 없는 이 맥주는 입에 닿는 느낌은 부드럽지만, 기포 하나하나가 터질 때마다 혀에 입맞춤을 하는 것처럼 느껴지는 청량감 있는 탄산과 함께, 우아하고 기분 좋게 가볍고, 섬세하게 맵싸한 바탕을 가졌다. 어떤 양조장이 제대로 만들기만 했다면, 그 세종은 반드시 훌륭할 수밖에 없는 법이다. 화이트는 여름 한정 맥주로, 세종과 위트 사이 어디쯤에 해당한다. 오렌지와 레몬 껍질·코리앤더·간 생강으로 만든 이 맥주는 세종과 같은 이스트와 향신료를 넣은 위트로 발효하고, 오렌지와 레몬 껍질이 콕 쏘는 과일 맛·향기·거친 향미를 제공해서, 배경을 이루는 상쾌한 신맛을 강조한다. 양조장에 붙어 있는 작고 유쾌한 바에서 농장 스타일 맥주와 잘 어울릴 만한, 현지 농장에서 만든 치즈를 판다. 이 둘은 완벽한 조합을 이룬다.

벨기에 블론드와 페일 에일

두 스타일은 행복한 한 쌍이다. 태어난 곳이 같고, 연한 색과 발랄한 홉 풍미가 비슷한 덕분이다. 이 맥주들은 영국 페일 에일과 독일 라거에서 영감을 얻어 생겨났다. 벨기에 양조기술자들은 일반적으로 홉을 독특하게 사용해 기가 막히게 매력적인 쓴맛을 내고, 향기가 풍부한 이스트 균주로 거친 향미 나는 맵싸함과 과일 같은 에스테르 향을 내서 자기들만의 개성을 가미한다. 전형적인 형태의 이런 맥주는 1, 2차 세계대전 때까지 기원이 거슬러 올라간다. 한편 최근 몇 년 사이 새로운 풍조가 생겨나서 블론드와 페일에 더욱 강한 홉 향기와 향미, 쓴맛, 깜짝 놀랄 만한 요소를 더한다.

밀짚색에서 짙은 금색에 이르는 색과 ABV 4.5~7.0% 정도의 알코올 도수를 갖고 있다. 페일 에일의 도수는 일반적으로 그 중 낮은 편에 속한다. 쓴맛은 양쪽 모두에서 두드러지게 나타나는데, 유럽산 홉을 전통적인 방식으로 사용해서 쌉쌀하고 거칠며 후추 같은 알싸한 쓴맛을 낸다. 쓴맛은 최대 30IBU이다. 전통적인 유형의 맥주와 함께 새로운 흐름을 보여주는 맥주도 나타나, 홉을 더 과감하게 사용해서 쓴맛을 늘려 최대 45IBU까지 이르게 한다. 또 홉의 후반 첨가나 드라이 호핑을 활용해 향기롭고 시트러스와 열대성 과일 향을 내는 품종들에서 매력적이고 호쾌한 향기를 이끌어낸다. 이스트가 여기에 후추와 과일 향 에스테르를 더하고, 생기 넘치는 탄산이 높은 발효도가 만들어낸 쌉쌀한 맛에 청량감을 가미한다. 일부 경우에는 아쉽게도 대량 제조 라거에 더 가까운, 단조롭고 진부한 면을 공통적으로 보여주지만 제대로 된 것을 마셔보면 아름답고 미묘하며 흥미로운 스타일의 맥주이다.

오르발ORVAL

고전명작

플로랑빌, 벨기에
ABV : 6.2%
홉 : 슈트리셀슈팔트, 할러타우어 헤르스브뤼커, 할러타우어 트래디션

오르발의 노틀담 수도원(Abbaye Notre Dame d'Orval)에서 만든 트라피스트 맥주이다. 이름은 '황금 계곡(Valley of Gold)'에서 유래했다. 전설에 따르면 한 백작부인이 금반지를 이 계곡에 있는 호수에 빠뜨렸고, 반지를 되찾는다면 여기에 수도원을 짓겠다고 약속했다. 그러자 송어 한 마리가 물에서 입에 금반지를 물고 튀어 올랐다. 이곳은 트라피스트 양조장 중 가장 오래된 수도원이다. 그러나 전후 보수를 위한 재원을 마련하기 위해 현대적 양조를 시작했다. 오르발은 드라이 호핑한 맥주이며, 브레타노미세스를 병 속에 첨가한다. 갓 나온 맥주를 마시면 홉이 강하게 나타난다. 반면 숙성해서 마시면 이스트가 강하게 나타난다. 나는 이 맥주를 약 1년쯤 병맥주로 저장했을 때의 상태를 제일 좋아한다. 홉에서 나온 맵싸하고 거친 향미가 브레타노미세스에서 나온 가죽, 레몬, 퀴퀴한 냄새와 섞여 있다. 이 맥주의 쌉쌀한 맛과 톡 쏘는 탄산이 강화하는 쓴맛은 대담하다. 복합적이고 흥미로운 오르발이 가진 장점은 병 속에서 변화가 일어나는 덕분에 언제나 약간씩 맛이 달라진다는 점이다. 내 생각에는 세계 최고의 맥주 중 하나이다.

브라세리 드 라 센 타라스 불바Brasserie de la Senne Taras Boulba

브뤼셀, 벨기에
ABV : 4.5%
홉 : 사츠

이 장 전체를 브라세리 드 라 센이 만든 맥주로만 채우는 것도 가능했을 것이다. 진네비르(Zinnebir)는 ABV 5.5%의 블론드 에일이다. 밴드 오브 브라더스는 홉 풍미가 강한 쌉쌀한 블론드인데, 브뤼셀 최고의 맥주 바 중 하나인 모에데르 람빅(Moeder Lambic)을 위해 만든 맥주이다. 브뤼셀스 콜링(Brussels Calling)은 이것을 마시기 위해 벨기에를 방문할 만한 가치가 있는, 과일 풍미가 아주 풍부한 쓴 블론드이다. 브라세리 드 라 센의 특징은 고전적인 스타일을 더 많은 홉으로 장식해서 놀라운 맥주를 만드는 것이다. 타라스 불바는 연한 금색을 한 '엑스트라 호피 에일(Extra Hoppy Ale)'이며 우리 집 냉장고에 상비해놓고 싶은 맥주이다. 맥아 풍미는 별로 없는 약간 묵직한 보디를 갖고 있다. 맥아는 거의 존재감 없이 숨어 있어서 홉이 전면에 나선다. 모두 사츠 품종에서만 나오는 중과피·자몽·꽃·향신료·레몬·라임·복숭아 향이 난다. 향신료 풍미의 보디에, 후추와 빻은 코리앤더 맛이 느껴지다 강한 쓴맛이 난다. 이 쓴맛은 처음에는 갈증을 해소해준 다음, 새로 갈증을 불러일으킨다. 나는 이 맥주를 마실 때마다 새롭게 다시 사랑에 빠지는 느낌이 든다.

듀 뒤 씨엘! 데르니에 볼롱떼

Dieu du Ciel! Dernière Volonté

몬트리올, 캐나다
ABV : 7.0%
홉 : 스털링

모퉁이에 위치한 듀 뒤 씨엘의 아늑한 브루 펍은, 지나가다 보이는 반짝반짝 윤기 나는 탱크들이 발길을 잡아끈다. 그렇게 안으로 들어선 다음에는 판매되고 있는 여러 가지 맥주 메뉴에 눌러앉게 된다. 이 브루 펍은 일주일에 세 번이나 네 번, 다양한 방법과 실험으로 맥주를 만든다. 바로 옆에는 가장 성공적인 브루 펍 작품을 내놓는 생산 설비도 있다. 이곳의 탱크들은 단계별로 크기가 점점 더 커진다. 데르니에 볼롱떼는 '유언장'이란 뜻으로, 홉 풍미가 강한 벨기에 스타일 블론드이다. 따르면 탁한 노란 빛이 도는 오렌지색이며 원기 왕성한 거품이 덮인다. 대담한 홉이 더하는 강한 꽃과 시트러스 향이 맨 위에 얹힌 거품에 감돌면서 후추, 풀, 핵과 향미를 덮는다. 보디는 바탕에 깔리는 유실수나 관목의 꽃과 꿀 향과 함께 더할 나위 없이 강하면서도 가벼움을 잃지 않는다. 장악력 있는 쓴맛은 이런 향기에 의해 가볍게 고양되고, 그런 다음 이스트가 맵싸한 원숙함을 더한다. '듀 뒤 씨엘!'은 "세상에, 이럴 수가!"라는 말로, 여기서 만든 맥주를 마시면 바로 이런 탄성이 터져 나올 것이다.

페럴 골든 에이스

Feral Golden Ace

바스커빌, 오스트레일리아
ABV : 5.6%
홉 : 소라치 에이스

아마도 이 맥주만을 위한 새로운 스타일 범주를 만들 필요가 있을 것 같다. 블론드와 위트 사이 어디쯤에 위치한 이 맥주는 깊이 있는 벨기에 맥주의 특성과 향신료 향미가 나타나며 그런 다음에는 일본에서 개발된 소라치 에이스 홉이 내는 특징적인 과일 향기가 풍긴다. 이런 향기는 향미 프로필의 어떤 홉 품종과도 다르다. 레몬, 라임, 멜론, 풍선껌, 민트, 레몬그래스, 코코넛, 파인애플에, 블루치즈의 독특한 냄새를 풍기기도 한다. 골든 에이스는 열대 과일적인 요소를 가미해 블론드 베이스와 정말 잘 어울리는, 놀라울 정도로 특이한 향기를 낸다. 이스트는 미묘하며, 의식하지 못하는 사이에 전체적인 분위기를 더 좋게 만든다는 점에서 아주 멋진 배경음악 같다. 태국풍 향미 덕분에 향긋한 커리나 코코넛이 바탕이 된 요리나 시트러스즙을 뿌린, 석쇠에 갓 구운 생선에 곁들이기 좋은 맥주이다.

러시안 리버 리뎀션Russian River Redemption

산타로사, 캘리포니아
ABV : 5.15%
홉 : 스티리안 골딩, 사츠

러시안 리버는 고전적인 벨기에 스타일을 믿기지 않을 정도로 뛰어나게 해석한 맥주로 미국에서 벨기에 맥주의 재창조와 변혁을 주도했다. 리뎀션은 아름다운 탁한 연한 금색에 푹신한 하얀 거품이 덮이며 잔에서 처음 올라오는 것은 약간의 오렌지 꽃 향과 중과피와 약간의 가벼운 과일 향 에스테르이다. 보디는 혀 위에서 기포가 우아하고 차분하게 사교춤이라도 추고 있는 것 같은 탄산 덕분에 놀라울 정도로 가볍다. 이 맥주를 잘 살펴보면 미묘하면서도 복합적인데, 완벽하게 깔끔하며 피니시는 쌉쌀하다. 하루 종일이라도 마실 수 있으며, 아마도 그렇게 하게 될 것이다. 두벨과 트리펠보다 앞에 오는 싱글(single, 'Single=Enkel, Double=Dubbel, Triple=Tripel'라는 벨기에 수도원 맥주 표기의 의미에 대해서는, '맥아의 발효도이다', '알코올 도수, 맥아의 양이나 양조용 맥아즙 통에 넣었을 때 존재하는 당분 함량이다' 등등 의견이 분분하나 대체로 맥주의 독한 정도를 나타내는 것이라 보는 것이 일반적이다—역자)인 이 맥주는 일종의 테이블용 맥주, 즉 순한 맥주라 할 수 있겠지만 이런 표현은 이 맥주의 가치를 제대로 나타내지 못하는 말이 아닐까 싶다. 저기서 테이블이라는 것이 세상에서 가장 호화로운 테이블이 아닌 이상에야 말이다.

비리피초 델 포르테 가싸 다망테Birrificio del Forte Gassa d'Amante

피에트라산타, 이탈리아
ABV : 4.5%
홉 : 할러타우어 노던 브루어, 펄, 스티리안 골딩

가장 중요한 항해용 밧줄 매듭 중 하나인 '보우라인(bowline)'을 뜻하는 이름을 가진 델 포르테 맥주들은 모두 여행과 모험심이 공통된 주제이다. 양조장을 시작하는 모험, 크래프트 맥주를 만드는 모험, 크래프트 맥주를 마시는 모험처럼 말이다. 양조장에서는 가싸 다망테를 긴 항해의 동반자 맥주라 부른다. 그러니 병목에 매듭을 묶어 병따개, 맥주잔, 가장 사랑하는 이의 사진이라는 여행용 구급 세트와 함께 어깨에 둘러메고 여행에 나서보자. 이 맥주는 연한 금색에, 홉에서 나오는 근사한 복숭아, 살구 향기와 함께 바나나와 사과의 에스테르성 과일 향미를 갖고 있다. 맛은 쌉쌀하고 깔끔하며 이스트가 홍후추와 향신료 향미를 내고 나면 뒤이어 상쾌한 쓴맛이 나타난다. 여행 가방에 여유가 있다면 해산물 크림 파스타를 만들 재료도 챙겨 넣자. 둘은 엄청나게 좋은 조합을 이루니까 말이다.

퍼더모어 패티 붐밸러티Furthermore Fatty Boombalatty

스프링 그린, 위스콘신
ABV : 7.2%
홉 : 펄, 사츠

벨기에 위트와 블론드 페일이 함께 잠자리에 들기로 했는데, 아메리칸 페일 에일을 열렬히 동경하는 팬도 동참시켜 좀 더 야하게 놀기로 했다고 상상해보자…. 그렇게 해서 나온 결과를 패티 붐밸러티라 부르면 된다. 잔에 따르면 호박색이며 이스트가 먼저 등장해서 바나나, 풍선껌, 아주 약간의 바닐라 향을 낸다. 보디는 매끄럽고 부드러우며 중간에 원숙한 입에 닿는 느낌과 함께 단맛이 가벼운 입맞춤처럼 살짝 스치고 지나간다. 마지막에는 홉이 양조에 사용한 오렌지 향 나는 코리앤더로 강화된 거친 향미 나는 향신료, 복숭아, 레몬, 시트러스 맛으로 짜릿한 자극을 준다. 전형적인 수도원 벨기에 에일은 아닌 이 맥주는 세 가지 스타일을 합쳐서 만들었다. 양조 후반에 사츠를 대량 첨가해 아메리칸 페일 에일처럼 만들고, 나머지 모든 것을 보완해서 하나의 훌륭한 맛으로 어우러지게 하는, 벨기에에서 영감을 얻고 현대적 영향을 받아 만든 맥주이다.

벨기에 두벨과 다크 스트롱 에일

전통적으로 벨기에 수도사들이 양조한 맥주인 두벨은 중간~높음 수준의 도수를 가진 짙은 색 에일이다. 수도원과의 관련성으로 가장 유명하긴 하지만, 라벨과 병목 근처에 붙인 띠를 통해 다른 벨기에 스타일처럼 독한 짙은 색 벨기에 에일로 순순히 묶이길 거부한다. 베스트말레 수도원이 우리가 현재 두벨과 트리펠로 알고 있는 스타일을 개발한 곳으로 인정받고 있다. 두벨은 1926년에 이곳 수도사들이 '두벨 브륀(Dubbel Bruin)'을 만들면서 세상에 나왔고, 트리펠은 1930년대에 탄생했다. 트라피스트 맥주 중에서 수백 년 전에 만들어진 맥주는 두벨과 먼 친척 간이라고 보면 된다. 최근에 와서야 이 형제단에 합류한 금색 트리펠들과는 달리 말이다.

이 스타일 맥주는 짙은 다홍색이 감도는 갈색부터 다크초콜릿색에 이르는 어두운색을 띤다. 연한 맥아로 만든 다음, 캐러멜처럼 만든 캉디 슈가를 사용해서 어두운색으로 바꿀 수 있다. 이것이 벨기에식 양조법이다. 양조업자들은 짙은 맥아도 사용하긴 하지만 말이다. 일반적으로 ABV는 두벨이 6.0~7.5%, 두벨과 쿼드 사이에 걸쳐 있는 다크 에일들은 7.0~10.0%이다. 쓴맛은 전면에 나서기보다 배후에 깔리는 편이며 약 25IBU로, 균형을 잡는 역할을 한다. 홉은 강렬한 허브나 거친 향미를 제공한다. 맥아, 설탕, 이스트가 말린 과일, 체리, 캐러멜, 초콜릿, 그리고 주로 높은 발효 온도에서 비롯된 바나나 향 나는 과일 같은 에스테르 향미를 만들어낸다. 간혹 맥주에 어느 정도 단맛이 남아 있는 경우가 있을 수도 있다. 대부분 발효도가 높아서 피니시는 단맛 없이 쌉쌀하지만 말이다.

신트 베르나두스 8ST. BERNARDUS 8

와투, 벨기에
ABV : 8.0%
홉 : 골딩, 매그넘

고전명작

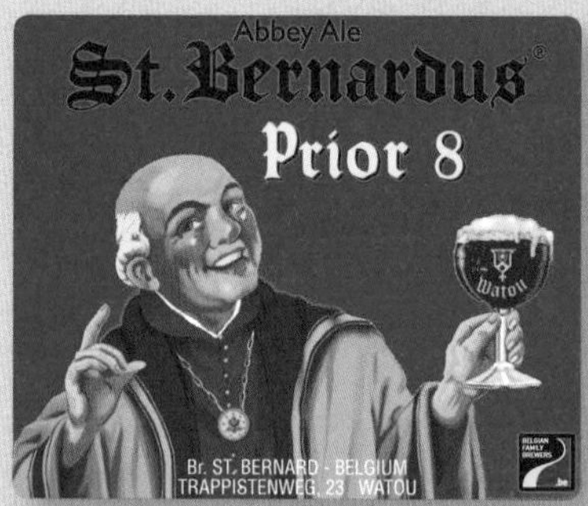

트라피스트 양조장은 아니지만 그와 상당히 비슷한 곳이다. 1946년에 신트 식스투스 대수도원(Abbey Sint Sixtus) 수도원장이 맥주 양조업 비중을 줄이기로 결심하고 생산 설비를 베스트블레테렌(Westvleteren)에서 신트 베르나두스로 옮겼다. 트라피스트 맥주는 반드시 실제 수도원 경내에서 제조해야 한다는 새로운 판결에 따라 베스트블레테렌에서 1992년에 양조업을 재개했지만 신트 베르나두스도 자체적으로 양조를 계속해 다양한 맥주를 출시했다. 8은 진홍빛 도는 갈색이다. 보통 말린 과일, 약간의 코코아와 캐러멜, 약간의 크리스마스 향신료 향미를 예상할 수 있으며 양조장 옆에서 자라는 향기로운 홉이 약하게 콕 쏜다. 소비자들은 신트 베르나두스와 신트 식스투스 간의 유사성에 대해 이야기하곤 한다. 충분히 그럴 수 있다. 수도사들이 이스트와 레시피를 베스트블레테렌에서 가져갔으니 말이다. 이 맥주는 오래된 치즈 공장 옆에서 양조한다. 그러니 잘 어울리는 음식을 찾으려면 여기에서 힌트를 얻으면 된다. 즉 8은 견과류 맛이 나는 크림 같은 치즈와 아주 잘 맞는다.

히타치노 네스트 XH

Hitachino Nest XH

나카, 일본
ABV : 8.0%
홉 : 치누크, 스티리안 골딩

1994년 이전에 신생 일본 맥주 양조업체들은 맥주를 1년에 2백만 *l* 씩 생산하지 못하면 양조 면허를 취득할 수 없었다. 그러다 생산량이 1년에 6만 *l* 만 되면 인가를 받을 수 있도록 법이 바뀌면서 크래프트 맥주 양조가 현실적으로 가능해졌다. 1994년 이래로 약 200곳이 넘는 소규모 양조장들이 문을 열어, 일본은 세계에서 가장 다양하고 흥미로운 맥주의 경연장 중 하나가 되었다. 일본 맥주는 독일과 미국의 영향을 많이 받았으며 여기에 특유의 일본적 요소를 많이 첨가했다. 기우치 브루어리에서 내놓는 히타치노 네스트 시리즈는 이 중 가장 쉽게 구할 수 있고 유명한 일본 맥주이다. 같은 양조장에서 사케와 사케를 증류한 버전인 쇼츄도 만든다. XH는 석 달 동안 쇼츄 통에서 숙성한 짙은 색 벨기에 맥주이다. 풀 보디에 농후하며 쇼츄 술통이 제공한 독특한 향미와 시고 맵고 달콤한 복합적인 특징과 함께, 베리·신 체리·코코아·핵과·크리스마스 향신료와 꽃냄새 나는 홉 향미가 있다.

구스 아일랜드 페르 자크

Goose Island Pere Jacques

시카고, 일리노이
ABV : 8.0%
홉 : 사츠

2011년에 구스 아일랜드를 거대 기업인 앤하이저부시 인베브(AB InBev.)가 사들였다. 처음에 구스 아일랜드 라이트가 나오게 될 것이다, 풍미가 감소할 것이다, 걱정했던 사람들은 차츰 마음을 가라앉히게 되었다. 생산고가 전체적으로 증가했고, 시카고에 있는 양조장은 더 많은 술통 숙성 맥주뿐 아니라, '빈티지 에일(Vintage Ales)'이라 불리는 다양한 벨기에 스타일 맥주도 만들기 시작했으니 말이다. 이런 빈티지 에일로는 와인 통에서 숙성한 농가풍 에일, 짙은 색 세종, 오르발풍의 블론드와 함께 짜릿하게 신 과일 맥주들이 있다. 페르 자크는 어두운 색의 벨기에 스타일 에일이다. 자두·견과류·캔디·바나나 빵·황설탕과 가벼운 맵싸한 맛이 난다. 모두 벨기에 맥주의 영향을 받았지만 벨기에 맥주 레시피를 교과서적으로 따른 복사판은 아니다. 섬세한 손길로 고전 맥주를 흥미롭게 해석해낸 결과로, 논란의 여지는 있지만 새로운 맥주 스타일을 창조했다고 봐도 좋을 것이다.

시에라 네바다 오빌라 두벨 Sierra Nevada Ovila Dubbel

치코, 캘리포니아
ABV : 7.5%
홉 : 챌린저, 스티리안 골딩

이것은 엄청난 이야기이다. 1190년에 산타마리아 데 오빌라(Santa Maria de Ovila) 대수도원이 스페인의 트리요(Trillo)에 세워졌다. 1931년에 이 대수도원이 쇠락하기 시작하자 어마어마하게 부유한 신문왕 윌리엄 랜돌프 허스트가 대수도원을 사서 해체한 다음, 배로 샌프란시스코까지 실어 날랐다. 그는 이 재료로 샌프란시스코에서 직접 성을 지을 계획이었다. 계획은 실현되지 못했고, 대신 돌들은 골든 게이트 공원에 1994년까지 나무 상자에 담긴 채 보관돼 있었다. 1994년에 노스캐롤라이나에 있는 뉴 클레르보 대수도원(the Abbey of New Clairvaux)에서 이 석재들을 인계받아 유적을 재건하기 시작했다. 시에라 네바다에서 내놓는 오빌라 시리즈는 이 양조장과 수도원 간의 협업에서 탄생했다. 맥주 판매 수익은 수도원 재건 사업을 위한 재원 마련에 쓰인다. 훌륭한 아이디어이며 훌륭한 맥주이다. 이 맥주는 짙은 구리빛 또는 갈색에 커스타드 같은 거품을 갖고 있다. 말린 과일·옅은 차·견과류·초콜릿·향신료 향이 나는 부드럽고 달콤한 맥아 향기를 갖고 있다. 입에 닿는 느낌은 크림 같으면서도 탄산 때문에 상쾌하다. 믿을 수 없을 만큼 균형이 잘 잡혀 있으며, 고전명작에 경의를 표하는 마음이 듬뿍 담긴 맥주이다.

샤를부아 도미누스 보비스쿰 더블
Charlevoix Dominus Vobiscum Double

배 생폴, 캐나다
ABV : 8.0%
홉 : 브루어스 골드, 슈트리셀슈팔트

미국 맥주 양조업체들은 벨기에 맥주로 방향을 틀기까지 시간이 꽤 걸렸지만 캐나다 맥주 양조업체들은 오래 전부터 이런 쪽으로 저마다 탁월한 대표작과 해석을 내놓고 있다. 작은 식당인 샤를부아는 그 중에서도 최고의 양조장이다. 더블은 전통적인 어두운색 벨기에 베이스로 만들며, 빻은 고수·큐라소·카모마일도 첨가한다. 잔에 따르면 암적색 도는 갈색을 띠며, 말린 과일·자두·다크 초콜릿·감초와 향신료에서 나오는 배후의 거친 향미 나는 시트러스 향이 섞여 유혹적인 향기를 자아낸다. 입에 닿는 감미로운 느낌과 함께 약간의 쓴맛이 원숙하고 부드러운 느낌을 만들어내, 맥아가 이끄는 과일 같은 향미와 이스트와 홉이 만들어내는, 후추 같은 아니스씨의 맵싸한 향미가 희미하게 섞인 뒷맛을 남긴다. 두벨과 어두운색 벨기에 에일은 치즈와 아주 잘 어울린다. 향이 강한 푸른 반점 치즈(blue-vein cheese)와 함께 마셔보라. 맥주의 달콤한 아니스씨 향미가, 코를 찌르는 독한 냄새가 나는 곰팡이 치즈의 농후함을 잡아준다.

뉴 벨지움 애비
New Belgium Abbey

포트 콜린스, 콜로라도
ABV : 7.0%
홉 : 윌러멧, 타겟, 리버티

뉴 벨지움은 사업장과 양조용 맥아즙 통을 갖춘 맥주 양조업체가 되기 전 애비(Abbey)라 불리는 두벨과 팻 타이어(Fat Tire)라 불리는 앰버 맥주를 만들었다. 자가 양조인이자 뉴 벨지움의 공동 설립자인 제프 레비쉬(Jeff Lebesch)는 이 두 맥주를 토대로 맥주 양조업체를 세워 미국에서 가장 성공적인 맥주 양조업체 중 하나로 키워냈다. 이름을 보면 어디서 영향을 받았는지 알 수 있는데, 실제로 뉴 벨지움은 미국에서 고전 벨기에 맥주에 주목한 첫 맥주 양조업체 중 하나였다. 애비는 두벨을 탁월하게 해석해낸 맥주이다. 구릿빛 갈색인 이 맥주는 바나나·풍선껌·배와 더불어 거친 향미 나는 향신료와 약간의 말린 과일 향미를 갖고 있다. 중간에는 크림 같으며 캐러멜·담배·말린 과일·허브 같은 홉 향기가 나타났다가 깔끔하고 쌉쌀하며 후추 같이 알싸한 맛으로 끝난다. 단맛을 한 번 더 맛보기 위해 앙코르로 한 잔을 더 청하게 하는 마무리이다. 그랑 크뤼 애비 에일의 경우에는 더 강렬하고 더 풍부하고 더 원숙한 버전의 두벨이다.

말투스 파베르 엑스트라 브루네 Maltus Faber Extra Brune

제노바, 이탈리아
ABV : 10.0%
홉 : 노던 브루어, 이스트켄트 골딩

잔에 따르면 탁한 어두운 갈색에 그득한 거품이 덮이는 엑스트라 브루네는, 어느 날 수도복을 벗어던지고 휴가를 떠나기로 마음먹은 수도사 같다. 체육관에서 운동을 하고 영화를 보고 데이트를 다니며 세속적 삶의 자유를 두루 누린 그는 활력을 되찾아 의기양양하게 수도원으로 복귀한다. "운동한 거예요?" 사람들이 수군거린다. "헤어스타일 멋지네요" 또 다른 사람이 말한다. "이 근사한 향기는 뭐죠?" 누군가 묻는다. 말린 과일·코코아·찻잎·갈색 빵·거친 향미 나는 향신료·황설탕·또 식욕을 돋우는 감칠맛이 한꺼번에 난다. 풀 보디에 반들거리고 매끄럽고 부드럽고 농후한 맥아 향미에 에스테르 향을 내는 이스트가 바나나·배·사과 등 농익은 과일 한 그릇 같은 향기를 더한다. 새로운 맛으로 생기를 되찾고 사기가 충만한, 더 강력해진 두벨이다.

벨기에 스타일과 유행을 선도한 수도사들

벨기에 맥주 스타일은 세계에서 가장 유명한 스타일 중 하나이다. 그러나 스타일은 많은 벨기에 양조업자들이 고려하는 면은 아니어서, 맥주를 기존 범주에 억지로 끼워 맞추려는 욕구는 경계했다. 대신 스타일은 오랜 세월 동안 진화해서 전 세계에서 모방할 정도로 굉장한 인기를 모으게 되었다.

가장 인지도가 높은 부문은 트라피스트와 애비 맥주이다. 트라피스트 맥주는 진귀해서, 전 세계에서 소수의 양조장만이 공식 인가를 받아 제조한다. 애비 맥주는 트라피스트 맥주는 아니지만 수도원 전통에 따라 만든다. 수도사들은 시토 수도회 소속이라서 트라피스트 수도원들은 성 베네딕트와 그의 자급자족 원칙을 따른다. 수도사들은 상품을 생산해서 생계비를 충당할 만큼 돈을 벌며 이윤이 나면 남을 돕는 데 쓴다. 트라피스트는 스타일이 아니다. 제품을 어디서 만들고 누가 만드는지 알려주는 명칭일 뿐이다. 수도사들이 만드는 맥주의 종류는 중요하지 않다. 수도사들은 원하면 트라피스트 IPA 출시를 고려할 수도 있는 것이다. 중요한 것은 트라피스트 기준에 맞춰 만들어지는지 여부이다. 트라피스트 기준은 다음과 같다.

1. 맥주는 트라피스트 수도원 경내에서 수도사들이나 그들의 감독 아래 양조해야 한다.
2. 양조장은 수도원 경내에서 중요한 비중을 차지해선 안 되며 수도원의 생활방식에 적합한 사업 관행에 따라 운영해야 한다.
3. 양조장은 영리성 벤처 사업을 의도해서는 안 된다. 수입은 수도사들의 생계비와 건물 및 부지 유지비로 쓰여야 한다. 남는 돈은 얼마가 됐든 사회사업을 위한 자선 단체에 기부하고 어려움에 처한 사람들을 돕는 데 써야 한다.
4. 트라피스트 양조장은 꾸준히 감시 감독을 받아 제조한 맥주가 반드시 흠결이 없도록 해야 한다.

수도원들은 맥주를 만들어온 수천 년 동안 전쟁과 수도원이 겪는 변화에 따라 때때로 양조를 중단했다 다시 시작하곤 했다. 그러나 현재 우리가 수사들과 연관 짓는 맥주들은 기원이 1930년대와 1940년대로 거슬러 올라간다. 이런 수도원 맥주가 인기를 모으면서 민간 양조업자들도 같은 유형의 맥주를 만들길 원했다. 트라피스트와 비트라피스트 맥주를 구별하기 위해 1962년에 앞서 밝힌 기준에 따라 만든 맥주만을 트라피스트라 부를 수 있다는 규정을 만들었다. 다른 맥주들은 '애비(Abbey)'라는 용어를 사용할 수 있었다.

전통적인 트라피스트 맥주는 일반적으로 몇 가지 범주로 나뉜다. 싱글은 색이 연하거나 어두울 수 있으며 좀처럼 양조장 밖으로 나가는 일이 없는, 수도사들이 마시기 위한 맥주이다. 두벨은 어두운색에 도수가 중간 정도인 맥주로, 말린 과일 향미가 있다. 트리펠은 독한 블론드로, 홉의 존재감이 풍부한 맥주이다. 비교적 최근에 추가된 범주가 쿼드루펠(Quadrupel)로, 트라피스트 전통에 따라 만드는 맥주 중에서 가장 독하고 가장 어두운색이며 가장 복합적이다. 이런 범주에 속하지 않는 맥주도 더러 있다. 오르발은 홉으로 쓴맛을 많이 내고 야생 이스트를 투입한 맥주이다. 어떤 맥주는 두벨과 쿼드 사이에 위치한다. 가장 진보적인 수도원 맥주 양조업체인 라 트라프(La Trappe)는 위트, 보크, 오크통 숙성 쿼드를 만든다.
싱글, 두벨, 트리펠이란 이름은 많은 사람들이 문맹이던 시절에 생겼다. 독한 정도에 따라 맥주에 X자로 표시한 라벨을 붙였던 것이다. 즉 X는 가장 도수가 약한 맥주, XXX는 가장 도수가 강한 맥주였다. 원래는 이런 모든 단계의 맥주들이 같은 양조 맥주에서 나왔을 것이다. 맥아즙에서 처음 나온 달콤한 맥주는 독한 XXX였고, 세 번째로 받은 맥주인 X는 순했다. 시간이 흐르면서 이 맥주들은 각기 따로 양조되었지만 이름은 여전히 저렇게 남았다.
상황을 더 복잡하게 만드는 것은, 어쩌면 벨기에 맥주의 본질과 벨기에 맥주 양조업자들이 스타일을 정의하려는 생각이 없다는 것을 명확히 보여주는 현상인데, 베스트말레과 라 트라프가 두벨과 트리펠을(라 트라프는 쿼드를) 맥주 이름에 쓰는 유일한 트라피스트 양조장들이라는 것이다.
수도원 전통 맥주는 수도사들이 만든 것이든 수도원 맥주에서 영향을 받아 만든 것이든 상관없이 전 세계에서 인기가 있다. 스타일에 대해서라면 트라피스트와 애비 양조기술자들은 그저 선조들이 수십 년간 했던 방식을 따라서 가장 세련된 맥주를 만들고 있을 뿐이다.

벨기에 트리펠과 스트롱 골든 에일

트리펠은 도수가 높은 황금빛의 벨기에 스타일 에일이다. 한때 XXX로 알려졌던 이 맥주는 쭉 어두운 색 맥주였지만 1930년대에 베스트말레 수도원에서 맥주 양조 부문 비중을 한층 키웠을 때 색이 변했다. 베스트말레에서는 맥주를 판매하기 시작했고, 이때부터 새로운 황금빛 맥주가 나타나 트리펠이라 불리게 되었다. 두벨처럼 트리펠도 대가족을 이루어서 포괄하는 범위가 독한 골든 에일 맥주까지 넓어졌다. 이런 독한 골든 에일의 대표적인 예가 듀벨(Duvel)이다.

노란색에서 짙은 금색에 이르는 색을 띠는 이 스타일은 보통 강한 보디를 가졌다. 맥아 향미는 낮게 유지되어 이스트나 홉의 향미를 저해하지 않지만 말이다. 홉은 40IBU로 강한 쓴맛을 제공하지만 그럼에도 절제되어 있어 지나치게 압도적이지 않다. 피니시는 쌉쌀하고 허브나 풀(높은 발효 온도로 인해 핵과, 중과피, 또는 바나나와 배 같은 에스테르성) 향기가 나기도 한다. 유럽 홉을 보통 쓴다. 탄산은 병 속 발효 덕분에 톡 쏠 것이다. 케그에 넣은 버전은 절대 이와 같은 활발한 탄산을 갖지 못한다. 그렇기 때문에 대부분의 벨기에 트리펠이 오직 병입만 한다. ABV는 7.5~9.5% 정도이다. 트리펠과 골든 에일은 비슷하지만 똑같진 않다. 스탠 히에로니머스(Stan Hieronymus)는 그의 저서 《수도사처럼 양조하라(Brew Like a Monk)》에서 트리펠과 골든 에일 간의 본질적 차이는 이스트라고 설명한다. 즉 트리펠은 향신료 같은 반면, 골든 에일은 과일 쪽이다. 신대륙 홉은 이런 맥주를 좀 더 IPA에 가까워지게 꾸며줄 수 있다. 그러나 이 스타일이 가진 미묘한 우아함만큼은 절대 압도당해서는 안 된다. 사람들은 홉이 춤을 이끄는 스텝들과 마지막 인사를 모두 주도하지만 맥아가 타이밍과 속도를 조정하는, 그런 맥아와 홉의 아름다운 조화를 원하는 것이니까 말이다.

베스트말레 트리펠Westmalle Tripel

베스트말레, 벨기에
ABV : 9.5%
홉 : 사츠, 테트낭, 스티리안 골딩

1934년에 태어난 이 맥주는 트리펠의 교과서라 할 만하다. 베스트말레이 자기들이 만드는 가장 독한 맥주를 연한 색으로 바꿨고, 그러자 다른 곳들도 뒤따랐다. 이 맥주를 만든 수도원은 성모 성심회(Our Lady of The Sacred Heart)로 알려져 있다. 1794년에 설립된 성모 성심회는 1856년에 맥주를 팔기 시작했다. 소량에 불과했지만 말이다. 그러다 1920년대에 좀 더 본격적으로 상업적 판매에 나서기로 했고, 그에 따라 1930년대에 양조장이 성장하게 되었다. 산출량으로 보면 현재 세계에서 가장 규모가 큰 양조장 중 한 곳이다. 트리펠의 전형인 베스트말레은 밝은 금색에 천국처럼 아름다운 흰색 거품을 갖고 있다. 복숭아·오렌지·바나나·후추·아몬드·화이트 초콜릿·사과 향이 모두 담겨 있는 이 거품은 잔을 따라 아래로 레이스(lace)를 남긴다. 홉은 대담하면서도 우아하다. 보디는 맥아와 알코올 때문에 입에 닿는 느낌이 매끈하고 풍부하다. 증류주의 기미가 살짝 느껴지지만 술맛이 지나치게 강한 것은 아니다. 후추·과일·꽃 같은 홉 향미로 깊이 채워져 있기도 하다. 아무리 마셔도 흥미로운 맥주이다.

브라세리 드 라 센 장브 드 브와Brasserie de la Senne Jambe de Bois

브뤼셀, 벨기에
ABV : 8.0%
홉 : 할러타우어, 슈팔트

독한 블론드 맥주로, '나무로 만든 의족'이란 뜻의 장브 드 브와는 브라세리 드 라 센에서 양조해낸 또 하나의 경이로운 맥주이다. 잔에 따르면 매력적인 불투명한 오렌지색이다. 맥아는 매끄러움과 함께, 바닐라와 아몬드 향이 나는 케이크 같은 단맛을 약간 더한다. 홉의 적극적인 사용은 '과일 같다'는 말로 표현할 수밖에 없는 부가적인 과일 향과 함께 쓴맛·파인애플·자몽·핵과·오렌지·후추처럼 알싸한 허브 향을 더한다. 홉을 많이 쓰긴 했지만 절대 맥아의 향미를 제압해버리진 않아서 둘은 처음부터 끝까지 조화를 이루며 공존한다. 혈기왕성하면서도 온화한 이 맥주는 빨리 마시게 되는 맥주 중 하나이다. 무척 마음에 들어서 그렇기도 하고, '뭐라 말할 수 없이 좋은 것(je ne sais quoi)'이라는 신비로운 특징을 갖고 있어서 그렇기도 하다. 나는 이 맥주가 태국 음식과 멋지게 어울린다고 생각한다. 맥주가 가진 열대 과일 같은 면과 함께 견고한 보디가 짭짤하고 달콤하고 맵고 신 요리들을 감싸 안아주기 때문이다.

듀벨 트리펠 홉Duvel Tripel Hop

브린동크, 벨기에
ABV : 9.5%
홉 : 사츠, 스티리안 골딩(여기에 매년 다른 홉을 첨가)

누구나 듀벨을 마셔본 적이 있을 것이다. 그렇지 않은가? 듀벨은 전형적인 독한 골든 에일이다. 밝게 빛나는 금색에 엄청난 부피의 하얀 거품이 덮인다. 사과·살구·향신료 향에 갈증을 싹 풀어주는 쌉쌀함으로 끝나고, 극도로 깔끔하며 ABV 8.5%치고는 가벼운, 언제나 흥미롭고 아름다운 맥주이다. 1년에 한 번 이들은 드라이 호핑한 버전의 듀벨을 내놓는다. '우블로나쥬 엑스트라 인텐스(Houblonnage Extra Intense)'라는 이름의 이 맥주는 라벨에서 말하는 그대로이다('우블로나쥬'는 '홉 첨가'란 뜻이다—역자). 트리펠 홉은 2011년에는 아마릴로 홉을 첨가해 제조했고, 2012년에는 시트라(Citra)를 썼다. 듀벨 베이스에 홉을 더 많이 넣은, 더 도수가 높은 이 맥주는 솥과 숙성 탱크에 홉을 넣는다. 시트라를 넣은 버전은 복숭아·포도·살구·구즈베리·꽃과 중과피의 아주 멋진 향기가 난다. 보디는 매끈하고, 홉 기름 같고 새콤하고 엄청난 과일 향미가 나며, 장난스럽게 깔끔한 쓴맛이 있다. 이 맥주를 마시고 나면 듀벨이 다시는 전과 같지 않아 보일 것이다. 제일 큰 이유는 이 트리펠 홉을 갈망하게 될 것이기 때문이다. 그야말로 고전의 재창조이다.

팔케 트리펠 모나스테리움

Falke Tripel Monasterium

히베이랑 다스 네베스, 브라질
ABV : 9.0%
홉 : 갈레나, 할러타우어 트래디션

벨기에 수도사들에게서 영감을 얻은 모나스테리움은 브라질에서 양조한 최초의 트리펠을 표방한다. 이 맥주를 딸 때 나는, 축하 폭죽을 터뜨리는 것처럼 코크가 펑 하고 병에서 뽑혀 나가는 소리는 마시기도 전에 듣는 사람의 기분을 들뜨게 한다. 빻은 코리앤더와 큐라소, 필스너 맥아, 밀, 귀리에 약간 짙은 맥아를 더해 제조한 이 맥주에서 맥아는 부드러운 캐러멜, 곡물 맛과 함께 원숙한 보디를 제공한다. 아마도 전통적인 트리펠이나 독한 벨기에 에일보다 더 원숙한 보디일 것이다. 샴페인 같은 탄산으로 가볍고 톡 쏘게 만들었으며, 홉은 쌉쌀한 쓴맛과 훈훈한 증류주 같은 기미를 가진 핵과 향미를 제공한다. 이스트와 향신료는 후추처럼 알싸한 오렌지 같은 특징에 약간의 사과, 배를 더한 향을 낸다. 전통적인 길거리 음식이 그려진 근사한 병과는 대조적인, 검정콩과 말린 새우, 양파를 넣어 동그랗게 튀긴 아카라제(acarajé)에 곁들여 마셔보자.

앵커리지 더 타이드 앤드 잇츠 테이커스Anchorage The Tide and Its Takers

앵커리지, 알라스카
ABV : 9.0%
홉 : 소라치 에이스, 스티리안 골딩

마음을 단단히 먹도록 하자. 전통적인 스티리안 골딩과 함께 소라치 에이스로 양조한 트리펠이니까 말이다. 벨기에 이스트로 탱크에서 1차 발효한 다음, 샤도네이를 보관했던 오크통으로 옮겨 브레타노미세스로 2차 발효를 한 후, 병 속에서 3차 발효를 해서 폭발적인 탄산을 더한다. 잔에 따르면 탁한 노란색을 띠며 향기가 곧바로 풍겨오는데, 브레타노미세스의 퀴퀴하고 흙내 같은 향, 소라치 에이스 홉에서 나오는 옅은 레몬 향이 나며 풍선껌의 달콤함과 오크통이 더한 몇 가지 향미를 갖고 있다. 트리펠 같은 맛이 나지만 한편으로는 어딘가 다른 복잡한 향미도 갖고 있는 맥주이다. 와인, 오크 같은 질감, 바닐라·민트·레몬·멜론·향수 같은 홉 향기와 함께 이스트에서 나오는 후추 같은 알싸함, 거친 향미, 쌉쌀한 향미와 관목 및 과실수 꽃의 꿀 같은 단맛이 있다. 이 맥주가 가진 복잡함은 도무지 해석할 수 없을 것만 같다. 다만 어떻게든 이해해보려고 한 모금 마실 때마다 사랑에 빠지고 만다.

앨러개시 큐리유Allagash Curieux

포틀랜드, 메인
ABV : 11.0%
홉 : 테트낭, 할러타우어

롭 토드(Rob Tod)는 벨기에 맥주에서 영감을 받아 1995년에 앨러개시를 설립했고, 현재 이 맥주 양조업체는 연간 여섯 종의 벨기에 스타일 맥주를 생산한다. 큐리유는 정말 훌륭한 트리펠을 버번 통에서 숙성한 버전이다.
여기 쓰인 베이스 맥주는 금색에 부드럽고 쌉쌀하며 맵싸하다. 향기는 승도복숭아(nectarine), 파인애플, 바나나 향이 난다. 전형적인 트리펠의 복잡함을 갖고 있지만 가벼움을 잃지 않아서 기분이 고양되는 홉의 허브 및 꽃향기가 난다. 이 베이스 맥주를 버번 통에 8주간 넣어놓으면 버번 통이 코코넛, 바닐라, 콜라, 토피 향미를 더해 원래의 트리펠보다 더 원숙하고 달콤한 맥주가 나온다. 여기에 타닌과 오크 같은 쓴 피니시, 과일 향 나는 이스트와 아주 잘 어울리는 깊이 있는 맛을 갖게 된다. 나무통은 베이스 맥주가 균형을 유지하게 만들 뿐, 그 향과 맛을 약하게 만들지는 않는다. 디저트와 함께 하면 특별해지는 맥주이다. 당근 케이크나 바닐라 치즈케이크, 애플 크럼블 모두 버번의 캐러멜 풍미, 베이스 맥주의 쌉쌀한 쓴맛과 조화를 이룬다.

레드 힐 템테이션Red Hill Temptation

레드 힐, 오스트레일리아
ABV : 8.0%
홉 : 골딩, 할러타우어

양조장 부지 내에 자체적으로 홉 밭을 가진 양조업체는 많지 않다. 그런데 레드 힐이 바로 그런 경우이다. 레드 힐은 할러타우어, 테트낭, 윌러멧, 골딩을 재배한다. 이곳 양조장 전용인 골딩은 캐런과 데이비드 골딩이 재배를 시작했다. 홉들을 재배하고 수확하고 건조해서 이 양조장에서 만드는 모든 맥주에 사용한다.
템테이션은 골딩을 써서 30IBU의 쓴맛을 낸 다음, 할러타우어로 허브의 꽃과 방향성 향기, 포도 향, 아주 옅은 열대 과일 향을 낸다. 즉 이것은 남반구의 할러타우어인 것이다.
처음에는 풍부한 바나나 에스테르가 인사를 건네고, 마지막에는 은은하게 나는 이스트의 맵싸한 맛이 작별 인사를 전한다. 중간에는 달지 않은 토피 향미가 약간 나고, 탄산이 이 토피 향미를 고양시켜 ABV 8.0%답지 않은 깔끔하고 가벼운 맛을 낸다. 현지에서 직접 기른 홉을 특별 첨가한 품격 있는 오스트레일리아판 트리펠이다.

벨기에 쿼드루펠

수도원이나 애비 맥주가 두벨, 트리펠보다 더 강력하고 어두운색인 쿼드루펠로 나아가는 것은 당연한 수순으로 보인다. 그러나 쿼드루펠은 앞의 두 맥주와 동일한 역사를 갖고 있지 않으며 최근에 양조장에 도입된 스타일이다. 바로 이런 점 때문에 쿼드루펠이란 이름은 논쟁의 여지가 있다. 맥주 양조업 협회와 BJCP 스타일 지침서에는 쿼드루펠이 들어 있지 않다. 대신 다크 스트롱 에일이 나온다. 《옥스포드 맥주 안내서》에도 쿼드루펠 항목은 없다. 마이클 잭슨도 그가 쓴 《위대한 벨기에 맥주들》에서 이 단어를 쓰지 않았다. 쿼드루펠은 1990년대에 코닝슈벤 브루어리(Koningshoeven Brewery)에서 이름을 붙인 후부터 그대로 통용되었다. 쿼드루펠을 'Abt'라 부르는 경우도 있다. 이는 좀 더 유화적인 명칭일지도 모르겠다. 브루어리에서 생산하는 가장 독한 맥주에다 수도원의 수장을 일컫는 애봇(Abbot)에 해당하는 이름을 붙인 셈이니 말이다.

ABV는 9.0~14.0% 정도이며, 어두운 심홍빛 도는 갈색에 풍성한 거품이 덮인다. 향미는 맥아와 이스트가 지배적인 역할을 해서, 둘이 결합해 말린 과일·차·초콜릿·향신료·캐러멜·베리·빵 맛을 더한다. 짙은 색 캉디 슈가를 사용해 색과 향미를 더하는 것이 일반적이다. 홉은 전통적으로 독일, 영국, 벨기에 것을 쓴다. 일부 맥주는 홉 첨가량이 높아 20~50IBU의 쓴맛이 난다. 그럼에도 불구하고 보통 마지막에는 호쾌한 탄산이 강조하는 후추 같이 알싸한 거친 향미가 난다. 어떤 것은 발효도가 높은 반면, 단맛이 아주 살짝 감도는 경우도 있다. 복잡하고 흥미로운 이 맥주는 느긋하게, 천천히 마시게 된다. 세계적으로 숭배를 받는 맥주 중 일부가 이 성스러운 스타일에 속한다.

로슈포르10 ROCHEFORT10

로슈포르, 벨기에
ABV : 11.3%
홉 : 스티리안 골딩, 할러타우어

고전명작

애비 드 노틀담 드 생레미(Abbey de Notre-dame de Saint-Rémy)는 브라세리 드 로슈포르의 고향이다. 이곳에서는 1595년에 처음 맥주를 양조했다. 어두운색에 감미로운 자두 향미를 가진 진한 맥주인 '6, 8, 10'을 만드는데 숫자가 커질수록 더 독하고 복잡해진다. 연한 맥아로 양조한 다음, 캉디 슈가로 색을 어둡게 바꾸는 로슈포르 10에도 빵은 코리앤더가 약간 들어간다. 이 맥주의 지배적인 향미 프로필은 매끈하고 복잡한 보디로, 말린 과일·구운 견과류·바나나·무화과·맥아 빵·다크 초콜릿·캐러멜 맛이 나지만 단맛이 날 염려는 전혀 없다. 홉은 거친 향미를 가졌으며 보통 후추 같이 알싸해서, 이 세계적으로 유명한 맥주에 한층 복잡한 향미를 더한다. 높은 ABV와 병 속 발효 덕분에 수 년간 잘 숙성된다. 그렇게 숙성된 후에는 차 같은 맥아 풍미와 말린 과일 향미가 좀 더 느껴지고, 어쩌면 견과류 같은 셰리주 느낌까지 살짝 감돌 수 있다.

샤프스 쿼드루펠 에일Sharp's Quadrupel Ale

록, 영국
ABV : 10.0%
홉 : 센테니얼, 할러타우어, 오로라, 심코

화통하고 솔직담백하며 취미가 럭비인 샤프의 수석 양조기술자 스튜어트 하우(Stewart Howe)는 일반적인 캐스크 맥주와 함께, 옛것과 새것에서 영감을 얻어 매년 출시하는 특선 맥주인 카너수어스 초이스(Connoisseurs Choice) 시리즈를 다양하게 내놓는다. 사용한 홉 목록만 슬쩍 봐도 이것이 다른 쿼드루펠 같지 않으리라는 것을 알 수 있다. 드라이 호핑에 쓴 심코를 포함한 네 가지 홉과 네 가지 이스트 균주로 만든 이 맥주의 보디와 맥아는 베리, 건포도, 감초, 견과류풍의 올로로소(Oloroso) 셰리주, 구운 맛이 나는 깊이 있는 다크 초콜릿 맛으로 전형적인 쿼드루펠이다. 그러나 소나무, 중과피, 꽃, 자몽 향이 나는 홉은 눈에 띄게 밝은색 셔츠를 입고 왁자지껄하게 떠들고 웃어대며 브뤼셀 곳곳을 활개 치고 다니는 미국인 관광객 같다. 이 맥주는 쿼드루펠 스타일을 아주 훌륭하게 해석한 경우로, 전통적인 토대 위에 홉으로 새로운 특색을 가미했다.

스트루이스 신트 아마테우스12

Struise St Amateus12

우스트블레테렌, 벨기에
ABV : 10.5%
홉 : 챌린저, 스티리안 골딩

베스트블레테렌 12는 세계에서 가장 유명한 쿼드루펠이다. 블록버스터급 맥주로서 세계 최고의 맥주 중 하나로 여겨진다. 신트 식스투스 바로 옆 도시인 우스트블레테렌에서 드 스트루이스 브라우버르스와 여기서 만드는 신트 아마테우스 12는 표면적으로는 베스트블레테렌 12를 유쾌하게 변주한 맥주이다. 이웃인 베스트블레테렌 12에게 보내는 벨기에인 특유의 빈정대는 쓴웃음 같은 신트 아마테우스는 짙은 루비색에 두터운 거품이 덮인다. 신선한 것을 마시면 홉 풍미가 두드러진다. 묵혔다 마시면 홉이 맥주의 맛을 그윽하게 만들어 이스트와 맥아가 전면에 나선다. 말린 과일·향신료·체리 브랜디·향수 같은 향이 나는 홉·코코넛·코코아·약간의 바나나와 배 에스테르가 느껴진다. 빵·베리씨·당밀 맛과 대부분의 쿼드루펠보다 더 쓴맛이 나는 중간급 보디를 가졌다. 깊이 있는 향미와 복잡함, 또 양조에 대한 호기 어린 태도 같은 것이 살짝 느껴진다. 당신이 무엇을 할 수 있든 나는 그보다 더 잘할 수 있다는 당돌함 말이다.

듀 뒤 씨엘! 리거 몰티스

Dieu du Ciel! Rigor Mortis

몬트리올, 캐나다
ABV : 10.5%

1년에 한 번 만들어 출시하는 리거 몰티스는 할 수만 있다면 꼭 구해서 마셔보자. 크림 같은 거품이 어두운색 액체 위에 풍성하게 덮이는 이 맥주는 보기에 정말 근사하지만 이것은 그저 시작에 불과하다. 바나나와 럼 향기에 체리, 말린 과일, 달콤한 빵의 복합적인 맛이 느껴진다. 독하지만 부드럽고 놀랍도록 크림 같아서 그보다 훨씬 순한 맥주처럼 편하게 넘어간다. 건포도·프룬·초콜릿·캐러멜·아니스·바닐라가 나타났다가 맵싸한 거친 향미 나는 홉 맛이 마지막에 등장한다. 한입 마실 때마다 다른 느낌이 전해지며, 바로 전에 마신 것보다 흥미롭다. 이런 스타일 맥주에서는 바람직한 특징으로, 한 잔 더 마실 때마다 코를 점점 더 깊이 잔에 들이밀게 만든다. 양조업체에서는 이 맥주를 6개월 두었다 마시면 더 좋다고 한다. 그러니 할 수만 있다면 오래 보관해두자. 아니면 그냥 저장용을 따로 사자.

로스트 애비 저지먼트 데이
Lost Abbey Judgment Day

샌마르코스, 캘리포니아
ABV : 10.5%
홉 : 챌린저, 이스트켄트 골딩, 저먼 매그넘

로스트 애비와 포트 브루잉(Port Brewing)은 샌디에이고에서 차로 조금만 가면 나오는 같은 양조장의 양대 라인이다. 로스트 애비는 다양한 최상급 벨기에풍 맥주를 만든다. 통에서 숙성한 맥주와 신 맥주들이 여기 들어간다. 한편 포트 브루잉(Port Brewing)에서는 서로 주먹을 맞부딪히며 건네는 미국식 인사 같고, 미국 스타들이 총출동한 듯 화려한 분위기에, 신속하게 대량으로 찍어내는 홉이 주도적인 맥주가 나온다. 포트 브루잉이 먼저 생겼고, 그러다 로스트 애비가 비주류에서 주류 라인으로 발전했다. 둘 다 아주 훌륭한 시음장을 갖고 있어서 양쪽에서 나오는 맥주를 모두 마셔볼 수 있는데, 맥주광에게 중요한 정보는 다음과 같다. '스톤 브루잉(Stone Brewing)이 샌마르코스 지역을 떠났을 때 포트 브루잉과 로스트 애비가 그리로 옮겨왔다' 저지먼트 데이는 건포도로 양조한 쿼드루펠이다. 따르면 짙은 루비색이 감도는 갈색이며, 코코아·구운 견과류·말린 과일·캐러멜·베리 향미에 더해 거친 향미 나는 홉이 배후에 깔린다. 짙은 색에 강렬한 이 맥주는 최후 심판의 날에 고뇌하며 마시기 좋은 맥주이다. 물론 TV를 보며 마시기에도 좋다.

불러바드 브루잉 버번 배럴 쿼드
Boulevard Brewing Bourbon Barrel Quad

캔자스시티, 미주리
ABV : 11.8%
홉 : 펄, 할러타우어 트래디션

쿼드의 향미는 원래 버번이 가진 향미 프로필(토피, 말린 과일, 향신료)과 일치한다. 그러니 술통 숙성을 하는 쿼드가 늘어나는 것도 놀라울 것은 없다. 이 맥주도 그런 경우인데, 여기에 체리를 약간 첨가한, 캔자스시티 양조장에서 출시하는 진귀한 맥주이다. 쿼드인 불러바드의 '더 식스 글래스(The Sixth Glass)'는 다양한 통에 들어가며 일부는 3년까지도 보관한 다음 병에 넣기 전에 재료를 첨가해 균형 있는 향미를 낸다. 토피, 바닐라, 오크, 새콤한 체리, 달콤한 체리, 콜라, 무화과, 크리스마스풍 향신료, 건포도, 황설탕 향미가 모두 나타나며 맥주와 술통 양쪽에서 얻어낼 수 있는 최고의 장점이 잔에서 터져 나온다. 부드러우면서 훈훈한, 깊이 있는 느낌이 중첩되어 있으며, 친구들과 모여 크림 브륄레나 체리 파이 같은 디저트와 함께 마시면 좋은 맥주이다.

세르베자리아 밸스 쿼드루펠 Cervejaria Wäls Quadruppel

벨로 호리존테, 브라질
ABV : 11.0%
홉 : 갈레나, 스티리안 골딩, 사츠

카샤사(cachaça)는 발효한 사탕수수즙에서 증류한 브라질 증류주이다. 숙성하지 않은 경우에는 하얀색이고, 나무 술통에서 숙성하면 금색이며 럼주와 비슷하다. 브라질에서 가장 인기 있는 증류주로, 브라질의 가장 유명한 칵테일인 카이피리냐(Caipirinha)의 베이스가 된다. 카이피리냐는 카샤사, 설탕, 라임을 섞어 만든 상큼한 칵테일인데, 얼음을 듬뿍 담아서 낸다. 세르베자리아 밸스 쿼드루펠은 카샤사에 흠뻑 젖었던 프랑스산 오크 나무로 만든 통에 넣어 숙성한다. 여기에 주재료로 뜨끈하게 술기운이 올라오는 증류주와 약간의 바나나, 이국적인 열대 과일을 바닐라·캐러멜·구운 무화과·당밀·초콜릿 맛 나는 맥주에 첨가해 개성적인 요소를 가미한다. 나무가 질감을 더하는 매끈하고 크림 같은 풀 보디 맥주로, 나중에는 35IBU의 홉이 견고한 쓴맛을 낸다. 쿼드루펠 스타일을 아주 멋지게 현지식으로 해석한 맥주이다. 첨가한 증류주가 농후한 맥주와 놀라울 만큼 조화를 이루며 브라질식 초콜릿 트러플인 브리가데이로(brigadeiro)와 완벽하게 어울린다.

벨고 아메리칸

벨고 아메리칸과 벨기에 IPA는 언뜻 보면 맥주 가계도에서 나란히 놓여야 할 것 같지만 그렇지 않다. 모두 벨기에와 미국 향미를 합친 스타일이지만 출발 지점이 다르다. 벨고 아메리칸이 벨기에 맥주로 출발했다가 시트러스 · 꽃 · 열대성 향미를 제공하는 미국이나 신세계 홉으로 한껏 화려하게 멋을 냈다면, 벨기에 IPA는 미국 IPA로 시작했다가 후추, 에스테르와 맵싸하고 깊이 있는 향미를 주는 벨기에 이스트 균주로 발효해서 파격적인 개성을 갖게 되었으니 말이다. 복잡한 벤다이어그램처럼 둘 사이를 오가는 스타일도 있어서 이분법적으로 나눌 수 있는 것은 아니다. 그러나 둘 다 벨기에 맥주의 구세계와 과일이 전면에 나서는 미국 크래프트 맥주의 향미를 합친, 새로운 시대정신을 반영한 맥주이다.

이런 스타일 맥주가 특히 흥미로운 점은 하나의 범주로 묶이는 것을 단호하게 거부한다는 것이다. 출발은 세종이나 블론드나 독한 에일일 수 있다. ABV는 5.0~10.0%에 이르며, 쓴맛은 20~80IBU 사이이고, 향신료나 야생 이스트나 술통 숙성이 제조과정에 포함될 수도 있다. 이런 맥주 사이의 연결고리는 즙 많은 과일의 새콤한 향기와 향미 프로필을 제공하는 향긋한 과일 같은 미국 및 신세계 홉을 사용한다는 점으로, 맥아와 이스트의 깊이 있는 향미와 부드럽게 조화를 이룬다. 미묘하게 복합적이라는 점에서 출발점인 벨기에 스타일을 충실히 지키고 있다. 그렇게 해서 최종적으로는 미국적 특징이 가미된 벨기에 맥주 같은 맛이 난다.

장드랭-장드랭누이 IV 세종

JANDRAIN-JANDRENOUILLE IV SAISON

장드랭-장드랭누이, 벨기에
ABV : 6.5%

고전명작

내가 여자친구 로렌에게 청혼한 다음 처음 마신 맥주이다. 나는 작은 그리스 섬의 한 해변에서 막 해가 질 무렵에 청혼했고, 로렌은 "좋아"라고 대답했다. 나중에 호텔로 돌아와 나는 냉장고에 차게 보관해두었던 이 맥주를 한 병 마셨다. 왜 이 맥주냐고? 내가 가장 좋아하는 맥주 중 하나이기 때문이다. 처음 벨기에에서 이 맥주를 마셨을 때 나는 첫눈, 아니 첫 향기에 반했다. 과일 풍미의 미국 홉은 복숭아, 살구, 놀랍도록 신선한 꽃향기, 시트러스, 파인애플 향을 제공한다. 보디는 가볍고, 탄산 때문에 마치 사랑에 빠진 사람의 심장처럼 따끔거린다. 향신료 향미는 요정의 마법 가루처럼 섬세하다. 강렬한 종류의 맥주는 아니라서, 그저 굉장히 신선하고 가벼우며, 아름다운 얼굴에 떠오른 미소처럼 모든 것을 황홀하게 만드는 홉의 존재감을 보여준다.

엑스트라옴니스 제스트Extraomnes Zest

마르나테, 이탈리아
ABV : 5.3%
홉 : 이스트켄트 골딩, 시트라

이 이탈리아 크래프트 맥주는 성장해갈수록 점점 더 고유한 개성을 발전시키고 있다. 비록 벨기에와 미국 맥주에서 영감을 얻었지만 여기에다 지역 특유의 매력과 와인 제조업에 종사하는 현지 주민들의 의견을 반영한 요소를 더했다. 이런 것이 모여 흥미진진한 새로운 향미 프로필을 만들어내고 있다. 독특하면서도 이탈리아적인 향미 프로필을 말이다. 엑스트라옴니스 제스트는 이런 성향을 보여주는 훌륭한 예다. 벨기에 블론드를 시트라로 드라이 호핑한 이 맥주는 벨기에 블론드의 쌉쌀하고 깔끔하고 가벼운 보디와 시트라 홉의 과일 향이 결합했다. 망고, 패션프루트, 살구, 자몽, 복숭아 향이 모두 시트라에서 나온다. 보디는 깔끔하며 말린 허브와 후추가 희미하게 느껴지다가 엄청난 쓴맛이 섞여 들어온다. 예기치 못하게 덮쳐와 점점 강해지는 쓴맛은 혀를 할퀴며 모든 것을 제압해버릴 기세이다. 이 맥주는 공격적이지만 장난기 넘치며, 전통적인 벨기에 홉의 식물성 쓴맛을 갖고 있다. 이런 면을 드라이 호핑이 가볍게 만들어, 향기로운 과일 같은 신선함으로 채운다.

휴블론 쇼페houblon Chouffe

아쇼페, 벨기에
ABV : 9.0%
홉 : 매그넘, 할러타우어, 아마릴로

브라세리 다쇼페(Brasserie d'Achouffe)가 만든 '도블런 IPA 트리펠(Dobbelen IPA Tripel)'은 2006년에 출시되었고, 홉의 영향력을 엄청나게 키운 첫 번째 벨기에 맥주 중 하나이자 여전히 최고의 맥주 중 하나이다. 잔에 따르면 탁한 금색에 선명한 하얀색 거품이 생기며 감질나게 만드는 장난스런 홉의 향기가 중과피와 신선한 풀, 살구, 승도복숭아, 거친 홉 마대, 꽃향기 나는 허브 향을 제공하며 이 모두를 약간의 바나나와 맵싸한 에스테르가 마무리한다. 보디는 묵직하면서도 가볍고, 맥아는 혀에 매끄럽게 감기면서 약한 단맛으로 ABV 9.0%라는 높은 도수를 덮어줘서 꿀꺽꿀꺽 들이켜게 만든다. 홉은 입 속에서도 영향을 미쳐 핵과, 중과피, 허브의 쓴맛을 더한다. 파프리카를 곁들인 구운 닭고기와 굉장히 잘 어울린다. 특히 허브와 마늘로 속을 채운 경우에 그렇다.

앵커리지 러브 버즈 세종Anchorage Love Buzz Saison

앵커리지, 알라스카
ABV : 8.0%
홉 : 심코, 아마릴로, 시트라

이 맥주보다 더 크래프트 맥주다운 맥주는 없다. 신개념 벨기에 에일이라는 데 체크. 미국 홉이라는 점에 체크. 특이한 재료인 로즈 힙, 알후추, 신선한 오렌지 껍질에 체크. 피노 누아 와인을 담았던 프랑스산 오크통에 숙성시킨다는 점에 체크. 야생 이스트인 브레타노미세스와 근사한 라벨에 보너스로 체크. 잔에 따르면 담홍색이 비쳐 보이는 탁한 오렌지색이다. 냄새를 들이마시면 후추 향이 난다. 갓 갈아놓은, 알싸한 꽃향기 같은 후추 향 나는 홉, 그런 후추 같은 이스트이다. 홉과 오렌지 껍질이 어우러져 약한 레몬과 가죽 향미의 브레타노미세스에 과일 풍미의 꽃향기 나는 배경이 된다. 와인은 맵싸한 보디를 통해 짜릿하게 톡 쏘는 맛을 제공하며 홉, 향신료, 오크와 각각 한 번씩 포옹을 나누는 것 같은, 오래가는 쓴맛이 있다. 이질적인 느낌을 술통에 한꺼번에 넣은 경우에는 보통 난장판이 되게 마련이다. 그러나 이 맥주의 경우에는 그렇게 되는 대신 모든 요소가 다른 요소를 보완하거나 강조하는 데 도움이 된다. 앞의 체크 표시와 함께 함박웃음을 날려주고 싶은 맥주이다.

팜하우스 에일

이 맥주는 전통적으로 농장에서 만들어졌지만 양조장으로 옮겨간 지 오래되었는데, 원래 겨울에만 양조했다. 인공 냉장 설비가 없어서 여름에는 기온이 너무 높아 꾸준히 양질의 결과를 얻을 수 없었기 때문이다. 이런 맥주는 낮 동안에는 농부들의 어마어마한 갈증을 해소해주고, 밭에서는 생명 유지 수단이 되어주고, 하루 일과가 끝난 후에는 식탁에 놓이기 위해 만들어졌다. 이제 1년 내내 생산되는 세종은 대표적인 맥주 스타일이자 창의적인 해석에 열려 있는 맥주 스타일이 되어가고 있다.

세종은 벨기에의 에노(Hainaut) 지방에서 시작되었다. 홉, 이스트, 때로는 첨가된 향신료가 내는 쌉쌀함과 맵싸함에, 향기롭고 쉽게 파악하기 어려운 시트러스, 난, 핵과 같은 과일 향미를 가졌다. 상쾌하게 쓴맛이 나며 시원하고 산뜻하면서도 복합적이고, 소박하면서도 세련된 맥주이다. ABV 5.0~8.0%에 최대 40IBU의 쓴맛이 일반적이며 밀짚에서 금색에 이르는 색을 띠고 발효도가 높다. ‘저장용 맥주’를 뜻하는 비에르 드 가르드(Bière de Garde)는 프랑스의 유일한 토착 스타일로, 벨기에와의 국경을 따라 프랑스 북부에서 발달했다. 이 스타일 맥주는 맥아가 전면에 나서며 세종보다 원숙하고, 허브 풍미로 더 온화하고 부드럽고 달콤하다. 그리고 어쩌면 지하 저장실 같은 냄새가 날지도 모른다. ABV는 약 6.0~8.5%가 되며 쓴맛은 최대 30IBU이고 금색에서 호박색에서 이르는 색을 띤다. 두 스타일 모두 전통적으로 유럽산 홉을 쓴다. 현대식 맥주는 세종과 잘 맞는 시트러스와 열대성 향을 가진 미국과 남반구 홉을 쓴다.

세종 듀퐁SAISON DUPONT

고전명작

에노, 벨기에
ABV : 6.5%
홉 : 스티리안 골딩, 이스트켄트 골딩

이 맥주는 전형적인 세종이다. 그러나 1980년대 말까지는 이 양조장의 주력 맥주조차 아니었다. 1980년대 말이 되어서야 미국으로 가서 슈퍼스타가 되었다. 이곳 양조장에서 사용하는 이스트 균주가 맥주에 다양한(과일 같고 후추 같고 맵싸하고 아주 쌉쌀한) 특징을 제공한다. 보통 다른 양조업자들은 똑같은 균주를 써서 자기네 맥주가 비슷비슷한 특징을 갖게 한다. 이 맥주는 탁한 금색에 풍성한 거품을 가진 수려한 맥주이다. 홉은 흙냄새와 후추 같은 향신료, 핵과 향을 제공했다가, 오래가는 쓴맛과 함께 상쾌하고 매혹적이고 쌉쌀한 피니시를 보여준다. 이 맥주의 드라이 호핑 버전을 본다면 한 번 마셔보라. 원래 버전보다 훨씬 나으니까 말이다. 사과, 바닐라, 향신료, 파인애플, 아몬드 향을 갖고 있다. 향기, 복합성, 깊이도 더 뛰어나다. 둘 다 음식과 잘 어울린다. 톡 쏘는 신맛은 태국 음식과 더할 나위 없이 어울리고, 쌉쌀함은 기름진 생선과 잘 맞으며, 매콤함은 후추를 친 고기와 궁합이 좋다.

브라세리 테예 라 바베이지엔 앙브레Brasserie Theillier La Bavaisienne Ambrée

바베, 프랑스
ABV : 7.0%
홉 : 브루어스 골드

벨기에 국경에서 몇 km 떨어진 곳에 있는 브라세리 테예는 1835년 이래로 같은 가문이 소유하고 있으며 프랑스에서 가장 오래된 현역 양조장으로, 지금까지 조업을 멈춘 적이 딱 한 번 있다. 1차 세계대전 때 독일군이 들어와 양조 용기들을 징발해 갔을 때였다. 라 바베이지엔은 비에르 드 가르드이다. 홉이 먼저 등장해 홉 마대의 매콤함을 가진 흙내 나는 풀 향기를 제공한다. 질감은 묵직하고 맥아 풍미가 있으며 토피, 구운 견과류, 곡물, 빵 향미가 있고 페놀산 같은 이스트도 작용해서 배경에 깔리는, 희미하게 풍기는 연기 향미를 만들어낸다. 쓴맛이 서서히 들어오지만 쌉쌀한 채로 남아있지 않아서 만족스럽고 포만감이 드는 묵직함을 유지한다. 이 스타일이 액체 빵으로서 필수적이던 시절에 경의를 표한다. 희미한 농장 곰팡내가 농장 생산 치즈, 절인 고기(cured meat), 갓 구운 빵과 특히 잘 어울린다.

다크 스타 세종Dark Star Saison

브라이튼, 영국
ABV : 4.5%
홉 : 사츠, 스티리안 골딩, 벨지안 골딩

다크 스타는 영국 최고의 맥주 중 몇 가지를 만들며, 다크 스타 세종은 내가 제일 좋아하는 맥주 중 하나이다. 매년 나는 여름 한정인 이 맥주의 출시를 기다리다가 이 맥주를 발견할 때까지 모든 펍을 뒤지곤 한다. 다크 스타 세종을 찾아내면 파인트를 주문하고 앉아서 마신 다음, 한 파인트를 더 주문한다. 수석 양조기술자인 마크 트랜터(Mark Tranter)는 듀퐁 이스트를 사용해서 벨기에와 영국의 향미를 멋지게 섞어, 매끄러운 보디와 약간의 에스테르성 과일 향, 오렌지 중과피, 후추 향 나는 홉, 사랑스러운 난과 핵과 향미, 꿀꺽꿀꺽 쉽게 넘어가는 특징을 가진 맥주를 만들어냈다. 캐스크에서 따라 내는 맥주는 부드럽고 원숙하고 매콤하며 탄산이 적은 데서 오는 묵직함을 가졌다. 케그에 담았다가 따라 내는 맥주는 발포성 탄산이 홉 향미를 밀어 올려 더 가볍고 산뜻해지게 해서 생동감 넘치고 톡 쏘는 맛이 난다. 세종을 순화해서 환상적으로 해석해낸 맥주이다.

드 글라젠 토렌 세종 데르페-메르De Glazen Toren Saison d'Erpe-Mere

알스트, 벨기에
ABV : 6.9%
홉 : 사츠, 매그넘, 할러타우어 미텔프뤼

이 맥주는 종이에 포장되어 나온다. 피시 앤 칩스나 생일 선물처럼 종이에 싼 대부분의 물건이 그렇듯이 이것도 아주 훌륭하다. 장차 친구 사이가 될 제프 반 덴 스틴(Jef Van Den Steen)과 더크 드 포(Dirk De Pauw)가 1988년에 에르페-메르(Erpe-Mere)에서 만났다. 아마 당시에는 두 사람이 미래에 함께하게 될 것이라고는 짐작도 못했을 것이다. 자가 양조를 시작한 후 둘은 양조 과정에 등록하고, 1994년에 브루마스터 자격을 따고 졸업했다. 양조장 부지와 장비를 찾아다닌 끝에 2004년에 양조장을 열었고, 세종 데르페-메르는 거기서 생산한 첫 맥주였다. 탁한 노란색에, 멋진 향수처럼 황홀한 향기를 가졌다. 레몬, 사과, 파인애플, 코코넛, 열대 과일에 더해 풀 향 같은 흙내와 농장에서 나는 퀴퀴한 냄새가 난다. 마시기에 순하고 부드럽고 가벼운 이 맥주는 근사하고 우아한 질감과 갈증을 풀어주는 탄산을 가졌다. 놀라운 선물 같은 맥주이다.

힐 팜스테드 아서 Hill Farmstead Arthur

그린스보로, 버몬트
ABV : 6.0%
홉 : 사츠, 이스트켄트 골딩 등 그때그때 다름.

'힐 팜스테드' 이 두 단어를 들으면 맥주광은 무릎에 힘이 풀린다. 이곳은 떠들썩한 입소문이 따라다니는 양조장이다. 구하기 어렵고, 많이 찾고, 팜하우스 스타일에 홉 풍미가 진한 맥주로 이름난 곳이다. 아서는 믿기지 않을 만큼 놀라운 세종이다. 이를테면 마시고 나서 의자에 깊숙이 앉아, 도대체 이들은 누구이기에 남들이 성공해내지 못한 일을 하고 있는 것인지 궁금해지게 만드는 그런 맥주 중 하나이다. 아서를 마실 때의 즐거움은 입에 닿으면 가볍게 둥실 떠올라 미끄러지듯 흘러가는 것 같은 느낌이다. 이런 느낌을 주는 맥주는 지금껏 한 번도 마셔본 적이 없다. 사과, 살구, 배의 아름답고 섬세한 과일 향기가 난다. 이스트에서 오는 희미한 향신료 향미가 있으며, 맥아는 "오늘 좋아 보이네요"나 "셔츠 멋져요" 같은 칭찬을 속삭이며 스쳐간다. 그러나 여기서 가장 중요한 것은 맥주를 마실 때의 느낌이다. 누구도 흉내 낼 수 없을 것 같은 가벼움은 정말 놀라울 따름이다. 이들은 양조장 구내의 우물물을 사용한다. 어쩌면 이 물에 마력이 깃들어 있는 건지도 모른다. 난리법석을 떨며 찾아다녀서 손에 넣어야만 하는 맥주이다.

델 두카토 뉴 모닝
Del Ducato New Morning

소라냐, 이탈리아
ABV : 5.8%
홉 : 이스트켄트 골딩, 사츠, 치누크

1년 중 세상이 겨울잠에서 깨어나 소생하는 희망 찬 시기인 봄에서 영감을 얻은 맥주이다. 세종 스타일은 이런 느낌에 더할 나위 없이 딱 어울린다. 즉 어딘지 모르게 세종 스타일에는 문득 불어오는 시원한 산들바람 같고, 풀 위에 맺힌 이슬 같고, 꽃 같은 신선함을 찬미하는 구석이 있다. 탄산의 상쾌함, 순간적으로 콕 쏘는 활기를 북돋는 향신료 맛, 신선한 꽃향기, 홉의 풀 향이 그렇다. 밥 딜런 노래에서 이름을 따 온 뉴 모닝은 야생화들, 카모마일, 빻은 코리앤더, 초록 알후추, 생강으로 양념하고 향기를 냈다. 원숙하고 미묘하며 깔끔한 맥주로, 카모마일이 나른해지는 단맛을 주면 후추 맛이 생기를 돋우고, 꽃들은 인동덩굴과 관목 및 유실수의 꽃에서 나는 향기를 떠올리게 한다. 약간의 시트러스 향미와 적절히 상큼한 보디와 피니시, 미소를 부르는 생기 넘치는 사랑스러움이 있다. 꽃이 만발하고 햇볕이 피부를 따뜻하게 어루만지는 날에 야외에서 마실 만한 맥주이다.

스틸워터 아티자날 에일스 셀러 도어
Stillwater Artisanal Ales Cellar Door

볼티모어, 메릴랜드
ABV : 6.6%
홉 : 스털링, 시트라

스틸워터의 브라이언 스트럼크(Brian Strumke)는 다른 사람들과 함께 전 세계를 돌아다니며 양조를 하고 있다. 몇 종류 안 되는 일반 맥주와 1년에 딱 한 번만 나오는 진귀한 맥주, 특별판을 만든다. 전부 팜하우스 스타일의 영향을 받은 맥주이다. 그가 선두에 서 있는 집시 양조의 유행 추세는 양조용 맥아즙 통은 갖고 있지 않지만 다른 사람들과 함께 탱크를 쓰거나 협업해서 새로운 맥주를 내놓는 양조기술자들에게 록스타급 명성을 안겨주고 있다. 셀러 도어는 하얀 세이지로 만드는 미국식 팜하우스 에일이다. 탁한 연한 금색에, 꽃·과일·허브 향기가 섬세한 보디를 만들고, 따끔따끔 쏘는 탄산과 이스트의 풍부한 맵싸함과 깊이가 있다. 세이지가 놀라울 정도로 식욕을 당기게 하는 이 맥주는 돼지고기 반미(쌀로 만든 바게트에 채소와 고기 등 각종 속을 채워 넣은 베트남식 샌드위치—역자)나 아시아식 찐빵을 갈구하게 만든다. 새콤한 홉은 기분을 상쾌하게 하는 과일 같은 특성과 신선함으로 이 오래된 스타일에 새로운 특징을 가미한다.

계절별 맥주 마시기

내 갈증은 한 해가 서서히 지나가고, 계절에 따라 바뀌는 날씨와 밀접하게 관계가 있다. 1월에 선택하는 맥주가 7월에 찾는 맥주와 같지 않으며, 특정한 종류의 갈증을 제대로 해결했을 때 얻는 만족감은 무엇과도 바꿀 수 없다.

맥주 달력에서 가장 계절을 타는 제품은 초록 홉을 첨가한 맥주이다. 진귀한 음식들이 그렇듯 초록 홉 첨가 맥주도 1년에 한 번 북반구와 남반구에서 각각 아주 짧은 기간 동안 나온다. 홉은 보통 수확한 후 바로 말린다. 속도가 중요한 이유는 그렇지 않으면 홉이 산화하기 시작해 향미가 나빠지기 때문이다. 말린 후 단단히 압축해서 뭉친 홉은 다음 해에 갓 나온 작물이 준비될 때까지 1년은 거뜬히 버틸 수 있다. 초록 홉이든 신선한 홉이든 젖은 홉 맥주를 만들 때는 꽃을 덩굴에서 따서 바로 솥에 넣는다. 즉 건조 과정을 건너뛴다. 홉 농장 가까운 곳에 양조장이 있는 양조업자들은 수확 당일에 홉 농장에 가서 자기들 몫의 홉 마대를 모아서 서둘러 양조장에 가지고 돌아온다. 이런 신선한 홉으로 만든 맥주는 특정한 시기에 국한된 독특한 제품이다. 초록 홉은 말린 홉처럼 향미가 강렬하지 않다. 대신에 더 풋풋한 풀냄새가 나고 더 섬세하며 보통 홉과는 아주 다른 향미를 제공한다. 신선한 토마토와 천천히 구운 토마토 간의 차이를 떠올려보면 된다. 초록 홉과 건조 홉이 가진 차이가 바로 이런 종류이다.

9월에 초록 홉의 수요가 급증한 후에는 맥주 색이 금색에서 붉은색을 거쳐 갈색으로 변해가는 나뭇잎을 따라 색이 짙어진다. 관목 과일과 흙의 속성이 맥주에 스며들었다가 모닥불에서 피어오르는 연기를 지나, 크리스마스 향신료들이 첨가된 겨울의 구운 향미 속으로 들어서면, 맥주는 바깥 추위에 맞서 몸을 덥히기 위해 더 독해지며 음울하고 어두운 하늘에 맞서 사기를 한껏 높여준다. 맥주란 밖에서 벌어지고 있는 일이 잔 속에 그대로 비친 그림자이다. 즉 계절과 심성, 감정, 향미를 구현한 것이 맥주이다.

서서히, 희망차게, 경이롭게 봄이 다시 찾아온다. 신선함, 생명, 빛, 초록빛 숨결과 함께 말이다. 맥주도 이런 봄의 모습을 그대로 따라간다. 이제 맥주는 금색을 띠고 밝게 빛나며 불과 몇 달 전에 수확한 홉 덕에 싱싱하고 활기차다. 봄이 점점 더워지다 여름으로 넘어가면 맥주도 느긋하게 풀어져 예리한 쓴맛을 잃고 야외에서 친구들과 모여 앉아 함께 마시기에 어울리도록 쉽게 잘 넘어가는 유쾌함을 갖게 된다. 그러고 나서 수확철, 초록 홉, 점점 어두워지는 가을날로 다시 돌아가며 이런 순환을 반복한다.

하늘, 잔, 요리 사이의 연관성도 관계가 있다. 계절에 따른 이런 맥주 맛의 변화는 우리가 먹는 것에까지 영향을 미친다. 봄 샐러드는 밝은색 페일 에일과 잘 어울린다. 쾰슈는 야외에서 바비큐를 하면서 마시기 딱 좋은 여름 맥주이다. 브라운 에일은 가을 호박과 멋지게 어울린다. 스타우트는 겨울의 따끈한 스튜와 함께 하면 금상첨화이다.

물론 우리 모두 여름에도 스타우트를 마시고 겨울에도 위트를 마신다. 그러나 주변 세계와 같은 맛이 나는 맥주처럼 갈증을 확 풀어주는 것도 없다.

플레미시 브륀과 플랑드르 레드

벨기에에서 유래한 이 갈색과 붉은색 맥주에는 '우트(OUD)'라는 접두사가 붙기도 한다. 둘 다 탱크에서 발효한 다음 숙성해서 달콤새콤한 와인 같은 특성을 더한 에일로, 레몬 같은 산성의 신맛보다는 식초 같은 신맛이 나는, 람빅과 구에즈(GUEUZE)의 이웃이다. 이런 맥주에서 나타나는 신맛은 야생 이스트와 박테리아에서 생긴다. 또한 장기간에 걸친 숙성도 영향을 미친다. 그래서 갈색 맥주는 탱크에서 숙성한 것인 반면, 붉은색 맥주는 오크통에서 숙성한 것이다. 한 회 제조 분량을 최대 2년까지 숙성할 수 있다. 이런 스타일에서 핵심적인 과정은 덜 숙성된 맥주와 오래 숙성된 맥주를 포장 전에 섞는 것으로, 이렇게 해서 신맛과 단맛이 완벽한 균형을 이룬다. 과일 느낌이 뚜렷한 스타일이며, 두 스타일 다 체리를 넣어 과일 맥주를 만들 때 베이스로 쓰이기도 한다.

두 스타일 모두 붉은색부터 적갈색, 갈색에 이르는 색을 띤다. ABV는 4.5~8.0%이며, 홉 향기는 적고 쓴맛은 25IBU로 낮아서 나무 타닌과 신맛을 이기지 못한다. 향미는 맥아·이스트·박테리아·숙성 기간에서 비롯되는데, 일반적으로 과일 향미를 가진 복합적인 맥주가 된다. 붉은색은 과일 에스테르, 와인 같은 다층적인 깊이, 체리·자두·건포도·나무·식초처럼 신맛 나는 농후함을 가졌다. 갈색인 경우에는 일반적으로 맥아 속성이 더 강해서 오크 향은 없으며 붉은색보다 신맛이 덜하다. 전 세계 양조용 맥아즙 통에 들어가면서 한데 섞여 차이가 흐릿해질 수 있지만 말이다. 이런 맥주에서는 균형이 제일 중요하다. 관건은 달콤한 숙성 덜 된 맥주를 신 숙성된 맥주와 딱 알맞은 비율로 섞는 것이다.

로덴바흐 포에데어비어RODENBACH FOEDERBIER

루설라러, 벨기에
ABV : 6.0%
홉 : 포페링에에서 나는 벨기에 홉들

고전명작

로덴바흐는 전통적인 플랑드르 레드(Flanders Red)이다. 이 맥주는 탱크에서 4주간 양조해서 숙성한 다음 로덴바흐의 포에데어(foeder)라 불리는 거대한 통 300개 중 하나로 옮긴다. 이 통 중에는 1830년대부터 전해 내려온 것도 있다. 이 광대한 지하 저장실에서 최대 2년간 숙성시킨다. 통은 크기가 14000ℓ 짜리부터 입이 떡 벌어지는 65000ℓ 짜리까지 있다. 나무통에 내재하는 미생물이 신맛을 만들어낸다. 이때 신맛은 산성 산미가 아닌 식초 같은 산미이다. 표준적인 로덴바흐는 숙성 맥주 1에 신선한 맥주 3의 비율로 섞으며 당을 첨가하기도 한다. 약간 매끄러운 톡 쏘는 맛도 느껴지지만 주로 나무, 체리, 바닐라, 신선한 꽃향기 같은 향이 난다. 포에데어비어는 이곳 양조장 근처에서만 구할 수 있으며, 통에서 바로 꺼낸, 여과하지 않고 당을 첨가하지도 하지 않은 맥주이다. 더 톡 쏘게 시고, 더 진하며, 더 나무 같고, 강렬한데, 루설라러의 중앙 광장에서 크로크 무슈와 감자튀김(frites) 한 그릇에 곁들여 마시면 가장 맛이 좋다.

뉴 벨지움 라 폴리New Belgium La Folie

포트 콜린스, 콜로라도
ABV : 6.0%
홉 : 타겟

완전히 넋이 나가는 경험을 하고 싶다면 뉴 벨지움 양조장에 가서 사우어 맥주 메뉴를 살펴보라. 믿을 수 없을 정도이다. 라 폴리는 여기서 나오는 가장 유명한 와일드 에일이다. '사우어 브라운(sour brown, '신 갈색'이란 뜻—역자)'이라 불리지만 붉은색 맥주처럼 숙성된다. 이는 브루마스터인 피터 부케어트(Peter Bouckaert)와 관련이 있다. 그는 포트 콜린스로 옮기기 전 로덴바흐에서 일했기 때문이다. 라 폴리는 크고 높다란 오크통에서 벨기에의 포에데어처럼 숙성된다. 2012년에 포에데어를 더 많이 수용하기 위해 양조장 위치를 이전해 탱크 수를 28개까지 늘렸다. 이 중에는 용량이 21900*l*로 엄청나게 큰 것도 있다. 라 폴리는 1년차와 3년차 맥주를 섞은 맥주이다. 체리·자두·사과·오크 향이 먼저 나타나며, 보디는 질감이 느껴지는 농후함이 캐러멜 향미와 쫄깃한 맥아에 의해 완성되고, 식초 같은 날카로운 신맛과 함께 체리·나무·사과 향미와 향신료 맛이 난다.

파닐 바리크 사우어Panil Barriquée Sour

파르마, 이탈리아
ABV : 8.0%
홉 : 펄, 이스트켄트 골딩

이 오크통에서 숙성한 붉은색 맥주는 먼저 탱크에서 발효한 다음, 코냑을 담았던 술통으로 옮겨 2차 발효를 시킨다. 그 후 병에서 3차 발효를 시켜 최종적으로 근사하게 마무리를 짓는다. 색은 짙은 적동색을 띠며, 과일이 먼저 등장해 숙성한 맥주와 코냑이 결합해서 만들어내는 크랜베리, 자두, 체리, 건포도 향을 가득 풍긴다. 그런 다음 가벼운 발사믹 식초 같은 산미가 나타나고, 여기에 깊이 있는 오크와 확실하게 톡 쏘는 상쾌한 신맛이 더해진다. 맥주, 술통, 박테리아가 모두 제각기 다른 역할을 해서 마셔보면 정말 특별한 질감이 느껴진다. 그러나 이 셋은 한데 모여 목청껏 발라드를 부르는 세 명의 테너처럼 조화를 이룬다. 부드러운 식초 같은 산미는 목구멍을 호되게 쏘아대는 대신 깊이를 더해주며, 이 모든 것을 보다 풍부한 과일 향미와 타닌과 식욕을 돋우는 나무 같은 씁쌀함, 희미한 단맛, 깊이 있는 코냑 향이 전부 순화한다. 다섯 가지 맛을 모두 약간씩 제공해서 식욕을 자극하는 종류의 맥주이다.

캐스케이드 상 누아
Cascade Sang Noir

포틀랜드, 오리건
ABV : 9.2%

어릴 때 밤새도록 어떤 가게에 갇혀 아무도 모르게 온갖 것을 먹고 이리저리 뛰어다니고 복도를 무릎으로 쓸면서 멋지게 미끄러지는 상상을 해본 적이 있는가? 난 그랬다. 이런 어린 시절 백일몽의 성인 버전이 캐스케이드 브루어리의 배럴 하우스(Barrel House)에 잔 하나와 높은 곳에 있는 술통에 접근할 수 있게 도와줄 공범 한 명과 함께 갇히는 것이다. 캐스케이드는 다양한 술통, 과일, 혼합, 스타일을 이용해서 미국에서 가장 흥미롭고 탁월한 몇몇 신 맥주를 만든다. 상 누아는 버번과 피노 누아 술통에서 숙성한 다음, 체리를 섞어서 만드는 더블 레드(Double Red)이다. 어쩐지 근사하게 들리지 않나? 실제로 그렇다. 대량의 체리와 식초처럼 톡 쏘는 산미, 새콤한 와인 향, 바닐라와 오크, 캐러멜, 그리고 버번이 마무리 짓는 짜릿한 산미를 갖고 있다. 권해준 바텐더를 와락 껴안고 싶게 만드는 그런 맥주이다. 그러고 나선 그들이 가게 문을 닫고 떠날 때까지 테이블 아래 숨어 있다가 술통 보관실에 잠입하는 것이다.

람빅과 구에즈

아주 시고 쌉쌀하며 술통에서 숙성한, 벨기에 브뤼셀의 남쪽과 서쪽을 빙 둘러 싸고 있는 패요텐란트 (PAJOTTENLAND) 지방 특산 맥주이다. 그곳에서는 공기 중의 천연 이스트가 맥주 탱크로 뛰어들어 당분을 마구 먹어치워서 술통 속 맥주를 시게 만들 준비가 되어 있다. 이스트 인공 배양이 가능해지기 전, 또 양조업자들이 발효를 과학적으로 이해할 수 있게 되기 전에는 대부분의 맥주가 아마도 야생 이스트를 통해 산성 산미를 갖게 되었을 것이다. 반면 람빅과 구에즈는 의도적으로 시게 만든 맥주이다.

최대 40%까지 맥아화하지 않은 밀로 양조하는 이 맥주는 전통적인 양조용 맥아즙 통 과정을 거친 다음 솥에 들어간다. 이때 묵은 홉을 첨가한다. 쓴맛이나 향기를 얻기 위해서가 아니라 방부제 역할을 위해서다. 맥주를 '쿨십(coolship)'이라 부르는 크고 넓은 팬에 옮긴 후, 지붕에 난 구멍을 통해 바깥 공기에 그대로 노출되게 둔다. 여기서 맥주는 식게 되고, 공중에 떠다니는 이스트와 박테리아를 받아들인다. 이로써 자연 발효가 시작된다. 이 말은 양조기술자가 물리적으로 투입한 이스트 없이 발효가 일어난다는 뜻이다. 그런 다음 맥주를 나무통으로 옮겨서 1년에서 3년까지 둔다. 발효 과정은 복잡하며 단계적으로 일어나는데, 알코올·산미가 생기고 깊이 있는 야생 이스트 향미가 나온다.

람빅은 아무것도 섞지 않고 탄산 포화 없이 내놓는 무첨가 맥주이다. 그래서 여간해선 만나기 어렵다. 그러다 보니 만드는 곳 근처에서 마시는 수밖에 없다. 구에즈는 생산연도가 각기 다른 람빅 맥주를 섞어서 만든 맥주이다. 1년, 2년, 3년차 맥주를 섞어 정확하게 균형을 맞춘다. 또 구에즈는 탄산화한 맥주이다. 혼합 맥주에 들어가는 숙성 덜 된 맥주는 여전히 당분을 함유하고 있어서, 병 속에서 또 한 차례 발효가 일어나 이 스타일에서 유명한 샴페인처럼 쉭쉭 소리를 내는 기포를 만들어낸다. 탄산은 병 속에서 몇 달 간 더욱 발달하기 때문에 준비가 끝날 때까지 맥주는 포장한 채 양조장에 보관해둔다. 파로(Faro)는 살짝 달게 만든 람빅이다. 그러니 신맛이 덜한 람빅을 원한다면 파로를 마셔보라. 과일은 람빅에 일상적으로 첨가되지만 인공 감미료를 넣은 람빅은 조심해야 한다. 지나치게 달거나 이 스타일 특유의, 얼굴이 찌푸려질 만큼 날카로운 신맛이 부족할 수도 있기 때문이다.

더없이 복합적인 이 맥주들은 아주 쌉쌀하고, 찌릿하게 아주 시고, 특별한 질감을 가졌고, 상쾌하다. 얼굴이 일그러질 정도로 강한 산미에 익숙하지 않은 사람들에게는 마시는 것이 고역일 수도 있다. 사용한 홉은 몇 년간 묵힌 것으로, 산화된 맛과 치즈, 농장 냄새 같은 향미를 더한다. 술통은 오크와 타닌 향미를 제공한다. 박테리아와 이스트는 맥주에 아주 다층적인 깊이와 함께 산성 산미와 퀴퀴함을 갖게 한다. 일단 이런 맥주 맛에 취미를 붙이게 되면 갈수록 더 찾게 될 것이다. 이 스타일은 불과 1990년대까지만 해도 사라질 위험에 처했던 때가 있었다. 그러나 현재는 세계에서 가장 사랑받고 가장 많은 사람들이 찾는 스타일 중 하나가 되었다. 람빅과 구에즈의 톡 쏘는 신맛과 복합성을 그대로 살려내려 노력한 양조장들 덕분에 말이다.

캉티용 람빅CANTILLON LAMBIC

브뤼셀, 벨기에
ABV : 5.0%
홉 : 묵은 홉(3년)

고전명작

캉티용 브루어리엔 꼭 가봐야 한다. 신 맥주를 아주 좋아하든 아니면 입에도 못 대든 일단 가라. 여전히 현역으로 활동 중인 19세기 양조 통을 갖춘 이 맥주 박물관은 브뤼셀 골목길의 눈에 잘 띄지 않는 곳에 있다. 근처를 지나다 보면 믿을 수 없을 정도로 강하고 맡기만 해도 취할 것 같은 향기가 풍겨온다. 진하고 과일 같고 나무 같고 와인 같이 케케묵은, 도무지 무엇인지 알 수 없는 그런 향기 말이다. 이 향기는 발효작용에서 나오는 단내이다. 이곳에는 술통이 어디에나 빽빽이 들어차 있고, 짙은 색의 낡은 목재 내장에, 벽을 타고 곰팡이가 피어오르고 있으며, 먼지 쌓인 천창 주위로는 거미줄이 쳐 있다. 공기는 활기가 넘친다. 약 18개월 동안 통에서 숙성한 람빅을 피처에서 따르면 윤기 나는 금색이며 거품은 나지 않는다. 향기는 레몬 같이 톡 쏘며 이와 함께 밭에서 나는 냄새, 사과 같은 거친 향미도 느껴지며 목 넘김이 아주 매끄럽다. 당분 맛이 희미하게 나다가 갈증을 풀어주는, 군침을 돌게 하는 신맛이 나타난다. 그런 다음, 나무 향미의 씁쌀한 피니시가 이어져 거칠고 정제되지 않은 강렬함을 더한다. 복잡하고 균형 잡혀 있고 비할 데 없이 훌륭하다. 캉티용으로 가자.

틸퀸 구에즈 드래프트Tilquin Gueuze Draft

흐벡끄, 벨기에
ABV : 4.8%
홉 : 묵은 홉을 혼합한 것

틸퀸은 양조장 건물이 따로 없다. 대신 이곳은 '구에저리(Gueuzerie)', 즉 배합장(blender)이다. 이들은 야생 이스트가 침투하기에 충분한 시간을 가진 맥아즙을 다른 람빅 양조장에서 산 다음, 이 맥아즙을 포도원에서 따로 사온 빈 술통에 넣어서 발효시킨다. 그리고 몇 년이 지난 후 이 술통의 내용물을 섞어 양조장 고유의 혼합물을 만들어낸다. 생맥주 버전은 섬세하고 상쾌하고 목 넘김이 편하며 쉽게 이해된다. 그러면서도 여전히 믿기 어려울 만큼 복합적이다. 그래니 스미스(Granny Smith) 사과(녹색 사과의 일종—역자)가 가진 새콤함과 풍부한 과일 향미, 깔끔하고 부드러운 산미가 느껴지다가 마지막에는 나무 향미의 감칠맛 나는 깊이가 전해진다. 입 안 가득 머금으면 금방이라도 얼굴이 찌푸려질 것 같지만, 날아간 공이 완만한 곡선을 그리며 떨어지듯이 갑자기 맛이 부드러워지면서 모든 향미를 원만하게 아우른다. 우트 구에즈 틸퀸 아 랑시엔(Oude Gueuze Tilquin à l'Ancienne)이라 불리는 ABV 6.0%의 병맥주 버전도 있다. 두 버전 모두 정말 환상적이다.

앨러개시 쿨십
Allagash Coolship

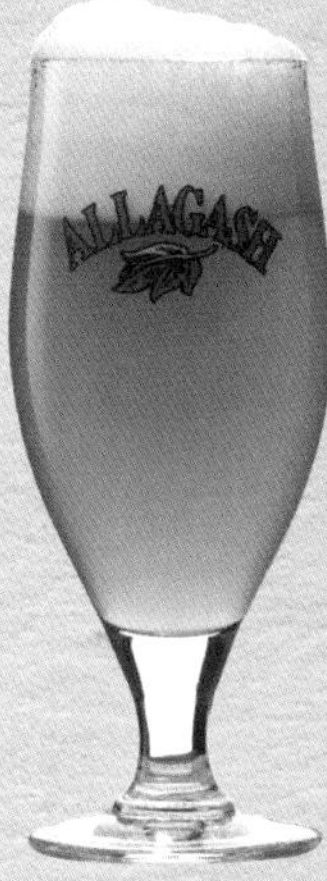

포틀랜드, 메인
ABV : 그때 그때 다름

람빅의 양조업자에게 람빅을 패요텐란트 지역 밖에서도 만들 수 있냐고 물어보면 즉시 "아니오"라는 답이 돌아올 것이다. 물론 저 지역 공기에는 무언가 특별한 것이 있긴 하다. 그러나 야생 이스트 균주는 어디에나 존재하며 따라서 자연 발효 맥주는 전 세계에서 만들 수 있다. 벨기에에서 영향을 받은 앨러개시는 2008년에 쿨십을 자기네 양조장에 설치했다. 이 쿨십에서 밤새 미생물을 맞아들이게 한 후, 때가 될 때까지 술통에 넣어두어 수많은 자연 발효 맥주를 만들어내고 있다. 첫 번째 맥주가 2011년에 병맥주로 나왔고, 그 후 더 많은 맥주를 내놓고 있다. 이런 맥주는 주변 환경과 기본적으로 밀접한 관계를 맺고 있다. 낭만적으로 이야기하자면 공기에는 어떤 장소의 특별한 요소가 담겨 있고, 앨러개시는 그 정수를 담아내려고 노력한다는 것이다. 아주 희귀한 이 맥주들이 드넓은 세계에서 그 공간만의 독특한 맛을 낸다는 것, 그리고 준비가 될 때까지 수 년간을 기다리는 데 필요한 인내심과 탁월한 혼합 기술이 그런 맛과 결합되어 있다는 것이 무척 감동적이다.

와일드 비어와 사우어 에일

람빅과 구에즈의 인기에 발맞춰 전 세계 양조업자들은 나름대로 신 맥주를 만들려고 노력해왔다. 일반적으로 와일드 비어나 사우어 에일이나 뉴 월드 사우어는 브레타노미세스 계통의 특정 야생 이스트 균주와 락토바실러스, 페디오코쿠스처럼 시큼한 맛을 내는 박테리아를 일부러 주입한다. 벨기에 밖에 있는 일부 양조장은 성공적으로 자연 발효를 시작했지만 말이다.

이런 맥주는 양조 후에 술통에서 숙성한다는 점에서 벨기에 전통을 따르고 있다. 일부는 탱크에서 발효한 다음 나무통으로 옮기기도 하는데, 와인 통이 인기가 높다. 반면 어떤 맥주는 전적으로 술통에서만 발효를 진행한다. 구에즈의 관행을 따르는 이런 맥주는 일반적으로 포장 전에 혼합을 거친다. 술통마다 숙성 기간을 달리 하기 때문이다. 내용물이 정확히 똑같은 것일지라도 말이다.

이런 종류의 맥주는 따로 정해진 규칙이 없다. 아주 연한 노란색이거나 칠흑 같은 검은색일 수도 있고, ABV가 3.0% 미만이거나 12.0% 이상일 수 있다. 또 철제 탱크나 술통, 심지어 병 속에서도 숙성할 수 있다. 쓴맛은 보통 아주 적다. 쓴맛과 신맛은 충돌하는 경향이 있기 때문이다. 예외도 존재하지만 말이다. 이 부류 중 최상급인 맥주는 짜릿하게 시지만 산성의 신맛도, 식초 같은 신맛도 아닌 균형 잡힌 신맛이 나며, 씁쓸하고 상쾌하고 복잡하다. 이런 맥주가 가진 본질적 특성을 감안하면 와일드 에일은 대부분 다시는 똑같은 것이 만들어지지 않는 단발성 맥주이다. 향후 몇 년간은 사우어 맥주의 유행이 예상된다. 그간 보관해놓았던 모든 술통이 숙성 시기에 도달할 테니까 말이다.

러비본즈 사우어 그레이프스Lovibonds Sour Grapes

헨리 온 템즈, 영국
ABV : 6.0%
홉 : 헤르스브뤼커

러비본즈는 연한 색 밀 에일인 헨리 골드(Henley Gold)를 만든다. 헨리 골드는 ABV와 홉 함량이 모두 낮다. 어느 날 한 회 생산 분량의 맥주에 박테리아가 들어가서 맥주가 시어졌다. 대부분의 맥주를 버린 후이기는 했지만, 양조기술자인 제프 로젠마이어(Jeff Rosenmeier)는 이 맥주를 맛보고 잠재력을 알아봤다. 이어서 맛을 본 다른 사람들도 그의 생각에 동의했다. 그 다음 생산한 분량의 맥주도 시어지자 제프는 프랑스 와인 통 세 개를 구해다 맥주를 채우고, 신 이스트와 박테리아를 첨가했다. 몇 년이 지나 2012년에 그는 월드 비어 컵(World Beer Cup) 단상에 올라, 이 대회에서 가장 경쟁이 치열한 부문 중 하나인 최고의 술통 숙성 사우어 맥주(barrel-aged Sour beer) 부문 금메달을 받았다. 이 선명한 연한 금색 맥주의 향기는 꿈결 같다. 포도·시트러스·오크·와인·야생 이스트·레몬 향이 나며, 놀랄 만큼 깊이 있는 오크·타닌·짜릿한 신맛에 더해 매끄러운 크림 같은 특징을 갖고 있다. 씁쓸하고 상쾌하며 가벼우면서 놀라울 정도로 우아하다. 아주 아름다운 실수라 하겠다.

러시안 리버 템테이션Russian River Temptation

산타로사, 캘리포니아
ABV : 7.5%
홉 : 스티리안 골딩(묵은 것), 사츠(묵은 것)

러시안 리버 맥주에는 '최고의'나 '가장 좋아하는' 같은 수식어가 일상적으로 붙는다. 탁월함과 희귀성의 조합이 낳은 현상이다. 즉 여기서 나오는 맥주는 모두 맛이 정말 훌륭하며 구하기가 힘들다. 템테이션은 샤도네이 통에서 숙성한 블론드 에일로, 브레타노미세스·페디오코쿠스·락토바실러스를 첨가한다. 연한 금색이며 기포들이 반짝반짝 빛난다. 향기는 화이트 와인·나무·시트러스·야생 이스트의 퀴퀴한 향이 난다. 먼저 신맛이 나타나 혀에 톡 쏘는 상쾌한 충격을 가한다. 다음에는 와인과 술통, 마지막으로 복잡한 향미가 등장해 짜릿하게 시면서도 깔끔한 피니시가 한동안 이어진다. 갈증을 해소해주는 신선하고 단순한 면을 가진 동시에, 믿을 수 없을 정도로 복합적이기도 하다. 비애티피케이션(Beatification, '지복(至福)을 받다' 또는 가톨릭의 시복식을 뜻함—역자)은 자연 발효 맥주이고, 러시안 리버에서는 '소남빅(Sonambic)'이라 부른다. 러시안 리버에서 와인 통을 가져오는, 가까운 곳에 위치한 포도 재배지에서 이름을 땄다.

캡틴 로렌스 큐베 드 캐슬턴
Captain Lawrence Cuvee de Castleton

엘름스포드, 뉴욕
ABV : 6.0%

캡틴 로렌스는 많은 술통 숙성 맥주를 만든다. 로소 에 마로네(Rosso e Marrone)는 사우어(Sour) 루비 에일로, 적포도와 야생 이스트를 오크통에 넣어 숙성한다. 골든 딜리셔스(Golden Delicious)는 벨기에 트리펠로, 사과브랜디 통에서 숙성하고 아마릴로 홉으로 드라이 호핑을 해서 마지막에 약간 짜릿한 신맛이 나는, 술맛이 강하며 구운 사과 맛이 나는 맥주를 만든다. 큐베 드 캐슬턴은 캡틴 로렌스에서 만든 첫 번째 사우어 맥주로, 발매 이후 꾸준히 인기를 끌고 있다. 머스캣 포도, 야생 이스트와 함께 프랑스산 오크통에서 숙성한 벨기에 블론드로, 레몬, 포도, 바닐라 오크 향기가 나는 새콤하고 달콤한 맥주이다. 깔끔하고 톡 쏘게 시고 나무 향미를 강화하는 매우 씁쌀한 구석이 있는데, 신맛이 이런 씁쌀함을 우아하고 상쾌한 맛으로 만든다. 양조장은 뉴욕 시에서 기차로 한 시간 거리에 있다. 갈 수만 있다면 가보자. 나오는 맥주가 종류마다 모두 굉장한데 캡틴스 리저브 임페리얼 IPA(Captain's Reserve Imperial IPA)가 특히 대단하다.

캐스케이드 더 바인Cascade The Vine

포틀랜드, 오리건
ABV : 9.73%

자신들의 맥주를 '북서쪽 스타일 사우어 맥주(Northewest style Sours)'라 부르는 캐스케이드는 바야흐로 발전 중인 미국 양조 방식에 새로운 기원과 정체성을 부여한다. 이 맥주는 벨기에에서 영감을 얻은 다음, 새로운 스타일의 베이스 맥주를 사용하고, 야생 이스트와 박테리아를 세심하게 조정해서 첨가하고, 와인과 버번 캐스크를 포함해서 가까운 지역 내에서 공급받은 술통으로 개성을 가미한다. 더 바인은 압축한 흰 포도로 만들며 아메리칸 사우어 맥주 종류에 새롭게 추가된 인기작으로, 과일과 밭 사이의 경계가 모호한 맥주이다. 짙은 금색인 이 맥주는 새콤함과 깔끔함, 레몬과 포도 껍질 향기와 농장에서 만드는 사과주, 많은 술통에서 나온 깊이 있는 향미를 갖고 있다. 12개월 동안 통에서 숙성한 다음, 또 다시 3개월간 포도를 넣어 숙성한다. 중간에 원숙하고 매끈하고 훨씬 달콤한 맛이 신맛과 균형을 이룬 다음, 더 강한 포도와 레몬 향미가 마지막에 나타난다. 상쾌하며 높은 도수에 비해 놀랍도록 가벼운 맥주이다.

더 브루어리 타르트 오브 다크니스
The Bruery Tart of Darkness

플라센티아, 캘리포니아
ABV : 5.6%
홉 : 사츠

더 브루어리는 환상적인 비(非)사우어 맥주들과 더불어 술통과 박테리아 사용에 있어 미국 최고의 양조장 중 하나이다. 2012년 말에 더 브루어리 저장고에 있는 술통 수는 놀랍게도 무려 3000개에 달했다. 이 중에는 버번 통 맥주와 비사우어 맥주도 있었다. 통 안에서 천천히 숙성되고 있는 맥주가 최종적으로 어떤 맥주가 될지 설레지 않을 수 없다. 타르트 오브 다크니스는 산패 박테리아, 야생 이스트와 함께 오래된 버번 통에 넣은 스타우트이다. 이 버번 통은 전에 더 브루어리의 유명한 술통 숙성 맥주였던 임페리얼 스타우트인 블랙 튜즈데이를 넣었던 것이다. 타르트 오브 다크니스는 당혹감을 불러일으키는 맥주 중 하나이다. 초콜릿 맛이 날 것처럼 보이지만 레몬·체리·바닐라·과일 향 나는 커피 같은 냄새가 나니까 말이다. 새콤한 맛이 났다가 구운 향미가 나고 오크가 나타났다가 짜릿하게 시고 쌉쌀한 맛으로 끝난다. 어두운 색을 가진 거친 롤러코스터 같은 맥주로, 몇 안 되는 사우어 스타우트(Sour Stout) 중 하나이다.

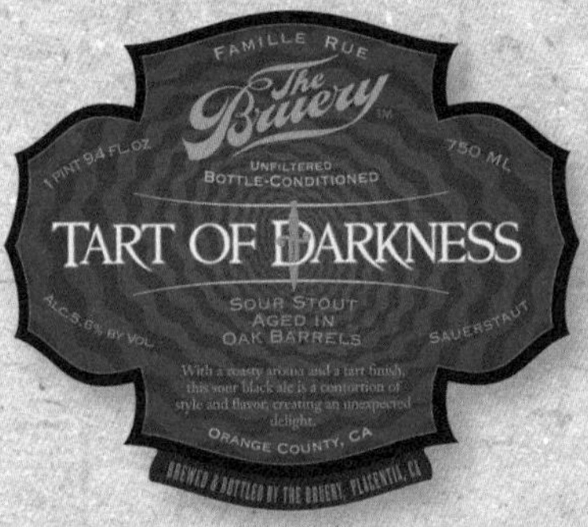

페럴 브루잉 워터멜론 워헤드
Feral Brewing Watermelon Warhead

스완 밸리, 오스트레일리아 서부
ABV : 그때그때 다름
홉 : 그때그때 다름

2012년에 페럴 브루잉과 네일 브루잉(Nail Brewing)은 자원을 공유해서 함께 더 큰 맥주 양조장을 사서 생산설비를 공유해, 갈증에 시달리는 오스트레일리아 시장을 위해 더 많은 맥주를 생산하자는 결정을 내렸다. 이와 함께, 페럴은 원래의 제조 시설은 그대로 두고 그것을 오스트레일리아 최초의 사우어 맥주 전용 양조장으로 바꿨다. 페럴은 이미 많은 사우어 맥주를 출시했다. 이 중에는 현지에서 재배한 과일로 만들고 샤도네이 통에서 숙성한, 톡 쏘게 시고 아주 기분 좋게 상쾌한 워터멜론 워헤드 베를리너 바이세(Watermelon Warhead Berliner Weisse), 그리고 마찬가지로 와인 통에서 숙성한 사우어 레드 다크 펑크(Sour red Dark Funk)가 있으며, 심지어 스와남빅(Swanambic)도 생산했다. 스와남빅은 활기 넘치는 현지 미생물로 자연 발효한 맥주이다. 이런 몇몇 맥주를 만드는 데 들어가는 시간을 감안할 때, 페럴이 시어지고 있는 술통을 이미 많이 확보했고, 훨씬 더 많은 수의 술통이 합류할 준비가 되어 있다는 것이 얼마나 다행인지 모른다. 이곳은 와인 제조 지역에 위치하고 있어서 술통을 공급받기도 용이하다.

러버비어 비어베라LoverBeer BeerBera

마렌티노, 이탈리아
ABV : 8.0%

양조 방식이나 레시피에 있어 포도와 곡물을 섞는 주의인 이탈리아 맥주 양조업자들은 다양한 와일드 에일을 다른 맥주 제조국보다 더 빨리 발전시키고 있다. 술통이 남아돌 정도로 풍부하고, 짜릿하게 신맛에 취미가 있는 것을 감안하면 놀랄 일도 아니다. 비어베라는 맥주와 와인의 중간 지점에 있다. 이 맥주는 평범한 맥주처럼 양조한 다음, 솥에서 오크통으로 옮긴다. 여기에 으깬 바르베라 포도를 첨가하면 맥주는 포도 껍질에 있는 천연 이스트 덕분에 자연 발효한다. 잔에 따르면 자줏빛 갈색이며 어두운색 과일과 신 자두 향과 함께 즉각 포도 향이 난다. 그 뒤에는 헛간 앞뜰 같은 거친 향미가 오크 향미가 더불어 느껴진다. 마시면 와인 비슷한 느낌이다. 그런 다음, 포도와 야생 이스트의 신맛이 맥아의 원숙한 보디와 만난다. 탄산은 활발하지 않으며, 이어서 톡 쏘는 베리 같은 신맛이 난다. 흥미롭고 색다르며 맥주와 와인을 아주 멋지게 뛰어넘는 술이다. 식욕을 돋우는 아페리티보(aperitivo), 즉 식전주이다.

벨기에가 끼친 영향

맥주를 마시면서 각 맥주의 차이를 알기 시작했을 때 내가 최고로 생각했던 것은 벨기에 맥주였다. 벨기에 맥주는 흥미롭고 특이하고 다채로웠으며, 겁 없던 우리의 관심을 끌었던 점이 바로 독하다는 것이었다. 우리는 영국 램즈게이트에 있는 벨기에 바에서 맥주를 마시곤 했다. 이 바는 영불 해협 건너 본토가 보일 만큼 프랑스에 가까운 바닷가에 있어서 벨기에 역시 보일락 말락 하는 곳이었다.

비록 벨기에는 가까이 있었지만 우리가 바에서 마신 맥주들은 주위에서 접하던 것과는 거리가 아주 멀어, 놀라울 정도로 이국적이고 색달랐다. 벨기에 맥주에 취미를 붙이게 되는 것은 맥주 음주의 궁극적 경지나 마찬가지였다. 우리는 분홍색 코끼리가 그려진 맥주병을 땄고, 구에즈의 신맛에 얼굴을 잔뜩 찌푸렸고, ABV 10.0%가 넘는 맥주를 마시는 우리의 조숙함에 웃었다. 사악한 골든 에일에 전의를 불태웠고, 과일 맥주와 향신료가 첨가된 맥주(spiced beer)와 수도사들이 양조한 맥주·블론드 맥주·갈색 맥주·하얀 맥주·붉은 맥주를 즐겼다. 이것이 맥주의 유토피아가 아니면 무엇이겠는가?

그러다 우리의 갈증은 미국 크래프트 맥주의 펑크록 같은 코드에 주목하게 되면서 서쪽으로 급커브를 틀었다. 유럽 맥주의 미묘한 복잡함 따윈 잊자. 우리는 미국산 홉에 우리 감각이 거칠게 다루어지길 원했다. 그런 크래프트 맥주를 찾게 되자 맥주 진열장에서 벨기에 맥주는 얼마 안 가 멀리서 온, 밝게 빛나는 새로운 맥주병에게 자리를 빼앗기게 될 퇴물로 보이기 시작했다.

그러나 어떤 변화가 미국에서 일어나고 있었고, 우리는 아직 그것을 맛보지 못하고 있었다. 이런 변화는 여러 양조장들 중에서도 뉴 벨지움, 옴메강(Ommegang), 러시안 리버, 앨러개시, 로스트 애비가 주도했다. 모두 벨기에 스타일을 충실하게 해석해서 다시 섞고 손보았다. 곧 점점 더 많은 크래프트 맥주 양조업자들이 자신들의 버전으로 이런 스타일 맥주를 만들기 시작했다. 전에는 이런 맥주 스타일은 신성불가침 영역이었다. 즉 전통적이며 국가에서 규정한 맥주들로, 미국에서 이런 맥주들을 제조한다는 것은 다 빈치 작품을 복제하려드는 거나 마찬가지였다. 그러나 일단 일부 양조업자들의 시도가 성공하고 나자 다른 이들도 똑같이 하길 원했고, 그렇게 해서 벨기에 맥주는 더 이상 신성불가침의 영역이 아니게 되었다. 벨기에 맥주를 양조해도 괜찮아지고, 그 뒤에는 그렇게 하는 것이 필수적인 것처럼 되더니, 그러다 이런 맥주 스타일을 발전시켜 나가는 것이 흥미진진한 일이 되기에 이르렀다.

갈증, 영감, 스타일이 발전한다는 것은 지금 당장 '유행하는' 무엇인가가 늘 있다는 소리다. IPA, 버번 통 숙성, 람빅과 구에즈에서 영감을 받은 사우어 맥주, 와인 통 숙성이 모두 그런 위치에 있었거나 계속 인기를 유지했다. 세종이 한동안 그런 '최신 유행(du jour)' 맥주였다. 양조장들이 그 맥주의 쌉쌀한, 활발한 맵싸함에 과일 향을 내는 미국산 홉을 첨가하면서부터 그렇게 되었다. 그런 다음에는 누군가 자신의 IPA를 벨기에 이스트로 발효해서 그곳 홉의 바탕이 되는 퀴퀴한 향미를 얻었다. 점점 더 많은 스타일이 나타났다. 트리펠은 양조 기술 뿐 아니라 더블 IPA의 강한 술맛과 홉의 자극적인 풍미도 뽐냈다. 쿼드루펠은 소속 상품 목록에 또 하나의 독한 맥주를 추가했다. 위트비어(Witbier)는 어디에서나 찾아볼 수 있게 되었다.

양조업자들은 더 이상 고약한 냄새 나는 이스트에 기겁하지 않았다. 그리고 전 세계 다른 나라들도 벨기에 스타일을 만들기 시작했고, 이 중에서도 이탈리아 양조업자들이 일부 최고작을 내놨으며, 이것이 벨기에에 역으로 강력한 영향을 미쳤다. 벨기에 양조장들은 미국산 홉을 자신들의 맥주에 써서 전통적인 스타일에 새로운 향미 프로필을 제공했다. 그리고 이런 경향은 전반적으로 전통적인 스타일이 더욱 존경받게 되는 결과를 가져왔다. 즉 모방작과 창조적 자극이 원형에 대한 욕망을 점점 더 커지게 한 것이다.

현재 벨기에 맥주는 전 세계 많은 사람들에게 영향을 미치고 있다. 자연 발효든 수도원 제조 전통이든 독한 금빛 듀벨이든 톡 쏘는 쌉쌀한 듀퐁이든 상관없이 말이다. 유행에서 멀어지기는커녕 벨기에 맥주는 최신 유행을 창조하고 있다. 또한 벨기에 양조업자들은 미국 스타일의 페일 에일과 IPA를 양조함으로써 상대에게 받은 대로 돌려주고 있다.

과일 맥주

벨기에에서는 람빅, 구에즈 양조인과 배합인 사이에서 과일을 술통에 첨가하는 것이 유행이다. 체리와 라즈베리가 대표적인 두 가지이다. 그러나 다른 과일도 많이 쓰인다는 것을 알게 될 것이다. 최상급 벨기에 버전의 경우, 람빅은 이미 과일을 첨가하기 전 최대 2년까지 숙성을 거친 상태이다. 여전히 배고픈 이스트로 가득한 맥주에 과일을 넣기 때문에 과일의 발효성 당(Fermentable sugar)이 추가 발효와 작용을 통 속에서 일으키고, 여기서 맥주는 또 다시 1년 이상 머물게 된다.

벨기에를 벗어나서도 과일은 사우어 맥주는 물론, 비사우어 맥주에서도 인기가 많다. 어떤 과일이라도 사용할 수 있으며 다양한 형태로 맥주에 들어갈 수 있다. 생과일 통째로, 또는 얼려서, 또는 퓨레로, 또는 시럽이나 농축액으로 말이다. 과일은 제조 과정의 많은 단계에서 맥주에 들어갈 수 있다. 때로는 후반 첨가 홉처럼 넣을 수도 있다. 끓이는 마지막이나 월풀(whirlpool, 잔여물을 원심분리로 여과해내 아래 쌓이게 하는 과정—역자)을 할 때, 발효 동안, 발효 후 탱크에서 말이다. 아니면 때로는 포장 전에 맥주에 섞기도 한다. 어떤 조합으로도 훌륭한 맥주를 생산해낼 수 있다. 다만 시럽이나 추출물에서 나는 너무 부자연스러운 단맛은 조심하자.

여기 모아놓은 것은 생과일로 만든 맥주들이다. 딱딱한 씨나 껍질, 핵과 씨의 느낌과 더불어 과일에서 나는 자연스러운 에스테르 같은 향미에 주목해보자. 맥주는 짜릿하게 시거나 신선하거나 달콤하거나 섬세할 수 있으며, 어디까지나 과일은 맥주의 일부여야지, 향미를 제압하는 요소가 되어서는 안 된다.

드리 폰타이넨 스하이르벡세 크리크
DRIE FONTEINEN SCHAERBEEKSE KRIEK

비어셀, 벨기에
ABV : 6.0%
홉 : 묵은 홉

고전명작

스하이르벡세는 브뤼셀 근처 람빅 제조 지역에서 자라는 짜릿하게 신 체리이다. 한때는 모든 크리크 생산업자들이 사용했지만 현재는 좀 더 쉽게 구할 수 있는 체리 품종으로 대체되었다. 다행히 드리 폰타이넨이 여전히 스하이르벡세로 크리크를 만든다. 비록 구하기 어려운 맥주지만 말이다. 잔에 따르면 진한 분홍색이며, 바로 체리 향기를 맡을 수 있다. 꽃과 관목 및 유실수의 꽃향기와 약간의 아몬드, 바닐라 향과 더불어 미묘하고 섬세하다. 찌릿한 산성 산미가 나는 체리 밥(cherry bob, 자루 밑동에서 두 개가 붙어 있는 버찌—역자) 맛이 배후에 깔리면서 깊이와 아주 옅은 과일 향미를 더한다. 따뜻한 미풍에 실려 온 체리 나무의 향기를 문득 알아채게 되는 것 같은 정도이지, 그 이상은 아니다. 그러니 달콤한 체리 주스를 기대하며 크리크를 따선 안 된다. 이 맥주는 훌륭하게 숙성이 되어(그러니 용케 발견하게 되면 몇 병 쟁여놓자.) 베리나 자두 같은 과일 향미가 더해지는 한편, 톡 쏘는 신맛은 오래 남는다.

업랜드 스트로베리 람빅Upland Strawberry Lambic

블루밍턴, 인디애나
ABV : 6.0%
홉 : 할러타우어(3년 묵힌 것)

업랜드는 여덟 가지 과일을 넣은 람빅을 만든다. 무려 여덟 가지다! 벨기에 람빅처럼 양조한 베이스 맥주에 맥아화하지 않은 밀과 뜨거운 물을 섞은 탁한 혼합물(mash), 묵은 홉을 솥에 넣고 끓인 후, 오크통에 이스트와 박테리아와 함께 넣어 적당히 강한 산미를 얻는 데 필요한 시간만큼 둔다. 이 시점에 과일이 들어가 추가로 발효 과정이 이뤄지게 한다. 몇 달이 지나면 맥주는 출시할 준비가 된다. 업랜드가 쓰는 여덟 가지 과일은 딸기·라즈베리·체리·키위·감·블루베리·블랙베리·복숭아이다. 키위가 특히 흥미로운데, 신맛에 열대과일 같은 꽃향기를 더한다. 그러나 나는 딸기를 좋아한다. 은은한 과일 맛에 신선한 데다 자연스럽게 시큼한 특유의 타닌적 특징을 더하는, 톡 쏘는 베리씨 향미 때문이다. 8종 맥주 모두 쌉쌀하고 시고 찌릿하고 대부분의 맥주보다 퀴퀴하며, 확실하게 투박한 느낌이 들어서 정말 좋다.

베어드 브루잉 템플 가든 유주 에일

Baird Brewing Temple Garden Yuzu Ale

시즈오카, 일본
ABV : 5.5%
홉 : 모투에카, 뉴질랜드 캐스케이드, 산티움

베어드 브루어리 근처의 한 절에서 딴 유자로 만든 이 맥주는, 맥아 조성에 포함된 밀이 매끈함과 맵싸함을 더한다. 현지산 시트러스 향이 곧바로 풍긴다. 섬세한 레몬과 자몽, 포도, 꽃향기 나는 꿀, 약간의 광물성 식물 향이다. 마시면 쌉쌀한 맛이 나며 시트러스, 열대성 과일과 꽃향기가 나는 홉 향미가 풍부하며 이런 홉 향미가 유자 향미를 보완해서 유자의 짜릿하게 신맛을 강조한다. 유자는 껍질과 즙을 쓰는데, 두 재료가 가진 특성을 다 느낄 수 있다. 하나는 중과피 향미로 쌉쌀하고, 다른 하나는 산뜻하고 새콤하다. 베어드는 현지에서 기른 달콤새콤한 과일인 미캉으로 시즈오카 서머 미캉 에일(Shizuoka Summer Mikan Ale)과 더 카펜터스 미캉 에일(The Carpenter's Mikan Ale)도 만든다. 연말에는 쥬빌래이션(Jubilation)도 만날 수 있다. 계피와 일본 무화과로 양조한 축하주이다. 베어드 맥주는 현지 과일을 사용하는 것으로 양조되는 지역과 아주 끈끈한 유대를 형성한다.

업라이트 판타지아

Upright Fantasia

포틀랜드, 오리건
ABV : 5.75%
홉 : 크리스털(묵은 것)

판타지아는 어떤 전통적인 스타일도 따르지 않는 즉흥적 스타일을 가리키는 음악 용어에서 딱 어울리는 이름을 따왔다. 이 맥주는 양조장 근처 과수원에서 기른 신선한 복숭아로 만드는 한정 판매 맥주이다. 복숭아는 잘게 썰고 씨를 제거한 다음, 양조장에서 현지 포도원으로부터 공급받은 오크통에 첨가한다. 람빅 스타일처럼 맥아화하지 않은 밀이 아닌 보리와 묵은 홉으로 양조된 다음, 술통에서 복숭아를 만나 세종 이스트와 브레타노미세스 및 락토바실러스로 발효된다. 이스트가 활동을 시작하고 몇 주 후 4분의 3 정도 맥주가 차 있던 통에 다른 업라이트 맥주를 부어 끝까지 채운 후, 1년간 숙성한다. 복숭아에 더해 살구와 레몬 향이 나는 맥주가 나오며, 짜릿하게 신맛은 세련되고 신선하며 바닐라와 매끄러운 크림 같은 향미가 났다가 갈증이 풀리는 쌉쌀한 피니시가 이어진다. 라벨만큼이나 흥미롭고 묘한 매력이 있다.

러시안 리버 서플리케이션 Russian River Supplication

산타로사, 캘리포니아
ABV : 7.0%
홉 : 스티리안 골딩(묵은 것), 사츠(묵은 것)

나는 브루어리 스티커로 꾸민 작은 서류가방을 갖고 있다. 이 서류가방은 유럽을 여행할 때 쓴다. 러시안 리버의 브루 펍이 있는 거리에서 샀다. 첫 미국 맥주 여행에 지나치게 들떠서 집에 가져올 맥주를 너무 많이 샀기 때문이었다. 이제는 이 낡은 작은 가방을 볼 때마다 서플리케이션이 떠오른다. 멋진 가방을 사고 나서 처음 마신 맥주이기 때문이다. 루비색이 감도는 빨간색 맥주인 서플리케이션은 피노 누아 통에 신 체리, 시큼한 맛을 만들어내는 대표적 3인방인 브레타노미세스, 락토바실러스, 페디오코쿠스를 넣어 숙성한 브라운 에일이다. 먼저 퀴퀴한 냄새와 상큼한 레몬 향이 난 다음, 새콤한 체리 향이 아몬드 및 바닐라 향과 함께 나고, 이어서 나무통과 와인, 즉 베리·오크·향신료 향이 난다. 하루 종일 앉아서 이 맥주의 냄새만 맡고 있을 수도 있을 것만 같다. 하지만 그렇게 해서는 안 된다. 맛은 훨씬 더 좋으니까 말이다. 짜릿하게 시고 쌉쌀하면서도 과일 맛이 풍부하다.

구스 아일랜드 줄리엣
Goose Island Juliet

시카고, 일리노이
ABV : 8.0%
홉 : 필그림

구스 아일랜드는 미국에서 가장 큰 규모로 나무통 숙성 과정을 운영한다. 양조장을 둘러보면 구석구석에서 그 증거(옆에 놓인 술통과 맥주로 채워질 준비가 되어 있는 마개를 열어놓은 통이 들어찬 방, 퀴퀴한 냄새 나는 이스트만을 위해 따로 준비된 탱크들)를 발견할 수 있다. 술통 저장실에 들어가면 캐스크가 성처럼 높이 쌓여 있으며, 왠지 좋은 기억이 떠오르게 하는 황홀한 나무 향기와 느린 발효에서 생기는 단내와 레드와인, 버번, 바닐라, 붉은색 과일 향기 덕분에 코가 최고의 호사를 누리게 될 것이다. 줄리엣은 야생 이스트로 발효해 카베르네 와인 통에서 블랙베리를 넣어 숙성한다. 잔에 따르면 장밋빛이 도는 호박색에, 즉시 블랙베리 향기가 섬세한 과육 향과 함께 나타난다. 바닐라, 오크의 타닌, 베리 같은 와인의 깊이 있는 향미, 얼굴이 찌푸려지게 찌릿하기보단 섬세한 산미가 있다. 세련되고 과일 같고 복합적인 이 맥주는 크림 같은 치즈나 과일 맛이 나는 다크 초콜릿과 함께 하면 좋다.

시가 시티 구아바 그로브
Cigar City Guava Grove

탬파, 플로리다
ABV : 8.0%
홉 : 스티리안 보벡, 심코

맥주의 가장 마음에 드는 점 중 하나가 어떤 장소의 특징을 반영한다는 점이다. 시가 시티도 바로 이런 성격을 잘 보여준다. 시가 시티에서 나오는 맥주는 주변 환경을 아주 멋진 방식으로 소개한다. 이 지역과 양조장의 이름이 된, 시가 상자를 만드는 데 쓰이는 목재인 스페인 시더 나무를 숙성 맥주에 사용해 라틴계로서의 기원에 초점을 맞춘다거나, 탬파에 '큰 구아바(Big Guava)'라는 별칭이 붙게 한 과일로 양조를 하는 것 같은 식으로 말이다. 구아바 그로브는 베이스 맥주로 쓰이는 세종과 함께 핑크 구아바 퓨레로 2차 발효를 시켜, 복숭아·살구·라임·구아바·분홍 자몽의 신선한 과일 향기에 더해, 이스트의 정향 및 후추의 알싸한 맛과 카모마일 꽃향기로 가득한 맥주이다. 쌉쌀하고 톡 쏘는 탄산을 가졌으며 짜릿하게 신 구아바 그로브는 과일 향을 가진 상쾌한 맥주로, 플로리다 주의 길게 뻗은 해안가에서 잡은 신선한 해산물과 무척 잘 어울린다.

크루키드 스테이브 와일드 와일드 브렛 인디고

Crooked Stave Wild Wild Brett Indigo

덴버, 콜로라도
ABV : 7.0%
홉 : 슈트리셀슈팔트, 미텔프뤼, 캐스케이드

양조 및 증류 석사 과정을 공부해온 채드 야콥슨(Chad Yakobson)은 웬만한 사람들보다 브레타노미세스에 대해 더 많이 알며, 그 지식을 기꺼이 남들과 나눈다. '브레타노미세스 프로젝트(The Brettanomyces Project)'를 온라인에서 찾아서 그가 브레타노미세스에 대해 쓴 양조 및 증류 석사 과정 연구를 읽어보라. 여기서 그는 여덟 가지 이스트 균주를 분리하고 이들의 순수 배양 발효를 조사해서 각각의 특징을 찾아냈다. 현재 그는 이 이스트 균주를 이용해서 자신의 양조장에서 아주 훌륭한 와일드 에일을 몇 가지 생산하고 있다. 무지개 색을 따라서 만든, 100% 브레타노미세스 발효 시리즈의 일부인 WWBI는 생 블루베리로 숙성해서 인디고 색이 나게 한다. 오크통 숙성 맥주이며, 독특한 브레타노미세스 균주가 향기로운 과일 향을 만들어낸다. 파인애플과 망고를 떠올리면 된다. 이 향기는 블루베리의 가벼운, 짜릿하고 신 향신료 맛과 잘 어울린다. 침엽수 목재의 타닌, 후추, 그윽하게 퀴퀴한 냄새, 배경에 깔리는 감질나게 미묘한 베리 향미와 우아하게 씁쌀한 피니시를 갖고 있다. 크루키드 스테이브에서 나오는 맥주는 아주 특별한데, 특히 브레타노미세스로 양조한 맥주를 원한다면 이곳에 꼭 가봐야 한다.

위츠테이블 라즈베리 위트

Whitstable Raspberry Wheat

위츠테이블, 켄트
ABV : 5.2%
홉 : 펄

내가 맥주를 마시는 장소로 아주 좋아하는 데가 몇 군데 있는데, 위츠테이블 브루어리 바(Witstable Brewery Bar)가 이런 곳 중 하나이다. 편안한 분위기에, 낮에는 한산한 이 오두막집은 해변에 있어서 여름에 맥주를 마시기 아주 좋은 곳이다. 위츠테이블은 켄트에 있는 영국의 해안가 마을이다. 굴로 유명한 이곳은 내가 산책하기 가장 좋아하는 도시 중 하나이다. 그렇게 걷다가 브루어리 바 밖에 있는 자갈 해변에 앉아 행복하게 바다를 지그시 바라보곤 한다. 여기에서는 사츠 홉을 첨가한 필스너와 이스트켄트 인디아 페일 에일(East Kent India Pale Ale)을 만든다. 그러나 나는 무더운 날에 라즈베리 위트(Raspberry Wheat)를 마시길 정말 좋아한다. 진한 분홍색에 레몬즙 향기가 뒤에서 속삭이고 라즈베리 씨앗이 마지막에 상쾌한 날카로운 산미를 조금 더한다. 어디까지나 라즈베리 한 상자 같은 맛은 아니지만 말이다. 대신 깔끔하고 미묘한 맛으로, 마치 이 과일이 수줍음이라도 타는 것만 같다. 해변에서 플라스틱 컵에 따라 마시면 가장 좋다.

캉티용 푸 푼Cantillon Fou' Foune

브뤼셀, 벨기에
ABV : 5.0%
홉 : 묵은 홉(3년)

캉티용은 자신들의 맥주에 과일을 통째로, 그것도 아주 많은 양을 쓴다. 맥주 1ℓ당 생과일이 200g씩 들어가니 말이다. 이곳에서는 있는 듯 없는 듯 감질나게 느껴지는, 체리의 단맛이 나는 크리크와 라즈베리씨를 깨문 것 같은 맛이 나는 프람부와즈(Framboise)를 만든다. 푸 푼은 살구로 만든다. 껍질째, 가운데 씨앗도 빼지 않고 그냥 반으로 잘라 술통에 넣는다. 이스트가 과육을 몽땅 먹어치우고 마지막에는 씨앗만 남긴다. 결국 살구의 우아하면서 깊이 있는 맛, 즉 람빅의 톡 쏘는 신맛과 놀라운 방식으로 조화를 이루는, 꽃처럼 향기롭고 꿀맛 나는 크림 같은 향미의 맥주가 나온다. 달지 않고 톡 쏘는 신맛이 나며, 거친 향미, 중과피와 핵과의 특징, 약간의 퀴퀴한 냄새와 오크 향을 갖고 있다. 이 맥주는 흔히 샴페인과 비교되지만 그것은 샴페인에 대한 과찬이다. 그만큼 이 맥주는 비범하다.

페일과 홉 향미가 진한 세션 맥주

영국에서는 알코올 도수가 낮고, 미국과 남반구 홉을 써서 얻는 홉 맛과 향기가 강한 페일 맥주가 바에서 가장 인기가 있다. 미국 페일 에일과 시트러스, 과일 향이 두드러지는 홉에 대한 사랑은 펍에 가서 몇 파인트를 급히 들이켜는 영국의 음주 문화와 결합해 이 맥주들을 발전시켰고, 새로운 영국 맥주 스타일을 만들어냈다. 이 스타일을 통해 '도수가 낮은 맥주에 향미를 실으면서도 보디, 균형, 마시기 편한 특성을 유지할 수 있는지' 양조기술자의 실력을 가늠할 수 있다. 그런데 어떤 영국 맥주 바에 가도 이 스타일로 훌륭한 맥주를 생산하고 있는 양조업자들을 쉽게 발견할 수 있다.

ABV가 3.0%와 4.0% 사이인 이런 맥주는 색이 연한 밀짚색에서 금색에 이르며 보디는 상쾌하고 가볍다. 홉 향미는 강력하고, 쌉쌀한 쓴맛이 나고, 하루 종일이라도 마실 수 있다. 가벼운 알코올 도수와 대조적으로 쓴맛은 아주 강해서 최대 50IBU를 넘기도 한다. 일반적으로는 30IBU 정도지만 말이다. 맥아는 뒤로 숨으려는 편이라, 보통 옅은 비스킷이나 가벼운 캐러멜 향미를 낸다. 골든 마일드(Golden Mild)나 비터(Bitter)에서 이 맥아 향미를 끌어올리는 것은 홉이다. 화사한 향기가 나고 풍부한 과일 향미에, 보통 마지막에는 더 마시고 싶어지게 만드는 쌉쌀함을 가진 산뜻한 쓴맛이 난다. 이런 맥주가 공통적으로 가진 확실한 특징은 아주 풍성한 홉 향미와 갈증을 풀어주는 쓴맛의 조화이다. 이들은 최전성기에 있는 현대 영국 맥주들이며, 이 스타일은 향미가 풍부하고 알코올 도수는 낮은 맥주를 원하는 추세 덕분에 전 세계에서 활발히 도입되고 있다.

무어 리바이벌Moor Revival

서머셋, 영국
ABV : 3.8%
홉 : 콜럼버스, 캐스케이드

저스틴 호크(Justin Hawke)는 서머셋의 황야로 이주해온 미국인이다. 여기서 그는 여러 가지 현대 영국 스타일로 탁월한 맥주를 양조하고 있다. 이 중에는 몇몇 환상적인 페일과 홉 향미가 진한 맥주들(세션 블랙 IPA, 굉장한 JJJ IPA, 괴물 같은 9.0%의 IPA 발리 와인)이 있다. 리바이벌은 모순적인 이름이라고 할 수 있다. 새로운 스타일을 선도하고 있는 맥주이기 때문이다. 즉 이 맥주는 신작 중 하나이며 더불어 최고의 작품 중 하나이다. 근사한 탁한 오렌지 빛의 이 금색 맥주는 캐스크에서는 ABV가 3.8%이고 병에서는 4.0%이지만 마시면 큰 차이는 없다. 열대 과일, 파인애플, 망고, 자몽 중과피, 만다린 향기가 잔에서 터져 나온다. 보디는 가볍지만 모든 것을 한꺼번에 지탱하고 맥주와 함께 홉 향미를 끌어올릴 만큼 강하며, 갈증이 풀리고 상쾌하게 쌉쌀한 피니시 덕분에 무어에서 나오는 맥주를 아주 많이 마셔보고 싶게 만든다. 미국산 홉을 첨가한 노올 홉(Nor' Hop, Nor'는 북쪽을 뜻하는 north를 다른 단어와 붙여서 복합어를 만들 때 쓰임—역자)이나 뉴질랜드산 홉을 첨가한 소 홉(So'Hop, So'는 남쪽인 south를 뜻함—역자)도 구해보자. 둘 다 4.1%의 ABV에 아주 연한 색을 가졌으며 홉 풍미가 강하다.

윈타 브루잉 와일드Uinta Brewing Wyld

솔트레이크시티, 유타
ABV : 4.0%
홉 : 심코

솔트레이크시티는 몇 가지 까다로운 알코올 관련법을 갖고 있다. 도수가 ABV 4.1% 이상인 맥주는 '아주 독한' 것으로 간주해서 ABV 4.0% 이하인 '표준' 맥주와는 다른 법률을 적용한다. 그래서 가만 보면 윈타 맥주들의 도수가 정확히 ABV 4.0%인 것도 놀라울 것이 없다. 신기하게 예외도 있는데, 홉 노치 IPA(Hop Notch IPA)는 ABV 7.3%로, 2011년에 처음 나온 후 하도 인기가 높아서 수요를 감당하기 위해 양조업체에서 새로운 탱크를 사야 했을 정도이며, 두베 임페리얼 블랙 IPA(Dubhe Imperial Black IPA)는 ABV가 9.2%이다. 와일드는 특별한 페일 에일로, 향미와 향기가 아주 풍부하다. 살구, 복숭아, 관목 및 유실수의 꽃, 오렌지 중과피의 향과 맛을 가지고 있다. 사랑스러운 우아함과 약하지도, 시시하지도 않은 가벼움과 매끄러운 크림 같은 향미와 갈증을 풀어주는 청량감 있는 피니시를 가졌다. 유기농 인증을 받기도 한 이 맥주들은 100% 재생 에너지로 만든다.

마트슈카 패스트 볼Matuška Fast Ball

브로우미, 체코공화국
ABV : 3.8%
홉 : 시트라, 콜럼버스, 캐스케이드

9°인 아메리칸 페일 에일로, 체코공화국에서는 낯선 종류의 맥주이다. 체코에는 페일 에일이 별로 많지 않은데다, 9°인 맥주들은 확실히 별로 없기 때문이다. 아니, 체코에는 마트슈카 같은 맥주 양조업체부터가 많지가 않다. 다양한 페일 에일과 IPA를 만드는 마트슈카는 체코공화국에서 선도적인 소규모 맥주 양조업체 중 하나이다. 여기 맥주를 마시고 싶다면 프라하로 가라. 프라하에는 크래프트 맥주 바가 몇 곳 있다. 맨 먼저 들려야 할 곳은 즐리 차시(Zlý časy)이다. 이런 크래프트 맥주 바에 가면 흥미로운 신흥 맥주 양조업체들이 점점 더 늘어나고 있다는 것을 눈으로 실감할 수 있다. 패스트 볼은 탁한 연한 금색이며, 홉의 시트러스·후추·복숭아·꽃향기가 재빨리 퍼져 나오고, 이런 홉 향기를 부드러운 구운 맥아가 떠받친다. 가볍고 깔끔한데다 향기롭고 상쾌하며 향미와 보디, 마무리 짓는 톡 쏘는 신맛과 쓴맛이 풍부하다. 딱 스트라이크 존 한가운데로 던진, 승리의 강속구 같은 맥주이다.

크로마티 해피 채피Cromarty Happy Chappy

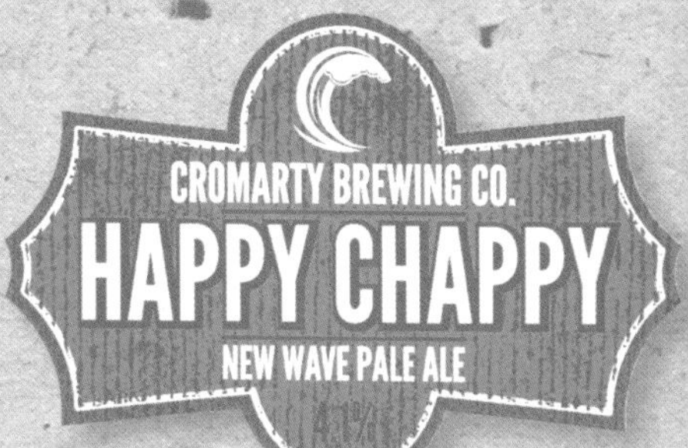

크로마티, 스코틀랜드
ABV : 4.1%
홉 : 콜럼버스, 캐스케이드, 넬슨 소빈, 윌러멧

스코틀랜드에 있는 다수의 흥미로운 소규모 맥주 양조업체들 중 하나인 크로마티는 2011년 크리스마스 며칠 전에 문을 열 때부터 사방팔방 홉을 뿌렸다. 이들은 ABV 4.7%의 브루드 어웨이크닝(Brewed Awakening), 커피를 주입한 스타우트부터 ABV 5.0%의 레드 락커(Red Rocker), 미국산 홉을 넣은 라이(Rye)에서 ABV 5.7%의 로그 웨이브(Rogue Wave), 엑스트라 페일 에일(extra pale ale)에 이르는 화려하고 대담해 보이는 각종 현대적 스타일을 내놓고 있다. 그 밖에 ABV 3.8%의 히트 더 립(Hit the Lip)과 해피 채피가 있다. 둘 다 색이 연하고 홉 향미가 강하다. 색과 보디는 가볍지만 향긋한 홉은 강력하다. 이런 면에서 둘은 이런 새로운 영국 맥주 스타일의 좋은 예다. 해피 채피는 잔에 따르면 금색이며, 홉을 최대치로 쓴 것에 비해 보디는 순하고 부드럽다. 홉은 자몽, 베리, 꽃향기에 더해 마지막에는 풀 같은 쌉쌀한 맛을 낸다.

혹스헤드 윈더미어 페일
Hawkshead Windermere Pale

컴브리아, 영국
ABV : 3.5%
홉 : 시트라, 골딩, 브람링 크로스, 푸글

'호수의 심장에서 나온 맥주(Beer from the heart of the lakes)'가 혹스헤드의 표어이다. 혹스헤드가 영국에서 가장 아름다운 지역 중 한 곳인 레이크 디스트릭트(Lake District)에 위치해 있기 때문이다. 입지를 최대한 활용하기 위해 노력하는 혹스헤드는 2011년에 양조장 옆에 비어 홀(Beer Hall)을 개업했다. 훌륭한 음식 메뉴를 갖춘, 환하고 통풍이 잘 되고 현대적인 술집인 이곳은 모든 혹스헤드 맥주를 맛보기에 최적의 장소이다. 여기에 가거든 가까이 있는 유명한 호수에서 이름을 딴 윈더미어 페일부터 마셔보자. 이 맥주는 굉장히 연한 색에 망고, 포도, 자몽 향의 홉 향미가 굉장히 진하고, 양조장 주위로 넓게 펼쳐진 푸르른 초목을 연상시키는 신선한 영국산 홉의 풀 향기를 갖고 있다. 섬세한 보디에 이어 훌륭한 홉 향미가 나타나는데, 이것이 윈더미어 페일을 그토록 기분 좋은 맥주로 만든다. 핑계 삼아 자리를 뜨지 않고 한 잔 더 마실 수 있도록, 비가 오길 빌게 만드는 그런 맥주이다. 실제로 비가 올 확률이 매우 높긴 하지만 말이다.

카 라레니스 기네우 리네르
Ca l'Arenys Guineu Riner

발스 데 토로엘라, 스페인
ABV : 2.5%
홉 : 아마릴로

알코올 도수가 낮은, 스페인에서 양조한 아메리칸 페일 에일인 기네우 리네르는 양조장이 밝힌 바에 따르면 무려 93IBU나 되는 강한 홉의 쓴맛과 가벼운 보디의 조화라는 눈부신 성과를 이뤄낸 맥주이다. 잔에 따르면 연하고 탁한 노란색에, 중과피·풀냄새 나는 허브·레몬·소나무·살구 향기가 활기차게 풍긴다. 황홀해지는 향수 같은 향기가 나며, 이 향기가 맥주 맛으로도 그대로 이어져, 섬세하고 가벼우면서도 입 안에서는 원숙하고 묵직한 느낌이 전해진다. 이런 느낌은 코로 튀어 올랐다가 목을 타고 넘어가면서, 강렬하고 청량감 있는 쓴맛과 오랫동안 쌉쌀한 뒷맛을 안기는 홉 향미를 모두 받쳐줄 만큼 강건하다. 낮은 ABV와 높은 IBU 때문에 보디가 부실하지 않을까 걱정하는 사람이 있을지 모르지만 그렇지 않다는 말이다. 타파스, 특히 칼라마리나 안초비 튀김 같은 것과 같이 마시면 끝내준다.

벅스턴 무어 탑 Buxton Moor Top

벅스턴, 영국
ABV : 3.6%
홉 : 치누크, 콜럼버스

이 맥주는 눈부시게 멋진 자몽 향이 나는 치누크 홉에 바치는 찬가이다. 무어 탑은 어떻게 높지 않은 ABV에도 홉의 향미와 향기로 엄청난 박력을 가진 맥주를 만들 수 있는지를 보여주는 탁월한 예다. 이런 맥주에서 핵심은 일과를 마친 후에 몇 파인트를 연거푸 들이켜거나 낮 동안 천천히 홀짝홀짝 마시는 데 적합하다는 의미인 '세션 가능성(sessionability, 몇 잔 이상, 또 한동안 마셔도 만취할 부담이 없는 가벼운 맥주—역자)'이라는 오래된 영국식 개념과 미국산 IPA의 엄청난 시트러스 향미를 하나로 묶는 데 있다. 알다시피 영국인들은 파인트로 몇 잔을 마시고 싶어 하는 동시에 IPA를 마시고 싶어 하는데, 이 맥주가 바로 둘을 성공적으로 조합해낸 결과인 것이다. 무어 탑은 아주 연한 블론드(Blonde) 맥주로, 치누크 홉을 한쪽 콧구멍에 넣은 것 같은 향기(자몽·중과피·탠저린·송진)가 난다. 군침 돌게 하는 새콤함에 쌉쌀하며 갈증을 풀어주는 청량감이 느껴진다. 시종일관 중과피 향미가 좀 더 우세하며 오랫동안 쓴맛을 남긴다. 벅스턴은 훌륭한 맥주를 만든다. 눈에 띄면 꼭 주문해보자.

골든 에일과 블론드 에일

1980년대에 나타난 영국 골든 에일이 주목을 끌면서 이 스타일은 전 세계로 퍼져나갔다. 골든 에일은 여기저기 뻗어나가지 않은 데가 없는 페일 라거에 맞서 점잖은 경쟁자이자 대안으로 출현했다. 여기서 이 맥주들이 가진 단순하고 활기차고 신선한 향미를 짐작해볼 수 있다. 이런 페일 맥주는 처음에는 햇빛 찬란한 계절에 마시는 가벼운 술로 출시됐지만 인기가 높아지면서 1년 내내 나오는 맥주로 바뀌었다.

색은 연한 금색(blonde)이나 황금색이며 알코올과 홉 모두에서 페일 에일보다 한 단계 아래이다. 매끄럽고 깔끔한 맥아 보디는 비스킷 향미와 함께 약간의 꿀이나 곡물의 단맛이 나기도 하며, 그런 다음에는 홉이 맥주에 섬세한 깊이를 더한다. 즉 너무 두드러지는, 활기 넘치는 쓴맛이 아니라 맥아와 균형을 유지해 마시기 편하고 부담 없는 맥주이다. ABV는 대개 4.0%와 5.5% 사이, IBU는 20과 30 사이이다. 어떤 홉 향미 프로필이든 너무 압도적이지만 않다면 허용된다. 영국산 홉은 전통적인 버전을 만들어내는데, 거친 향미와 꽃·산울타리 관목 열매(hedgerow fruits) 향이 난다. 한편 미국산과 남반구 홉은 시트러스와 열대과일 향을 더한다. 골든 에일과 블론드 에일은 강렬한 맥주는 아니라서, 페일 에일이 소리 내서 크게 웃는 것이라면 이 맥주들은 킥킥 웃는 것이라 할 수 있다. 때로는 낄낄대는 웃음이 장내가 떠나갈 듯 왁자한 웃음보다 훨씬 더 많은 것을 줄 수 있는 법이다.

파인 애벌란치Fyne Avalanche

아가일, 스코틀랜드
ABV : 4.5%
홉 : 캐스케이드, 챌린저, 리버티

내가 여름 동안 냉장고에 넣어두고 싶어 하는 맥주 목록에는 언제나 이 맥주가 들어간다. 스코틀랜드에는 정말 뛰어난 맥주 양조업체들이 많다. 여기서 나오는 맥주는 대부분 미국 크래프트 맥주에서 영감을 받아 이것을 전통적인 영국 스타일과 결합시킨 것이다. 애벌란치는 현대적인 골든 에일이다. 아주 영국적인 연한 맥아를 베이스로, 여기에 몇 가지 영국 홉을 더해 거친 향미가 느껴지는 미묘한 쓴맛을 낸다. 그리고 캐스케이드의 도움을 받아 자몽, 꽃향기와 함께 톡 쏘는 레몬과 시트러스 맛이 피니시를 이루며 모든 것을 아우른다. 깨끗하고 상쾌하고 가볍고 갈증을 풀어주는 청량감이 있으며 언제나 흥미로운 맥주이다. 애벌란치는 일종의 여름 나들이용 맥주이다. 추천할 만한 또 다른 파인 맥주는 잘(Jarl)이다. ABV 3.8%에 시트라 홉만을 사용한 세션 에일로, 황홀한 시트러스 및 열대과일 향기를 갖고 있으며, 마땅히 영국 최고의 맥주 중 하나로 여겨질 만하다.

셉템 선데이스 허니 골든 에일

Septem Sunday's Honey Golden Ale

에비아, 그리스
ABV : 6.5%
홉 : 스티리안 골딩, 테트낭거

나는 그리스를 사랑한다. 거의 매년 그리스에 가서 이 섬 저 섬을 돌아다니며 빛나는 태양과 황금빛 모래, 따뜻한 푸른 바다, 현지 음식을 즐긴다. 술에 대해서 이야기하자면, 많은 소규모 맥주 양조업체들이 색다르고 흥미진진한 맥주를 다양하게 생산 중이다. 셉템은 라틴어로 '일곱'이란 뜻으로, 신이 세계를 창조하는 데 걸린 일수를 나타내며, 각 셉템 맥주는 요일 이름을 하나씩 따왔다. 먼데이스 필스너(Monday's Pilsner)는 향기롭고 매력적인 과일 향 나는 홉으로 인해 톡 쏘는 맛이 난다. 또 프라이데이스 페일 에일(Friday's Pale Ale)은 매끈하고 깔끔한 홉의 신선함이 경이롭다. 일요일의 맥주가 바로 이 허니 골든 에일로, 두 종류의 그리스 꿀로 만든다. 색은 연한 금색으로, 향기로운 관목·유실수 꽃향기와 복숭아·살구 향기가 나며, 부드럽고 균형 잡힌 쓴맛과 풍부한 보디, 약한 단맛을 가진 맛있고 매끄러운 맥주이다.

쿠카파 클라시카 Cucapá Clásica

멕시칼리, 멕시코
ABV : 4.5%
홉 : 아마릴로, 캐스케이드, 센테니얼

캘리포니아에서 국경을 넘으면 바로 만나게 되는 세르베세리아 쿠카파는 멕시코 최고의 크래프트 맥주 양조업체 중 하나로, 기발한 상표를 붙이며 대부분의 맥주 스타일을 만든다. 이 중에는 아메리칸 IPA, 더블 라이(Double Rye), 임페리얼 레드(Imperial Red), 테킬라 통에서 숙성한 발리 와인 등이 있다. 클라시카는 부담 없이 마실 수 있는 단순하고 소박한 맥주이다. 밝은 금색에 깔끔한 비스킷 맛 맥아 향미를 가졌고, 시트러스와 꽃향기가 나는 홉이 향기에 약간의 신선함을 제공하다, 마지막에는 23IBU의 쓴맛으로 갈증을 풀어준다. 사람들이 이런 맥주에 바라는 모든 것을 가졌다. 즉 너무 많은 홉으로 깊은 인상을 남기려 애쓰지 않는다. 마시는 사람을 때려눕히는 독한 술도 아니다. 그저 멋진, 잘 만든 골든 에일로, 햇살 아래 퀘사디아와 함께 마시면 완벽한 맥주이다. 쿠카파가 내놓는 맥주는 저마다 라임을 병목에 쑤셔 넣은 투명한 맥주병이나, 핥고 들이켜고 빨고(손에 놓은 소금을 핥은 후, 한 잔을 한 번에 죽 들이켜고 나서 레몬을 빨아먹는 게 통상적인 데킬라 음용법으로 알려져 있다—역자) 테이블에 내리치는(잔에 데킬라를 반쯤 채운 후, 토닉워터나 사이다 등을 섞고 냅킨 같은 것으로 가린 후 테이블에 내리쳐 기포가 발생할 때 마시기도 한다—역자) 데킬라 같은 멕시코식 음주 문화에 대한 어처구니없는 대중적 고정관념과 맞서 싸우고 있다.

옵피고르스 골든 에일 Oppigårds Golden Ale

헤데모라, 스웨덴
ABV : 5.2%
홉 : 이스트켄트 골딩, 퍼시픽 젬, 캐스케이드

이 골든 에일은 옵피고르스 브뤼그예리(Oppigårds Bryggeri, 브뤼그예리는 맥주 양조장이라는 뜻—역자)에서 2004년에 문을 열었을 때 처음 양조한 맥주였다. 현재는 시스템볼라예트(Systembolaget, 스웨덴 국영 주류 판매소—역자)에서 가장 많이 팔리는 스웨덴 에일이다. 이건 대단한 일이다. 스웨덴 주류 법은 ABV 3.5%가 넘는 맥주는 국영인 시스템볼라예트에서만 팔 수 있도록 하고 있다. 시스템볼라예트는 제한적이기는커녕 아마 세상에서 가장 우수한 맥주를 다양하게 갖추고 있는 곳일 것이다. 매달 새로운 맥주가 매장에 추가되는 것은 물론이다. 이 골든 에일은 옛것과 새것을 혼합한 것이다. 즉 거친 향미 나는, 마멀레이드 같은 골딩과 꽃향기처럼 향기로운 자몽 같은 캐스케이드와 블랙커런트 향의 퍼시픽 젬을 섞어 만든다. 맥아는 희미한 캐러멜 향미로, 쫀득하며 구운 맛이 난다. 반면 30IBU의 쓴맛은 약간의 이국적 과일의 중과피 향미와 함께, 갈증을 풀어주는 청량감 있는 짜릿함으로 확실히 마무리한다. 스웨덴은 여름 햇살로 유명한 곳은 아니니, 이 맥주로 비타민 D의 위약 효과를 노려보도록 하자.

스톤&우드 퍼시픽 에일Stone&Wood Pacific Ale

바이런 베이, 오스트레일리아
ABV : 4.4%
홉 : 갤럭시

완만히 길게 펼쳐진 바이런 베이의 모래사장을 바라보면 끊임없이 밀려드는 산호해의 파도를 아련하고 애틋한 눈빛으로 응시하게 될 것이다. 2008년, 사람들이 서핑을 하고 파티를 하러 가는 바로 이곳 오스트레일리아 동부 해안에 스톤 앤 우드가 세워졌다. 바다에서 단 몇 분 거리에 있는 이곳에 들어서면 딱히 머리가 좋지 않더라도 그들이 왜 여기를 선택했는지 알 수 있을 것이다. 퍼시픽 에일은 오스트레일리아에서 재배한 맥아, 밀, 홉을 사용한 완벽한 오스트레일리아산 맥주이다. 갤럭시는 훌륭한 홉인데, 열대 과일·패션프루트·복숭아 향기가 모두 이 작은 초록색 수류탄에서 터져 나온다. 퍼시픽 에일에서 과일 향기들은, 쌉쌀하고 깔끔한 쓴맛에 앞서 옅은 꿀맛이 느껴지는 매끈하고 깔끔한 맥아 베이스 위로, 시트러스 껍질·포도, 그리고 갤럭시의 조상이 독일 홉이라는 것을 떠올리게 하는 풀냄새와 함께 섬세한 신선함을 불어넣는다. 균형이 잘 잡혀 있으며, 아름다운 곳에서 만들어진 아름다운 맥주이다.

컨 리버 이자벨라 블론드
Kern River Isabella Blonde

컨빌, 캘리포니아
ABV : 4.5%
홉 : 캐스케이드

데스밸리나 요세미티에서 별로 멀지 않은 세쿼이아 국유림 가장자리에 컨빌이라는 미국 개척 시대에 시작된 서부 도시가 있다. 로스앤젤레스의 스타들과 라스베가스의 화려한 조명은 이 소도시에서는 멀리 있는 오락거리일 뿐이다. 이곳에는 산과 강에서 스포츠를 즐기려는 사람들이 몰린다. 암벽을 타고 급류를 헤치는 하루를 보내고 나면 맥주가 간절해질 텐데, 이자벨라 블론드는 이럴 때 처음 찾기 좋은 맥주이다. 브루펍 가까이에 있는 호수에서 이름을 딴 이 맥주는 미묘한 맥아 향미가 바탕에 깔리고, 흙·풀·과수원 과일의 깊이 있는 향미를 갖고 있다. 부담 없이 목으로 넘어가며, 굉장히 상쾌하고 멋지게 균형 잡힌 맥주이다. 이 맥주로 미각에 짜릿한 흥분을 안겨주는 더블 IPA인 컨 리버 시트라(Kern River Citra)가 아드레날린을 다시 치솟게 하기 전에 차분히 가라앉혀주자.

루스터스 양키Rooster's Yankee

나스보로, 영국
ABV : 4.3%
홉 : 캐스케이드

숀 프랭클린(Sean Franklin)이 양키를 1993년에 양조했을 때 그는 영국에서 캐스케이드라 불리는 신품종 홉을 최초로 사용한 양조기술자 중 하나였다. 맥주 양조를 하기 전에 와인 양조를 했던 숀은 언제나 양조 기술의 선구자였다. 특히 홉을 이용해서 균형을 맞추고 독특한 향미 프로필을 만들어내는 기술에서 말이다. 2011년에 그는 양조장을 넘기기로 결정했고, 현재는 포자드(Fozard) 형제가 이곳을 운영하고 있다. 올(Ol)과 톰 포자드 형제는 숀의 위대한 업적을 계승하는 한편, 새로운 맥주를 가지고 새로운 길을 개척해 나가는 중이다. 양키는 전통을 계승한 맥주이다. 밝은 금색인 이 맥주는 영국과 미국 맥주를 아주 성공적으로 조합했다. 깔끔한 연수인 요크셔 물이 연한 영국 맥아를 만나고, 캐스케이드 홉이 멋진 자몽·꽃·신선한 풀 향기를 제공한다. 표준적인 양조장 고유 맥주뿐 아니라, 벅아이(Buckeye)와 와일드 뮬(Wild Mule)도 구해서 마셔보자. 둘은 홉을 잘 다루어 완벽하게 만들어낸 현대적인 영국 스타일들이다.

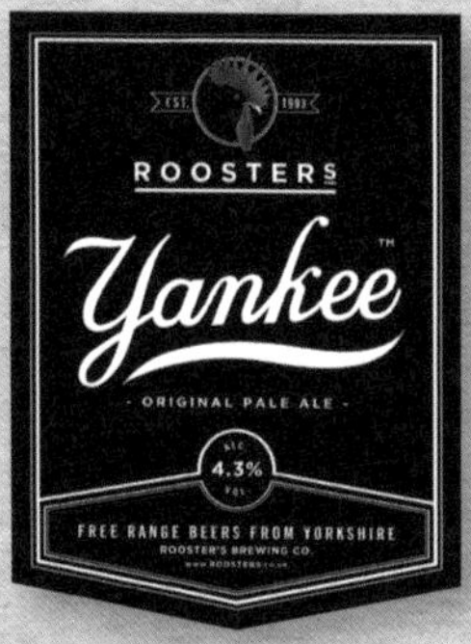

아메리칸 페일 에일

최초의 진정한 미국 크래프트 맥주 스타일인 아메리칸 페일 에일은 유럽에서 양조한 페일 맥주에서 영감을 얻어, 미국 서부 연안에서 재배한 과일 향과 맛이 엄청난 홉을 사용해서 만든 미국적인 페일 맥주이다. 시에라 네바다(Sierra Nevada)가 대표적이자 여전히 최고 중 하나다. 초창기 이 스타일의 맥주에 소비자들은 열광하고 흥분했으며, 이에 따라 크래프트 맥주 양조에 시동이 걸리게 되었다.

미국이 원산지인 C 홉에 속하는 캐스케이드 홉은 아메리칸 페일 에일 양조에 사용되며, 이 스타일에 꼭 필요한 모든 속성을 갖고 있다. 꽃·새콤한 시트러스·소나무·중과피 등을 말이다. 쓴맛은 25~50IBU로, 순하거나 공격적일 수 있다. 갓 수확한 홉과 건조 홉을 대량 첨가하면 맥주에 강렬한 향기, 향미가 생겨서 시트러스 나무 숲 속에 앉아 있는 것 같다. 이 맥주는 연한 금색에서 호박색에 이르는 색을 띠며, 보통 약한 단맛과 원숙한 보디를 갖고 있다. 어떤 맥주는 아주 쌉쌀한 맛으로 끝나기도 하지만 말이다. 이스트는 보통 어느 한쪽으로 치우치지 않는 미국 에일 이스트로, 약간의 과일 향 에스테르와 깔끔한 깊이를 제공한다. ABV 범위는 4.5~6.5% 정도이다. 페일 에일에서 IPA로 넘어가는 경계선은 모호해서, 6.0%인 맥주는 양쪽 모두에 속할 수 있다. 결국 궁극적인 차이는 홉의 사용에서 생긴다. 아무래도 IPA가 홉의 존재감이 더 강하다. 그 반대를 지향하는 페일 에일은 홉이 가벼워질수록 앰버나 골든 에일 쪽으로 내려간다. 아메리칸 페일 에일은 양조장들을 생겨나게 했고, 맥주 소비자들을 개종시켰고, 바들이 문을 열게 했고, 궁극적으로는 맥주를 영원히 바꿔놓았다.

하프 에이커 데이지 커터Half Acre Daisy Cutter

시카고, 일리노이
ABV : 5.2%
홉 : 센테니얼, 아마릴로, 콜럼버스, 심코

반론의 여지없이 시에라 네바다는 아메리칸 페일 에일의 고전명작이다. 그렇다면 데이지 커터는 현대명작이라 할 수 있다. 맥주 스타일은 옛 영감에 새로운 재료와 새로운 아이디어를 결합시켜 꾸준히 스스로를 쇄신한다. 이 맥주에서는 자몽·만다린·꽃·망고 향기가 나지만, 이 네 가지 이상의 무언가가 있다. 목 넘김이 깔끔하고 매끈한 한편, 향미는 깔끔한 맥아 덕분에 아주 선명하게 다가온다. 맥주에서 홉 향미가 너무 지나치면 투명하게 아름다운 선율 대신 요란한 소음만 남기 십상이지만 데이지 커터는 혀에 달라붙어 여운을 남길 만큼의 힘이 있으면서도 혀를 마비시켜버릴 정도로 강하지는 않은 쓴맛과 함께, 타의 추종을 불허하는 신선한 향미를 갖고 있다. 이 말은 묘한 매력이 있는 쓴맛에는 감질이 나고, 환상적인 향기는 만족스러워서 이 맥주를 더 마시고 싶어질 것이란 뜻이다. 데이지 커터를 더 독하게 만든 버전인 더블 데이지 커터(Double Daisy Cutter)도 있는데 이 맥주만큼 훌륭하다.

매직 락 하이 와이어Magic Rock High Wire

허더즈필드, 영국
ABV : 5.5%
홉 : 센테니얼, 콜럼버스, 시트라, 캐스케이드, 치누크

매직 락은 정말 순식간에 보잘 것 없는 무명의 존재에서 최고의 스타로 도약했다. 이들이 처음 만든 맥주는 2011년에 나왔고, 그 후로 매직 락은 모든 영국 맥주광의 입에 계속 오르내리고 있다. 미국에서 영감을 받은 대단히 다양한 종류의 맥주들 덕분이다. 하이 와이어는 이들이 만든 웨스트코스트 IPA 군에 속한다. 이 맥주 한 파인트를 주문해서 한입 가득 마셔보라. 확실히 잿빛 요크셔 하늘보다 좋은 샌디에이고의 햇살 속으로 곧장 공간 이동을 한 것 같은 느낌이 든다. 만다린·자몽 중과피·패션프루트·구운 파인애플과 오렌지 향이 나며, 보디는 옅은 토피 같은 달콤함이 홉과 균형을 이룬 다음, 쌉쌀하고 후추처럼 알싸하고 아리게 끝난다. 그래서 더 마시면서, 조금 전까지 위안을 주었던 단맛을 혀에 되찾아주고 싶은 기분이 든다. 캐논볼(Cannonball)은 이들이 생산하는 아메리칸 IPA로, 마법과 같은 맥주이다. 큐리어스(Curious)도 마셔보라. ABV 3.9%에 색이 연하고 홉의 풍미가 강한 특출한 세션 맥주로, 홉의 쇼케이스를 감상하며 즐거워진 미각은 환호성을 지를 것이다.

쓰리 플로이즈 알파 킹Three Floyds Alpha King과 좀비 더스트Zombie Dust

먼스터, 인디애나
ABV : 6.66%와 6.4%
홉 : 알파 킹—센테니얼·캐스케이드·워리어, 좀비 더스트—시트라

알파 킹과 좀비 더스트는 둘 다 정말 훌륭해서 어느 하나만 빼놓을 수가 없었다. 그래서 모두 여기에 실었다. 쓰리 플로이즈는 맥주 양조업계에서 홉의 영웅이다. 이들이 내놓는 아주 다양한 맥주들은 떠올릴 수 있는 모든 맥주 스타일을 섭렵하게 해주지만, 내가 다시 찾고 싶은 것은 지금 소개하고 있는 페일 에일과 앞서 소개한 걸출한 검볼헤드이다. 알파 킹에서는 센테니얼, 캐스케이드, 워리어 홉이 뭉쳐 쓴맛이 66IBU에 이른다. 오렌지 중과피, 만다린즙, 파인애플, 소나무, 말린 허브가 후각을 흥분으로 몰아넣는다. 좀비 더스트도 마찬가지로 홉이 함성을 지르고 환호하고 하이파이브를 날리는 것 같은 느낌을 준다. 망고, 포도, 꽃 향을 내는 열대과일의 축제 같은 시트라 홉만을 써서 말이다. 모든 것이 이 맥주 안에서 완벽하게 조화를 이루어, 신선함·활기·유쾌함이라는, 홉으로 할 수 있는 가장 놀라운 경험을 하도록 이끈다. 다시 말하지만, 쓰리 플로이즈 사람들은 홉의 영웅들이다.

댄싱 캐멀 아메리칸 페일 에일Dancing Camel American Pale Ale

텔아비브, 이스라엘
ABV : 5.2%
홉 : 시트라, 캐스케이드

다양한 맥주 양조업체와 흥미로운 맥주가 늘어나고 있는 이스라엘은 의외의 크래프트 맥주 유행지 중 하나로, 현지에서 영감을 얻을 뿐 아니라 미국에서도 많은 아이디어를 얻고 있다. 댄싱 캐멀은 이스라엘 최초의 크래프트 맥주 양조업체 중 하나인데, 미국인인 데이비드 코헨(David Cohen)이 2006년에 문을 열었다. 아메리칸 페일 에일은 호박색 계열이며, 이스라엘 대추야자 꿀로 만든다. 자몽, 파인애플, 오렌지 중과피 등 미국 홉들의 향기가 지배적이다. 캐러멜 같은 구운 맥아 향미를 갖고 있으며, 희미한 꿀맛이 느껴지다가 갈증을 풀어주는 단순명쾌한 피니시가 이어진다. 라하임(LeChaim)은 히브리어 건배사로, '생명을 위하여(to life)'라는 뜻이다. 우리 모두는 차가운 맥주 한 잔으로 되살아날 수 있으니 맞는 말이다.

힐 팜스테드 에드워드Hill Farmstead Edward

그린스보로, 버몬트
ABV : 5.2%
홉 : 센테니얼, 치누크, 콜럼버스, 심코, 워리어

숀 힐(Shaun Hill)은 힐 팜스테드의 숨은 주역이다. 팜스테드는 220년이 넘는 세월 동안 그의 가족이 대대로 살고 있는 땅 위에 세워져 있다. 여기서 생산하는 '조상 전래(傳來) 시리즈(Ancestral Series)' 맥주들은 힐 가문 사람들의 이름을 따왔고, 그들에게서 영감을 얻었다. 에드워드는 숀의 할아버지로, 현재 양조장이 자리해 있는 땅에 살았다. 이 맥주는 완전한 미국산 페일 에일이다. 즉 미국산 맥아, 미국산 홉에 자가 제조 이스트 균주, 농장 지하에서 끌어온 우물물로 만든다. 나는 이 물에 특별한 무엇이 있다고 확신한다. 그것이 바로 맥주에 이토록 가벼우면서도, 믿을 수 없을 만큼 놀라운 우아함을 더해주는 거라고 말이다. 여기에 자몽, 복숭아, 오렌지 중과피, 신선한 꽃, 풀 향기를 제공하는 홉이 결합해 한 번도 경험해본 적 없는 신선하고 깔끔한 맛을 내서 경이로운 맛을 가진 맥주가 탄생했다. 특별한 장소에서 만들어진, 이야기가 있는 맥주이다.

람브라테 리게라Lambrate Ligera

밀라노, 이탈리아
ABV : 4.7%
홉 : 치누크, 아마릴로, 캐스케이드, 윌러멧

밀라노 관광은 비리피초 람브라테(Birrificio Lambrate) 브루 펍에서 몇 가지 맥주를 맛보지 않고는 제대로 마쳤다고 할 수 없다. 여기는 실내가 짙은 색 목재로 되어 있고, 도처에 맥주 관련 수집품들과 현재 메뉴가 적힌 칠판이 있으며, 청동 꼭지들이 두터운 거품 왕관을 쓴 맥주를 쏟아내는 곳이다. 오래된 영국 펍이 옛날 금주법 시대의 지하 주류 밀매점을 만난 것 같은 분위기이다. 람브라테 맥주들은 어떤 종류든 훌륭하다. 그러니 한동안은 머물 각오를 해야 한다. 어두운색 맥주를 좋아하는 사람들은 기사(Ghisa)를 마셔봐야 한다. 커피와 어두운색 과일이 자욱하게 피어오르는 연기와 섞인 아름다운 훈연 맥주이다. 홉 팬이라면 리게라(Ligera)를 맛봐야 한다. 그러나 폭발적으로 분출하는 루풀린(홉 가루. 맥주 원료로 쓰이는 홉 포엽 기부에 생기는 노란색 가루—역자)을 기대해선 안 된다. 여기에서 홉은 향긋하고 섬세하며 향미 중심적이지, 쓴맛 폭탄은 아니니까 말이다. 복숭아·만다린·중과피 향이 맥주를 가득 채운다. 보디는 깔끔하며 이후 오랫동안 쌉쌀하고 균형 잡힌 쓴맛이 이어진다. 리게라는 싱그럽고 사랑스럽다. 이 브루 펍에서 내는 맥아즙으로 요리한 맛있는 리조또와 함께 마셔보라.

캄바 바바리아 페일 에일Camba Bavaria Pale Ale

트루흐트라힝, 독일
ABV : 5.2%
홉 : 캐스케이드, 골딩, 윌러멧

이 맥주는 내 선입견을 깨며 충격을 안겨주었다. '독일에서 양조한 아메리칸 페일 에일?' '알게 뭐야. 라거 같은 맛이 나겠지?' '독일인들은 홉으로 뭘 어째야 하는지 모르지 않나?' 나는 병을 따서 잔에 부어놓고 다른 일을 하느라 바빴다. 그러다 문득 공기 중에 넘실대는 향긋한 시트러스와 열대 과일 향기를 알아차렸다. 나는 내 예상이 산산조각 나는 것을 정말 좋아하는데, 이 페일 에일은 그런 면에서 정말 경이로울 정도였다. 이 맥주가 잘 알려진 미국 양조장에서 만들어졌다면 세계적으로 가장 유명한 페일 에일 중 하나가 됐을 거라 생각한다. 양조장은 전 세계를 돌아다니며 크래프트 맥주 양조장 시설 일체를 구축하는 양조장 제조사인 브라우콘(Braukon)과 연계되어 있다. 이들은 이렇게 전 세계에서 얻은 영감을 자체 양조장 탱크 속에 되살렸다.
이 페일 에일은 탠저린, 관목 및 유실수 꽃의 꿀, 망고의 과일 향이 대단히 풍부하고 군침 돌게 하는 맥주이다. 보디는 묵직하고, 마시면 굉장히 매끄럽게 넘어가며, 그 후 깔끔하고 균형 잡힌 쓴맛이 나타난다. 업계 판도를 뒤바꿔놓을 만한 걸작이다.

파이어스톤 워커 페일31Firestone Walker Pale31

파소 로블레스, 캘리포니아
ABV : 4.9%
홉 : 푸글, 캐스케이드, 센테니얼, 치누크

애덤 파이어스톤(Adam Firestone)과 데이비드 워커(David Walker)가 양조장을 시작한 1996년부터 파이어스톤 워커는 이 세상에 존재하는 맥주 상이란 상은 모조리 휩쓴 것 같다. 이 중에는 2년마다 열리는 '올해의 중간규모 양조장(Mid Size Brewery of the Year)' 4회 수상도 있다. 이 상은 어떤 양조장 맥주든 그해 대회 출품작 중 가장 잘 만들어진 맥주에 주어진다. 이것이 그토록 대단한 업적인 이유는 맥주들을 블라인드 테스트해서 나온 결과이기 때문이다. 즉 오로지 향미 하나만으로 상을 쟁취한 것이다. 페일 31을 맛보면 자기가 마신 잔에 금메달을 걸어주고픈 심정이 될 것이다. 망고·멜론·만다린의 황홀한 향기가 도저히 불가능할 것 같은 수준으로 생기 넘치고, 군침 돌게 할 뿐 아니라, 가볍고 깔끔하다. 홉 향미가 무척 풍부하고 쓴맛은 아주 약간 느껴진다. 최고의 맥주 중 하나이다. 마시면 저절로 미소가 떠오르는데, 맥주가 이 정도까지 될 수 있다는 데 신이 나기 때문이다. 페일 에일의 완성판이다.

그레이트 레이크스 크레이지 카누크 페일 에일Great Lakes Crazy Canuck Pale Ale

온타리오, 캐나다
ABV : 5.2%
홉 : 센테니얼, 치누크, 시트라

토론토에서 가장 오래된 크래프트 맥주 양조장인 그레이트 레이크스는 1987년 이래로 지금까지 아름다운 구리 탱크들 아래 장작불을 직접 때서 맥주를 만들고 있다. 양조장에서 외관상 구리를 이길 수 있는 것은 없다. 반짝이는 스테인리스 스틸도 좋긴 하지만 구리에는 뭔가 특별한 구석이 있다. 크레이즈 카누크는 미국 태평양 연안 지역에서 영향을 받은 아메리칸 페일 에일이다. 잔에 따르면 윤이 나게 잘 닦은 양조용 구리 솥 색깔에, 원하던 바로 그대로의 향기가 난다. 자몽·꽃·소나무 향기가 전해지는데, 마치 C홉을 씹고 있는 것 같은 느낌이다. 마시면 가볍고 쌉쌀해서 나뭇진 같은 홉이 전면에 나서기도 한다. 이런 홉 향기가 내리막길에 접어들면 중과피의 쓴맛이 나타나 오래 입 안에 머무른다. 캐나다 맥주에서 캘리포니아의 향기를 느끼자니 푸짐한 프라이드치킨 요리가 먹고 싶어진다. 홉의 과일 같은 면은 닭고기의 바삭한 튀김옷과 양념의 진한 맛을 잡아준다.

투아타라 APATuatara APA

와이카나에, 뉴질랜드
ABV : 5.8%
홉 : 치누크, 심코, 지토스

재료, 과정, 의도에서 공통점이 있는, 동일한 스타일에 속하는 열 가지 맥주에 대해 쓰자면 그 페이지에 나오는 단어는 약간 중복될 수 있다. 우리는 미국산 홉이 자몽과 오렌지, 소나무와 꽃향기를 가지고 있으며, 그래서 모두 서로 비슷해진다는 것을 안다. 중요한 것은 이것들이 내는 맛도 그렇다는 것이다. 전 세계적으로 비슷한 방식으로 만들고 있는 맥주가 수천 개는 있다. 그렇지만 어떤 맥주는 같은 스타일의 맥주 중에서도 두드러진다. 향기는 기운차거나 신선하고, 마시면 기대했던 느낌이 나며, 홉과 맥아도 늘 하던 역할을 하는 터라, 결국 작고 세세한 것들이 차이를 만든다. 투아타라의 APA는 호박색과 미국산 홉의 폭발적인 시트러스 향기와 혀를 뒤덮어 버리는 매혹적인 50IBU의 쓴맛이 특별한 맥주이다. 한편 캐러멜과 베리의 단맛이 바탕에 가득 깔려 모든 것의 균형을 맞춘다. 투아타라는 탁월한 아오테아로아 페일 에일(Aotearoa Pale Ale)도 만든다. 투아타라와 같은 맥주이지만, 뉴질랜드 홉을 첨가한 버전이다.

아메리칸 페일 에일이 모든 것의 시작이자, 맥주 세계를 진보하게 한 장본인이라면, 타의 추종을 불허하는 이 세계의 진정한 지배자는 IPA이다. 아메리칸 IPA는 영국에서 인도로 바다를 건너간 홉 풍미를 강화한 맥주인, 수백 년 역사의 인디아 페일 에일에서 아이디어를 가져와, 미국 북서부에서 재배한 기가 막히게 멋진 홉에 어울리도록 빠르게 발전되었다. 현재 IPA는 인도나 오랜 항해와는 아무 관련이 없다. 홉을 중심으로 만들어진 스타일로, 현존하는 가장 흥미롭고 눈에 띄는 맥주 스타일 중 하나이다. IPA는 맥주가 냉장고에 줄지어 들어 있는 가벼운 라거들과 얼마나 달라질 수 있는지 보여준다. 군침 돌게 하는 향기로운 과일 향미 프로필, 강타하는 쓴맛, 맥아의 풍부한 보디, 얼얼해지는 강한 술맛이 모두 결합해서 향미 가득한 맥주를 낳는다.

아메리칸 IPA

아메리칸 IPA는 많은 것이 될 수 있다. 아주 연한 색에서 어두운 호박색까지, 섬세한 꽃향기에서 무자비한 쓴맛까지, 톡 쏘는 쌉쌀한 맛부터 달콤하고 원숙한 맛까지 말이다. 이런 맥주가 가진 공통점은 후각을 사로잡는 미국산 홉의 향기로, 시트러스·송진·말린 허브·핵과·꽃의 신선한 향기가 난다. 보통 쓴맛이 아주 강해서 IBU가 50~80 이상이며, 때로는 혀가 갈기갈기 찢기는 것 같은 느낌이 든다. 알코올 도수는 일반적으로 ABV 6.0~8.0% 사이이다. 아메리칸 IPA는 크게 두 종류로 나뉜다. 웨스트코스트 IPA는 좀 더 '대담한' 시트러스 향에 쌉쌀하고 쓴맛이 나는 반면, 이스트코스트 IPA는 약간 더 묵직한 보디에 홉 풍미는 덜 적극적이다. 아메리칸 IPA는 크래프트 맥주의 대표적인 맥주 스타일이다. 말하자면 크래프트 맥주의 영웅이다.

베어 리퍼블릭 레이서5 BEAR REPUBLIC RACER 5

고전명작

힐즈버그, 캘리포니아
ABV : 7.0%
홉 : 치누크, 캐스케이드, 콜럼버스, 센테니얼

전통적이고 전형적이며 결정판이라 할 만한 아메리칸 IPA는 무엇일까? 50명에게 물어보면 50가지 다른 답이 나올 것이다. 그러면 왜 레이서 5인가? IPA는 보통 너무 달거나 쓴맛이 날 수 있다. 하지만 레이서 5는 딱 그 한가운데 서 있다. 원숙한 보디와 구운 맥아, 강렬한 홉 향기와 향미, 즉시 한 잔 더 마시고 싶어지게 하는 쓴맛과 함께 말이다. 홉은 모두 미국산으로, 오렌지 꽃·탠저린·망고·열대 과일에 더해 소나무와 쌉쌀한 허브 같은 느낌이 가득해서 진보다는 에일에 가까운 느낌이다. 혀를 휘감는 단맛이 균형을 잡아주는 역할을 해서, 과일 향미가 강한 홉은 더 과일 맛이 진해지게 하고, 쓴맛은 원숙하게 마무리해준다. 좋아하는 맥주를 고르는 것은 어려운 일이지만, 이 맥주는 내 목록에서는 1위에 가깝다. 특히 레이서를 바에 있는 탱크에서 따라서 내는 힐즈버그(Healdsburg) 브루 펍에서 치즈버거, 감자튀김과 함께 할 때는 더욱 그렇다.

더 커널 IPA The Kernel IPA

런던, 영국
ABV : 6.5~7.5%(1회 생산 분량마다 달라짐)
홉 : 병 라벨을 볼 것

2010년 초 더 커널은 런던 타워 브리지 근처에 있는 구름다리 아래서 양조업을 시작했다. 2012년 3월에는 수요를 감당하기 위해 시설을 더 큰 부지로 옮겨야 할 정도가 되었다. 에빈 오리오던(Evin O'riordain)과 그의 팀은 엄청나게 다양한 맥주를 양조한다. 이 중에는 스타우트, 포터, 고전적인 유럽 맥주를 흥미롭게 재해석한 맥주도 있지만 관심을 사로잡는 것은 강력한 홉 풍미를 가진 페일 에일, IPA, 블랙 IPA이다. 한 회 생산 분량마다 쓰는 홉 품종이 달라지며 사용한 홉 품종에서 이름을 딴다. 그러니 가능한 한 많이 마셔보고 홉에 따라 맥주의 특징이 어떻게 달라지는지 알아보자. 더 커널 IPA는 불타는 것 같은 붉은색에, 맥아가 내는 캐러멜과 빵 향미를 가졌으며, 묵직하면서 질감이 살아 있는 보디가 특징이다. 이런 보디는 마시는 동안 홉을 견고하게 받쳐준다. 따라서 보통 쓴맛이 많고 놀라운 향기가 나지만 어디까지나 균형이 잡혀 있다.

에픽 브루잉 아마겟돈 IPA
Epic Brewing Armageddon IPA

오클랜드, 뉴질랜드
ABV : 6.66%
홉 : 캐스케이드, 센테니얼, 콜럼버스, 심코

뉴질랜드에서 처음 양조를 시작하던 시기에는 현지에 홉이 부족했다. 그럼에도 에픽 브루잉의 숨은 주역인 루크 니콜라스(Luke Nicholas)는 홉 함량을 줄이지 않고 가능한 한 많이 집어넣기로 했다. 나는 이런 자세가 정말 마음에 든다. 물론 이 맥주도 정말 마음에 들고 말이다. 홉이 자몽과 군침 돌게 하는 새콤한 열대 과일 향에 이어 소나무 향으로 대폭발을 일으키고 나면, 쓴맛은 적당한 수준의 단맛 위로 길고 거칠게 이어진다. 그리고 모든 것이 조화를 이루어 자꾸만 들이켜게 되는, 중독성 강한 맥주가 완성된다. 홉을 사랑한다고? 그렇다면 에픽의 홉 좀비(Hop Zombie)나 메이헴(Mayhem)도 마셔보라. IPA는 식욕을 돋울 수 있는데, 이때 많은 사람들이 맵고 자극적인 음식을 고른다. 그러나 나는 그건 보드카를 끼얹어 불을 끄려는 것이나 마찬가지라 생각한다. 홉과 매운맛이 번갈아 얼굴에 주먹을 날려대기 시작할 테니 말이다. 삼겹살은 아주 좋은 선택이고, 햄버거와도 훌륭한 궁합을 보여준다. 맥주가 햄버거의 느끼함을 걷어내기 때문이다. 당근 케이크와도 의외로 좋은 조합을 이룬다.

클라슈테르니 피보바르 슈트라호프 스바티 노르베르트 IPA
Klášterní Pivovar Strahov Svatý Norbert IPA

프라하, 체코공화국
ABV : 6.3%
홉 : 아마릴로, 캐스케이드

프라하 성까지 가파른 자갈길을 걸어 올라가다 보면 갈증이 날 수밖에 없다. 다행히 언덕 위 평지에 올라 처음 만나게 되는 것 중 하나가 양조장을 갖춘 슈트라호프(Strahov) 수도원이다. 안에 들어가면 올라오는 동안 흐트러진 머리를 매만지기 위한 거울로 써도 될 만큼 반질반질 윤이 나는 구리 탱크들이 구석에 놓여 있다. 이 수도원의 스타우트와 밀 맥주도 맛있지만, 수도사로 입회해버릴까 고민하게 만들 만큼 훌륭한 것은 바로 IPA이다. 여기에서 간헐적으로 맥주를 만들어온 수 세기 동안 이런 맛이 나는 맥주가 많지는 않았을 것이다. 색은 맥주가 만들어지는 구리 탱크에 가깝고, 자몽·망고·살구·복숭아·인동 향기가 나며, 모든 면에서 적당하게 달콤 쌉쌀한 맛이 난다. 페일 라거로 더 잘 알려진 나라의 수도원에서 만든 세계 최고 수준의 IPA이다. 결국 나는 프라하 성에는 가지 못했다. 이 IPA를 마시며 눌러앉은 바람에 말이다.

비라 델 보르고 레알레 엑스트라 Birra del Borgo ReAle Extra

보르고로제, 이탈리아
ABV : 6.2%
홉 : 아마릴로, 워리어

아메리칸 IPA는 가능한 한 신선하게 마셔야 하는 맥주이다. 빠른 속도로 홉 향미가 사라지고 쓴맛은 줄어들고 눈부신 향기도 약해지기 시작하기 때문이다. 이는 최고의 IPA를 마시려면 만드는 곳 가까이 가야 한다는 뜻이다. 레알레 엑스트라를 마시기 가장 좋은 곳은 로마에 있는 오픈 발라딘(Open Baladin)이다. 델 보르고(Del Borgo)의 레오나르도 디 빈센치(Leonardo di Vincenzi)와 비라 발라딘(Birra Baladin)의 테오 무소(Teo Musso)가 공동 경영하는 바(Bar)이다. 감탄을 연발했던 하루 관광을 끝내고 바로 들어서면, 경외심이 절로 생기는, 맥주병으로 가득한 벽면이 눈길을 사로잡는다. 마치 맥주 애호가의 콜로세움 같다. 다음으로 눈길을 끄는 것은 현재 판매 중인 맥주 목록이다. 이 유명한 맥주 이름들을 보고 있자면, 시스티나 성당을 구경하는 것처럼 눈이 휘둥그레진다. 레알레 엑스트라는 풍성한 복숭아·탠저린·오렌지 꽃에, 천상의 맛을 내는 이탈리아 제과점에서 만든 아몬드 케이크 같은 단맛을 바탕으로, 식물 또는 향수 같은 쓴맛과 함께 꽃향기로 가득하다. 위대한 예술 작품 같은 맥주이다.

페럴 홉 호그 Feral Hop Hog

스완 밸리, 오스트레일리아
ABV : 5.8%
홉 : 캐스케이드, 갤럭시, 센테니얼

홉 향미가 풍부한 오스트레일리아 맥주이기 때문에 캥거루 이야기를 하지 않고는 못 견디겠다. 캥거루 떼는 '맙(mob, 원래는 군중이나 동물 '떼'를 가리킴—역자)'이라 부른다. 캥거루는 유대목이고 뒷걸음질을 못 하며 초식 동물이다. 바다에서 캥거루는 다리를 따로따로 저으며 헤엄칠 수 있다. 그러나 육지에서는 동시에 두 발을 움직여 껑충껑충 뛰어다닐 수만 있다. 그럼 이제 맥주 이야기로 껑충 넘어가보자. 향기에 대해 말하자면 IPA가 싱그러운 레몬·탐스러운 복숭아·과즙이 풍부한 파인애플과, 짜릿하게 톡 쏘는 신 과일의 중과피와 즙이 섞인 것 같은 향이 자몽, 오렌지와 함께 등장한 것처럼 향기롭다. 즉 캥거루 떼보다도 홉이 더 풍부하다. 보디는 부드럽고 깔끔하지만 마지막에는 시트러스 같은 홉이 입맛을 다시게 하는 쌉쌀한 맛을 낸다. 이 맥주가 눈에 띄면 주머니에서 몇 벅스(bucks)를 꺼내 6개들이 한 팩을 사서 파우치(파우치, 육아낭… 너무 쉬운 연상 작용이다!)에 넣어라. 참고로 캥거루와 관련된 정보를 하나 알려주자면, 수컷 캥거루는 벅(buck, buck은 달러를 가리키는 속어—역자)이라 불린다.

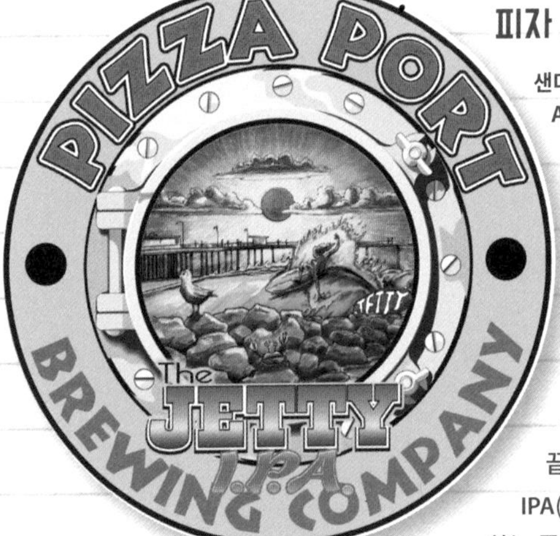

피자 포트 더 제티 IPA Pizza Port The Jetty IPA

샌디에이고, 캘리포니아
ABV : 7.6%
홉 : 심코, 치누크, 캐스케이드, 아마릴로

샌디에이고에서 집으로 가는 비행기의 출발 시간은 저녁 8시였다. 그래서 오후에 마지막으로 맥주를 몇 병 마실 시간이 남았다. 나는 버스에 올라타 오션 비치(Ocean Beach)로 갔다. 히피풍 가게들과 패스트푸드점들, 문신 가게들이 늘어선 거리는 바다로 이어져 있었다. 나는 바다에 가고 싶었다. 그러나 미국 태평양 연안까지는 갈 수 없었고, 해변에 앉아 밀려드는 높은 파도를 구경하지도 못 했다. 해변에서 몇 블록 못 미친 곳에 피자 포트가 있었다. 작은 피자 포트 그룹에 속한 브루 펍인데, 끝내주게 맛있는 피자와 훌륭한 맥주를 만드는 곳이다. 더 제티는 여기서 나오는 하우스 IPA(house IPA)로, 최고의 IPA가 가진 특징인 '다시 가서 더 사와야겠다'는 생각이 들게 하는 중독성이 있다. 이런 특징이 맥아의 달콤한 입맞춤과 홉의 쓰디쓴 공격 간의 균형을 맞춘다. 시트러스와 열대 과일 향이 풍부하며, 톡 쏘는 쌉쌀한 피니시를 갖고 있다. 피자와 함께 마셔보자.

라 쿰브레 엘리베이티드 IPA La Cumbre Elevated IPA

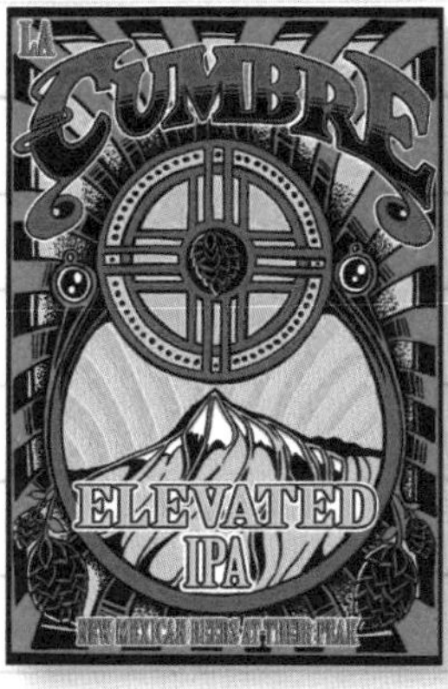

앨버쿼키, 뉴멕시코
ABV : 7.2%
홉 : 치누크, 매그넘, CO2 추출물, 캐스케이드, 센테니얼, 크리스털, 지토스, 콜럼버스, 심코

이번 장에서는 아무 걱정 없이 믿고 마실 수 있는 맥주들을 소개하고 있다. 그만큼 상당수가 수상 경력이 있는 맥주인데, 특히 엘리베이티드 IPA는 몇몇 가장 큰 규모의 세계 대회에서 메달을 획득한 적이 있다. 2011년에는 그레이트 아메리칸 비어 페스티발(Great American Beer Festival)에서 금메달을, 2012년 월드 비어 컵(World Beer Cup)에서는 동메달을 수상했다. 월드 비어 컵에서의 아메리칸 IPA 부문 수상은 아카데미 작품상 수상이나 같다고 보면 될 만큼 대단한 성과이다. 2012년에 엘리베이티드 IPA는 캔 맥주로 나왔다. 라 쿰브레 브루잉 회장인 제프 어웨이(Jeff Erway)가 한 말에 따르면 "그저 캔이 유리보다 나은 포장재이기 때문이다" 이 맥주는 미국산 홉이 만들어내는, 이를테면 홉 쾌락 지수가 100IBU를 기록한다. 약간의 토피와 구운 향미를 내는 맥아 보디가 여기에 힘을 보태서, 시트러스·소나무·꽃·과수원 과일 향기를 두드러지게 한다. 뚜렷한 홉 향미가 이 맥주를 특별하게 만든다. 즉 모든 것이 아주 선명하고 깔끔하다.

팻 헤즈 헤드 헌터 IPA Fat Heads Head Hunter IPA

미들버그 하이츠, 오하이오
ABV : 7.0%
홉 : 콜럼버스, 심코, 센테니얼

팻 헤즈는 피츠버그에서 크래프트 맥주 술집으로 시작해서 아주 멋진 음식과 함께 훌륭한 맥주를 내놓았다. 2009년에 두 번째 팻 헤즈가 오하이오에 문을 열었고, 이곳에는 양조장도 딸려 있었다. 그러다 타의 추종을 불허하는 성공을 거둔 후 팻 헤즈는 2012년에 방방곡곡의 맥주 팬들의 환호 속에 대량 생산용 양조장을 열었다. 헤드 헌터는 숱한 메달을 획득했는데, 맥주의 색도 메달과 같은 금색이다. 향긋한 시트러스·소나무·열대 과일 향기가 머릿속을 가득 채우며, 왠지 모르지만 다른 IPA보다 신선하고 사랑스러운 향이 난다. 미묘한 단맛과 농후한 질감이 나타났다가, 87IBU의 루풀린이 혀를 강타한다. 놀랍도록 신선한 향기와 미묘한 단맛이, 엄청나게 강력한 홉의 피니시가 지나치지 않도록 조절해준다. 헤드 헌팅에 나서 정복의 징표로 맥주 뚜껑들을 모아보자.

크래프트웍스 지리산 문 베어 IPA Craftworks Jirisan Moon Bear IPA

서울, 대한민국
ABV : 6.8%
홉 : 센테니얼, 캐스케이드, 치누크

IPA는 사실 전 세계적인 맥주 스타일이다. 오리건에서 오사카, 시드니에서 산티아고, 부에노스 아이레스에서 브리스톨, 암스테르담에서 오클랜드까지 대다수의 크래프트 맥주 양조장에서 IPA를 만든다. 미국 버전의 인기에서 비롯된 현상으로, 신세대 양조기술자와 맥주 소비자들이 풍부한 향미, 이목을 끄는 시트러스 특유의 풍미에 흥미를 느끼기 시작했다. 나는 한 번도 한국에 가본 적이 없지만 지금은 정말 가보고 싶어졌다. 크래프트웍스 탭하우스&비스트로(Craftworks Taphouse&Bistro)는 서울에 있는 크래프트 맥주 바이다. 이곳 맥주는 가평에 있는 카파 브루어리(Kapa Brewery)에서 만든다. '지리산'은 아메리칸 IPA로, C홉들의 3중 공격이 95IBU를 기록한다. 맛을 보기 위해 장거리 여행을 불사할 만한 맥주 중 하나이다. 이곳에 가면 이들이 만드는 퀼슈, 오트밀 스타우트, 헤페바이젠 등도 주문할 수 있다. 누구든 생각 있으면 언제 여기서 만나 같이 한잔 하자.

IPA가 크래프트 맥주의 세계를 지배한다

크래프트 맥주를 한 가지 맥주 스타일로 정의한다면 바로 IPA이다. 그리고 모든 것은 홉과 어떤 이야기에서 시작되었다. 18, 19세기로 돌아가자. 맥주가 영국에서 인도까지 바다를 건너가던 시절에는 총 여섯 달이 걸리는 항해 기간 동안 숙성이 이뤄졌다. 신화에 따르면 명성을 떨치게 되었을 무렵의 인디아 페일 에일은 평상시보다 홉을 더 많이 첨가하고 알코올 도수도 높게 만든 것이었다고 한다. 아마도 항해하는 동안 시큼해지지 않고 잘 견디게 하기 위해서였거나 더운 기후에서 맥주를 마실 사람들의 갈증을 풀어주기 위해서였을 것이다.

높아진 알코올 도수와 대량의 홉이라는 아이디어에서 우리가 현재 알고 있는 IPA가 탄생했다. 인디아 페일 에일과 IPA는 서로 별개의 스타일이다. 내가 보기에 IPA는 그 자체로 하나의 고유명사가 되었으며, 그저 인디아 페일 에일의 앞 글자를 딴 스타일이 아니다. IPA는 홉을 많이 첨가해서 만든 ABV 약 6.0~8.0%의 맥주라는 것, 그것이 전부이다. IPA와 인디아 페일 에일의 차이는? 하나는 역사책에 나오고, 다른 하나는 현존하는 맥주라는 것이다.

'옛것에서 새것으로의 변천'이라는 문제는 현재와도 관련이 있다. IPA가 언제나 발전하고 변화하고 있기 때문이다. 어느 시점에 IPA는 영국산 홉이 가득한 독한 호박색 맥주였다. 그러다 20세기에는 인기를 잃고 ABV 4.0% 미만인 맥주로 변하면서 영국 바에서 베스트 비터들이 누리는 인기의 발끝에도 미치지 못하는 신세가 되었다. IPA가 다시 주목을 받게 된 것은 해상 운송을 했던 초창기 맥주 이야기에 흥미를 보인 선구적인 미국 크래프트 맥주 양조업자들 덕이었다.

아메리칸 IPA가 성공한 것은 홉을 전면에 내세웠기 때문이다. 무엇보다도 IPA의 존재 의의는 놀라운 향기와 강렬한 쓴맛을 가진, 믿을 수 없을 만큼 풍미가 작렬하는 맥주이다. 강력한 홉을 가진 IPA를 대량 생산된 라거 잔과 나란히 놓아보면 차이는 확연해진다. 점점 더 많은 맥주 소비자들을 크래프트 맥주로 돌아서게 하고 있는 것이 바로 이런 차이기도 하다. 즉 사람들은 맥주가 자기가 알던 것보다 훨씬 더 발전할 수 있다는 것을 깨달은 것이다.

맥주 스타일은 진화한다. 그것이 바로 1800년대에 인디아 페일 에일과 2000년대에 IPA에 일어난 일이기도 하다. 현재 IPA 스타일은 더욱 진화해서, '6.0~6.8% 정도의 알코올 도수에 활기 넘치는 홉 풍미'라는 IPA의 개념을 다른 식으로 비튼다. 블랙 IPA이라는 말은 모순어법처럼 들릴지도 모른다. 홉 풍미가 넘치는 블랙 에일이나 포터일 수도 있으니까 말이다. 그러나 이 경우에는 IPA의 홉 프로필을 가져다 흑맥주 보디와 조합한 것이다. 벨기에 IPA는 과일과 향신료와 에스테르 향이 나는 벨기에 이스트를 과일즙처럼 새콤한 미국 홉과 섞는다. 퍼시픽 IPA는 미국 홉은 버리고 오스트레일리아와 뉴질랜드 품종을 쓴다. 임페리얼 IPA는 술맛과 쓴맛에서 이를테면 볼륨을 높였다. 영국 스타일 IPA는 항해 부분만 뺀 옛 스타일의 인디아 페일 에일로 돌아가, 영국산 재료를 써서 미국 버전과는 아주 다른 향미 프로필을 만들어낸다. 이런 식으로 레드, 브라운, 화이트 IPA가 등장했으며, 전형적인 아메리칸 IPA 홉 프로필이 전 세계 거의 모든 맥주 스타일을 차츰 발전시켜 더 높은 알코올 도수, 더 대담한 쓴맛, 미각을 강타하는 시트러스 향미를 제공하게 되었다. 즉 IPA가 세계를 지배하고 있으며, 지배하는 동안에도 수없이 변화하고 있다는 말이다.

런던에 가서 캐스크 비터 맥주를 한 파인트 마셔보라. 브뤼셀에 가면 탄산이 없는 톡 쏘는 신 람빅을 마셔보라. 뮌헨에 가거든 금빛 헬레스를 한 머그 마셔보자. 미국에서는 어디를 가든 단연 IPA이다. 이 스타일은 맥주의 세계에서 미국이라는 나라를 대표하는 존재가 되었다. 그러나 IPA가 곧 미국을 가리키는 말이긴 해도, 홉에서 경이롭고 향기롭고 이국적이고 흥분되는 향미를 얻어내려는 양조기술자들 덕분에 세계 어디서나 양조되고 있다. 여러분이 가장 좋아하는 맥주 스타일은 무엇인가? 나는 신선한 아메리칸 IPA를 꼽겠다.

아메리칸 임페리얼 IPA

내가 IPA와 임페리얼, 또는 더블 IPA가 정말 마음에 드는 이유는 이런 맥주를 마시는 것이 인간의 본능에 맞서는 일이라는 점 때문이다. 뇌는 쓴맛을 나쁜 것으로 인식한다. 선조들에게 쓴 음식은 해로운 독소가 포함된 것일 수 있었다. 따라서 몸은 경고 신호를 보내 재빨리 '싫음' 단추를 누른다. 이것이 바로 어린이들이 쓴맛 나는 채소를 싫어하거나 어렸을 때 맨 처음 맛 본 맥주 맛이 불쾌한 이유이다. 이런 신호 체계를 감안하면 쓴 IPA가 뇌에는 충격으로 다가온다는 걸 짐작할 수 있다. 그러나 이 통증이 맥아의 단맛, 긴장을 풀어주는 알코올의 즐거움과 결합하면 더블 IPA가 가진 중독성 있고 신나고 위험한 강점이 된다.

미국 크래프트 맥주 양조업계에서 '더 세게 만들자'라는 호기를 부린 데서 임페리얼 또는 더블 IPA가 탄생했다. ABV는 7.5~10.0% 이상, 쓴맛은 50~100IBU 이상이며 색은 금색에서 어두운 호박색에 이른다. 그러나 맥주가 잔에서 튀어나오게 만드는 것은 폭발적으로 늘어난 홉 사용량이다. 향기가 엄청나고 시트러스 향미가 기가 막히며 마지막에는 쓴맛이 해일처럼 밀려온다. 보디는 보통 묵직하며 달콤하다. 좀 더 가벼운 맥주는 아주 쌉쌀한 맛으로 끝나지만 말이다. 최고의 더블 IPA(DIPA)는 맥아와 홉이 균형을 이루고 있다. 알코올과 맥아가 층층이 쌓인 매끈한 보디와, 그런 보디를 일시에 헤치며 나타나는 홉 향미, 기분이 상쾌해지는 신선한 향기를 가졌다. 제대로 만들기 쉬운 스타일은 아니어서, 최고는 정말 최고답게 단연 빛나는 반면, 최악의 경우에는 눅눅한 홉의 자극적인 고약한 냄새가 코 안쪽을 가득 채운 다음, 강한 술맛에 뜨겁게 덴 목으로 내려가 내장에서 불쾌함이 폭발한다.

스톤 루이네이션 IPA Stone Ruination IPA

에스콘디도, 캘리포니아
ABV : 7.7%
홉 : 콜럼버스, 센테니얼

유튜브에 보면 실패한 불꽃놀이 영상이 하나 있다. 불이 붙고 슉슉 타올라 핑핑 날아가고 쾅쾅 터지는 화려한 쇼가 10분 동안 펼쳐지는 대신, 누군가 결정적 실수를 저지르는 바람에 폭죽이 한 번에 다 폭발하고 만 것이다. 10분 동안 터져야 할 불꽃이 10초 만에 전부 폭발한다. 루이네이션 IPA는 이렇게 폭죽이 일시에 터진 것 같은 맛이 난다. 나는 아직도 이 맥주를 처음 마셨을 때 머리가 어질어질해지고 절로 키득키득 웃음이 나올 만큼 즐거웠던 것을 기억한다. 그 순간 나는 루풀린을 애타게 찾는 홉 중독자(hop-head, 원래는 마약 상용자라는 뜻인데, 여기서는 홉이란 단어를 이용해 말장난을 하고 있다—역자)가 되었다. 오렌지·자몽 중과피·소나무·향기로운 꽃향기가 어마어마하게 나는 한편, 중간의 맥아는 매끄럽고, 마지막에는 IBU가 100에 달하는 거친 쓴맛이 강타한다. 그런데도 어쩐 일인지, 믿을 수 없을 만큼 중독성 있게 잘 넘어간다. 병에서 말하고 있듯이, 이 맥주는 영광스러운 홉에게 바치는, 액체로 쓴 시이다. 가능하면 신선하게, 되도록이면 양조장에서 마셔보자. 홉의 폭발을 최대한 경험할 수 있도록 말이다.

리버티 브루잉 씨! 트라

Liberty Brewing C! tra

뉴플리머스, 뉴질랜드
ABV : 9.0%
홉 : 시트라

더블 IPA에 기대할 수 있는 모든 것(엄청난 향기와 매끈한 맥아, 맹렬한 쓴맛, 은근히 높은 도수, 그러면서도 여전히 균형 잡힌 상태)을 가진 맥주이다. 이 맥주에서 나는 향기는 말이 안 나올 정도이다. 강력한 패션프루트, 라즈베리, 자몽, 망고스틴 향기가 한꺼번에 터져 나오는데 도대체 어떻게 이렇게 풍부한 과일 같은 홉 향미가 잔 속에 다 담겨 있는지 알 수 없을 지경이다. 맥아의 약한 단맛이 모든 것을 순화하는 한편, 홉은 저 아래 중과피의 강한 쓴맛을 남긴다. 막강한 향미들이 입 속을 묵직하게 채우며, 주먹질과 발길질, 애무로 아주 기분 좋게 감각을 자극한다. 리버티 맥주들은 조지프(Joseph)와 크리스티나 우드(Christina Wood) 부부가 사는 집에 딸린 차고에서 한 번에 300ℓ로 소량만 양조된다. 그러나 맥주 제조는 전체 사업에서 절반을 차지할 뿐이다. 나머지 절반은 자가 양조용 재료 판매이다. 짐작하건대 이 맥주를 완성하고 난 다음에는 남아 있는 홉이 별로 없을 것 같지만 말이다.

에이버리 더 마하라자 IPA

Avery The Maharajah IPA

보울더, 콜로라도
ABV : 10.24%
홉 : 심코, 콜럼버스, 센테니얼, 치누크

나는 몇 시간 전 만난 레노(Reno)라는 이름의 남자와 에이버리 바에 있었다. 콜로라도 덴버 공항에 내려 차로 보울더에 가자마자 주문한, 그날 우리가 처음 마시는 맥주였다. 나는 서서히 발동을 거는 의미에서 조스 아메리칸 필스너(Joe's American Pilsner)를 택했고, 레노는 마하라자를 골랐다. 그는 약 1분 만에 마하라자를 다 마셔버리고 한 병을 더 주문한 다음, 이번에도 1분 만에 다 마시고 잔을 쾅 내려놓았다. "이야, 내가 이렇게 목이 말랐나?"라고 말한 그는 또 한 병을 주문했다. 나는 즉시 새 친구인 레노를 존경하게 되었다. 1년이 지나 나는 뉴욕에서 친구인 매트와 마하라자를 마시게 되었다. 한밤중이었고, 우리는 이미 맥주를 몇 병 마신 후라서 맥주 시음 세트에 나온 작은 샘플로 마셨다. 그러나 끝내주게 맛이 좋았던 탓에 우리는 한 파인트를 주문하고야 말았다. 나는 이 맥주를 강력하고 군침 돌게 새콤한 열대과일 같은 시트러스와 쓴 허브 맛, 그리고 앞서 이야기한 추억들 때문에 사랑한다.

알케미스트 헤디 타퍼 Alchemist Heady Topper

워터베리, 버몬트
ABV : 8.0%
홉 : 스티리안 골딩, 사츠, 펄

더 알케미스트 펍 앤 브루어리(The Alchemist Pub and Brewery)를 몇 년간 운영한 후, 두 경영자인 존(John)과 제니퍼 키미쉬(Jennifer Kimmich)는 양조 부문을 강화하기로 결정하고 캔 생산 라인을 사들였다. 그들은 격렬한 홉 향미에 있어 완벽을 추구했기 때문에 오직 이 맥주 하나만 양조하는 것으로 시작했다. 그러나 이 정도로 훌륭하다면야 하나로도 충분하다. 2012년에 이루어진 생산 용량 증가로 앞으로는 더 다양한 종류가 나올 테지만 말이다. 헤디 타퍼는 오렌지 빛이 도는 금색으로, 이 근사한 액체에서는 복숭아·살구·포도·오렌지 꽃의 향기가 난다. 정말 놀랍게도 C 홉은 전혀 들어가지 않고, 모두 훌륭한 유럽산 홉에서만 나온 향기이다. 매혹적으로 가벼우면서도 여전히 충만하며, 열대 과일의 사랑스러움이 있고, 웬일인지 120IBU의 쓴맛이 균형감과 신선함을 가져온다. 그런 의미에서 최상급 DIPA이다. 구하기 어려우니 보이면 일단 사라.

브라위레이 데 몰렌 아마릴로

Brouwerij De Molen Amarillo

보더흐라벤, 네덜란드
ABV : 9.2%
홉 : 슬라덱, 사츠, 아마릴로

데 몰렌 양조장은 네덜란드 풍경의 아이콘, 즉 풍차 안에 있다. 데 몰렌은 '방앗간'이란 뜻이다. 이 방앗간은 1697년에 세워졌다. 그러나 그보다 훨씬 이후에 생긴 이 양조장은 유럽 크래프트 맥주의 최전선에 서 있다. 이들은 오랜 세월 그 자리에 있었다. 매년 9월에 데 몰렌의 멘노 올리비에(Menno Olivier)는 보레프츠 비어 페스티발(Borefts Beer Festival)을 개최한다. 전 세계에서 최고의 양조업자들이 한 곳에 모이는 행사이다. 페스티발에 참가할 수 없더라도 데 몰렌은 시설 내에 훌륭한 음식도 함께 맛볼 수 있는 시음장을 갖고 있으니 문제없다. 호박색인 아마릴로는 경이로운 더블 IPA이다. 맥주 이름을 따온 홉이 훌륭한 살구, 복숭아, 탠저린 향기를 한꺼번에 뿜낸다. 이 향기는 잔을 휘감고 나오며 매끄러운 달콤함이 느껴지다가 슬라덱과 사츠 홉에서 나오는 아주 유럽적인, 거친 향미 나는 쓴맛이 느껴진다. 그러나 이 맥주에서 핵심은 어디까지나 아마릴로의 기막힌 향기이다.

토 욀 파이널 프론티어 DIPA

To Øl Final Frontier DIPA

코펜하겐, 덴마크
ABV : 9.0%
홉 : 심코, 센테니얼, 콜럼버스

토 욀이 있기까지 토비아스 에밀 옌센(Tobias Emil Jensen), 토레 귄테르(Tore Gynther)와 둘의 교사였던 미켈 보르 비에르그쇠(Mikkel Borg Bjergsø)가 있었다. 덴마크에 좋은 맥주가 없다는 것이 분했던 그들은 자기들이 공부하고 가르쳤던 학교의 주방을 이용해 직접 맥주 양조를 시작했다.
그러다 미켈이 2006년에 미켈러를 시작했고, 뒤이어 2010년에 토비아스와 토레가 토 욀을 세웠다. 현재는 교사와 학생들 모두 덴마크를 세계에서 가장 흥미롭고 혁신적인 양조 국가 중 하나로 계속 발전시켜나가는 중이다. 파이널 프론티어는 대단한 DIPA이다. 잔에 따르면 불타는 것 같은 붉은 호박색을 띠며, 과일이 발효되고 있는 그릇에 얼굴을 밀어 넣기라도 한 것처럼 오렌지·복숭아·자몽·망고 향기가 난다. 혀에 매끄럽게 감기는 나뭇진 같은 맥아가 존재하지만 홉들 뒤에 겁에 질려 숨어 있다. 피니시의 쓴맛은 강렬해서, 원기왕성한 나뭇진·후추 같은 맛이 가격한다. 코펜하겐에 가서 직접 확인해보라.

러시안 리버 플리니 디 엘더Russian River Pliny the Elder

산타로사, 캘리포니아
ABV : 8.0%
홉 : CTZ(콜럼버스Columbus, 토마호크Tomahawk, 제우스Zeus 세 가지 홉들을 일컫는다), 심코, 캐스케이드, 센테니얼, 아마릴로, CO2 추출물

내 생각에 맥주 책 저자들에게는 암묵적 규칙이 하나 있는 것 같다. 책에 플리니 디 엘더를 반드시 넣어야 한다는 규칙 말이다. 플리니 디 엘더는 맥주 소비자들을 갈망에 불타게 하는 맥주 중 하나이다. 맛을 본 사람은 이 맥주가 얼마나 훌륭한지 실감하게 되며, 아직 맛을 보지 못한 사람은 "플리니 한 파인트 주세요"라는 감동적인 말을 하게 될 날을 꿈꾸게 되는 그런 맥주이다. 나는 몇 시간 전에 비행기로 샌프란시스코에 도착했다. 길을 잃었고, 날은 어둡고 비가 내리고 있었으며, 24시간 동안 한잠도 못 잔 상태였다. 그러나 마침내 나는 토로나도(Toronado) 맥주 바를 찾아냈고, 바로 저 말을 했다. 사람들로 바글대는 멋진 바에 홀로 서서 처음 입 안 가득 머금었던 플리니 한 모금을 나는 잊지 못할 것이다. 그렇다, 믿을 수 없을 정도로 근사한 홉의 향기는 기대했던 대로였다. 그러나 이 맥주가 최고인 것은 베이스 때문이다. 깔끔하고 매끈하고 쌉쌀한 맥아는 단맛이 전혀 불거지지 않으며 쓴맛과 홉 향미는 잇몸에 자몽 중과피가 들러붙은 것처럼 어슬렁거린다. 사람들의 평가 이상으로 훌륭한 맥주이다.

잉글리시 페일 에일과 IPA

런던과 버튼 온 트렌트가 이 스타일의 고향이다. 원형이 된 페일 에일과 IPA는 맥주의 왕족에 속한다. 오직 영국산 재료만 가지고 영국에서 만든 이 스타일은 전 세계로 퍼져나가며 새로운 역사를 만들어가고 있다. 수백 년 동안 양조되어 온 맥주 스타일로, 십 년 정도마다 진화해서 맥주 소비자들을 위해 스스로를 새롭게 바꿔나가고 있다. 초기 페일 에일은 색깔이 어두운 호박색이었을 것이다. 이 맥주들이 가졌던 '연함(Paleness)'은 당시 흑색이던 포터 맥주에 비해서 연하단 뜻이었다. 따라서 '스타일'이라기보다는 그냥 연한 색 맥주였다. 그리고 모든 것이 여기서 발전했다. 현재 우리가 생각하는 것처럼 실제로 인기 있는 스타일이었던 적은 없었고, 비터, 마일드(Mild), 포터가 인기가 더 많았던 것으로 드러났지만 말이다.

깊이 있고 짜릿하게 톡 쏘며 쫀득한 맥아를 제공하는 영국산 보리 베이스가 이 맥주를 떠받친다. 영국산 홉은 특유의 흙·관목·꽃 같은 특징을 가졌으며, 뚜렷하게 거친 허브 같은 쓴맛을 낸다. 물은 보통 경수로, 홉 향미를 더욱 두드러지게 하는 쌉쌀함을 더한다. ABV는 페일에서는 3.5~7.5%이며 IPA로 넘어가면 약 5.5%가 된다. 어떤 IPA는 4.0% 미만이라, 이런 알코올 도수가 관례였던 20세기 중반을 떠올리게 한다. IBU는 30~70 이상이다. 이 스타일은 아메리칸 스타일만큼 인기 있진 않으며, 좀 더 맥아 주도적인 향미를 가지고 있고, 이 스타일의 미국 후손에서 나는 것 같은 시트러스 향기도 갖고 있지 않다. 아메리칸 IPA는 신선하게 마실 필요가 있는 반면, 잉글리시 IPA는 1년이나 2년 두어도 잘 숙성된다. 영국 품종이 제공하는, 강한 홉 풍미를 원한다면 신선한 상태가 최고이긴 하지만 말이다.

풀러스 벵갈 랜서Fuller's Bengal Lancer

런던, 영국
ABV : 5.3%(드래프트 버전은 5.0%)
홉 : 골딩

2010년에 특별 한정판으로 출시된 벵갈 랜서는 하도 인기가 좋아서 풀러의 정규 판매 맥주 목록에 추가되었다. 런던에 휘몰아친 대대적인 홉 열풍으로 가능한 한 맥주에 미국과 남반구 홉이 많이 들어가길 원하는 소비자들과 양조업자들에도 불구하고, 영국 홉을 첨가한 벵갈 랜서는 맥주 팬들에게서 많은 사랑을 받았다. 인도에서 싸웠던 유명한 대영제국 군대의 이름을 딴 벵갈 랜서는 캐러멜색에, 아름다운 골딩의 향기인 홉 마대, 훈훈한 삼림과 거친 향미가 나는 향신료, 설탕에 조린 오렌지 향이 나는 한편, 보디는 마치 홉 군단의 지원을 받기라도 한 것처럼 대단히 풍부하다. 피니시는 맵싸한 거친 향미 나는 홉과 희미한 달콤한 마멀레이드 맛이 느껴져 현대적인 방식으로 매우 영국적인 맛이 난다. 고전적인 맥주 스타일에 대한 새로운 해석이다.

파이어스톤 워커 더블 배럴 에일

Firestone Walker Double Barrel Ale

파소 로블레스, 캘리포니아
ABV : 5.0%
홉 : 매그넘, 스티리안 골딩, 이스트켄트 골딩

버튼 유니온(Burton Union) 발효 시스템은 19세기 중반에 버튼 온 트렌트에서 개발되었다. 이 시스템에는 홈통으로 이어지는 백조 목 모양 연결관을 가진, 층층이 쌓인 목재 캐스크가 들어간다. 이 통에서 발효가 일어나면 이스트와 약간의 맥주를 백조 목 모양 연결관을 따라 밀어 올려 홈통으로 보낸다. 여기서 이스트와 맥주가 분리되면, 맥주는 유니온 시스템으로 환류시키고, 이스트는 제거한다. 즉 이 시스템은 맥주는 조금도 버리지 않고 여분의 이스트만 제거하도록 설계되었다. 파이어스톤 유니온은 이 과정을 현대화해서, 엿새간 통에 두었다가 스테인리스 스틸로 옮겨, 중간 정도 구운 미국산 오크에서 나오는 섬세한 나무 향미를 맥주에 첨가한다. 이 과정은 더블 배럴 에일에 꽃, 복숭아, 살구, 베리의 과일 같은 특징의 배경이 되는 부드러운 오크 향미를 제공한다. 이런 면은 구운 맥아 향미와 놀라울 만큼 잘 어우러진다.

히타치노 네스트 재패니즈 클래식 에일

Hitachino Nest Japanese Classic Ale

이바라키, 일본
ABV : 7.5%
홉 : 치누크, 챌린저

모든 맥주 스타일 중에서도 인디아 페일 에일은 가장 흥미로운 (양조용 맥아즙 통 아래 숨겨져 있는 상상력과 격정이라는 땔감에 불을 지필 수 있는) 이야기들을 갖고 있다. 신화와 전설과 수백 년의 역사에 둘러싸인 스타일이다 보니 떠들썩한 논쟁의 대상이 되곤 한다. 인디아 페일 에일과 관련해서 중요한 것은 다른 스타일이 그렇듯이 계속해서 진화 중이라는 것이다. 재패니즈 클래식 에일은 히타치노 네스트의 진화의 산물이다. 미국과 영국 홉이, 토피 향미를 가진 맥아의 농후함이 넘쳐흐르는 호박색 맥주에 꽃·레몬·향신료 향기를 채워 넣는다. 그런 다음 주로 사케를 보관했던 시더 캐스크에서 숙성해, 나무 느낌의 단맛, 약간의 오렌지 껍질 느낌과 쌉쌀한 질감을 더한다. 시더 캐스크 숙성 방식은 항해 중에 인디아 페일 에일을 나무통에 넣어 운반했던 숙성 방식을 현대적으로 재현한 느낌이다. 일본식으로 완성한 전통적인 에일이다.

세르베자리아 콜로라도 인디카

Cervejaria Colorado Indica

히베이랑 프레토, 브라질
ABV : 7.0%
홉 : 갈레나, 캐스케이드

인디아 페일 에일 애호가들은 피트 브라운(Pete Brown)이 쓴 흥미진진한 책인 《홉과 영광(Hops&Glory)》을 읽어봐야 한다. 이 책에서 피트는 맥주 캐스크 한 통을 소지한 채 영국에서 출발해 인도에 이르는 옛 항해를 재현하면서 이 스타일에 대해 이야기한다. 그가 탄 배는 브라질을 경유했기 때문에 브라질 IPA를 몇 파인트 마시러 들를 시간이 생겼다. 인디카는 어두운 구리색이며, 미국산 홉이 더운 여름날 영국 삼림지대 같은 흙·후추·산울타리 관목 같은 깊이 있는 영국풍 향미와 구운 사과와 짙은 풀 느낌을 낸다. 맛을 보면 상당히 달다. 하지만 뒤이어 홉의 강렬한 쓴맛이 입 안을 강타한다. 콜로라도의 맥주들은 아르헨티나, 브라질, 파라과이, 우루과이의 거대한 지하수원지인 과라니 대수층(지하수를 품고 있는 침투성 지층—역자)에서 나온 물로 만든다. 따라서 이 맥주는 현지 재료들과 멀리서 찾아온 영감이 이루어낸 진정한 조화의 산물이다.

갓즈 No.3

Gadds No.3

램즈게이트, 영국
ABV : 5.0%
홉 : 푸글, 이스트켄트 골딩

이런 맥주는 대부분 이스트켄트 골딩을 쓰기 때문에 양조장을 이스트켄트에 설치하는 것은 나름 이치에 맞는다. 양조업자인 에디 갓즈는 지역 산물 소비 운동의 진정한 옹호자로서 현지 재료를 엄청나게 사용한다. 특히 홉을 덩굴에서 잘라 두 시간 안에 솥에 집어넣는, 초록 홉 첨가 에일을 양조하는 매년 9월에 지역 산물 사용량은 절정에 다다른다. No.3는 이 양조장의 고급 맥주로, No.5, No.7과 함께 3대 주력 맥주이다. 세 맥주 모두 에디가 소변을 보러 가기 전에 마신 파인트 수에서 이름을 땄다. 숫자는 그의 아내가 셌다. 그는 No.1을 양조할 거라고 계속 장담하지만 아직 맛본 적은 없다. 이 맥주는 진정한 켄트 페일 에일(Kentish Pale Ale)로, 켄트 출신인 내게 이 맥주는 고향의 맛처럼 느껴진다. 짜릿하게 톡 쏘면서 쫀득한 연한 맥아 맛이, 자극적이고 알싸한 흙내와 풀 냄새가 나고 약간은 과수원 과일, 꽃향기가 나는 홉과 잘 어울린다. 깊이 있는 맛과 질감을 갖고 있으며, 멋지게 균형 잡힌 홉 향미로 가득하다.

칼로우 브루잉 오하라스 아이리시 페일 에일

Carlow Brewing O'Hara's Irish Pale Ale

카운티 칼로우, 아일랜드
ABV : 5.2%
홉 : 캐스케이드, 아마릴로

아일랜드는 다른 나라보다 크래프트 맥주를 늦게 받아들였다. 거대 유명 브랜드가 아일랜드 시장을 장악하고 있어서 도저히 뚫을 수 없는 장벽 같은 상황이다. 그러나 모든 것이 다 막힌 건 아니어서, 베아이르(Beoir)라 불리는 한 소비자 단체가 결성되어 소규모 아일랜드 독립 양조장들에 대해 호의적인 평가를 퍼뜨리는 데 도움을 주었다. 칼로우는 최초의 아일랜드 크래프트 맥주 양조업체 중 하나로, 가장 흔히 접할 수 있는 상표 중 하나이다. 이 맥주는 IPA에 대한 또 다른 해석이라 할 수 있는 아이리시 페일 에일(Irish Pale Ale)이다. 영국과 미국에서 영향을 받은 스타일로, 영국식 맥아 프로필과 미국의 홉 향미를 갖고 있다. 자몽의 달콤한 중과피 향기가 나고, 맥아는 구운 맛이 나고 쫄깃하며, 입 안을 꽉 채우는 쓴맛이 나타난 다음, 영국 홉의 거친 향미가 서성거리다 약간 콕 쏘는 시트러스로 끝난다.

쓰리 플로이즈 블랙하트 Three Floyds Blackheart

뮌스터, 인디애나
ABV : 8.0%
홉 : 이스트켄트 골딩, 애드머럴

블랙하트는 맥주를 전부 영국산 재료로만 만들고 구운 오크를 첨가한다. 또 옛날에 맥주가 나무통에 담겨 바다를 건넜던 상황을 재현해서 이 오래된 스타일을 되살린다. 구리색을 띠며, 맵싸하고 박력 있고 향긋한 흙내와 꽃향기 나는 홉의 향기가 잔에서 풍겨 나온다. 쓰리 플로이즈는 다른 어느 곳보다 홉을 많이 쓰기 때문에 솔숲과 화창한 날 과수원 같은 향기는 덤이다. 옅은 단맛과 오크에서 나온 타닌 같은 쌉쌀함이 더해주는 70IBU의 강한 쓴맛이 이미 입 안에서 느껴지는 묵직함을 더 두드러지게 만든다. 원래의 인디아 페일 에일이 바다에서 숙성되어 묵힌 상태로 마시게 되는 반면, 블랙하트는 신선하게 마시는 맥주이다. 그래야 웬만한 맥주에서는 맛볼 수 없는, 영국산 홉이 내는 효과를 최대로 경험할 수 있기 때문이다.

퍼시픽 페일과 IPA

아메리칸 IPA는 페일 에일, 임페리얼 IPA와 함께 세계를 여행하며, 뉴질랜드와 오스트레일리아에 들러 그곳 특유의 개성을 덧붙인다. 이 맥주들은 아메리칸 페일 에일, IPA와 똑같지만 오스트레일리아와 뉴질랜드에서 재배한 홉으로 만든다. 이곳의 홉은 엄청난 과일 프로필을 갖고 있지만 미국 홉의 시트러스 느낌은 아니다. 대신 열대 과일 · 리치 · 타닉한 포도 · 구즈베리 · 라임 · 크림 같은 바닐라 · 활기찬 패션프루트 같다. 이 지역에서 만든 화이트 와인과 비슷하다. 홉들은 우아함이 있고, 향미는 덜 요란스러우며, 미국에서 재배한 홉보다 더 가볍고 과일 느낌이 많이 난다. 마치 발걸음이 무겁던 미국 관광객이 오스트레일리아나 뉴질랜드를 여행하고 나서 한결 여유 있고 홀가분한 기분이 되어 고국에 돌아온 것과 비슷하다.

뉴질랜드에서 재배한 홉은 주로 재배 지역에서 이름을 따온다. 넬슨, 모투에카, 리와카처럼 말이다. 남반구 홉 중 상당수는 전통적인 유럽 품종에서 종자를 받아와 재배한 것으로, 특성을 더 강화한 후에 현지 특유의 성격을 가미한 것이다. 이렇게 해서 강화된 노블 홉 같은 믿을 수 없을 만큼 향기가 대단한 맥주가 탄생한다. 엄청나게 과일 같은 한편, 그 아래로 풀 향기 나는, 깔끔하고 섬세한 허브 향미를 유지하고 있다. 캐스케이드 홉은 뉴질랜드에서도 성공적으로 재배되어, 미국에서 재배된 캐스케이드의 자몽과 꽃 같은 향미를 유지하고 있을 뿐 아니라, 열대 과일 향미가 더해지기도 했다. 이런 홉의 인기가 급속히 치솟고 있지만 오스트레일리아와 뉴질랜드에서 재배하는 홉은 여전히 생산량이 극히 적다. 그래서 얼마나 품질이 우수한지와 상관없이 홉에 대한 수요가 많다.

이스티 보이즈 디지털 IPA

Yeastie Boys Digital IPA

웰링턴, 뉴질랜드
ABV : 7.0%
홉 : 퍼시픽 제이드, 넬슨 소빈, 모투에카, 뉴질랜드 캐스케이드

이 맥주 레시피는 온라인에 올라와 있다. 필요한 재료 목록 뿐 아니라, 가장 구하기 쉬운 캐러멜 맥아(caramalt), 정확한 물 구성비, 모든 홉 첨가 체제, 심지어 나오는 색깔까지 적어놓았다. 일종의 맥주 오픈소스로, 그저 둘이 같이 마시는 것보다 더 많은 방식으로 맥주를 다른 사람들과 공유하기 위한 것이다. 맥주광인 내게 이 레시피가 멋진 것은 맥주 안에서 무슨 일이 언제 벌어지는지 알 수 있어서이다. 즉 퍼시픽 제이드가 77IBU인 맥주를 낳으며, 쓴맛 조미를 위한 홉이 들어가고, 드라이 호핑도 하지만 가장 많이 첨가하는 것은 가열을 끝낸 후 산더미같이 투입하는 모투에카라는 것을 말이다. 이렇게 해서 패션프루트·망고·감로 멜론·새콤달콤한 시트러스 향기를 아주 풍성하게 만든다. 한 잔 따르면 정확히 7.3SRM(Standard Reference Method, 현대 양조업자들이 맥주 색을 명시하는 데 쓰는 수치 체계—역자)인 금색에, 폭발적인 향기 아래로 쓴맛과 홉 향미가 입 안에 오래 남는다.

토칼마토 조나 체사리니

Toccalmatto Zona Cesarini

피덴차, 이탈리아
ABV : 6.6%
홉 : 퍼시픽 젬, 소라치 에이스, 시트라, 팰리세이드, 이스트켄트 골딩, 모투에카

조나 체사리니는 게임의 마지막 순간을 뜻하는 스포츠 용어로, 축구장에서 시작해서 일상에서도 쓰이게 되었다. 이탈리아에서 활동했던 아르헨티나인 선수 레나토 체사리니(Renato Cesarini)는 경기 막판에 골을 넣는 버릇이 있었는데, 그의 이름이 어원이 되었다. 93분에 결승골을 넣는 선수처럼 이 맥주도 어김없이 우리를 깜짝 놀라게 한다. 이 맥주를 한 잔 마실 때마다 나는 점점 더 큰 감동과 흥분을 느낀다. 과일 향미가 가득한데, 특히 강렬하고 향기로운 포도 향미를 가졌다. 리치를 넣어 숙성시킨 디저트 와인 같은 느낌이다. 탠저린, 포도, 복숭아, 관목 및 유실수 꽃의 꿀, 살구도 느껴진다. 마치 "당장 마셔!"라고 외치는 것 같은 풍부한 과일 향미이다. 보디는 호박색에 진하지만 달지 않고, 쓴맛이 강하지만 지나치게 압도적이진 않다. 쓴맛이 점점 줄어들면 타닌이 등장하면서 쌉쌀하게 마무리해 더 마시고 싶어지게 만든다. 결승골을 터뜨려 함성을 지르게 하는 선수 같은 맥주이다.

알파인 비어 컴퍼니 넬슨 IPA

Alpine Beer Company Nelson IPA

알파인, 캘리포니아
ABV : 7.0%
홉 : 넬슨 소빈, 서던 크로스

"이봐, 알파인 맥주 마셔본 적 있어?" 샌디에이고의 한 맥주 바에서 만난 남자가 이렇게 물었다. "글쎄, 이 친구들이 어떻게 한 건지 모르겠지만 뭔가 특별한 게 있어서 말이야. 홉 풍미가 그냥… 정말… 우월하거든" 그는 내게 거기서 다섯 블록 떨어진 곳에 있는, 넬슨 IPA를 파는 맥줏집을 가르쳐줬다. 소량의 호밀로 만드는 이 맥주는 뉴질랜드에서 가장 유명한 홉 품종인 넬슨 소빈 홉을 넣은 덕분에 정말 다양한 향미를 자랑한다. 잔에 따르면 믿기지 않을 정도로 밝게 빛나고 매혹적인 홍조가 도는 오렌지색이며, 냄새를 맡아보면 알파인에서 홉으로 뭔가 특별한 짓을 했다는 것을 알 수 있다. 매끄럽고, 나무랄 데 없이 깔끔하며, 패션프루트·리치·향기로운 포도·열대 과일 향으로 군침 돌게 새콤하고 심지어 유쾌하기까지 해서 더할 나위 없이 마시기 즐거운 맥주이다. 퍼시픽 IPA로서는 이 맥주를 능가할 만 한 것이 없다.

쏜브리지 키플링

Thornbridge Kipling

베이크웰, 영국
ABV : 5.2%
홉 : 넬슨 소빈

영국이 아메리칸 IPA를 무지막지하게 들이켜고 있을 때 등장한 키플링은 모두가 고개를 돌려 반대쪽을 돌아보게 만들었다. 쏜브리지는 넬슨 소빈 홉을 처음 사용한 양조장 중 한 곳으로, 이 홉을 사용해서 완전히 새로운 향미 프로필을 소비자들에게 소개했다. 연한 밀짚색인 이 맥주는 놀라울 정도로 가볍지만 보디가 탄탄한 구조를 갖추고 있다. 홉은 패션프루트·라임·구즈베리 향과 함께, 멋진 깊이를 제공하는 크림 같은 특징을 더한다. 쓴맛은 균형 잡혀 있어서 마시기 아주 편하며 병맥주로 먹으나 캐스크에서 따라 먹으나 훌륭하다. 태국 커리를 부르는 맥주로, 태국 커리의 크림 같은 코코넛·칠리·라임이 부드러운 시트러스 풍미의 이 맥주와 아주 잘 어우러져 피크 디스트릭트의 조용한 소도시에서 만들어진 맥주에 이국적인 맛을 불어넣는다.

산토리니 브루잉 컴퍼니 옐로우 동키
Santorini Brewing Company Yellow Donkey

산토리니, 그리스
ABV : 5.2%
홉 : 오로라, 스티리안 골딩, US 캐스케이드, 모투에카

그리스로 휴가를 가면 차가운 라거를 마시게 된다. 그래도 괜찮다. 심지어 바람직하기까지 하다. 차가운 맥주는 지중해 햇빛 아래서 청량감을 안겨주니까 말이다. 그러나 해질녘 노을로 유명한 섬 중에서도 다이아몬드 같은, 거친 바위섬인 산토리니에는 확실히 신화 이상의 무언가가 있다. 산토리니 브루잉 컴퍼니는 2011년에 그리스인 한 명, 세르비아인 한 명, 영국인 한 명, 미국인 한 명이 시작했다. 영국인인 스티브 대니얼(Steve Daniel)은 그리스 포도 전문가인 와인 바이어다. 그러나 맥주를 사랑한 나머지 런던에서도 록키 헤드(Rocky Head)라는 양조장을 열었다. 옐로우 동키는 여과하지 않아 살짝 뿌연 페일 에일이다. 보디는 묵직하고 매끄러우며 모투에카 홉이 온갖 새콤하고 신선한 열대 과일 향기를 낸다. 이들은 크레이지 동키(Crazy Donkey)도 만든다. 옐로우 동키와 비슷한 홉 프로필을 가진 IPA로, 더 강렬하고 과일 같은 특징이 더 강할 뿐이다. 아름다운 산토리니의 노을을 바라보며 마셔보자.

8와이어드 홉와이어드 IPA
8 Wired Hopwired IPA

블렌하임, 뉴질랜드
ABV : 7.3%
홉 : 서던 크로스, 모두에카, 넬슨 소빈

주목할 만한 강렬한 IPA이다. 뉴질랜드에서, 뉴질랜드 홉으로만 만든 이 맥주는 미국 홉 광신자들에게 발끈하며 "어이, 우리가 뭘 해냈는지 좀 봐!"라고 하는 것만 같다. 미국 북서부의 오렌지와 소나무 향이 지나가면, 뉴질랜드의 파인애플·망고·패션프루트·라임·구즈베리·포도가 나타난다. 강력하고 향기로우며, 맥주를 따라 흐르는 매끈거리는 홉 기름의 레이스도 남는다. 1년에 한 번, 홉을 수확하는 3월에 갓 나온 신선한 홉을 첨가한 버전을 만날 수 있다. 이 버전은 풀 냄새와 꽃향기가 더 많이 나서 키위와 리치의 풍미에 가깝다. No.8 와이어(원래는 철사 치수. 울타리에 주로 쓰였지만 뉴질랜드에서는 그런 용도에만 국한되지 않고 뭐든 묶거나 고정하거나 수리할 때 두루 쓰인다—역자)는 뉴질랜드 인들이 무엇이든 고정해야 할 것이 있을 때마다 쓰는 것으로, 이 이름이 현지 어휘에 편입되어 뉴질랜드 인의 창의력을 보여준다. 즉 No.8은 무슨 문제든 해결할 수 있다. 8 와이어드 IPA도 그렇다.

머레이스 앵그리 맨 페일 에일
Murray's Angry Man Pale Ale

포트 스티븐스, 오스트레일리아
ABV : 5.0%
홉 : 모투에카, 퍼시피카

머레이 양조장이 포트 스티븐스 와인 양조장과 함께 쓰는 밥 농장(Bob's Farm)에서 만든 맥주들은 색이 아주 다양하고, 심오하며 환상적이다. 앵그리 맨 페일 에일은 이웃 나라 뉴질랜드에서 홉을 몇 부대 빌려와 뚜렷한 오스트레일리아적 향미와 함께 포도를 대량 소비하는 이웃(뉴질랜드)과 비슷한 점이 있는 맥주를 제공한다. 관목 및 유실수 꽃 꿀의 단맛이 옅게 느껴지는 깔끔한 맥아는 오스트레일리아의 햇살 아래서 기대할 수 있는 바로 그것으로, 섬세한 과일(포도, 시트러스, 파인애플) 향미와 톡 쏘는 쌉쌀한 쓴맛이 풍부하다. 더 강한 것을 원하는 사람들을 위해 머레이는 오직 뉴질랜드 홉으로만 만든 ABV 10.0%의 스파르타쿠스 임페리얼 IPA(Spartacus Imperial IPA)도 제조한다. 이 양조장에는 레스토랑도 딸려 있는데, 메뉴를 보면 각 요리마다 어울리는 맥주와 와인을 추천해 놓았다. 맥주와 치즈 메뉴도 있다. 아니면 저장고에서 슬랩(slab, 오스트레일리아에서 24병 또는 24캔짜리 한 팩을 이르는 표현—역자)을 가져다 마실 수도 있다.

벨기에 IPA는 아메리칸 IPA와 퍼시픽 IPA를 가져다 벨기에 이스트 균주로 발효해서 프로필을 바꿔, 블론드든 팜하우스든 트라피스트든 벨기에 에일이라고 하면 연상되는 향신료, 에스테르, 과일 향미를 낸다. 아마 어떤 양조업자가 자신의 주력 IPA에 쓰는 이스트 균주를 바꿔서, 벨기에 이스트 균주가 어떤 영향을 미치는지 알아보려는 마음을 먹으면서 이 맥주 스타일이 개발됐을 것이다. 이렇게 등장한 이스트와 홉의 상호작용에 많은 사람들이 감탄했고, 이 스타일은 발전하고 더욱 인기가 높아져서 전 세계에서 이 스타일을 시도해보려는 맥주 양조기술자들 간의 대대적 의기투합이 이뤄졌다. 더 중요한 것은 이 스타일이 이스트 균주를 가지고 더 자유롭게 실험을 하려는 흐름의 전조가 되었고, 더 많은 맥주 스타일을 낳는 시발점이 되었다는 것이다.

벨기에 IPA

벨기에 IPA, 페일 에일, 화이트 IPA가 모두 여기 속한다. 페일 에일과 IPA는 군침 도는 새콤한 홉 향미를 제공한다. 때로는 정향과 페놀산 향을 만들어내는 이스트가 깊이를 더한다. 나에게 페놀산은 욕실 세정제 같은 맛으로 느껴진다. 페놀산 향이 나는 정향과 시트러스라고? 난 사양하고 싶다. 가끔 후추, 향신료, 에스테르(바나나, 배, 사과) 향이 추가되어 향미들을 원숙하게 마무리 짓고, 더 깊이 있는 과일 향미를 맥주에 더해서 아주 훌륭한 맥주가 나오기도 한다. 화이트 IPA는 위트와 아메리칸 위트 사이 어디쯤인 스타일로, 홉을 훨씬 더 많이 첨가한다. 미국산 홉도 인기 있지만, 내 생각에는 남반구 홉이 훨씬 낫다. 열대 과일 같은 특징이 이스트의 에스테르와 잘 어울리기 때문이다. 실험적인 이 스타일은 여전히 전 세계에서 발전하고 있으며 어떤 맥주는 다른 맥주들보다 뛰어나다. 최상의 결과가 나온 경우에는 환상적이지만 최악의 경우에는 향수나 세제 같은 맛이 난다.

그린 플래시 르 프릭

Green Flash Le Freak

샌디에이고, 캘리포니아
ABV : 9.2%
홉 : 아마릴로

그린 플래시는 방문하기 즐거운 양조장이다. 바를 지나면 바로 안쪽에 큰 양조장이 나와서 맥주를 마시며 맥주 제조 과정을 보고 들을 수 있다. 팰럿 렉커(Palate Wrecker)의 오렌지색, 임페리얼 IPA의 노란색, 발리 와인의 초록색으로 눈을 바삐 움직이다 보면 그린 플래시 맥주에 쓰인, 밝고 선명한 무지개처럼 다양한 색 때문에 캔디 가게에 들어간 것 같은 느낌이 든다. 분홍색 립스틱 같은 색의 르 프릭은 벨기에 트리펠과 아메리칸 IPA이 훌륭한 조합을 이뤘다. 자몽·꽃·오렌지·망고·소나무의 발랄한 홉 향기가 터져 나오고, 그런 다음 후추와 허브 향미를 가진 이스트가 나타났다가 마지막에는 활기 넘치고 상쾌한 쓴맛 나는 홉과 섞인다. 르 프릭과 비슷한 맥주로 파란색 라벨의 레용 베르(Rayon Vert)도 있다. 벨지안-아메리칸 페일 에일로, 브레타노미세스로 병 속 2차 발효를 해서 알싸하고 퀴퀴한, 깊이 있는 맛을 낸다.

앵커리지 비터 몽크Anchorage Bitter Monk

앵커리지, 알라스카
ABV : 9.0%
홉 : 아폴로, 시트라, 심코

첫 페이지부터 여기까지 쭉 읽었다면 지금쯤은 앵커리지가 친숙할 것이다. 그러나 우연히 이 페이지를 보게 됐다면 주의 깊게 읽어보길 바란다. 비터 몽크는 벨기에 스타일 더블 IPA이니까 말이다. 미국 홉을 첨가하고, 벨기에 이스트를 넣어 탱크에서 발효한 다음, 샤도네이를 보관했던 프랑스산 오크통에서 시트라 홉과 브레타노미세스를 넣어 숙성한 맥주이다. 머리가 빙빙 돌고 혀가 꼬이게 만드는 맥주로, 풍부한 열대 과일 향과 배후에 깔리는 포도와 바닐라, 레몬처럼 시큼하고 농장같이 퀴퀴한 브레타노미세스에 더해, 혀 안쪽에 오래 남는 쓴맛이 느껴진다. 다음과 같은 농장을 한 번 상상해보자. 한 쪽에는 소나무 숲이 있고 반대편에는 감귤과 망고 과수원이 있다. 여기서 누군가 아무 의미 없이 와인 통을 깨부숴 와인을 쏟은 다음, 거기에 온통 꽃과 후추를 흩뿌리면서 "그래, 바로 이거야!"라고 외치고 있다. 내게 비터 몽크는 바로 그런 맛이다.

웨스트브룩 팜하우스 IPA
Westbrook Farmhouse IPA

마운트 플레전트, 사우스캘리포니아
ABV : 7.3%
홉 : 콜럼버스, 센테니얼, 아마릴로, 캐스케이드, 갤럭시

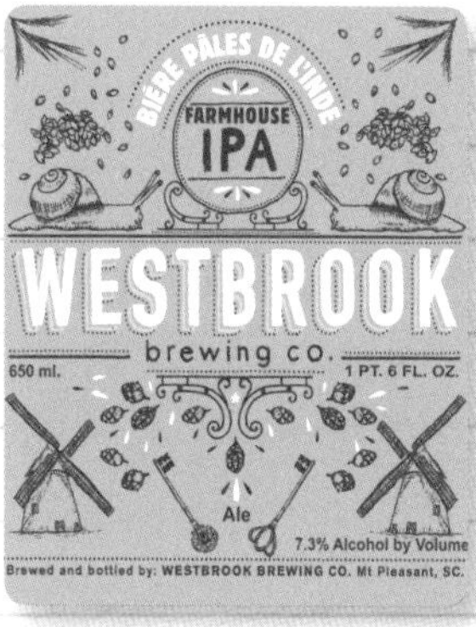

웨스트브룩의 주력 IPA로, 세 가지 이스트 균주를 넣고, 여기에 따로 홉을 약간씩 추가한 맥주이다. 먼저 자가 제조 이스트(farmhouse yeast)를 넣어 알싸하고 맵고 희미한 페놀산 맛을 낸다. 그러고 나면 두 가지 종류의 브레타노미세스가 돌진해 남은 당분을 모두 먹어치워 맥주를 단맛 없이 쌉쌀하게 만드는 한편, 말·건초·레몬 크림 같은 퀴퀴하고 시큼한 농장 향미를 낸다. 모든 것 위로 나타나는 것은 홉(오스트레일리아 갤럭시 품종에서 나오는 망고와 파인애플 향, 그리고 미국 품종에서 나오는 새콤한 시트러스와 향긋한 꽃향기)이다. 호박색 보디는 묵직하다가 쌉쌀한 피니시가 거칠게 밀고 들어온다. 탄산은 위에 덮인 거품 쪽으로 맹렬하게 솟구친다. 견고한 쓴맛이 난다. 그러나 모든 것에도 불구하고 박력 있는 홉과 굉장히 잘 어울리는, 특이한 퀴퀴함을 더하는 브레타노미세스 덕분에 홉과 이스트는 놀라운 균형을 유지한다.

트루바두르 마그마
Troubadour Magma

우르셀, 벨기에
ABV : 9.0%
홉 : 심코와 기타 여러 가지

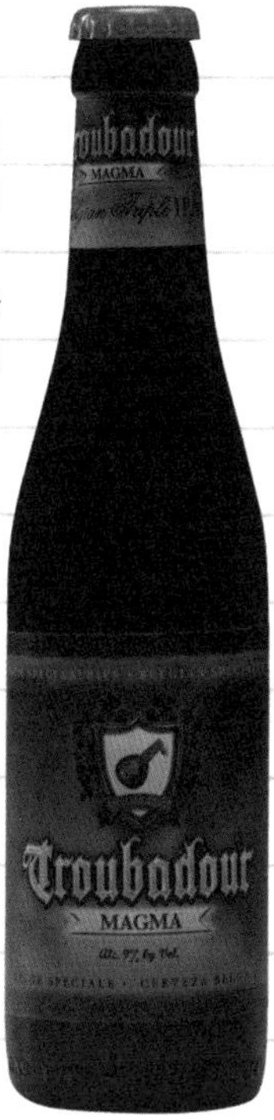

네 명의 친구가 시작한 머스티키어즈 브루어리(Musketeers Brewery)에서 만든 다양한 맥주를 트루바두르라 부른다. 마을에서 마을로 옮겨 다니며 음악과 유흥을 제공하던 중세 사람들을 지칭하는 용어에서 이름을 따왔다. 트루바두르 마그마는 트리펠 IPA이다. 벨기에 트리펠에 아메리칸 IPA처럼 맥아와 홉을 더 많이 첨가한다. 고향에서부터 멀리까지 영향을 미치고 있는, 새롭게 유행하는 벨기에 맥주 중에서 최고이다. 불타는 빨간색에, 구운 파인애플·열대과일·망고·탠저린 향기는 즉시 사람을 사로잡는다. 보디는 묵직하며 농후하고, 바닐라와 아몬드 케이크 같은 단맛이 약간 나며 원숙하지만 조금 연한 맥아의 깊이 있는 맛이 났다가 50IBU의 쓴맛이 그런 맛을 없애버린다. 뒤이어 새콤한 홉이 두 번째로 밀려들어 쌉쌀하게 마무리한다. 트루바두르는 아주 멋진 블론드도 만든다. 블론드로 시작한 다음, 마그마를 마셔보라.

하이 워터 노 바운더리 IPA
High Water No Boundary IPA

치코, 캘리포니아
ABV : 6.5%
홉 : 그때그때 다름(일반적으로 남반구 홉을 쓴다)

노 바운더리 IPA는 1년에 세 번 나오는 맥주로, 사용하는 재료 중 최고의 재료에 의해 언제나 조금씩 맛이 달라지며, 그 재료에서 영감을 얻는다. 변함없는 것은 항상 벨기에 이스트 균주를 가지고 발효한다는 것이다. 이때 쓰는 이스트 균주는 맥주마다 다르다. 쓴맛이 적은 홉을 첨가하는데, 하이 워터의 스티브 알티마리(Steve Altimari)가 재배한 레몬 버베나로 보강하고, 후반에 스타아니스를 집어넣는다. 지금까지는 전적으로 남반구 홉만 쓰고 있다. 여기에 미국 시트라를 약간 더한다. 어떤 맥주를 마시든 기대해도 좋다. 홉의 자몽, 포도, 오렌지 향기 아래로 이스트가 깔려서 홉의 과일 향기를 더욱 생생하게 만든다. 이스트는 떫은 포도 껍질 같은 쌉쌀한 맛으로, 후추 맛과 거친 향미 나는 홉과 아주 비슷하며, 마지막에는 약간의 중과피 맛을 남겨 레몬 버베나를 떠올리게 한다.

데슈츠 체인브레이커 IPA
Deschutes Chainbreaker IPA

벤드, 오리건
ABV : 5.6%
홉 : 브라보, 시트라, 센테니얼, 캐스케이드

화이트 IPA를 소개하겠다. IPA가 위트 맥주를, 때로는 모든 요소를 엄청나게 강화한 미국산 홉이 첨가된 벨기에 위트를, 또 어떤 경우에는 모든 요소를 강화한 아메리칸 위트를 만난 것이 화이트 IPA라 할 수 있다. 연한 밀짚색에 하얗고 가느다란 거품이 생기는 체인브레이커는 1년 내내 생산하기 시작한 최초의 화이트 IPA 중 하나이다. 벨기에 위트에 빻은 코리앤더와 오렌지를 넣어 보완하고, 미국산 홉으로 강렬하게 만든다. 향기는 레몬, 향신료, 오렌지, 자몽이 아주 멋지게 섞여 있다. 질감이 매끄럽고 반들거려서 맥주를 풍부하고 상쾌하게 만든다. 그런 다음에는 쓴맛과 이스트가 혀 안쪽에 중과피와 후추 맛과 나란히 쌉쌀한 피니시를 남긴다. 탁월한 스타일로, 독특하게 짜릿한 상쾌함을 가진 봄 같은 맥주이다. 나는 더 많은 맥주 양조업체들이 이 스타일을 시도해보았으면 한다. 만약 그렇게 된다면 그런 맥주를 레몬과 허브를 넣어 구운 닭고기와 함께 마셔보고 싶다.

하드놋 퀘보이드Hardknott Queboid

밀롬, 영국
ABV : 8.0%
홉 : 센테니얼, 캐스케이드, 아마릴로

나는 하드놋의 숨은 주역인 데이브 베일리(Dave Biley)를 좋아한다. 그는 확실히 양조업자가 되기에 적합한 기질(근면하고 아이디어가 풍부하며 기꺼이 문제에 남들과 다르게 접근한다)을 가진 인물이며 정말 제정신이 아닌 것만 같다. 이런 광기가 맥주로 옮겨와서 환상적인 레드 IPA인 인프라 레드(Infra Red), 1년에 한 번 나오는 발리 와인인 그래니트(Granite), 술통에서 숙성한 독한 스타우트인 에테르 블레익(Æether Blæc), 그 외에도 정기적으로 나오는 특별판을 포함한 다양한 스타일을 낳았다. 그리고 그 중에 여기 소개하는 퀘보이드가 있다. 예기치 못한 반전을 보여주는 광란의 질주 같은 맥주이다.

퀘보이드는 잔에 따르면 탁한 청동색이며, 온갖 놀라움을 안겨주는 향기는 축제에서 파는 구운 사과·딸기·알후추·구운 중과피·과일 같은 커피 향이 난다. 중간에 약간의 단맛 나는 구운 맥아와 함께 구운 과일, 시트러스가 더 많이 느껴지고, 후추와 정향 맛이 나는 이스트의 깊이 있는 맛이 풍부하다. 입에 닿는 모든 느낌이 제각기 다르고 예상을 뛰어넘으며 재미있고 생각에 잠기게 만든다. 이 맥주는 유리잔에 담긴 데이브의 개성이다.

블랙 IPA

블랙 인디아 페일 에일이라니? 의미는 따질 필요도 없다. IPA의 초기 설정과 개념만 생각한 후 그것이 그냥 검은색이 됐다고만 생각하면 된다. 다시 말해서, 블랙 IPA는 인도와도, 연한 색과도 아무 관계가 없다. 다량의 홉을 첨가하고 독한 맥아 베이스로 만들어진 맥주이다. 다른 이름도 존재하는데, 태평양 연안 북서부의 산맥 이름을 딴 캐스캐디안 다크(Cascadian Dark), 인디아 블랙이나 아메리칸 블랙 에일이 있다. 그러나 블랙 IPA가 갈수록 인기가 높아지는 이 스타일에 꾸준히 쓰이는 이름이다. 개인적으로는 아메리칸 블랙 에일이 우리 모두가 사용하는 이름이 될 것이라고 전망한다. 블랙 IPA는 여전히 아는 사람끼리만 통하는, 누구도 이해하지 못하는 농담처럼 들리니까 말이다. 블랙 페일 에일이라니, 도대체 무슨 소리냔 말이다. 너무 바보 같고 황당하지 않나? 정신 나간 양조기술자들 같으니라고!

이런 스타일 맥주에서는 보통 멋진 시트러스·꽃·허브·열대과일·소나무 향기가 나며, 마지막에는 쓴맛이 강타한다. 내 생각에는 우수한 버전일수록 강하게 볶은 것 같은 쓴맛이 톡 쏘는 시트러스 같은 홉과 충돌하지 않고 눈과 혀 사이에서 마술을 부린다. IPA의 연한 캐러멜 베이스 같은 맛이 나고, 매끄럽고 원숙한 풀 보디에 색만 어두울 뿐이다. 내가 블랙 IPA에서 원하는 것이 바로 이것이다. IPA라 불리려면 IPA 맛이 나길 바라기 때문이다. 옅은 초콜릿 맛이 날지도 모르는데, 그 정도는 괜찮다. 그러나 블랙 IPA가 실패한 아침 식사(쓰디쓴 커피, 자몽 주스와 검게 태운 토스트) 같은 맛이 난다면, 아마도 지금 마시고 있는 것이 최신 유행을 따르려고 이름만 바꿔서 나온 아메리칸 스타우트나 홉 풍미가 강한 포터일지도 모른다.

데슈츠 홉 인 더 다크Deschutes Hop in the Dark

벤드, 오리건
ABV : 6.5%
홉 : 노던 브루어, 너겟, 센테니얼, 아마릴로, 캐스케이드, 시트라

나는 홉 인 더 다크를 마시기 전까진 블랙 IPA에 대한 사람들의 호들갑이 이해가 가질 않았다. 전에 마셨던 블랙 IPA 맥주는 대부분 짙은 색 맥아 향미가 너무 세서 불쾌할 정도였고, 혀가 아릴 정도의 볶은 쓴맛 다음에 자몽 맛이 나타났는데, 이것은 결코 좋은 조합이 아니었기 때문이다. 그런데 홉 인 더 다크는 달랐다. 눈을 감으면 분명 IPA인데 눈을 뜨면 스타우트처럼 보였다. 이것이 이 스타일이 부리는 마술, 장난이며 이 스타일이 보여줄 수 있는 가장 좋은 사례다. 캐러멜, 빵, 구운 맥아가 맥아즙에 들어간 귀리의 도움을 받아 편하게 목으로 넘어가며 풀 보디이다. 이 모든 것을 열대 과일과 함께, 중과피·소나무·민트와 세이지 같은 허브 향이 나는, 달콤한 시트러스 같은 홉이 경쾌하게 만들어 군침 돌게 새콤해진다. 향기에 희미하게 어두운 기미가 느껴지지만 겉모습이 불러일으키는 착각일 수 있다.

윈타 두베 임페리얼 블랙 IPA
Uinta Dubhe Imperial Black IPA

솔트레이크 시티, 유타
ABV : 9.2%
홉 : 브라보

두베는 큰곰자리에서 두 번째로 밝은 별이다. 북두칠성의 일부이며 유타 주의 공식 별이다. 이 맥주 제조에는 대마씨(hemp seed)도 들어가는데 '두베'란 이름을 마치 대마초를 말듯이 입 속에서 굴려보면 이중적 의미가 생긴다. 두텁고 농후한 맥아 향미를 가졌지만 구정물 같은 커피와는 달라서, 캐러멜과 함께 약간의 바닐라가 느껴지는 초콜릿 맛이 나며 희미하게 풍겨오는, 숲 속에서 피운 장작불 냄새 같은 나무 향이 구운 냄새와 함께 난다. 100IBU인 쓴맛은 대담하고 허브 같고 오래가지만 모든 것이 새콤한 시트러스와 과수원 과일, 풀냄새 나는 홉에 의해 경쾌함을 잃지 않는다. 홉은 지배적이진 않지만 맥주를 흥미롭게 만든다. 별을 바라보는 것 같은 이 맥주는 야외에서 늦은 밤 바닥에 누워 하늘을 올려다보며 "저기에는 뭐가 있을까", "어떻게 하면 저기까지 갈 수 있을까?", "블랙 IPA란 뭘까?" 등등을 궁금해하며 마시기 좋은 맥주이다.

오델 마운틴 스탠다드 Odell Mountain Standard

포트 콜린스, 콜로라도
ABV : 9.5%
홉 : 치누크, 캐스캐이드

세인트루풀린(St Lulpulin)이나 머서너리(Myrcenary) 모두 홉이 주도적인 맥주로, 둘에게 환상적인 향미를 제공한 홉 기름을 기리는 의미에서 각각 이름을 따왔다. 하나는 IPA로, 내가 이 스타일에서 제일 좋아하는 맥주 중 하나이다. 아주 매끈하고 새콤한 과일 향미를 가졌다. 또 하나는 구하기가 더 어려운, 오크통에서 숙성한 걸작 맥주로, 나무와 야생 이스트를 이용해 아름다운 맥주에 놀랍도록 복잡한 특성을 더한다. 한 가지 결정적인 특징이 모든 오델 맥주를 하나로 묶어준다. 바로 모든 요소들 간의 빼어난 상호작용과 균형이다. 마운틴 스탠다드는 이런 특징을 분명하게 보여준다. 완전하게 균형 잡힌 상태, 이런 높은 ABV에서는 불가능한 가벼움으로 말이다. 그다지 검지 않은 더블 블랙 IPA인 이 맥주의 보디는 매끄럽고 묵직하며 희미하게 초콜릿·달콤한 나무·체리 향미가 느껴진다. 뒤이어 콜로라도에서 재배하고 양조기술자들이 수확한 홉이, 배후의 신선한 시트러스와 맵싸한 꽃향기와 함께 묘한 매력이 있는 중과피의 (오랫동안 입 안에 남는) 쓴맛을 낸다.

퍼시픽 브루잉 래버러터리 스퀴드 잉크 Pacific Brewing Laboratory Squid Ink

샌프란시스코, 캘리포니아
ABV : 7.0%
홉 : 캐스케이드, 너겟, 서밋, 클러스터

팩 브루 랩의 숨은 두 주역 중 한 명인 패트릭을 우연히 만난 적이 있다. 샌프란시스코에 맥주를 마시러 갔을 때였다. 나는 샌프란시스코에 살면서 (자가) 양조를 하고 지하실에서는 펍을 운영하는 영국인 리처드 브루어 홀(Richard Brewer-Hall)을 소개받았다. 그가 자기 집에 수퍼볼 중계를 보러 오라며 초대해서 공짜 맥주와 음식을 즐기러 갔는데 패트릭도 거기와 있었다. 그가 따라주던, 믿을 수 없이 훌륭한 자가 제조 더블 IPA는 내가 캘리포니아에서 일주일 동안 마셔본 맥주 중 최고에 속했다. 그 후 그는 한 발 더 나아가 팩 브루 랩을 열었고, 히비스커스 세종인 스퀴드 잉크(Squid Ink)와 노틸러스(Nautilus)가 이곳의 주력 맥주이다. 스퀴드 잉크는 코코아·커피·토피·오렌지·소나무·자몽 향이 가득하며 이 모두가 풍부한 보디와 허브 같은 쓴맛으로 노련하게 마무리된다. 자, 그런데 어디를 가야 저 믿을 수 없이 훌륭한 자가 제조 더블 IPA를 더 마실 수 있을까?

매직 락 매직 8볼Magic Rock Magic 8Ball

허더스필드, 영국
ABV : 7.0%
홉 : 아폴로, 캐스케이드, 콜럼버스, 넬슨 소빈

2001년에 보르도 대학교에서 와인 전문가들을 상대로 실험을 하나 했다. 이들에게 화이트 와인과 레드 와인을 한 잔씩 주고 둘에 대한 인상을 말하게 했는데, 사람들은 둘을 아주 다르게 묘사했다. 그러나 사실 이들이 마신 두 잔에는 다 똑같은 화이트 와인이 들어 있었다. '레드' 와인은 아무 맛도 나지 않는 색소로 물들인 것이었다. 블랙 IPA도 약간 이런 식이다. 특히 이 맥주는 대부분의 블랙 IPA보다 이렇게 뇌를 기만하는 데 더 능하다. 망고, 복숭아, 살구, 타임 향기가 나는 동시에 코코아와 바닐라 향이 옅게 풍기는데, 반들거리고 매끄러우며 중간에 캐러멜 같은 단맛이 난다. 약간의 초콜릿이 더해진 열대 과일 맛과 강한 쓴맛이 나며, 이 모두가 또 다른 원숙한 열대 과일 맛으로 끝난다. 혀를 속이는 이 맥주는 블랙인가, 페일인가? 매직 8볼(안을 들여다볼 수 있는 창이 나 있고, 속에는 주사위 같은 물체가 액체에 떠 있어 면마다 다른 정해진 답이 쓰여 있는 장난감으로, 점을 치는 데 쓴다—역자)이 말하기를… 모호하게 답하라, 다시 시도하라.

알레브로바르 블랙 호프AleBrowar Black Hope

레보르크, 폴란드
ABV : 6.2%
홉 : 심코, 치누크, 시트라, 캐스케이드, 팰리세이드

2012년 5월에 알레브로바르(AlebBrowar)가 문을 열어 폴란드 크래프트 맥주 양조를 진흥하겠다는 취지로 세 종류의 맥주를 출시했다. 폴란드에서 가장 오래된 가족 양조장인 고시치셰보 브로바르(Gościszewo Browar)와 계약 양조를 하는 알레브로바르는, 위트비어(Witbier), IPA, 블랙 IPA를 만든다. 두 IPA 모두 같은 홉, 같은 이스트를 사용하며 ABV도 같다. 차이는 짙은 색 맥아를 더해 하나는 색을 검은색으로 바꾼다는 것뿐이다. 옅은 산미를 더하는 베리, 훈연, 다크 초콜릿과 함께 약간의 고소한 커피 느낌이 난다. 또 거친 향미 나는, 허브 같은 홉에 더해 약간의 시트러스 중과피와 약간의 캐러멜이 보디를 더 원숙하게 만들고 나면, 모든 것이 하나로 어우러져 이 스타일만의 흥미롭고 특이한 해석이 완성된다. 나는 새로운 맥주 양조업체가 크래프트 맥주 시장에 뛰어드는 것을 보면 신이 난다. 이들이 어떻게든 소규모 폴란드 바 및 양조장 운동을 일으켜 폴란드 사람들을 티스키에(Tyskie)에서 벗어나도록 설득하는 데 성공하길 빈다.

이스티 보이즈 팟 케틀 블랙Yeastie Boys Pot Kettle Black

웰링턴, 뉴질랜드
ABV : 6.0%
홉 : 뉴질랜드 스티리안 골딩, 뉴질랜드 캐스케이드, 넬슨 소빈

이 맥주는 퍼시픽 블랙 IPA 범주에 넣을 수도 있고, 아니면 미국의 캐스케디안 다크(Cascadian Dark)에 속하는 넬소니안 다크(Nelsonian Dark)나, 그냥 홉 풍미가 진한 포터에 넣을 수도 있다. 어디에 속하든, 뇌를 갖고 노는 맥주 중 하나인 것은 분명하다. 다만 방식이 조금 다를 뿐이다. 맨 처음에는 IPA이다. 포도 껍질, (와인과 커피와 맥주에서 공통적으로 느낄 수 있는 종류의) 블랙커런트, 송진, 꽃, 자몽 중과피의 과일 향이 잔에서 폭발적으로 흘러넘친다. 중간에는 포터로, 감미로운 감초, 초콜릿, 캐러멜 맛이 나타난다. 마지막에는 풀 냄새와 거친 향미 나는 홉, 허브, 중과피, 열대 과일즙 향미의 IPA로 되돌아가, 과일 같은 쓴맛이 오랫동안 입 안에 남는다. 팟이든 케틀이든 내키는 대로 서로의 이름을 부르면 된다(call each other pot and kettle. '상대방에게 죄를 뒤집어씌운다'는 뜻의 숙어로, 맥주 이름에 들어 있는 팟과 케틀을 가지고 말장난을 한 것—역자). 결국 가장 중요한 것은 엄청 맛이 좋다는 것이니까 말이다.

아메리칸 앰버와 레드 에일

앰버는 캐러멜색 에일로, 페일 에일과 함께 1980년대 미국 크래프트 맥주 운동의 선구적 스타일로 등장했다. 여러모로 페일 에일은 전 세계적 대스타가 된 반면, 앰버 에일은 고향에 남아 미국 전역의 바에서 열심히 활동했다. 소비량으로 따지면 미국에서 상위 5위권 안에 드는 크래프트 맥주 스타일이다. 지난 10년 동안 스타일끼리 다양한 방식으로 어울리면서 앰버 에일은 두 가지 형태를 갖게 되었다. 하나는 홉을 가볍게 첨가한 일종의 입문용 앰버(장르 간 혼합을 통해 알트나 미니 메르첸 쪽으로 넘어간 에일이나 라거), 또 하나는 홉을 다량 첨가한 맥주인 아메리칸 앰버이다. 아메리칸 레드 에일은 앰버 에일을 강화해, 더 강렬하고 맥아와 홉의 풍미가 더 강한 맥주로 만든 것이다. '레드 IPA'라는 표현을 보게 된다면 이것을 떠올리면 된다.

무지개를 이루는 띠를 보라. 이것이 바로 이 스타일에서 보게 될 색이다. 어두운 노란색에서 오렌지색을 거쳐 보라색 줄무늬가 들어간 짙은 빨간색까지, 이런 맥주들은 색이 짙은 편인 크리스털 맥아를 써서 이름에서 짐작할 수 있는 색을 낸다. 레드 에일에서는 달콤한 견과류 맛과 함께 쫄깃한 토피나 캐러멜 향미 프로필이 보디에서 나타날 수 있다. 아메리칸이라는 접두사는 이 스타일이 홉이 주도적이며 중간 정도에서 높은 수준에 이르는 30~80IBU의 쓴맛을 갖고 있고, 후반 홉 첨가와 드라이 호핑을 활발하게 이용해서 풍미와 향기를 더했을 것이라고 알려준다. 알코올 함량은 ABV 5.0~8.0%가 될 가능성이 높지만 대부분의 스타일이 그렇듯이 임페리얼 버전도 존재한다. 특히 레드의 경우에 그렇다.

하프 에이커 진저 트윈

Half Acre Ginger Twin

시카고, 일리노이
ABV : 6.5%
홉 : 치누크, 심코

나는 맥주 라벨에 대해 일종의 집착과 선입견 같은 것이 있다. 즉 매장에 놓인 맥주가 보기에 좋지 않으면 맛도 좋지 않을 것이라는 생각이다. 반면 보기에 아름다운 맥주는 맛도 좋을 거라고 믿는다. 물론 이런 예상이 항상 정확하게 들어맞진 않는다. 그럼에도 언제나 겉모양이 안 좋은 것보다는 좋은 맥주를 산다. 하프 에이커 맥주들은 세상에서 가장 외관이 뛰어나고 매력적인 맥주에 속한다. 진저 트윈은 인디아 스타일 레드 에일인데, 이 말은 레드 IPA를 장황하게 표현한 것에 불과하다. 잔에 따르면 녹슨 구리색이고, 맥아가 견과류 맛이 나는 갈색 빵 맛을 내며, 그 아래로 흙·꽃·자몽·허브 향의 홉 향기가 미묘하게 깔리고, 오랫동안 나뭇진 같은 쓴맛이 남는다. 아름답고 흥미롭고 놀라울 정도로 균형이 잡혀 있다. 마치 라벨처럼 말이다.

8 와이어드 톨 포피

8 Wired Tall Poppy

블렌하임, 뉴질랜드
ABV : 7.0%
홉 : 워리어, 콜럼버스, 심코, 아마릴로

레드 IPA의 모범 사례 같은 맥주이다. 멋지고 향기롭고 '대담한' 미국 홉의 특징을 모두 갖췄으며, 이런 특징은 일반적인 IPA보다 더 묵직한 베이스 맥주를 토대로 견고하게 구축되어 있다. 베이스 맥주는 베리 같은 과일을 배경으로 견과류 맛이 더 강하고 더 짙은 색에 약간 초콜릿 같은 맛이 난다. 맥아 베이스에는 어딘가 특별한 구석이 있어서, 홉들이 가진 여러 가지 특징을 뚜렷이 드러내기도 한다. 즉 즙 많은 과수원 과일 대신 더 짙은 색 베리류 과일, 갓 짜낸 신선한 과일즙 대신 구운 시트러스, 갓 딴 꽃들 대신 꽃향기가 나는 꿀, 송진 대신 나무껍질 향미가 나게 한다. 마치 모든 향미가 원숙해지고 더 강렬해져 진화하기라도 한 것처럼 말이다. 그런 면에서 나는 톨 포피란 이름이 이 맥주와 잘 어울리는 것 같다. 닭고기 저크에 곁들이면 아주 좋은 맥주이다. 절대 강렬하진 않지만 홉과 충돌하는 약간의 양념 맛을 처리해줄 수 있기 때문이다. 코코넛 커리와도 아주 잘 어울린다. 코코넛이 루풀린을 잠재우는 자장가 같은 역할을 하기 때문이다.

스완 레이크 앰버 스완 에일

Swan Lake Amber Swan Ale

가나야, 일본
ABV : 5.0%
홉 : 캐스케이드, 너겟, 콜럼버스

일본에서 가장 높은 평가를 받는 크래프트 맥주 중 하나로, 1997년에 양조장이 문을 연 이래 전 세계에서 수많은 상을 탔다. '백조의 호수'로 번역할 수 있는 효우코 야시키노 모리라는 이름의 양조장에서 만든 이 맥주는 알트 같은 앰버와 미국산 홉을 첨가한 버전들의 딱 한가운데 위치한다. 구운 맥아 베이스가 맥주를 떠받치는 토대가 되고, 시트러스·꽃·복숭아 같은 미국 홉이 그 위로 유혹적으로 드리워져, 섬세하면서도 유혹적인 홉 향미와 갈증을 풀어주는 쓴맛을 낸다. 양조용 맥아즙 통 안의 어두운색 맥아와 어울려 노는 풀, 흙, 향신료의 맛도 느껴진다. 이런 모든 것이 야키도리 같은 석쇠구이 고기나 포동포동한 교자 만두들이 가득 담긴 요리를 찾게 만든다. 교자는 되도록 튀긴 것이 좋은데, 바삭거리는 만두피가 이 에일의 견과류 맛을 달콤하게 만들기 때문이다.

피자 포트 오션 비치 크로닉 Pizza Port Ocean Beach Chronic

샌디에이고, 캘리포니아
ABV : 4.7%
홉 : 리버티

캘리포니아 해변의 퍼시픽 오션을 따라서 피자 포트 브루 펍 네 곳과 맥주 생산용 양조장이 한 곳 있다. 모두 각기 맥주를 제조하며 이와 더불어 끝내주는 피자도 만든다. 첫 브루 펍은 1987년에 솔라나 비치(Solana Beach)에 문을 열었다. 여기서는 1992년에 처음 자체 양조한 맥주들을 팔았고, 이어서 칼스배드(Carlsbad), 샌클레멘트(San Clemente), 그 다음에는 오션 비치 점이 문을 열었다. 2013년에는 맥주 생산용 양조장이 브레시 랜치(Bressi Ranch)에 문을 열어 펍을 지원했고, 자체 양조 맥주를 위한 캔 맥주 생산 라인을 추가했다. 이 중 어느 곳이든 가까이 있으면 한 번 가보자. 내 생각에는 미국 최고의 맥주를 만드니까 말이다.
오션 비치 점에서 내는 크로닉은 매끄럽고 견과류 같고 깔끔한 앰버이다. 홉이 많이 들어 있지 않다. 대신 산뜻하고 균형이 잡혀 있어서 파도를 구경하며 몇 시간 동안 마시기에 좋은 맥주이다.

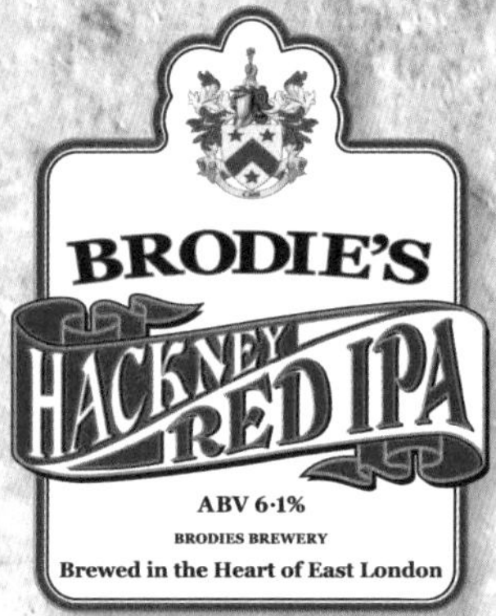

브로디스 해크니 레드 IPABrodie's Hackney Red IPA

런던, 영국
ABV : 6.1%
홉 : 아마릴로, 시트라

이스트런던의 레이튼에 있는 킹 윌리엄 IV 펍 뒤편의 차고 같은 작은 공간에 브로디스 브루어리(Brodie's Brewery)가 있다. 런던, 어쩌면 영국에서 가장 실험적인 양조장인 이곳은 믿기지 않을 정도로 다양한 종류의 이색 맥주들을 뚝딱뚝딱 만들어내는 한편, 기본적인 주력 맥주들도 대규모로 생산하고 있다. 킹 윌리엄 IV에 가서 이스트런던의 펍에서 맥주를 마신다는 것이 어떤 건지, 누더기처럼 낡은 카펫과 다양한 괴짜들과 브로디제 맥주들이 죽 늘어선 스낵바로 본격적인 경험을 해보자. 이 레드 IPA는 아주 성공적인 방식으로 가차 없이 퍼붓는 홉 폭탄으로, 미국 홉의 풍성한 향기와 쓴 자몽·구운 시트러스·구운 캐러멜의 매끈한 보디가 나타났다가 마지막에는 엄청난 쓴맛이 입 안을 강타한다. 또 하나의 훌륭한 맥주인 달스턴 블랙 IPA(Dalston Black IPA)도 구해서 마셔보자. 폭발적인 종류의 맥주이다. 이외에도 짜릿하게 시고 갈증을 풀어주는 낮은 도수의 사우어 에일 종류도 있다.

스조트 앰버 에일Szot Amber Ale

산티아고, 칠레
ABV : 6.0%
홉 : 캐스케이드

미국인 케빈 스조트(Kevin Szot)와 그의 칠레인 아내 아스트리드(Astrid)가 시작한 스조트 마이크로브루어리(Szot Microbrewery)는 칠레에 있는 약 50개의 크래프트 맥주 양조장 중 하나다. 신나는 것은 칠레가 이웃 나라 아르헨티나와 더불어 홉 재배를 시작했다는 사실이다. 그래서 곧 남미산 홉 품종으로 만든 맥주들을 만나볼 수 있을 것이다. 아메리칸 페일 에일, 캘리포니아 커먼, 임페리얼 스타우트를 포함한 다양한 종류의 맥주를 보면 스조트가 어디서 영향을 받았는지가 확실하게 드러난다. 앰버 에일은 더 어두운 색을 내주는 크리스털 맥아를 더 많이 넣어 발효되지 않은 당분이 더 많이 남고, 그래서 캐러멜 같은 단맛이 더 많이 느껴진다는 것만 제외하면 페일 에일과 비슷하다. 칠레인들 입맛에 잘 맞는 단맛이지만 모든 사람들이 그렇게 달게 느끼는 것은 아니다. 가벼운 시트러스 및 꽃향기가 나고, 약간의 섬세한 핵과, 매끄러운 보디, 산뜻한 피니시를 가졌다. 칠레의 거대한 해안지대에서 잡은 신선한 생선, 특히 생선 스튜와 아주 잘 어울린다.

이타카 캐스카질라Ithaca Cascazilla

이타카, 뉴욕
ABV : 7.0%
홉 : 캐스케이드, 치누크, 크리스털, 아마릴로

다른 사람들은 어떨지 모르지만 나는 캐스카질라라는 이름을 가진 맥주에는 사족을 못 쓴다. 어떤 찬사로도 그 훌륭함을 다 표현하지 못할 이타카의 플라워 파워 IPA를 마셨을 때는 특히 그렇다. 캐스카질라는 무슨 홉 괴물의 이름을 따서 지은 것이 아니다. 양조장 근처에 캐스캐딜라 협곡(Cascadilla Gorge)이 있다. 다리, 계곡, 폭포가 있는 평화로운 곳이다. 캐스카질라 맥주는 거대한 괴수에게 공격을 받은 도시처럼 고요하다. 이 대담한 레드 IPA는 시트러스, 꽃, 소나무 향기가 비명을 질러댄다. 더불어 군침이 돌게 새콤하고 견과류, 토피 같은 맥아와 섞인 일종의 마멀레이드 같은 향미가 바탕에 깔려 있다. 쓴맛은 거친 향미가 나고 나뭇진 같으며 마지막에 무자비하게 입 안에 들러붙어 괴물처럼 포효한다. 캐스카질라를 또 한 병 주문할 때 내는 외침소리처럼, 즉 목구멍 뒤쪽에서부터 '질라' 부분을 밀어 올리면서 내는 거친 으르렁거림처럼 말이다. 뭔가 온순한 것을 원한다고? 여기선 루트 비어도 만든다.

맥주 스타일이 아니라 재료가 맥주에 독특한 향미를 더한다. 호밀은 로겐비어(ROGGENBIER) 같은 옛 유럽 맥주 스타일에서 쓰던 재료이다. 그러나 점점 맥주 양조보다는 제빵에서 인기가 더 많아졌다. 호밀은 위스키와 진을 만드는 데 쓰는 곡물이었고, 최근에 와서야 맥주 양조장에서 재기에 나섰다. 확실히 양조에 쓰기 쉬운 곡물은 아니다. 껍질이 없어서 양조 과정에 들어가는 물을 너무 쉽게 흡수해 맥아와 뜨거운 물을 섞으면 찐득찐득해져 양조기술자들에게 골칫거리가 될 가능성이 있기 때문이다. 이런 점에도 불구하고 호밀을 쓰는 것은 향신료처럼 맵싸하고 견과류나 민트 같은 특유의 향미를 주고, 맥주에 빨간색을 갖게 하며, 어떤 다른 재료로도 얻어낼 수 없는 맛과 질감을 더해주기 때문이다.

라이 비어

호밀은 어떤 맥주 스타일에도 쓸 수 있다. 때로는 배경이 되는 맛으로 존재하기도하고 어떤 맥주에서는 지배적인 특징이 된다. 많은 호밀 맥주가 깔끔한 보디와 화려한 홉 향기를 지향해 특유의 맵싸한 향미를 강조한다. 홉의 경우 특히 미국산 홉이 호밀의 허브 같은 거친 향미와 상호보완적이다. 또한 역시나 호밀의 향미를 강조하기 위해 쓰이는 몇몇 영국이나 미국의 홉 품종이 가진 맵싸함과 베리 향미도 좋다. ABV와 IBU는 바에서 이 스타일 맥주를 발견했을 때 호밀 맥주 애호가들 얼굴에 떠오르는 함박웃음만큼이나 폭이 넓다.

업라이트 식스 Upright Six

포틀랜드, 오리건
ABV : 6.7%
홉 : 테트낭, 매그넘

포, 파이브, 세븐과 더불어 식스는 업라이트에서 1년 내내 생산하는 네 가지 맥주 중 하나이다. 모두 같은 세종 이스트 균주를 쓰고, 현지 재배한 곡물과 맥아를 첨가하고, 포틀랜드 남쪽 마운틴 앤젤에 있는 안넨 브라더즈(Annen Brothers) 농장에서 수확한 홉을 쓴다. 이 맥주들은 서로 아주 달라서, 양조기술자들이 몇 가지 재료를 섞어서 서로 매우 다른 맥주를 만들 때 실현될 수 있는 방대한 잠재력을 보여준다. 식스는 라이 아메리칸 세종(Rye American Saison)이다. 업라이트 맥주들은 몇 가지 범주만으로는 온전히 정의할 수 없지만 말이다. 잔에 따르면 짙은 마호가니색으로, 마시기 전에 좀 더 오래 바라보고 있게 만드는 그런 색이다. 특이하고 중독적인 향기는 잔을 이리저리 킁킁거리게 만든다. 호밀 빵, 초콜릿, 무화과, 체리, 담배, 후추, 바나나, 풍선껌, 구운 사과, 풀 향기가 난다. 호밀이 맥주를 쌉쌀하고 맵싸하게 만들면 이스트가 그 맛을 증폭시켜, 마지막에는 후추 같은, 산성에 가까운 얼얼하게 톡 쏘는 신맛을 낸다.

하프 에이커 보메Half Acre Baumé

시카고, 일리노이
ABV : 7.0%
홉 : 치누크

하프 에이커는 2006년에 문을 열었다. 2009년이 되어서야 자체 양조장을 마련했지만 말이다. 그 전에는 위스콘신 주에 있는 샌드 크릭(Sand Creek)에서 양조한 후, 시카고까지 차로 운송해 와서 팔았다. 스카 브루잉(Ska Brewing) 사가 고급화 전력을 택하자 하프 에이커에서는 스카 브루잉이 있는 콜로라도 두랑고로 차를 몰고 가서 스테인리스 스틸을 가득 실은 트레일러 네 대를 끌고 돌아왔다. 2012년에는 양조장 옆에 바를 열어, 하프 에이커에서 생산한 많은 맥주를 전부 팔 준비를 마쳤다. 시카고에 가면 반드시 들러봐야 할 곳이다. 보메는 특별 한정판 아메리칸 초콜릿 라이 스타우트(American chocolate rye stout)이다. 잔에 따르면 암갈색이며, 두꺼운 초콜릿과 달콤한 커피처럼 감미롭다. 빵과 민트 향 허브 향미를 더해주는 풍부한 호밀 맛이 있어, 이런 모카 맛과 아주 잘 어울린다. 홉은 후추와 향신료의 풀 냄새 나는 깊이 있는 채소 맛으로 뜻밖의 신선함을 안겨준다. 호밀은 절대 압도당하지도, 압도하지도 않으면서 이 비할 데 없이 훌륭한 맥주에 독특하고 깊이 있는 풍미를 더한다.

서머 와인 코호트Summer Wine Cohort

홀름퍼스, 영국
ABV : 7.5%
홉 : 서밋, 시트라, 치누크, 심코, 아마릴로

맥주에 홉이 많이 들어간 것이 좋다면 서머 와인 맥주들이 마음에 들 것이다. 서머 와인은 자신들이 생산하는 모든 맥주에 조금도 주저함 없이 홉 마대를 몽땅 쏟아 부어 강한 쓴맛과 엄청난 향기를 더한다. 여기서 내놓는 맥주 대부분은 혀를 얼얼하게 만드는, 홉의 폭발이라 일컬을 만한 디아블로 IPA(Diablo IPA)처럼 현대 미국의 영향을 따른다. 더블 블랙 벨지안 라이 IPA(Double Black Belgian Rye IPA)인 코호트는 조금 색다르고 무척 특별하다. 여러 요소들이 미친 듯이 충돌을 일으킬 수도 있었지만, 맥주 양조에 대한 저돌적인 접근방식과 기량이 눈부시게 발휘되어 뛰어난 결과물이 완성되었다. 풀 보디에, 초콜릿과 호밀·민트와 오렌지·베리와 훈연 향미가 있고, 홉이 꽃과 시트러스 향을 낸다. 후추같이 알싸한 이스트와 홉이 호밀 풍미와 결합해 조화를 이루며 끝내주게 훌륭한 맥주를 만들어낸다.

식스포인트 라이처스 에일Sixpoint Righteous Ale

브루클린, 뉴욕
ABV : 6.3%
홉 : 캐스케이드, 콜럼버스, 치누크

아메리칸 라이 에일이 맥주 스타일 안내서에 나온다면 당화 과정에 호밀을 넣어 만들고, 호밀의 맵싸한 허브 같은 맛을 보완하는 동시에 시트러스를 가미해주는 홉으로 양조한 아메리칸 페일 에일이나 IPA라는 식으로 설명될 것이다. 라이처스는 아메리칸 라이 에일의 교과서적인 맥주이다. 호박색 도는 붉은색에, 후추처럼 알싸하고, 아주 쌉쌀하며 갈증을 풀어준다. 얼마나 쌉쌀한지, 이 맥주에서 시트러스의 짜릿한 신맛이 난다고 느껴질 정도이다. 보통 쫄깃한 호밀 빵에서 느낄 수 있는 그런 종류의 맛이다. 홉은 거친 향미를 제공해 호밀의 허브 같은 면이 두드러지게 만든다. 그러고 나면 C 홉의 중과피·꽃·시트러스 향이 향미를 경쾌하게 만들어 거친 느낌이 지나치지 않게 만든다. 다음은 몇 가지 사소한 맥주 관련 정보이다. 육각형 별은 양조의 아이콘이다. 즉 양조의 필수 재료인 물·곡물·맥아·홉·이스트·양조기술자를 나타내기 때문에 첨가물 없는 순수함을 상징할 뿐 아니라, 연금술적인 불과 물의 조화를 의미하기도 한다.

헤이마켓 앵그리 버즈 벨지안 라이 IPA
Haymarket Angry Birds Belgian Rye IPA

시카고, 일리노이
ABV : 7.5%
홉 : 아마릴로, 캐스케이드

우리가 영국 말투로 대화하는 것을 듣고 바텐더가 우리에게 말을 붙이기 시작했다. "어디 출신이세요?" "시카고는 어땠어요?" "아, 맥주를 마시러 시카고에 왔군요? 양조장 구경하실래요?" 우리는 바 의자에서 훌쩍 뛰어내려 그를 따라 최고의 맥주들이 단정하고 인상 깊게 늘어선 곳으로 갔다. 그런 다음에는 '저장고(cellar)'를 보러 갔다. 케그가 줄지어 있었고, 그 뒤에는 맥주를 한 잔씩 따라 내는 서빙 탱크가 나란히 붙어 있었다. 이곳 맥주가 신선한 이유는 바로 이 때문이다. 탱크에서 바로 뽑아서 내니까 말이다. 우리는 그 전에 이미 여기 맥주 맛이 얼마나 신선한지에 대해 이야기했었는데, 이제 그 이유를 알게 된 것이다. 앵그리 버즈 벨지안 라이는 헤이마켓 특유의 독보적인, 벨기에 이스트와 미국산 홉의 조합 능력을 뽐낸다. 맵싸한 이스트와 효모가 아마릴로의 복숭아와 살구, 캐스케이드의 꽃향기와 깜짝 놀랄 만큼 잘 어우러지기 때문이다. 오스카스 파든(Oscar's Pardon)은 드라이 호핑한 벨지안 페일 에일로, 또 하나의 눈부신 벨기에와 미국 조합이다. 시카고에 가면 반드시 헤이마켓에 가봐야 한다.

템페스트 라이PA **Tempest RyePA**

켈소, 스코틀랜드
ABV : 5.5%
홉 : 서밋, 센테니얼, 콜럼버스

템페스트는 2010년에 양조를 시작해 조금 색다른 맥주들을 만들어 선도적인 스코틀랜드 브랜드가 되었다. 이들은 홉을 아낌없이 투하해 독한 맥주를 만들고 특이한 재료들로 실험적인 양조를 한다. ABV 7.4%인 레드 아이 플라이트(Red Eye Flight)는 감미롭게 부드럽고, 한껏 구운 맛이 나는 포터로, 코코아, 데메라라 설탕(황갈색 나는 비정제 설탕. 주로 럼주 제조에 씀—역자), 커피로 양조한다. ABV 5.6%인 치포틀 포터(Chipotle Porter)는 거친 향미를 가진, 훈연 건조한 할라피뇨를 우려내서 진한 짙은 색 맥주에 주입해 할라피뇨의 얼얼한 매운맛을 누그러뜨린다. ABV 5.6%인 롱 화이트 클라우드(Long White Cloud)는 뉴질랜드 홉의 열대 과일 향미로 가득하다. 라이 PA는 템페스트에서 아메리칸 라이 IPA를 그들 방식대로 해석한 맥주인데, 여기서 호밀은 갈색 빵 향미가 밑에 깔리는 견과류와 향신료 맛이 나며, 맥아 보디가 캐러멜 같은 단맛을 살짝 선보이다가 풀·중과피·허브 느낌의 홉이 나타난 다음, 시트러스즙 같은 맛으로 끝난다.

딥 엘럼 라이 필스 **Deep Ellum Rye Pils**

댈러스, 텍사스
ABV : 4.6%
홉 : 리버티, 마운틴 후드, 스털링

호밀을 필스너 베이스에 첨가하는 것은 곡물이 저마다 어떤 스타일에, 어떤 종류의 깊이를 가져다줄 수 있는지 알아볼 기회가 된다. 가장자리에 살짝 붉은빛이 도는 이 금색 맥주에서 호밀 향미가 느껴지기 전에 지배적인 것은 홉이다. 독일이 원산지인, 미국에서 재배한 홉으로 양조한 이 맥주는 신선하고 섬세해서, 직설적이고 강력한 IPA와는 달리, 풀·꽃·중과피 같은 시트러스 향을 가졌다. 보디는 부드럽고 깔끔하며, 마지막에는 호밀 크래커의 맵싸한 맛이 나타나 곡물과 홉의 시트러스 팀을 이루며 모든 것을 쌉쌀하게 정리한다. 이때 대체로 호밀은 완전히 새로운 복합성과 깊이를 필스너에 제공한다. 텍사스에서 만든 이 맥주는 바비큐에 곁들여 마시면 더할 나위 없이 좋다. 호밀이 드라이 럽(dry rub, 향신료들을 섞어서 고기 전면에 촘촘히 발라 굽는 조리법—역자) 요리의 향신료들을 보완하는 데 굉장히 뛰어난 한편, 홉의 섬세한 시트러스 같은 면이 느끼함을 잡아주기 때문이다.

시간이 흐르면서 맥주 스타일은 진화하지만, 스타일과 관계된 이야기는 특정한 순간에 머물러 있는 경향이 있다. 마일드는 이 맥주가 향미가 약하다는 것을 암시한다. 그렇다면 강력한 충격을 추구하는 맥주 세계에서 대체 누가 이 맥주를 원하겠는가? 그런데 마일드는 300년 동안 존재했고, 이 이름은 원래 특정 스타일이 아닌, 신선함을 나타내기 위해 쓴 것이다. 신선할수록 오래 묵힌 맥주보다 맛이 더 순하니까 말이다. 그 이후 많은 변화를 겪으면서 '더 순한' 향미를 갖기 전에 한때는 인디아 페일 에일보다 더 독해지기도 했다. 1차 세계대전 동안 곡물 공급이 제한되었는데, 양조장들은 맥주 도수를 낮출 수밖에 없었고, 마일드의 인기가 크게 높아졌다. 전후에 ABV 수치가 올라갔지만 1930년대 신설 세금 때문에 도수가 다시 대폭 줄어들어든 상황에서 2차 세계대전이 발발해 알코올 도수는 더욱 낮아졌고 홉도 마찬가지로 감소했다. 그때부터 마일드는 현재 우리에게 친숙한 형태로 굳어졌다. 즉 알코올 도수가 낮고 홉은 가볍게 넣은 형태로 말이다.

마일드

마일드는 더 독하고 화려한 스타일에게 따돌림을 당해 구석에 내몰린 변칙적인 스타일이다. 다만 마일드는 과도기에 있다. 도수가 낮은, 부담 없이 마실 수 있는 스타일을 지향하는 흐름에 영향을 받아 새로운 정체성을 획득해가는 중이다. 색은 금색에서 검은색에 이른다. 적갈색이 제일 흔하지만 말이다. ABV는 3.0~6.0%에 이르며 IBU는 30까지 도달할 수 있다. 영국산 홉의 경우에는 섬세한 향기를 낸다. 어떤 마일드는 지루하다. 그러나 현대인의 미각을 만족시키는 자극적인 청량한 쓴맛과 함께 향미와 깊이가 놀랍도록 풍부한 마일드도 있다. 현재 마일드 맥주에 대한 실질적인 규정은 없지만 맥아와 홉이 균형을 이뤄서 마시기 편하다는 것이 핵심적 특징이다. 마일드는 다시 현대화하고 있으며, ABV는 중간 정도이지만 특징은 풍부한 스타일이 되어가고 있다. 마일드라는 이름만이 발목을 붙잡고 있는 형국이다.

리즈 미드나잇 벨즈Leeds Midnight Bells

리즈, 영국
ABV : 4.8%
홉 : 퍼스트 골드, 보벡, 윌러멧

영국에서는 다크 마일드(Dark Mild), 골든 마일드(Golden Mild), 더 독한 루비 마일드(Ruby Mild)도 만날 수 있어, 이 스타일의 융통성을 알 수 있다. 리즈 브루어리(Leeds Brewery)의 미드나잇 벨즈는 다크 마일드의 대표적인 예다. 이 맥주는 짙은 적갈색에 쫀쫀한 황갈색 거품을 가졌다. 이런 거품은 북부 스타일에서 맨 위에 덮이는, 두터운 크림 같은 거품을 만들 때 쓰는 '스파클러(sparkler, 맥주 캐스크에서 맥주를 뽑아내 샤워기처럼 거세게 쏟아지게 따르는 장치—역자)'를 통해 끌어낸다. 부드럽고 깔끔하며 밤 같은 맛이 밑에 깔리고 희미한 초콜릿 맛이 느껴지지만 대체로 그저 환상적인, 부담 없이 넘어가는 깊이 있는 맛을 갖고 있다. 홉은 우아하고 영국적인 꽃향기를 내며, 이 향기를 윌러멧 홉의 블랙커런트 향이 강화했다가 약해지면서 약간 후추 같이 알싸한 보벡이 기분 좋게 입 안을 간질인다. 모든 것이 훌륭하게 균형 잡혀 있는 맥주이다. 리즈에 가면 이곳 양조장에서 연 펍이 두어 곳 있다. 현대적인 요크셔 스타일의 맥주를 폭넓게 맛볼 수 있다. 베스트 비터(Best Bitter), 잉글리시 페일 에일(English Pale Ale), 홉 풍미가 강한 비터 모두 최상급이며 전통적인 펍 음식과 완벽한 조화를 이룬다.

피자 포트 오션 비치 스키드마크 브라운

Pizza Port Ocean Beach Skidmark Brown

샌디에이고, 캘리포니아
ABV : 4.1%
홉 : 피닉스, 브루어스 골드, 스털링

내가 웨스트코스트 IPA의 고향인 샌디에이고에서 머문 일주일 동안 맛본 최고의 맥주 중 하나가 마일드일 것이라고 상상이나 했겠는가? 오션 비치의 스키드마크는 많은 면에서 나를 놀라게 하고 기쁘게 했다. 이렇게나 강렬한 향미를 가졌을 줄 예상치 못했기 때문이었다. ABV 4.1%인 맥주에서 더 중량감 있는 브라운 에일이 가진 보디와 질감을 느낄 수 있다. 이 맥주는 맥아 베이스의 소박한 맛이 명확하게 느껴진다는 점에서 극도로 깔끔한 풀 보디를 지녔다. 또 아주 희미하게 훌륭한 커피 맛과 견과류 맛이 난다. 홉은 거친 향미가 나고 균형 잡혀 있지만, 여전히 신선하고 유혹적이다. 이렇게 잔 속에서 많은 일이 다채롭게 벌어지고 있다 보니, 바의 의자에 느긋하게 기대앉아 이 맥주를 마시다 보면 왜 다른 양조업자들은 이렇게 하지 못하는 건지 의아해하게 된다. 신선함, 향미, 균형, 부담 없는 목 넘김이라는 현대적 마일드의 정의를 보여주는 맥주이다.

탭 이스트 이스트 엔드 마일드

Tap East East End Mild

런던, 영국
ABV : 3.5%
홉 : 푸글

남자들을 위한 맥주이다. 쇼핑에 끌려가서는 그냥 펍에 죽치고 앉아 있고만 싶은 것이 어떤 기분인지 다들 잘 알 것이다. 런던에서는 사정이 조금 더 낫다. 탭 이스트는 유럽에서 가장 큰 쇼핑센터에 있는 맥주 자가 제조 바니까 말이다. 쇼핑에 관심이 있는 척 한 다음, "난 전자 제품 파는 데 가서 플러그 같은 것 좀 둘러볼게"라고 말하자. 그리고 가능한 한 전속력으로 뛰어 탭 이스트에 들어가, '자기, 어디야?'라는 문자 메시지가 올 때까지 쉬자. 이스트 엔드 마일드는 밤색이며 쫀득한 영국 맥아가 보디를 더욱 묵직하게 만든다. 흙내·풀·관목 열매 향기가 나고, 마지막에는 푸글 향미가 지배적이 되면서 쓴맛이 오랫동안 남는다. 미국이 IPA 같은 맛이라면 이 맥주는 잔 속에 담긴 영국이라 하겠다. 게다가 이 맥주는 쇼핑몰 안에서 만들어져 옷 쇼핑을 더 참을 만 하게 해준다.

리틀 크리처스 로저스 비어

Little Creatures Rogers Beer

프리맨틀, 오스트레일리아
ABV : 3.8%
홉 : 이스트켄트 골딩, 갤럭시, 캐스케이드

오스트레일리아 최고의 크래프트 맥주 양조업체인 리틀 크리처스는 새콤하고 신선하며 미국에서 영향을 받은 맥주인 페일 에일을 토대로 세워졌다. 이들은 페일 에일에 미국과 오스트레일리아 산 홉을 써서 오렌지, 자몽, 꽃향기를 오스트레일리아 최고의 냉장고용 맥주에 불어넣는다. 호박색인 로저스 비어는 약간 색다르다. ABV 3.8%에 불과한 이 맥주는 기대하는 수준보다 훨씬 많은 향미를 잔 속에 꾹꾹 다져넣었다. 향기는 약간의 새콤한 남반구 홉을 사용했다는 것을 처음 깨닫게 하는 옅은 꽃향기와 신선한 베리가 느껴진다. 보디는 깔끔하고 담백한 한편, 미묘한 맥아의 존재감이 약간의 구운 견과류와 희미한 캐러멜 맛을 낸다. 마시기 정말 좋은, 단순한 맥주이다. 양조업자들이 더 많은 향미를 잔 속에 채워 넣으려 노력하는 세상에서, 이 맥주는 원숙한 자제력의 전형이다.

브라운 에일은 런던에서 태어난 스타일이다. 처음 양조된 이래로 몇 년이 지나서야 이름이 생겼지만 말이다. 원래 런던에서 유행하던 이 맥주가 더 씁쌀하고 더 독하고 더 홉이 많이 들어간 포터를 낳았다. 그러다 20세기에 와서 브라운 에일이라는 이름을 사용하는 두 번째 유행이 시작되었는데, 두 가지 버전으로 발전되고 있었다. 바로 스위트 브라운 에일과 견과류 향미를 가진 씁쌀한 노던 브라운이다. 스위트 브라운 스타일은 사실상 사라졌지만 노던 뉴캐슬은 세계적인 맥주가 되었다. 몇몇 맥주들은 이 스타일을 그대로 베끼는 경향이 있지만 말이다. 브라운 에일은 끊임없이 흐름을 타서, 언제나 더 인기 있는 무언가가 앞선 것을 대체한다. 그러나 미국 크래프트 맥주 양조업자들 덕분에 이야기는 다시 흥미로워진다. 이들은 브라운 에일이라는 개념을 가져다 새롭고 흥미진진하며, 안정적으로 팔릴 만한 스타일로 만들고 있다.

브라운 에일

현재는 브리티시 브라운 에일과 아메리칸 브라운 에일이 있다. 브리티시 버전은 ABV 4.0~5.5%로, 견과류 느낌의 굽고 볶은 맛과 중간급 보디에, 거친 향미를 가진 25~35IBU의 쓴맛이 나며 영국산 홉 품종들이 꽃·흙·산울타리 관목 열매 향을 낸다. 아메리칸 브라운 에일은 ABV 5.0~6.5%로 알코올 함량이 더 높고, 구운 향미·초콜릿 향미와 함께 좀 더 중량감 있는 보디를 가졌으며, 싱싱한 꽃과 시트러스 홉 향미를 가진 미국 홉 품종들이 최대 50 IBU에 달하는, 달지 않은 강력한 쓴맛을 낸다. 일부 오래된 유물 같은 브라운 에일도 존재하지만 현대 버전이 더 인기 있다. 특히 미국 스타일이 그렇다. 사실 브라운 에일은 현재 영국에서는 찾아보기 힘들다. 유행에 뒤떨어져서, 비터·페일 에일·스타우트 사이의 황무지에 있다. 개발될 준비가 된 황무지에 말이다. 미국에서는 인디아 브라운 에일이나 브라운 IPA나 임페리얼 브라운을 볼 수 있다. 물론 맛과 풍미는 더 강력하다.

베어드 앵그리 보이 브라운 에일

Baird Angry Boy Brown Ale

시즈오카, 일본
ABV : 6.8%
홉 : 넬슨 소빈, 글래시어, 캐스케이드

앵그리 보이 브라운은 예기치 못한 즐거움을 안겨주는 맥주 중 하나이다. 이를테면 브라운 에일은 이런 말과 비슷하다. "가구 매장 가서 램프 갓 좀 둘러보자" 즉 따분하게 들린다는 말이다. 브라운, 브라운, 브라운…. 흥미진진할 구석이라곤 없지 않나. 그런데 베어드의 앵그리 보이를 마시면 이야기가 달라진다. 잔에 따르면 탁한 어두운 구리 색이며, 잔 입구에 재빨리 코를 들이댔을 때 풍겨오는 향기는 길을 가다 예쁜 여자를 무심코 지나치고는 '아차' 하고 다시 쳐다보는 것과 같다. 복숭아·파인애플·만다린·약간의 말린 허브 향이 나며, 모두 미묘하면서도 굉장히 신선하다. 가볍게 구운 맥아의 깔끔한 보디를 가졌고, 주로 토피·견과류·토스트와 약간의 초콜릿이 느껴진 다음, 쓴맛이 이를 담백하게 정리해서 상쾌하게 만든다. 그리고 훌륭한 홉 풍미가 모든 요소에 스며들어 있다. 앵그리 보이를 마시면 난 행복한 소년이 된다.

설리 벤더Surly Bender

브루클린 센터, 미네소타
ABV : 5.5%
홉 : 콜럼버스, 윌러멧

벤더는 양조용 맥아즙 통에 약간의 귀리를 넣어 오트밀 브라운 에일로 만든 맥주이다. 귀리는 맥주에 매끄럽고 농후한 크림 같은 보디와 입 안에서 느껴지는 원숙한 질감을 제공한다. 이것은 좋은 일이다. 입에 닿는 느낌은 대개 적당히 좋은 맥주와 정말 좋은 맥주 간의 차이를 만들기 때문이다. 보디는 어두운색 맥주에서 특히 중요하다. 볶은 곡물은 매캐하고 톡 쏘는 산미를 가져서 맥주에 밍밍하고 떫은맛이 나게 만들 수 있다. 벤더가 탁월한 것은 보디가 농후해서 구운 맛과 토피, 바닐라, 초콜릿 향미를 모두 지탱한다는 점이다. 홉이 뒤를 받쳐줘서, 담배·이파리 향미와 함께 마지막에는 약간의 중과피 맛을 오랫동안 입 안에 남긴다. 더할 나위 없이 균형이 잘 잡힌 맥주이다. 설리는 커피 벤더(Coffee Bender)도 만든다. 과테말라 원두와 함께, 벤더를 콜드 프레스하는데, 이렇게 해서 강렬한 모카 향미를 맥주에 더한다. 맥아 광이 아니라 홉 광 쪽이라면 퓨리어스(Furious)를 고르자. 기가 막히게 훌륭한 IPA니까 말이다.

프리티 씽즈 세인트보톨프스 타운
Pretty Things St Botolph's Town

캠브리지, 매사추세츠
ABV : 5.7%
홉 : 푸글

세인트보톨프스 양조를 위해 페일 에일 맥아, 맥아 귀리(malted oats), 훈연한 밀, 크리스털 맥아, 브라운 맥아, 검정 맥아를 양조용 맥아즙 통에 넣고 소량의 설탕을 넣어 색깔과 향미를 낸다. 그런 다음 두 가지 이스트 균주를 사용한다. 하나는 전통적으로 쓰는 영국 균주이고, 또 하나는 잘 쓰지 않는 독일 균주이다. 모든 요소들이 놀라운 맥아의 걸작을 탄생시킨다. 프리티 씽즈는 이곳에 대해 이미 높았던 내 평가를 끝없이 더 높아지게 만든다. 수첩에 보면 이 맥주에 대해 이렇게 적혀 있다. "평범한 맥주 같지만 100만 배 더 맛있다. PT는 어떻게 한 걸까?" 정말 우아한 방식으로, 매끄럽고 농후한 맥아 맛이 나고, 두드러지는 향미는 맥주를 4D로 마시기라도 하는 것처럼 느끼게 한다. 복잡하면서도 미묘해서 연달아 세 병을 마실 수 있고, 그렇게 마셨어도 다시 마시려고 하면 여전히 설레는 그런 맥주이다. 푸글은 싱그러운 숲 속 같은 향기와 이제까지 맛본 것 중에서 가장 균형 잡힌 쓴맛을 낸다. 정말 환상적이다.

루나 아귀용스Runa Agullons

메디오나, 스페인
ABV : 5.0%
홉 : 푸글, 노던 브루어

알레스 아귀용스(Ales Agullons) 양조장은 바르셀로나 바로 외곽에 위치해 있으며, 2009년 이래로 보리밭과 포도밭에 둘러싸인 농장에서 양조를 하고 있다. 깊이 있는 구운 견과류·코코아·갈색 빵 맛을 가진 루나는, 꽃·삼림지대·민트 향 나는 홉과 오랫동안 입 안에 남는 거친 향미 나는 쓴맛을 가졌다. 이런 특징은 루나를 브리티시 브라운 에일을 카탈루냐식으로 해석한 맥주로 만든다. 정말 편하게 목으로 넘어가지만 흥미로움을 잃지 않으며, 홉이 좀 더 폭발적인 면모를 보여 더 훌륭한 맥주가 된다. 아귀용스는 부분적으로는 미국적인 우세한 홉 풍미를 가진 다양한 영국 스타일 맥주와 함께, 정기적으로 내놓는 특별판 맥주를 만든다. 셉템버(Septembre)를 구해서 마셔보라. 캐스케이드와 푸글 홉을 넣은 퓨라 페일(Pura Pale)과 람빅을 섞은 맥주로, 출시 전에 2년간 숙성한다. 과일, 오크, 퀴퀴한 향미를 가진 셉템버는 현재 이 맥주를 양조하는 농장에서 제조하곤 했던 와인에 가까운 맛이 난다.

시가 시티Cigar City

탬파, 플로리다
ABV : 5.5~9.0%
홉 : 맥주마다 다름

브라운 에일을 만드는 양조장은 그리 많지 않다. 브라운 에일이 IPA만큼 유행하고 있지는 않기 때문이다. 그래서 한 해에 5회 만드는 곳, 그리고 부가적으로 몇 번 만드는 곳도 찾기 힘들다. 그런데 시가 시티는 다른 곳들과 다르다. 마두로 브라운(Maduro Brown)은 원기 왕성한 맥아의 깊이와 달콤한 담배의 강렬함을 가졌다. 쿠바노 스타일 에스프레소 브라운 에일은 커피로 만들었으며, 거친 향미 나는 볶은 맛과 바닐라 향미가 나타났다가 맥아·홉·커피의 쓴맛이 섞여 난다. 볼리타 더블 넛 브라운 에일(Bolita Double Nut Brown Ale)은 괴물 같은 ABV 9.0%에 볶은 견과류, 토피, 거친 향미의 홉 풍미가 가득 담겨 있다. 임프로브 오트밀 라이 인디아 스타일 브라운 에일(Improv Oatmeal Rye India-Style Brown Ale)의 경우에는 이름이 모든 것을 말해준다. 그러나 기습적으로 덮쳐오는 나뭇진 같은 홉은 예상치 못한 놀라움을 안긴다. 슈가 플러스는 맵싸한 자극적인 향신료 맛이 나는 크리스마스 브라운 에일이다. 이런 맥주들은 모두 여러 가지 시가를 맥주로 해석한 것 같은 맛이 난다.

뇌그네 외 임페리얼 브라운 에일
NØGNE Ø Imperial Brown Ale

그림스타드, 노르웨이
ABV : 7.5%
홉 : 콜럼버스, 치누크, 이스트켄트 골딩

런던에 있는 노르웨이 대사관에서 뇌그네 외 맥주들을 마시며 저녁 한나절을 보낸 적이 있다. 노르웨이 대사관은 확실히 내가 맥주 초대를 받아본 장소 중 제일 근사한 곳이다. 여기서 나오는 임페리얼 브라운은 영국과 미국 맥주 딱 한가운데 위치해 있어, 아주 스칸디나비아적인 맥주로 느껴진다. 짙은 적갈색에 보디는 견고하고 농후하며 토피·견과류·호밀 빵·옅은 초콜릿 향미에, 짜릿하게 톡 쏘는 영국적인 깊이 있는 향미를 갖고 있다. 홉은 균형이 잡혀 있고 거친 향미에 꽃향기가 나며, 마무리가 'C 홉' 같은, 입 안에 오래 남는 쓴맛을 가졌다. 이 맥주는 강렬한 브라운 에일은 아니다. 대신 맥아를 강화했을 때 어떤 결과가 나오는지 보여주는 동시에, 모든 요소가 시종일관 균형 잡히고 절제되어 있다. 뇌그네 외는 노르웨이 크래프트 맥주의 대사 격이며 스칸디나비아 최고의 크래프트 맥주 양조업체 중 하나이다.

8 와이어드 리와이어드 브라운 에일
8 Wired Rewired Brown Ale

블렌하임, 뉴질랜드
ABV : 5.7%
홉 : 퍼시픽 제이드, 퍼시피카, 캐스케이드

리와이어드는 분명 이 맥주에 딱 맞는 이름으로, 맥주를 마시면 뇌의 시냅스들이 딱 켜져서 잠깐 멈췄다가 재확인 후, 여기저기 돌아다니며 배선을 변경하는 것을 느낄 수 있다. 내가 리와이어드에서 제일 좋아하는 면은 마시기 즐거운 동시에, 브라운 에일에 대한 선입견을 바꿔준다는 것이다. 이 맥주는 생기 넘치는 신선함이 새콤한 블랙커런트, 봄날의 풀 냄새와 함께 나타난다. 보디는 빵, 토스트 같으며 여기에 약간의 당밀과 입 안에 오래 남는 구운 맥아의 쓴맛이 함께 느껴진다.
홉 향미가 마시는 내내 밀려들어 산울타리 관목 열매, 구운 열대 과일, 꽃향기 나는 중과피 느낌이 난다. 내게 브라운 에일이 의미하는 것은 한 가지이다. 즉 어두운 락 클럽에서 땀투성이가 되어 멋있어 보이려 애쓰며 여자들에게 작업을 걸다 실패하면 병째 꿀꺽꿀꺽 들이켜는 뉴캐슬 버전의 여름 맥주이다. 새롭게 해석된 브라운 에일 덕에 옛 기억들이 평온하게 빛난다.

영국 펍에서 에일 한 잔을 주문하는 것과 같은 의미인 비터는 영국 맥주 업계의 역군으로, 많은 사람들이 일상적으로 찾는 맥주이다. 비터라는 이름은 '달콤한' 마일드와 더 쓴 페일 에일을 구분하는 펌프 클립 앞부분에 쓰인 구어적 표현에서 시작됐다. 그러다 이 이름이 대중적으로 쓰이게 됐다. 페일 에일과 비터는 19, 20세기에 인기가 높아졌지만, 다른 위대한 영국의 아이콘들(비틀즈, 미니MINIS, 제임스 본드)이 그랬듯이 1960년대에 와서 각자의 진가를 인정받았다. 비터가 페일 에일과 갈라져 별도로 발전한 덕분에 이때부터 좀 더 최근의 역사를 추적해볼 수 있다.

비터

비터는 스타일이라기보다는 맥주의 한 범주에 가깝다. 즉 비터가 가진 결정적인 특징은 세션 맥주처럼 3.5%에서 4.5%에 이르는 ABV와 멋진 홉 풍미를 가진 쌉쌀한 피니시로 아주 부담 없이 마실 수 있다는 것이다. 금색부터 붉은빛이 도는 황갈색에 이르는 색이 날 수 있고, 보통 흙내와 꽃향기 나는 영국산 홉을 쓴다. 미국산 홉이 이 스타일을 발전시키긴 했지만 말이다. 쓴맛은 감질나게 하는 20IBU에서 왕성한 50IBU까지 이를 수 있다. 비터는 펍 맥주이다. 즉 어떤 비터들은 1950년대부터 커튼과 카펫이 바뀐 적 없는 오래된 펍과 어울린다는 말이다. 그런가 하면 어떤 비터는 국제적인 맥주 바에서 실내를 환히 빛내고 있기도 하다. 계속 변화 중인 스타일인 비터는 골든 에일, 페일 에일, 짙은 색 에일에 치여 밀려날 위험에 처할지도 모른다. 하지만 염려할 것은 없다. 이 스타일은 사라지지 않을 테니 말이다. 다만 새 별명이 등장할지도 모르겠다. 아마도 좀 더 개방적이고 포괄적인 브리티시 에일이나 세션 맥주 쪽 이름으로 말이다. '비터'란 이름은 힙스터들이 즐겨 찾는 곳에서 다시금 멋진 스타일로 받아들여지고 있는, 납작한 챙 없는 모자와 파이프 같은 유행이니까 말이다.

애드남스 사우스월드 비터ADNAMS SOUTHWOLD BITTER

사우스월드, 영국
ABV : 3.7%
홉 : 푸글

고전명작

나는 애드남스를 아주 좋아한다. 이들이 내놓는 맥주들은 아주 탁월하고, 품질은 이례적으로 뛰어나다. 새로운 스타일을 실험하고, 정기적으로 새로운 맥주를 내놓으며 언제나 맥주에 관한 한 믿어도 좋은 양조장이라 생각한다. 사우스월드 비터는 이곳의 가장 기본이 되는 맥주이다. 1967년에 처음 나온 이 맥주는 양조장 가까운 곳에서 재배한 맥아와 푸글 홉으로 만든다. 전형적인 영국 맥아 맛, 즉 묵직한 향미와 말로 형용하기 힘든 쫀득함, 구운 맛이 있다. 그런 다음 특징적인 푸글 홉이 등장해 아주 자극적인, 톡 쏘는 거친 향미와 희미한 꽃향기를 내는 한편, 경수인 물이 홉의 쓴맛을 두드러지게 한다. 캐스크에서 따라 마시면 이 맥주의 깊이와 미묘함을 만끽할 수 있다. 애드남스 이노베이션(Adnams Innovation)도 마셔보라. 보디카(Bodicea), 콜럼버스, 스티리안 골딩 홉을 첨가해 만든 아주 훌륭한 현대적인 유럽 IPA이다. 시트러스 향, 봄날 아침 같은 신선함, 맵싸한 거친 향미 나는 피니시를 가졌다.

오컴 어사일럼Oakham Asylum

피터보로, 영국
ABV : 4.5%
홉 : 아마릴로, 치누크, 캐스케이드, 브람링 크로스, 윌러멧

어사일럼은 브리티시 비터가 지향하는 맥주이다. 이 스타일에 대해 이야기할 때면 떠오르는, 손잡이 달린 머그에 담겨 나오는 브라운 맥주들보다 더 가볍고 활기찬 이 맥주는, 향미 프로필 전체가 진화 중이다. 색은 금색이며 먼저 기분 좋은 단맛이 살짝 난 다음, 자몽·포도·풀 향이 맥아의 산뜻한 보디에 앞서 나타났다가 중과피의 아린 쓴맛으로 이어진다. 그래서 처음에 갑자기 나타났다 사라진 단맛으로 혀를 보내버리고 싶은 기분이 들게 만든다. 향미가 강력한데 특히 미국산 홉이 내는 향미가 그렇다. 그러나 모든 것이 잘 균형 잡혀 있다. 오컴은 묵직한 향미 프로필을 가진 걸출한 맥주를 꾸준히 만들어내서 영국 최고의 양조장 중 한 곳으로 등극했다. 시트라(Citra)와 그린 데빌 IPA(Green Devil IPA)도 마셔보라. 이들은 피터보로에 자체 제조 맥주를 파는 술집(brewery tap)을 갖고 있다. 런던에서 피터보로로 가는 정기 열차편이 있다. 확실히 방문해볼 만한 가치가 있는 곳이다.

토칼마토 스트레이 도그 노 룰스 비터

Toccalmatto Stray Dog No Rules Bitter

피덴차, 이탈리아
ABV : 4.2%
홉 : 이스트켄트 골딩, 스티리안 골딩, 시트라

영국 스타일에 이탈리아적 개성을 가미한 이 맥주는 영국산 홉과 새콤한 시트라를 섞고 이를 효과적으로 이용해, 전통적인 베이스를 가지고 완전히 새로운 요소를 탄생시켜 믿을 수 없을 만큼 훌륭한 맥주를 만들었다. 나는 이 맥주를 로마의 비르&푸드(Bir&Fud)에서 마셨다. 여자 친구인 로렌과 로마에서 주말을 낀 연휴를 보내면서 낮에는 관광을 하고 밤에는 맥주 바들을 둘러봤다. 비르&푸드는 훌륭한 피자와 다양한 맥주 메뉴를 갖춘 곳으로, 내가 작성한 맥주 관광을 위한 필수 방문지 목록 상위에 있었다. 보라색 도는 호박색인 스트레이 도그(Stray Dog)로 시작한 나는 그날 아침 일찍 트레비 분수를 구경했을 때만큼의 감동을 받았다. 구운 시트러스와 망고·후추·복숭아·살구 향기가 나는데 향기가 얼마나 신선한지 믿을 수 없을 정도였고, 혀가 얼얼해지고 오랫동안 입 안에 남는 맵싸한 쓴맛이 났다. 내가 먹어본 최고의 피자 중 하나였던 그곳 피자와 아주 잘 어울리는 짝이었다.

켄트 브루어리 KGB Kent Brewery KGB

웨스트몰링, 켄트
ABV : 4.1%
홉 : 이스트켄트 골딩, 푸글

켄트는 영국의 곡창이다. 영국의 홉 곡창이라고 하는 편이 더 적절하겠다. 켄트 브루어리의 KGB는 영국에서 가장 유명한 홉 품종을 듬뿍 사용한다. 이스트켄트 골딩은 홉 재배자인 토니 레드셀(Tony Redsell)이 그가 '이스트켄트에서 기르는 골딩은 영국 전역에서 키우는 것과는 다르다'는 제안을 홉 판매 위원회에 한 후 얻은 이름이었다. 1970년대 당시에는 홉 판매 위원회가 모든 결정을 내렸고, 거기서 이 이름을 승인했다. 2012년에 63번째 홉 수확을 감독했던 토니는 현재 자기 농경지의 대부분을 차지하는 홉에 지리적 표시 보호 지위를 획득하기 위해 노력 중이다. 이스트켄트 골딩에 더해 유명한 푸글을 충분히 활용하는 켄트 브루어리는 거친 향미가 나고, 짜릿하게 톡 쏘는 과일 같고, 강렬한 시트러스 풍미를 가진 홉을 잔뜩 집어넣어, 무자비한 쓴맛과 활기찬 나무껍질 향과 삼림의 꽃향기를 벌컥벌컥 들이켜게 되는 가볍고 연한 색에 담백한 쓴 맥주(특유의 현대적인 켄트풍 에일)를 만든다.

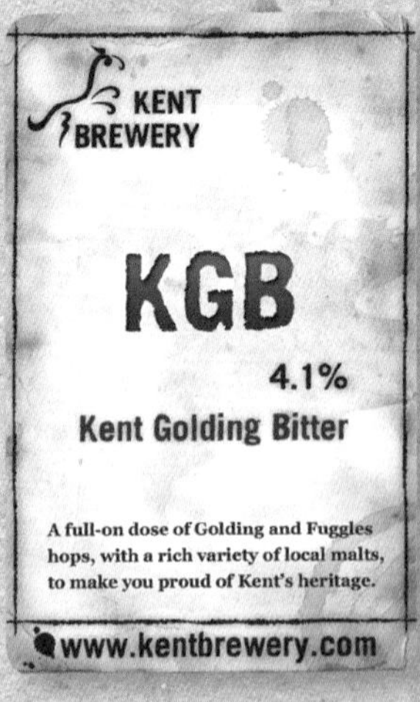

몽 살레브 스페셜 비터Mont Salève Special Bitter

네이덴, 프랑스
ABV : 4.2%

영국, 벨기에, 독일과는 가까이 이웃해 있을지 몰라도 프랑스는 아직 맥주로는 유명하지 않다. 몇몇 새로운 양조장이 흥미로운 맥주를 내놓고 있긴 하지만 말이다. 브라세리 두 몽 살레브(Brasserie du Mont Salève)는 그들의 세계관을 반영한 브리티시 스타우트(British Stout), 벨기에 블론드(Belgian Blonde), 아메리칸 IPA, 저먼 바이젠(German Weizen) 같은 다양한 스타일을 내놓는 가장 품격 있는 프랑스 크래프트 맥주 양조업체 중 하나이다. 스페셜 비터(Special Bitter)도 이런 스타일 중 하나다. 매우 영국적인 금색 맥주로, 맥아가 뒤에서 든든히 받쳐주는 동안 홉이 열심히 활동에 나서, 향긋한 복숭아, 설탕에 조린 시트러스 껍질, 신선한 거친 향미 나는 풀 향기, 그리고 상쾌한 식물류의 쓴맛을 낸다. 향기로 유혹하고 쓴맛으로 흥분시키는 맥주이다. 소라치 에이스 비터(Sorachi Ace Bitter)를 본다면 꼭 마셔봐라. 레몬, 자몽, 풍선껌, 자극적인 허브 향이 폭발적인 맥주이다. 단타 같은 ABV 2.5%치고는 타격이 강력한 맥주라 하겠다.

21st 어멘드먼트 비터 아메리칸21st Amendment Bitter American

샌프란시스코, 캘리포니아
ABV : 4.4%
홉 : 워리어, 캐스케이드, 심코, 센테니얼

나는 21st 어멘드먼트 캔 디자인을 사랑하고, 이 맥주에서 나는 맛을 갈망한다. 옛날에 이 브루 펍에 간 적이 있는데 기억나는 거라곤 독한 맥주를 많이 마시고 수박 두 개를 들고 지나치게 흥분한 얼굴로 사진을 찍은 것뿐이다. 아는 사람도 있겠지만, 여기는 수박을 넣은 밀 맥주를 만드는 것으로 유명하다. 비터 아메리칸은 특별히 더 연한 색 세션 에일이다. 이는 '베스트 비터(Best Bitter)'를 섹시하게 표현한 말이다. 나는 뉴욕 호텔 옥상에서 새벽 3시에 지평선을 바라보며 처음 이 맥주를 마셨다. 맥주도, 그 순간도 놀라운 경험이었다. 보디에서는 캐러멜과 빵 맛이 나고, 주위에는 온통 초고층 건물들에, 중과피·소나무·꽃·오렌지 향에, 발아래로는 노란색 택시들이 질주하고, 피니시는 쓰지만 가볍고 신선하며, 캄캄한 밤하늘에서 불어오는 상쾌한 미풍에 멀리서 윙윙거리는 도시의 소음이 실려 오고 있었다. 아름답고 풍미 가득하고 여러 가지 면에서 기억에 남을 만한 경험이었다.

소셜 키친&브루어리 SF 세션 Social Kitchen&Brewery SF Session

샌프란시스코, 캘리포니아
ABV : 4.4%
홉 : 이스트켄트 골딩, 브람링 크로스

최고의 비터는 벌컥벌컥 부담 없이 잘 넘어가는 것이 특징이다. 이 말은 밤새도록 질리지 않고 마실 수 있는 맥주라는 뜻이다. 마시는 사람이 흥미를 잃지 않는 놀라운 맥주를 만드는 데는 많은 기술이 필요하다. 그러나 SKB의 수석 양조기술자인 킴 스터다반트(Kim Sturdavant)는 이 스타일을 성공적으로 완성해냈다. 다른 영국 양조장들을 둘러보고 거기서 일하면서 배운 무엇인가를 말이다. SF 세션은 여름용 에일로, 섬세한 영국산 홉 향미를 맥주의 금색 보디와 결합해 브리티시 비터의 전형적인 현대적 진화 형태를 보여준다. 맥아는 배경으로 녹아들고, 맵싸하고 향기롭고 혀가 아린 홉의 쓴맛이 갈증을 풀어준다. 철저히 영국적이면서도 어딘가 샌프란시스코의 맛이 난다. 메뉴를 집어 들어 소셜의 키친 메뉴도 살펴보라. 무엇을 먹을지 결정하는 동안 SKB 필스너를 마셔보자. 쌉쌀하고 맛있으며 우아한 라거이다.

1326 9TH AVENUE
SOCIAL
KITCHEN & BREWERY

엑스트라 스페셜 비터(EXTRA SPECIAL BITTER)의 줄임말로, 초창기 스타일 중 하나면서 여전히 최고에 속한다. 풀러(FULLER)의 ESB가 1971년에 처음 양조되어 이 스타일의 시초가 되었다. ESB는 현재 런던, 로마, 도쿄, 시드니, 로스앤젤레스, 뉴욕에서 만든다(이 도시들 외에도 만드는 곳이 많다). 풀러 버전이 이 스타일의 중심에 자리 잡고 있다. 이 스타일은 교회나 펍을 중심으로 해서 확장되어가는 도시처럼, 풀러 버전을 중심으로 발전하고 있다.

ESB

때로는 스트롱 비터(strong bitter)라고도 불리는 이 스타일은 비터를 더 양적으로 키운 버전으로, 맥아와 홉이 더 많이 들어갔지만 상쾌하게 쌉쌀한 쓴맛은 잃지 않는다. ESB에 든 맥아는 견고하지만 지배적이진 않다. 맥주광이라면 쿠키, 시리얼, 캐러멜 맛이 나는 이 쫀득한 영국적 맥아의 풍미와 충만한 느낌의 묵직한 보디는 꼭 맛봐야만 한다. 맥아 베이스는 30~60IBU의 거친 쓴맛을 내는 대량의 홉과 꽃, 풀, 관목, 흙 향기가 나는 영국산 홉에 의해 균형을 이룬다. 미국산 홉을 쓴 경우에는 시트러스즙의 신선함이 아닌 소나무나 꽃, 중과피 향이 날 것이다. 보통 짙은 금색에서 적갈색까지, 호박색 계열의 색을 띠며 약 5.0~6.5%의 ABV를 가진다. 최고의 ESB는 깊이 있지만 지나치게 압도적이진 않은 맥아 베이스가, 강력한 홉의 쓴맛, 향긋한 과일 향기와 조화를 이룬다. 모든 ESB가 풀러의 ESB 같은 맛이 나는 것은 아니다. 그러나 모든 ESB가 풀러 버전에서 영감을 받았을 것이고 마땅히 그래야 한다.

풀러스 ESBFULLER'S ESB

런던, 영국
ABV : 5.9%
홉 : 챌린저, 골딩, 노스다운, 타겟

고전명작

이 맥주는 영국 같은 맛이 난다. 즉 이 맥주를 마시고 있으면 크리켓 구장 옆에서 저녁으로 구운 고기 요리를 먹으면서 영국 국가를 부르고 싶어진다. 크리켓 공을 배트가 딱 하고 강타하는 소리 뒤로, 차와 케이크만 있다면 보슬비도 아랑곳 않는 유쾌한 관객들이 보내는 점잖은 박수 소리가 깔리는 곳에서 말이다. 그 정도로 이 맥주에는 지극히 영국적인 무언가가 있다. 여느 때보다 더 풍미가 풍부해진 영국 맥아가 입 안을 꽉 채우며 깊이를 드러내는 방식이 그렇다. 홉은 잇몸에 달라붙는 쓴맛을 내고, 맵싸한 거친 향미와 구운 오렌지의 깊이 있는 향미와 딸기밭, 숲 속 향기가 아주 아름답게 조화를 이룬 향기가 난다. 이 모든 향기가 한데 어우러져 따뜻한 여름날 홉 부대를 어깨에 짊어지고 마멀레이드를 바른 샌드위치를 먹으면서 시골길을 걷는 것 같은 냄새가 난다. 이 맥주는 캐스크에서 따라 마시면 ABV 5.5%이고, 병맥주로는 ABV 5.9%이다. 둘 다 풍부하고 깊이 있는 맥아 향미를 가졌으면서도 가벼운 보디와 취할 듯 황홀한 향기를 갖고 있다.

센트럴 시티 레드 레이서 ESB Central City Red Racer ESB

서리, 캐나다
ABV : 5.5%
홉 : 호라이즌, 캐스케이드, 센테니얼

센트럴 시티는 브리티시 컬럼비아 주에 있는 브루 펍이다. 다양한 레드 레이서 캔 맥주와 생맥주를 만든다. ESB는 이 스타일의 전통적 향미를 변주한 버전이다. 브리티시 마리스 오터(British Maris Otter) 맥아와 크리스털 맥아로 양조해서 가장자리에 붉은빛이 옅게 감돌고, 캐러멜·볶은 견과류·토스트 풍미를 가진 맥주를 만든다. 맥아 베이스를 중심으로, 미국산 홉을 섞어 써서 엘더플라워와 오렌지 꽃향기가 풍긴 다음, 후추같이 알싸하고 거친 쓴맛과 중과피의 과일 향미가 나타난다. 가장 널리 알려진 맥주인 레드 레이서 IPA도 훌륭하다. 이 맥주들을 마시기 가장 좋은 곳은 센트럴 시티 브루 펍이다. 저온에서 장시간 숯불구이한 돼지고기를 넣은 샌드위치와 ESB를 같이 주문해보자. 맥주의 진한 맛에 향기로운 홉이 더해져 두툼한 돼지고기 및 소스와 완벽하게 어울린다.

옘틀란스 포스틸리욘 Jämtlands Postiljion

필그림스타드, 스웨덴
ABV : 5.8%

포스틸리욘을 양조하는 도시인 필그림스타드는 노르웨이의 중요한 옛 도시 트론드하임까지 가는 순례자들이 쉬어가던 지점에 있던 우물에서 이름을 따왔다. 사람들이 이 우물가에서 멈췄던 이유는 우물물에 치유력이 있다고 믿었기 때문이다. 소수의 필그림스타드 주민들은 여전히 이 우물에서 물을 가져다 마신다. 옘틀란스 브뤼그예리(Jämtlands Bryggeri)도 여기 물을 쓴다. 스웨덴에서 가장 매력적인 양조장 중 하나인 이곳은 맥주 경연대회에서 받은 메달로 도배가 되다시피 했다. 포스틸리욘은 잔에 따르면 암적색을 띠며, 한 잔을 전부 마시는 동안 잔에 거품이 남아 있다. 장엄하게 영국적인 맛이 난다. 쫄깃한 맥아가 토스트나 견과류 같은 깊이 있는 맛을 내고, 주위를 희미한 초콜릿과 구운 과일 향미가 둘러싸는 한편, 홉은 꽃향기 나는 거친 향미와 입 안에 오래 남는 쓴맛을 더한다. 이 모든 것이 마법과 같은 힘을 가진 우물물 덕분에 맥주 안에서 놀라울 정도로 깔끔하고 깊이 있는 향미로 어우러진다.

톨그래스 오아시스 Tallgrass Oasis

맨해튼, 캔자스
ABV : 7.2%
홉 : 노던 브루어, 콜럼버스, 캐스케이드

오아시스는 드라이 호핑을 한 임페리얼 ESB이다. 위력 있는 ABV 7.2%를 가진 이 맥주는 흔한 여러 맥주들과는 다르다. 향신료·풀·오렌지 향기가 나는 홉에, 맥아는 군침 돌게 하는 맛이 특징으로, 거친 베리 향미와 함께 입맛을 다시게 하는 종류의 깊이 있고 기분 좋은 풍미가 나타난다. 그러면 이것을 뚫고 93IBU의 쓴맛이 IPA로 차려입고 위풍당당하게 등장한다. 강력하지만 믿을 수 없을 정도로 모든 것이 균형 잡혀 있다. 그저 더 독해지고 맛만 더 풍부해졌을 뿐이다. 톨그래스는 자가 맥주 양조에서 전문 맥주 양조업체로 전환한 배경을 가진 곳이다. 2007년에 제프 질(Jeff Gill)은 전문 맥주 양조업체를 차리고 싶다는 꿈을 이뤘다. 현재 톨그래스는 500ml 캔에 든 보기도 좋고 맛도 훌륭한 맥주들을 다양하게 만든다. 8비트 페일 에일(8-Bit Pale Ale)로 시동을 건 다음, 할시온 위트(Halcyon Wheat, 할시온은 동지 무렵 바다의 풍파를 가라앉힌다고 알려진 전설 속의 새이면서 물총새 과에 속하는 호반새. 평온함을 뜻한다—역자)로 잠시 숨을 고르고 나서, 벨벳 루스터 트리펠(Velvet Rooster Tripel)과 맞붙었다가, 밀크 스타우트 맛이 나는 버팔로 스웻(Buffalo Sweat)을 해치운 다음, 홉으로 꽉 찬 오아시스(Oasis)로 끝내라.

스카치 에일, 또는 '위 헤비(Wee Heavy)'는 18세기 스코틀랜드에서 태어난 맥아 풍미가 강한 풀 보디 에일이다. 맥주 양조업자와 증류주 제조자가 쓰는 스코틀랜드 보리는 공급량이 풍부하지만 홉은 그리 쉽게 구할 수가 없다. 에든버러가 19세기에 인디아 페일 에일로 유명해지면서 조금 변화가 생기긴 했지만 말이다. 그 말은 스코틀랜드 토착 맥주들은 맥아 중심이며, 홉은 가볍게 들어가거나 아니면 허브나 헤더(Heather, 스코틀랜드 광야에 자생하는 석남과의 작고 낮은 종 모양의 꽃)로 향미를 냈다는 뜻이 된다. 좀 더 넓은 범주의 '스코티시 에일(Scottish Ales)'로 발전한 이 맥주들은 19세기 어느 시점에 술 한 통당 실링 가격으로 알려지게 되었다. 그 후 가격은 더 이상 그대로가 아니었지만 스타일 이름은 그대로 남았다. 그래서 라이트(Light)는 '60/–', 헤비(Heavy)는 '70/–', 익스포트(Export)는 '80/–'가 되었다. 한편 '100/–' 이상 맥주를 '위 헤비'라 불렀다. 모두 비슷한 맥아 프로필을 갖고 있고 쓴맛은 적다. 이런 전형적인 스코틀랜드 맥주들은 아직도 일부 존재한다. 전 세계에서 스카치 에일이란 이름으로 팔리는 맥주는 아마도 더 독한 맥주를 가리킬 가능성이 높지만 말이다.

스카치 에일

스카치 에일은 높은 온도에서 맥아즙을 만들어서 캐러멜 같은 향미를 가진다. 전형적인 이 스타일 맥주에는 홉이 아주 소량만 들어간다. 또 전통적인 에일보다 더 낮은 온도에서 발효한다. 스코틀랜드가 춥다는 사실을 떠올리면 이해가 간다. 아무튼 이 말은 과일 향을 내는 이스트 에스테르가 적다는 뜻이 된다. 이탄(泥炭)으로 가열해 굽거나 훈연한 맥아로 만들 수 있다. 맥주와 위스키 제조 방식을 결합한 아이디어로, 이렇게 해서 아일레이 위스키처럼 장작불이나 이탄 향기를 낸다. 적갈색을 띠고 ABV는 6.0~9.0%에 이르며 쓴맛은 30IBU에 달하기도 한다. 홉은 균형과 풍미를 더할 뿐, 향기는 그리 강하지 않다. 스카치 에일은 놀라울 정도로 인기 있는 스타일이다. 미국산 홉의 요란한 시트러스 향미와 대조적으로 맥아가 전면에 나선다.

블랙 아일 스카치 에일 Black Isle Scotch Ale

먼로치, 스코틀랜드
ABV : 6.2%
홉 : 필그림, 캐스케이드

블랙 아일 맥주들은 지속적으로 지구 및 현지 환경과 밀접한 관련을 맺고 있다. 즉 유기농 재료만을 사용하고, 스코틀랜드 하이랜드의 블랙 아일 반도 지하에서 뽑아 올린 우물물만을 쓰고, 농장에서 기르는 소와 양에게 양조 과정에서 나온 곡물 부산물인 맥주박을 먹인다. 이들이 내놓는 스카치 에일은 기본적인 상태는 유지하면서 옛 스타일 맥주를 새로운 형태로 만든 것이다. 루비색을 가진 이 맥주의 향기는 유혹적인 캐러멜, 말린 과일, 토스트와 나무 향 나는 바닐라 같은 특징으로 가득하다. 매끄러운 질감의 맥아가 강렬한 허브 같은 풀 냄새와 만나 맥주가 흥미로움을 잃지 않게 만든다. ABV 7.9%인 익스포트 버전도 있다. 맥주 세계의 맥아 괴물이라 할 만한 이 맥주는 잔뜩 채워 넣은 홉과 더불어 모든 측면이 더 강화되어 있다. 이 양조장의 유기농 농장에서 맥주박을 먹으며 자란 양으로 만든 요리가 이 맥주와 완벽하게 어울린다.

오스카 블루스 올드 처브 Oskar Blues Old Chub

롱몬트, 콜로라도
ABV : 8.0%
홉 : 콜럼버스나 서밋(쓴맛을 내는 용도로만 씀)

오스카 블루스는 레스토랑으로 시작해 양조장이 생겼고, 그러다 2002년에는 맛 좋은 데일스 페일 에일(Dale's Pale Ale)을 수작업으로 캔에 넣어 출시하며 혁명을 일으켰다. 즉 '캔 맥주 대재앙(Canned Beer Apocalypse)'을 말이다. 2002년 이래로 이들은 확장을 계속해나가, 캔 맥주 제조 설비를 대규모로 늘리고, 더블 IPA, 임페리얼 스타우트, 훨씬 가벼운 필스너 등 더 많은 맥주들을 생산품목에 추가한다. 올드 처브는 적극적으로 캔에 맥아 향미를 꽉꽉 눌러 담는 동시에 자유롭게 발산되게 해서 편안한 후각적 포옹 같은 느낌을 자아낸다. 애플 크럼블·바닐라·황설탕·설탕에 조린 견과류 향이 나며, 배후에는 헤더나 향제비꽃(parma violet)을 떠올리게 하는 향기가 희미하게 깔린다. 루비색 도는 갈색 보디는 굉장히 매끄럽고 코코아, 설탕에 조린 사과, 살짝 스치는 옅은 훈연 맛이 난다. 맛이 풍부하지만 전혀 달진 않으며 쌉쌀한 맛으로 끝나서, 이토록 맥아가 주도적인 강렬한 맥주인데도 불구하고 놀라울 정도로 가볍고 상쾌하다. 눈부시게 아름다운 가을날 같은 맛이 나고 추운 콜로라도의 겨울을 따뜻하게 덥혀주는 맥주이다.

르네상스 스톤커터 스카치 에일
Renaissance Stonecutter Scotch Ale

블렌하임, 뉴질랜드
ABV : 7.0%
홉 : 서던 크로스, 퍼시픽 제이드

말보로 와인의 고장인 블렌하임에서 양조하는 르네상스의 다양한 맥주들은 필수적인 라인(필스너, 페일 에일, IPA, 포터, 스카치, 발리 와인)은 모두 갖추고 있다. 르네상스는 양조에 뉴질랜드 홉만 사용해서 모든 맥주에 특유의 뉴질랜드적 개성을 가미한다. 맛있는 엘레멘탈 포터(Elemental Porter)는 가죽, 커피, 꽃향기 나는 향수, 담배 연기 향과 함께 진한 초콜릿 맛이 난다. 이 모든 것이 합쳐지면 내가 그렇게 잊으려고 애쓰는 어느 날 밤이 떠오른다. 내가 잊어야 할 것이 분명 맥주는 아니지만 말이다. 스톤커터 스카치(Stonecutter Scotch)가 맥아의 독백과 같다면 홉은 이 독백을 보완하는 배경음악이 되어준다. 맥아가 사과 토피 사탕(toffee apple, 사과에 토피를 얇게 입혀 막대기에 꽂은 사탕—역자)·캐러멜·코코아·구운 맥아·건포도·볶은 아몬드·감초 향미를 내면 홉은 꽃과 후추 같아서 풀밭과 탐스런 베리 향기를 낸다. 무척 현대적인 종류의 스카치 에일로, 맥아와 홉이 신선한 상쾌함을 자아내는 한편, 가볍고 쉽게 마실 수 있다.

S:t 에릭스 80/- S:t Eriks 80/-

스톡홀름, 스웨덴
ABV : 5.7%
홉 : 이스트켄트 골딩

1859년에 문을 연 이곳은 처음 22년간은 한 양조장에 이름은 두 가지(브뤼셀스 브루잉 컴퍼니, 스톡홀름 브루잉 컴퍼니)였다. 그러다 1881년에 S:t 에릭스로 이름을 정했다. 이 이름은 자사의 가장 인기 있는 맥주인 S:t 에릭스 라거 욀(S:t Eriks Lager Öl)에서 이름을 땄다. 스톡홀름에서 가장 큰 맥주 브랜드로 성장했지만 1930년대에 어려운 시기를 겪어, 부지를 옮기고 금주령과 기업 인수 시도에 맞서 싸워야 했다. 그러다 창립 100주년이 되던 1959년에 탱크를 비우고 문을 닫았다. 새로운 이야기는 그로부터 50년이 지나 대표적인 스웨덴 맥주 수입사인 갈라테아(Galatea)에서 이 역사적 이름을 부활시키겠다는 꿈을 품고 S:t 에릭스 브랜드 판권을 사들이면서 시작된다. '날아다니는 브루마스터' 제시카 하이드리히(Jessica Heidrich)는 2010년에 결국 꿈을 이뤄, 다양한 현대판 S:t 에릭스 맥주를 출시했다. 이 중에는 그 유명한 옛 필스너의 경이로운 개정판도 있다. 여기 소개하는 '80/-'도 있는데, 이 맥주는 옛 '80-실링' 스타일을 경의를 담아 현대화한 것이다. 루비색 도는 갈색에 캐러멜과 초콜릿, 구운 맛과 건포도 맛이 나는 매끈한 질감의 맥아가 주도적이며 홉의 깔끔하고 후추 같은 알싸한 맛으로 끝난다.

스트롱 에일은 일반적으로 발리 와인, 스타우트, ESB, IPA와 모두 가깝기 때문에 이 주요 스타일 중 어느 것에도 딱 들어맞지 않는다. 보통 ABV 7.0~11.0%의 높은 알코올 도수가 공통적이며 대체로 홉 함량이 높다. 그러나 쉽게 이들을 정의할 수 있는 다른 특징은 없다. 때로는 애초에 숙성을 예정하고 양조해서 몇 년 동안 숙성시키기도 한다. 일부는 잘만 관리하면 10년도 넘게 갈 수 있다. 반면 때로는 갓 나온 상태에서 마시도록 양조하기도 한다. 어떤 스트롱 에일은 양쪽에 다 알맞아서 신선하게 마실 때는 홉의 특성을 뽐내고, 묵혀서 마실 때는 맥아의 특성이 돋보인다. 아메리칸 스트롱 에일은 적극적으로 홉을 첨가한 크래프트 맥주 발전의 산물이다. 이런 맥주들은 수 세기 전 영국의 올드 에일까지 기원이 거슬러 올라간다. 올드 에일이란 이름이 붙은 이유는 이 맥주들이 소비자 손에 다다랐을 때 문자 그대로 오래된 상태였기 때문이었다. 양조장에서 한동안 묵혀서 원숙한 깊이 뿐 아니라 셰리주 같은 산화된 향미와 신맛, 새로운 복잡함을 갖게 했다. '올드 에일'은 하나의 '스타일'로 시작된 것이 아니라, 묵힌 시간 때문에 이런 이름을 갖게 되었다. 갓 양조된 상태로 팔았다면 마일드라 불렸을 것이다.

스트롱 에일

스트롱 에일이나 올드 에일이라 적힌 맥주를 보면 어떤 특징을 접하게 될지 감이 딱 오질 않는다. 마치 러시안 룰렛처럼 좋거나 나쁘거나 둘 중 하나여서, 모든 것은 내가 무엇을 골랐는지에 달려 있다.

풀러스 빈티지 에일Fuller's Vintage Ale

런던, 영국
ABV : 8.5%
홉 : 그때그때 다르지만 언제나 영국산이다.

매년 나는 풀러스 빈티지를 반 상자씩 산다. 신선한 상태인 맥주를 한 병 마신 다음, 나머지는 맥주 찬장 안쪽에 넣고 몇 년 동안 그대로 둔다. 이 맥주들은 숙성용 맥주이다. 내 경험상 3, 4년 후부터 좋아지기 시작하다가 10년 후에는 믿을 수 없을 만큼 훌륭해진다. 병을 잘 관리했을 때 이야기지만 말이다. 2011년에 나는 양조된 지 최대 15년 된, 모든 빈티지 에일을 숙성 연도별로 맛보았다. 맥주가 시간의 흐름에 따라 어떻게 달라지는지 보니 놀라웠다. 최고 수준에 이른 것 뿐 아니라 질이 떨어진 것도 있었다. 맥주는 차례대로 숙성되지 않는다. 올라갔다 내려갔다 하는 파도에 더 가깝다. 빈티지 에일은 정확히 똑같진 않지만 매년 비슷한 레시피로 양조한다. 갓 나온 상태에서는 핵과와 쓰고 후추처럼 알싸한 홉이 느껴진다. 숙성되면 체리와 아몬드 같은 느낌이 나다가 건포도, 케이크 같은 느낌으로 이어지는 경향이 있으며, 10년 된 맥주에서는 셰리주 느낌이 난다. 몇 병을 사서 얼마나 잘 숙성되는지 살펴보라.

쏜브리지 브라시아Thornbridge Bracia

베이크웰, 영국
ABV : 10.0%
홉 : 타겟, 파이오니어, 노던 브루어, 소라치 에이스

잔에 따르면 걸쭉하고 새까만 액체가 쏟아지고, 여기서 모카색 거품이 피어올라 "와!" 하는 감탄사가 절로 나올 만큼 아름답다. 씁쓸하면서 달콤한 이탈리아 밤나무 꿀과 함께, 전 세계 홉과 강렬한 맥아 베이스를 더해 만들며, 이 모든 것이 어우러져 영국 최고의 맥주 중 하나가 된다. 코코아, 다크 초콜릿, 갓 내린 커피, 붉은 베리, 갓 구운 달콤한 빵, 화이트 초콜릿, 민트 같은 허브, 초콜릿 머핀, 구운 헤이즐넛, 감초, 향기로운 홉, 달콤한 연기…. 이 맥주는 한 모금 마실 때마다 어김없이 만족스럽고 뭔가 색다른 느낌을 전해준다. 매끄러우면서 진득한데, 진하고 거칠고 쌉쌀한 쓴맛이 나며 피니시는 짭짤한 쪽으로 방향을 틀지만 그렇게 해서 다른 모든 요소에 단맛이 더 돋게 만든다. 스타우트에 가깝지만 이 비범한 맥주를 부르는 이름치고는 너무 단순하다.

스톤 애러건트 배스터드Stone Arrogant Bastard

에스콘디도, 캘리포니아
ABV : 7.2%
홉 : 오만한 스톤 사에서 '기밀'이라고 함

"아마 마음에 들지 않을 것이다"라고 병 라벨에 적혀 있다. 공격적이고 독하고 맥아가 잔뜩 들어갔고 홉 맛이 강렬하며 도발적인 자기 확신에 차 있다. 자신만만한 나머지 아메리칸 스트롱 에일(American Strong Ale)이라는 맥주 유형을 새로 만들어내기까지 했다. 그런데 그것이 또 잘 어울린다. 1997년에 태어난 이 맥주는 지금이야 타협하지 않는 단호한 스톤 브루잉(Stone Brewing) 사의 기풍을 집약적으로 보여주고 있지만 탄생 당시에는 실수의 결과였다. 얼굴을 찡그린 가고일 배후에 있는 스티브 와그너(Steve Wagner)와 그렉 코크(Greg Koch)는 스톤 페일 에일(Stone Pale Ale) 제조용 레시피를 시험해보고 있었다. 그러나 재료 계산에서 심각한 실수를 하는 바람에 모든 것을 필요한 양보다 훨씬 많이 넣고 말았다. 이 실수의 결과물이 하도 훌륭해서 몇 년 후에 다시 이 맥주를 양조해 아무것도 모르는 시장에 내놓았다. 이 맥주는 홉(나뭇진, 소나무, 중과피, 후추)이 입 안을 꽉 채운다. 쓴맛이 무척 강하다. 뒤에서 감질나게 느껴지는 맥아 맛이 단맛을 보태줄 가능성이 높을 것 같지만 그렇지가 않다. 3l 분량의 매그넘 홉이 이런 쓴맛을 낸다. 맥주가 낼 수 있는 가장 오만한 수준의 쓴맛이라 하겠다.

헤어 오브 더 도그 애덤Hair of the Dog Adam

포틀랜드, 오리건
ABV : 10.0%
홉 : 현지 재배 홉들

애덤비어(Adambier)에서 영감을 받은 맥주이다. 애덤비어는 독하고 홉 풍미가 좋고 잘 숙성된 임페리얼 알트(Imperial Alt)풍의 도르트문트 출신 맥주로, 헤어 오브 더 도그에서 부활시켜 자신들의 고유 맥주로 만들었다. 애덤은 이 양조장에서 처음 만든 맥주로, 1년에 3회에서 5회 양조한다. 그러니 눈에 띄면 일단 사라. 애덤 프롬 더 우드(Adam from the Wood)는 미국 오크통에서 숙성한 버전으로, 훌륭한 구운 바닐라 향미가 있다. 애덤은 잔에 따르면 아주 어두운 갈색이며, 깊이 있고 아주 풍부한 맥아와 홉 향미가 나타난다. 다크 초콜릿·담배·말린 과일·구운 사과·캐러멜·갓 구운 시나몬 번·멀리서 바람에 실려 온 듯 희미한 연기 같다가, 강하고 거칠고 나무 같고 입 안에 오래 남는 쓴맛이 난다. 훈훈하고 농후하며 믿을 수 없을 정도로 묵직한 깊이가 있다. 겨울 같은 맥주로, 향이 독한 체다 치즈에 곁들이면 가장 좋다.

오크니 다크 아일랜드 리저브
Orkney Dark Island Reserve

오크니, 스코틀랜드
ABV : 10.0%
홉 : 이스트켄트 골딩, 퍼스트 골드

스코틀랜드 본토에서 북쪽에 있는 오크니 제도는 70개의 섬으로 이루어져 있고, 이 중 약 20개 섬이 사람이 살고 있는 군도다. 외딴 섬인데도 수천 년 동안 사람이 거주하고 있다. 현재는 오래된 바이킹 시대의 대성당과 성을 둘러보고, 섬을 돌아다니며 선돌을 구경할 수 있다. 이 양조장에 도착하기 바로 직전에 나오는 잘 보존된 신석기 시대 마을 유적인 스카라 브레이(Skara Brae)에 들러보자. 축산업과 어업이 오크니 제도의 양대 주요 산업이다. 게와 함께 풍미가 강하고 상큼한 페일 에일인 오크니 노던 라이트(Orkney Nothern Light)로 시작해보자. 그런 다음 매캐한 향미를 가진 드래곤헤드 스타우트(Dragonhead Stout)를 현지산 소고기 스테이크와 함께 마시고 난 후, 오크니 치즈와 다크 아일랜드 리저브(Dark Island Reserve)로 마무리한다. 이 맥주는 ABV 10.0%인 오크니 에일로, 위스키 통에서 석 달 동안 숙성한 후 병에 담는다. 무화과·초콜릿·말린 과일·바닐라·캐러멜·거친 향미 나는 나무 향의 향신료를 떠올리면 된다. 흥미롭고 복합적이며 훈훈하다. 마치 로버트 번즈의 시가 실린 오래된 가죽 장정의 책을 타닥타닥 소리를 내며 타는 장작불 옆에서 읽고 있는 느낌이다.

문 도그 헨리 포즈 거섬 피오르드
Moon Dog Henry Ford's Girthsome Fjord

멜버른, 오스트레일리아
ABV : 8.0%
홉 : 서밋, 호라이즌, 아마릴로, 캐스케이드, 글라시어

문 도그의 사고방식은 멋지기도 하지만 한편으로는 단단히 미친 것 같다. 이 맥주 양조회사가 이름을 따 온 시를 읽어보면 그것을 금방 알 수 있다. '달의 개(Moon Dog), 달의 개, 사슬에 묶인 달의 개, 풀려난 달의 개여, 달의 개, 달의 개' 문 도그 사의 목표는 오스트레일리아에서 가장 대담하고 독특한 맥주를 만들어내는 것이고, 이미 어느 정도는 성공하고 있다. 헨리 포즈 거섬 피오르드의 라벨은 이 맥주를 '벨기에-아메리칸 인디아 브라운 에일(Belgo-American India Brown Ale)'이라 소개한다. 문 도그에서는 미국산 홉과 트라피스트 이스트를 잔뜩 집어넣어 이런 스타일에 부합하는 맥주 제조에 성공했다. 아메리칸 에일과 잉글리시 에일 이스트도 쓰긴 하지만 말이다.

이름만큼 특이한 이런 조합은, 그러나 가장 기이하고 놀라운 방식으로 성공적이다. 구운 바나나, 오렌지와 함께 황설탕, 솔잎, 흑후추를 뿌린 초콜릿 시럽을 떠올려보라. 미소를 짓게 만드는 훌륭한 맥주와 양조장이다.

포터하우스 언 브레인 블라스타 Porterhouse An Brain Blásta

더블린, 아일랜드
ABV : 7.0%
홉 : 갈레나, 너겟, 이스트켄트 골딩

아일랜드의 더블린과 브레이(Bray), 런던, 뉴욕에 가면 포터하우스 펍에서 맥주를 마셔보자. 뉴욕 포터하우스 펍은 맨해튼 남부에 있는 역사적으로 유명한 건물이자 맥주와 미국의 탄생 및 성장을 보여주는 박물관인 프런시스 태번(Fraunces Tavern)에 딸려 있다. 런던의 포터하우스 펍은 내가 맥주에 대해 많은 것을 배운 곳이다. 우리는 오이스터 스타우트(Oyster Stout)를 택하거나 냉장고에 들어 있는 병맥주 중에서 아무것이나 골라 마시곤 했다. 이 중에 브레인 블라스타도 있었다. 게일어로 '맛있는 술'을 뜻하는 이름이다. 무시무시한 7.0% ABV여서 이미 맥주를 몇 병 들이켠 것이 아닌 이상 누구도 감히 마시려 들지 않았다. 이때는 우리가 진짜 독한 맥주들을 알기 전이었다. 몇 년 동안 저장해놨던 이 맥주를 따면 대단한 놀라움이 기다리고 있었다. 신선하고 유혹적인 베리와 꽃의 거친 향기가 호박색이 감도는 붉은색 액체에서 피어오른다. 보디는 매끄럽고, 베리·아몬드·말린 과일의 깊이 있고 농후한 향미가 풍부하게 느껴지다 강렬하고 입 안에 오래 남는 쓴맛이 난다. 복합적이고 흥미로운 이 맥주는 내가 기억하던 그런 무시무시한 (뇌를 폭파시켜버리는) 술은 아니다.

영국에서 유래한 발리 와인의 이름은 와인 맛과 높은 알코올 도수에서 왔다. 발리 와인은 보통 어떤 양조장에서 생산하는 가장 독한 맥주를 가리킨다. 이런 에일의 알코올 함량이 높은 이유는 원래 하나의 다종 발효 맥아즙(PARTI-GYLE) 통에서 나온 제1차 맥아즙 분리물로 제조하기 때문이다. 이런 발효 방식에서는 두 가지 맥주를 하나의 양조용 맥아즙에서 얻는다. 독한 제1차 맥아즙 분리물을 한 솥에 넣고, 순한 제2차 분리물을 다른 솥에 넣는다. 그런 다음, 이 분리된 맥아즙을 각각 끓이고 홉을 첨가해서 따로따로 발효시킨다. 발리 와인은 많은 맥주 스타일처럼 시간이 흐르며 변화하다 유행에 맞지 않게 독해졌고, 그 결과 술집에서 종적을 감출 뻔했다. 그러나 1970년대와 1980년대 미국 서부 연안에서 새로운 생명을 얻었다. 앵커와 시에라 네바다 덕분으로, 이 두 곳은 높아진 알코올 도수 때문에 특히 발리 와인을 원했다. 이렇게 해서 나타난 새로운 맥주와 이런 맥주의 새로운 향미 프로필 덕분에 발리 와인은 전 세계로 퍼져나갈 수 있었다.

발리 와인

역사야 어찌 됐든 전형적인 옛 스타일의 발리 와인은 거의 남아 있지 않다. 따라서 브리티시 및 아메리칸 발리 와인이 보여주는 새로운 동향에 초점을 맞추는 편이 더 타당하다. 둘은 기본 바탕이 비슷해서, 알코올 도수는 ABV 8.0~12%로 높고, 맥아·캐러멜·황설탕·견과류·자두·말린 과일의 다소 진하고 무거운 향미, 풀 보디의 매끄러운 질감이 풍부하게 나타난다. 브리티시 발리 와인은 베리 같은 홉 향미와 박력 있는 40~70IBU의 거친 쓴맛을 가진 반면, 아메리칸 발리 와인은 60~100IBU가 넘는 엄청난 쓴맛과, 미국산 홉을 대담하게 사용해 아주 풍부한 구운 시트러스와 소나무 향기가 난다. 둘 다 숙성이 잘 된다. 이런 경우 홉이 특유의 활기를 유지하는 것은 아니고 맥주에 그윽하게 녹아드는 편이지만 말이다.

앵커 올드 포그혼ANCHOR OLD FOGHORN

샌프란시스코, 캘리포니아
ABV : 8.0~10.0%
홉 : 캐스케이드

고전명작

많은 사람들이 미국에서 양조한 다양한 맥주를 보고 언제나 이런 식이었다고 생각하곤 한다. 그러나 1975년에 올드 포그혼이 처음 양조됐을 때를 돌이켜보면 모든 것이 지금과는 아주 달랐다. 미국 최초의 발리 와인인 이 선구적인 맥주는 소규모 맥주 양조장의 르네상스를 부추겼고, 당시 존재하던 다른 모든 맥주와는 완전히 다른 무언가를 만들어냈다. 옛 다종 발효 맥아즙 방식으로 양조해서 가장 당분이 많은 첫 맥아즙 분리물로 독한 맥주를 제조했다. 그런 다음 두 번째 분리물로는 앵커의 ABV 3.3%짜리 테이블 맥주인 스몰 비어(Small Beer)를 만들었다. 올드 포그혼은 자몽과 꽃향기가 나는 캐스케이드로 홉을 아주 듬뿍 첨가하고, 드라이 호핑을 해서 갓 나온 맥주를 마시면 눈부시게 경쾌한 느낌이다. 베이스 맥주는 루비색 또는 갈색이며 말린 과일·코코아·토스트·당밀 맛이 난 다음, 나뭇진 같은 홉이 후추처럼 알싸한 쓴맛을 낸다. 맥아가 풍미 강한 홉을 부드럽게 누그러뜨리면서 아주 훌륭하게 숙성된다.

뇌그네 외 100

Nøgne Ø 100

그림스타드, 노르웨이
ABV : 10.0%
홉 : 콜럼버스, 치누크, 센테니얼

뇌그네 외에서 내놓은 이 100번째 맥주는 어찌나 훌륭했던지 정규 생산 목록에 추가하기로 결정되었다. 잔에 따르면 밤색을 띠고, 토스트·캐러멜·과일 빵·초콜릿과 약간의 연기나 향신료 향기까지 느껴진다. 이런 향기는 저 안에 숨은 홉을 가리지만 한 입 마시면 나뭇진 같은 쓴맛, 강한 허브 향, 향수 같은 향기와 함께 홉이 모습을 드러낸다. 이 모든 요소가 더해져 싸늘해진 가을밤을 연상시키기 때문에 가을밤이야말로 단연 이 맥주를 즐기기에 최적의 시기이다. 특히 앞에 치즈 모둠이 놓여 있다면 말이다. 맥아의 단맛이 치즈의 크림 같은 면과 잘 어우러지다 홉이 느끼함을 잡아줘서 발리 와인은 거의 모든 치즈와 완벽하게 어울리지만 특히 푸른곰팡이 치즈와 잘 맞는다. 치즈가 싫다고? 뇌그네 외는 사케도 만든다. 이곳은 유럽 최초의 사케 양조장이기도 하다. 그러니 100을 마신 후, 나마겐슈를 체이서(chaser, 독한 술 다음이나 그 사이에 마시는 순한 술—역자)로 삼아보라.

마블 발리 와인 Marble Barley Wine

맨체스터, 영국
ABV : 10.7%
홉 : 골딩, 그린 불릿, 퍼시픽 젬, 모투에카, 심코

마블 맥주들은 맨체스터에 있는 멋지게 생긴 길모퉁이 펍인 마블 아치(Marble Arch) 안쪽에서 양조하곤 했다. 그러나 생산량이 크게 늘어나 그 정도 공간으로는 감당을 할 수 없게 되자 언덕 아래로 몇 백 m 떨어진 곳에 있는 더 큰 생산 시설로 옮겼다. 마블은 연한 색에 홉 풍미가 진하고 알코올 도수가 낮은 맥주로 유명하다. ABV 4.2%인 맨체스터 비터(Manchester Bitter)가 대표적이다. 전형적인 브리티시 비터를 현대적으로 해석한 이 맥주는 홉을 풍성하게 첨가해서, 벌컥벌컥 잘 넘어가는 깔끔한 보디를 바탕으로 시트러스와 열대 과일 향을 낸다. 마블은 세종, 트리펠, 임페리얼 스타우트와 여기 소개하는 발리 와인 같은 특별 맥주도 많이 내놓는다. 마블의 발리 와인은 이 양조장의 장기를 전형적으로 보여준다. 영국산 기본 재료가 말린 과일·당밀·초콜릿 향미를 낸 다음, 중과피, 싱그러운 소나무와 후추, 꽃향기 나는 홍차 향기를 풍성하게 풍기는 신대륙 홉의 활기 넘치는 쓴맛이 등장한다. 전통적인 스타일을 아주 현대적으로 응용한 맥주로, 이것이 바로 마블식이다.

몬테조코 드라코

Montegioco Draco

몬테조코, 이탈리아
ABV : 11.0%
홉 : 푸글, 이스트켄트 골딩

잔에 따르면 탁한 자두색에 두터운 거품이 얹힌다. 유혹적인, 취할 듯한 향기에 꽃과 풀, 약간의 견과류와 무화과 같은 아몬티야도(Amontillado) 셰리주 느낌이 난다. 한 모금 마시면 말린 과일과 견과류의 풍부한 맛과 향이 나고, 단맛은 적으며, 핵과 느낌의 홉이 크림 같은 말린 살구 맛을 낸다. 우아한 쓴맛은 이 맥주를 더욱 복합적으로 만든다. 여기에 블루베리도 추가된다. 미묘하게 꽃과 과일 향만 살짝 낼 뿐이지만 말이다. 뚜렷하고 환상적인 셰리주 향미 프로필을 갖고 있어서 식전주나 애피타이저와 함께 작은 잔에 차게 내면 아주 훌륭하다. 몬테조코의 다른 맥주도 구해보라. 라 뭄미아(La Mummia)는 굉장히 놀라운, 자극적으로 톡 쏘고 매끄러운 술통 숙성 사우어(Sour) 맥주이다. 콰르타 루나(Quarta Luna)는 복숭아로 양조해 아마레토(아몬드 향이 나는 이탈리아산 리큐어—역자) 향을 맵싸하고 씁쌀한 이 맥주에 더한다. 브란(Bran)은 독한 벨기에 에일로, 당밀·말린 과일·향신료·초콜릿 향미가 모두 난다.

아 라브리 드 라 탕페트 코르 모르
À l'Abri de la Tempête Corps Mort

일 드 라 마들렌, 캐나다
ABV : 11.0%
홉 : 헤르스브뤼커

아 라브리 드 라 탕페트는 '폭풍 대피소'라는 뜻으로, 퀘벡 주의 일부가 아닌, 노바스코샤 주 북쪽에 있는 세인트 로렌스 만의 작은 군도인 일드 라 마들렌 해변에 위치해 있다. 하루 종일 걸으며 그림엽서 같은 풍경의 섬을 즐긴 후 들르기 좋다. 이 양조장은 현지에서 재배한 보리를 맥주에 사용한다. 위치 덕분에 이 보리는 짭짤한 바닷바람을 맞는 땅에서 자라 독특한 테루아를 갖게 된다. 코르 모르의 경우, 보리 일부는 고등어와 청어를 훈제하는 곳인 르 퓌무아르 당탕(Le Fumoir d'Antan)도 거친다. 그러니 이 맥주는 훈제향이 나는 짭짤한 발리 와인이다. 잔에 부으면 노을빛 같은 호박색을 띤다. 나무 향이 느껴지는 매캐한 연기와 소금기를 머금은 바닷바람 느낌이 있다. 달콤한 훈연 풍미가 맛을 주도하며 마멀레이드, 황설탕, 꽃향기 나는 과일 향이 맛을 받쳐준다. 또 옅은 짠맛이 모든 요소를 강화해서 믿을 수 없을 만큼 복합적이고 흥미로운 맥주가 된다.

에일스미스 올드 넘스컬 AleSmith Old Numbskull

샌디에이고, 캘리포니아
ABV : 11.0%
홉 : CTZ, 치누크, 캐스케이드, 팰리세이드, 아마릴로, 심코, 서밋

나로선 에일스미스 IPA는 일단 보이면 주문하지 않을 수 없다. 세계 최고의 아메리칸 IPA 중 하나다. 시트러스, 복숭아, 살구와 어디서도 경험해보지 못한 깔끔한 홉의 쓴맛이 나타난다. 스피드웨이 스타우트(Speedway Stout)는 세계 최고의 임페리얼 스타우트 중 하나다. 농후하고 구운 맛이 나면서도 지극히 부드럽다. 이것을 능가하는 맥주는 캐러멜과 바닐라 향미가 더해진 버번 통 숙성 버전뿐이다. X는 과일 향이 나고 새콤하며 믿을 수 없을 만큼 목 넘김이 편하다. 그래서 더 살 수 있길 바라는 마음만 들 뿐이다. 릴 데블(Lil Devil)과 호니 데블(Horny Devil)에서는 에일스미스의 벨기에적 면모가 힘을 발휘해 전통적인 명작을 아주 멋지게 해석해낸다. 다음으로 올드 넘스컬이 있다. 루비색의 이 맥주는 말린 과일과 생과일 향이 캔디·바닐라·대추야자 향기와 함께, 밑에 깔리는 희미한 술맛과 장악력 강한 쓴맛을 남기는 시트러스, 나뭇진 같은 홉과 어우러진 향기의 보석이다. 술통 숙성 버전은 훨씬 뛰어나다. 더 이상 적당한 표현을 찾을 수가 없을 정도이다. 짧게 줄여 말하자면 이렇다. "나는 에일스미스에서 나온 모든 맥주를 사랑한다"

브로우어레이 엇 에이 스트루이스 Brouwerij 't IJ Struis

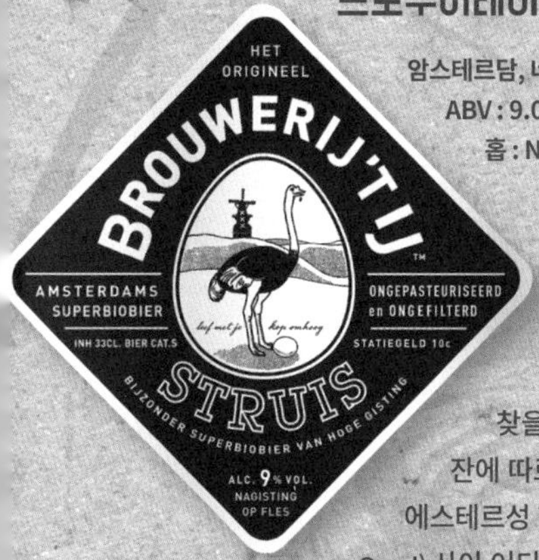

암스테르담, 네덜란드
ABV : 9.0%
홉 : NZ 할러타우어

네덜란드는 훌륭한 맥주들을 생산하는 유럽 맥주 강국 중 하나이며, 독일·벨기에·미국에서 영감을 받은 다양한 네덜란드 맥주는 대부분의 다른 맥주 양조 국가들을 왜소해 보이게 만든다. 암스테르담에 가거든 (물론 맥주를 마시기에 아주 좋은 도시인 만큼 꼭 가봐야 하는 곳이긴 하지만) 바를 함께 운영하고 있는 브로우어레이 엇 에이에 가보자. 이곳은 풍차 밑에 있어 못 찾을 수가 없다. 다만 이 도시에 있는 풍차 여덟 곳 중에서 제대로 찾아가야만 한다. 스트루이스는 잔에 따르면 적갈색이며 말린 과일, 과수원 과일, 후추처럼 알싸한 홉, 황설탕을 넣어 구운 자두, 약간의 에스테르성 향기가 나고 밑에 향신료 같은 맵싸함이 깔린다. 이 맥주는 발리 와인과 벨지안 쿼드(Belgian Quad) 사이 어디쯤에 위치한다. 한 지역 농부가 이곳의 양조 과정에서 나온 맥주박을 가져다 자신이 키우는 양들을 먹인다. 이 양들이 생산하는 우유로 스케압스론트(Skeapsrond) 치즈를 만든다. 그러면 양조기술자는 이 치즈를 자기 곡물에 대한 대가로 가져간다. 스트루이스를 이 치즈와 함께 풍차 아래서 마셔보라.

훈연 맥주와 라우흐비어

훈연 맥아는 기원이 수 세기 전까지 거슬러 올라가는 향미이다. 당시에는 불을 쬐어 말리는 과정 덕분에 곡물에 희미하게 풍기는 훈연 향이 배었을 것이다. 현재 이 과정은 세심한 규제를 받고 있으며 훈연된 곡물은 시중에서 살 수 있다. 훈연했던 맥아는 스카치 냄새부터 탄내에 이르는 갖가지 연기 냄새가 나는데, 무엇이든 곡물의 건조나 훈연을 위한 불을 붙이는 데 쓰인 연료 향미가 나타난다. 라우흐비어는 전통적인 훈연 스타일로, 독일 밤베르크 태생이다. 너도밤나무에 훈연한 맥아로 만드는 라우흐비어는 확실하게 훈제 소시지 맛이 난다. 이탄 불에 쬔 맥아는 아일레이 위스키가 가진 거칠고 강력하고 페놀 같은 향미를 내는 한편, 타는 장작불 같은 특성은 다른 유형의 훈연한 곡물에서 나온다. 그건 그렇고, 구운 보리는 훈연한 것이 아닌데도 탄 재 같은 매캐한 특징을 더해줄 수 있다. 대부분의 훈연한 곡물은 색이 연하며 양조용 곡물 구성에 강력한 첨가물이 될 수 있다.

어떤 맥주 스타일이라도 훈연 맥아를 넣어 향미 프로필을 바꿀 수 있다. 밤베르크 스타일 라우흐비어는 보통 그 자체로 하나의 범주가 되지만 말이다. 훈연 맥주는 약한 것에서 독한 것, 쓴맛이 적은 것에서 많은 것, 연한 색 필스너에서 햇볕에 까맣게 탄 것 같은 스타우트에 이르는 다양한 종류가 있다. 이 스타일의 최상급인 맥주에는 식욕을 돋우는 흥미롭고 복잡함을 더하는 훈연 향미들이 배어 있다. 또 바비큐와 베이컨 같은 훈연 향은 고기의 훈연 향미와 아주 비슷해서 이중으로 감칠맛이 나는 것 같은 착각을 일으키므로 이런 맥주들은 특히 음식과 잘 어울린다.

아에흐트 슐렌케를라 라우흐비어 메르첸AECHT SCHLENKERLA RAUCHBIER MARZEN

밤베르크, 독일
ABV : 5.1%
홉 : 할러타우어 매그넘

고전명작

베이컨 같은 냄새가 난다! 이것이 바로 독일 밤베르크에서 온 라우흐비어에 대한 전형적인 반응이다. 슐렌케를라는 '똑바로 움직이지 못 하는 것'을 뜻하는 독일어이다. 이 이름은 사고로 인해 비뚤비뚤 걷게 된 한 양조기술자의 별명에서 유래했다. 그러다 결국 양조장이 그의 특이한 걸음걸이에서 이름을 따오게 되었다. 슐렌케를라는 자체 맥아 제조소를 갖고 있어 이곳에서 특유의 향미를 만들어낸다. 발아시킨 후 맥아를 가마에 넣고, 너도밤나무 재목으로 불을 때고 구워서 모든 훈연 향미를 빨아들이게 한다. 우르복(Urbock)에서 헬레스(Helles)에 이르는 다양한 슐렌케를라 맥주와 밀 맥주(Wheat beer), 기타 등등이 있다. 헬레스는 훈연 맥아로 만든 것은 아니지만 여전히 희미한 연기 냄새가 난다. 메르첸은 구리빛 도는 갈색을 띠는데, 훈제 고기 같은 냄새가 나며 맥주에 만족스러운 질감을 주는 맥아의 농후함을 가지고 있다. 입맛을 돋우고 특이하며 아에흐트 사에서 하는 말대로, "맥주에서 처음에 다소 이상한 맛이 나더라도 일단 삼켜라. 그냥 포기하면 안 된다. 곧 갈증은 줄지 않고 즐거움은 눈에 띄게 늘어나는 걸 느끼게 될 테니 말이다" 아마도 어느 시점이 되면 여러분도 이리저리 휘청대며 걷게 될 것이다.

비버타운 브루어리 스모그 로켓Beavertown Brewery Smog Rocket

런던, 영국
ABV : 5.4%
홉 : 첼린저, 이스트켄트 골딩

비버타운은 맥주 양조를 아침 일찍 시작해야 한다. 양조용 맥아즙 통과 솥이 브루 펍이자 바비큐 음식점인 듀크스 브루 앤 큐(Duke's Brew and Que)의 훈제기 및 그릴 맞은편에 있기 때문이다. 그래서 양조기술자들은 셰프들이 출근하기 전에 맥아를 더운 물에 타서 당화한 후, 맥아즙을 여과하고 나서 저장고에 있는 탱크에 넣어야 한다. 친구 사이인 바이런(Byron)과 로건(Logan)이 시작한 듀크스가 맥주와 바비큐를 모아 서로 소개시켜준 거라면 스모그 로켓은 이 둘이 나누는 하이파이브이다. 고기를 믿기 어려울 만큼 훌륭하게 조리하는 것만 해도 굉장히 바쁜 터라 주방에서 훈연까지 하는 것은 아니다. 그럼에도 훈연한 맥아로 만든 이 런던 포터는 까맣게 탄 나무와 직화구이한 고기, 위스키, 코코아를 연상시킨다. 음식과 맥주 사이에 천생배필이란 것이 존재한다면 스모그 로켓과 듀크스에서 내는 갈비구이 한 덩어리가 그럴 것이다. 음식이 나오길 기다리는 동안, 8 볼 라이(8 Ball Rye)를 마셔보라. 맵싸한 미국 스타일 호밀 IPA로, 강한 시트러스 풍미가 가득하다.

후지자쿠라 코겐 라우흐비어 Fujizakura Kougen Rauch Beer

야마나시 현, 일본
ABV : 5.5%
홉 : 펄

누구에게나 라우흐비어를 처음 들이컨 순간은 맥주를 마시며 경험한 절대 잊지 못할 순간 중 하나가 될 가능성이 높다. 이것은 사람들이 라우흐비어에 대해 흔히 느끼는 감정이 확실하기 때문이다. 즉 사랑하든가 싫어하든가, 둘 중 하나란 뜻이다. 그럼에도 불구하고 사랑이든, 미움이든 차차 바뀔 수 있어서, 처음 마셨을 때의 훈연 향미는 충격적일지 몰라도 몇 병 더 마시다 보면 "아하!" 싶은 깨달음의 순간이 온다. 이때 갑자기 이 맥주의 본질이 납득되는 것이다. 내 경우에는 라우흐비어 몇 병을 마신 후에야 '이해'가 되면서 마침내 깨달음의 순간을 맞이할 수 있었다. 연어 회에 이어 라면 한 그릇을 먹으며 마셨을 때였다. 풍미 강한 국물이 훈연 맥주와 정말 잘 어울려서 감칠맛이 넘쳐흘렀던 것이다. 이런 경험을 후지자쿠라의 라우흐로 재현해보라. 이 맥주는 구운 곡물과 석쇠에 구운 고기의 탄 부분 같은 캐러멜 맛이 약간 나다가, 화려한 꽃향기 나는 홉이 마무리해서, 라면 국물 맛을 가벼워지게 하는 신선한 풀냄새를 더한다.

이스티 보이즈 렉스 애티튜드Yeastie Boys Rex Attitude

웰링턴, 뉴질랜드
ABV : 7.0%
홉 : 윌러멧

술기운이 확 오르게 독하면서 페놀, 이탄, 염분 맛이 나고 이탄 향이 나는 종류의 위스키를 좋아하는가? 광포한 스코틀랜드 강풍처럼 머릿속을 거칠게 휩쓸고 지나가는 그런 위스키 말이다. 나는 정말 좋아한다. 이런 위스키는 현지의 물과 이탄 향 나는 맥아에서 향미를 얻는다. 맥아를 이탄 불과 맥아 위로 소용돌이치듯 타오르는 불길로 건조해서 아무나 흉내 낼 수 없는 특유의 향미를 더하는 것이다. 이런 일이 위스키에서는 흔할지 몰라도 이탄 건조한 맥아로 맥주를 만드는 양조장은 훨씬 적은 편이다. 렉스 애티튜드는 예외적이면서 아주 별난 사례다. 이탄 맥아를 적게 쓰는 것이 아니다. 100% 이탄 맥아로만 만든다. 온화한 금색에, 타는 냄새·장작불 연기·석탄·반창고 향이 난다. 반창고 말이 나왔으니 한마디 하자면, 이 맥주 냄새를 들이마신 후에는 코에 응급처치가 필요할지도 모른다. 몹시 독특하고 근사한 이 맥주는 마치 위스키인 것처럼 마시게 되는데, 마지막에 느껴지는 홉의 신선함이 이것이 맥주라는 사실을 일깨워준다.

욀비스홀트 브룩쿠스 라바
Ölvisholt Burgghús Lava

셀포스, 아이슬란드
ABV : 9.4%
홉 : 퍼스트 골드, 푸글

'라바'라는 이름이 이 맥주를 정확히 요약해준다. 아이슬란드 화산인 헤클라(Hekla)가 내다보이는 한 농장에서 양조한 이 맥주의 맹렬한 훈연 향은 한밤중에 일어난 화산 분화처럼 맥주를 환히 빛낸다. 훈제소, 당밀, 모카와 희미한 알코올의 온기가 느껴진다. 잔에 따르면 응고한 용암류처럼 윤기 나는 석탄 색이다. 이 맥주의 훈연 향미는 구운 맥아의 강렬한 탄 맛, 초콜릿, 당밀, 아니스 열매로 양념한 과일 케이크 맛이 강화하며 이 모든 것을 매끄러운 풀 보디가 감싸 안는다. 훈연 향미는 라바를 차원이 다른 맥주로 만든다. 은은한 수준이 아닌데도 아주 잘 통합되어 있고 흥미롭다. 화산이 너무 부담스럽다면 욀비스홀트 브룩쿠스 스크얄프티(Ölvisholt Burgghús Skjálfti)를 마셔도 좋다. 지진이란 의미의 이름을 가진 라거이다. 파괴적인 자연재해와 거리가 먼 것으로는 프레이야(Freyja)가 있다. 상큼한 활력소 같은 위트 맥주로, 북유럽의 다산과 풍요의 여신에게서 이름을 따왔다.

밤베르크 라우흐비어
Bamberg Rauchbier

상파울루, 브라질
ABV : 5.2%
홉 : 매그넘

메이플 시럽을 바른 훈제 베이컨을 떠올리면 된다. 이 맥주에서는 바로 그런 냄새가 나니까 말이다. 아주 괜찮게 들리지 않나? 실제로 그렇다. 훈연 맥주로 유명한 도시 이름을 그대로 딴 양조장에서 만든 라우흐비어를 무시하기란 어려운 일이다. 세르베자리아 밤베르크 버전은 깊이 있는 향미 면에서 확실히 믿을 만하다. 영감을 받은 독일 버전에 비하면 좀 더 순화된 것이긴 하지만 말이다. 시럽을 입힌 훈제 향미는 이 맥주의 타다 남은 장작이나 숯불 같은 붉은색, 그리고 니코틴 얼룩 같은 노란색 맥주 거품만큼 중독성 있고 유혹적이다. 이 맥주는 동화처럼 세 부분으로 되어 있다. 달콤한 메이플 시럽 맛이 희미하게 느껴지는 것을 시작으로, 중간에는 핵과·군밤·거친 향미 나는 토스트 맛과 함께 훈연 향미가 처음 인사를 건네고, 마지막에는 약한 단맛이 되돌아와 모든 것을 한데 끌어 모아 연기의 장막으로 감싼다. 브라질 쌀, 콩 요리와 아주 잘 어울리며 훈제 돼지고기와 함께하면 더욱 더 좋다. 밤베르크는 2005년에 양조를 시작했고, 한결같이 우수한 품질로 브라질에서 가장 뛰어나고 존경받는 크래프트 맥주 양조업체 중 하나가 되었다.

브라세리 데 프랑슈 몽테뉴 더 테리 소우총
Brasserie des Franches-Montagnes The Tarry Suchong

유라, 스위스
ABV : 6.0%
홉 : 이스트켄트 골딩

맥주에 대한 영감은 많은 곳에서 얻을 수 있다. 그런데 희한하게도 이 맥주는 스위스 트라베르(Travers)에 있는 아스팔트 광산 냄새의 재현을 목표로 한다. 아스팔트는 도로와 지붕에 쓰이는 독한 냄새가 나는 물질이다. 여하튼 BFM은 그런 시도를 했고, 기적처럼 놀라운 맥주를 만들어냈다. 너도밤나무 장작으로 훈연한 밤베르크 맥아를 사용하는 이 맥주는 랍상 소우총도 첨가한다. 랍상 소우총은 소나무 장작불에 훈연 건조해서 자극적이면서 짭짜름한 장작불 향을 낸 홍차이다. 이 맥주에서는 베이컨과 모닥불이 만나 테리 소우총을 특이하고 흥미로운 술로 만든다. 달콤한 연기 냄새와 소나무 장작불 냄새, 나무 향과 꽃향기 나는 차향이 풍긴 다음, 톡 쏘는 과일 맛이 났다가 거친 훈연 맛, 떫은 타닌, 허브 같은 씁쌀한 맛으로 끝난다. 나는 아스팔트 광산에 한 번도 가본 적 없지만 이 맥주 때문에 가보고 싶어진다.

밀크와 오트밀 스타우트

가만 보면 나는 밀크나 오트밀 스타우트라면 사족을 못 쓴다. 크림 같은 질감에 약간 달고 견과류와 초콜릿 맛 나는 풀 보디가 정말 좋다. 우유와 귀리를 함께 묶은 것은 둘 다 쌉쌀한 스타우트보다 달고 크림 같으며, 아메리칸 스타우트보다는 덜 공격적인 향미를 가졌기 때문이다. 스위트 스타우트라고도 부르는 밀크 스타우트는 유당(乳糖, Milk sugar)이나 락토오스(Lactose)로 만든다. 유당은 비발효성이다. 이 말은 감미로운 농후함이 맥주에 그대로 남아 있게 된다는 뜻이다. 오트밀 스타우트는 귀리를 양조용 곡물 구성의 일부로 넣어 양조한다. 귀리는 크림 같은 부드럽고 매끄러운 질감을 제공한다. 밀크와 오트밀 스타우트 모두 20세기 초반과 중반에는 특히 어린이, 병약자에게 영양분을 공급하는 술로 여겨졌다. 흥미롭게도 스타우트는 18세기에 색깔과 상관없이 독한 맥주로 출발했지만 밀크 스타우트가 1907년에 맥커슨스(Mackeson's)에서 처음 양조됐을 무렵에는 스타우트란 단순히 흑맥주를 의미했지, 반드시 독한 맥주인 것은 아니었다.

전통적인 스타우트 향미는 다크 초콜릿과 커피로 나타난다. 밀크와 오트밀 스타우트 스타일에서는 순화되어 있지만 말이다. 이런 맥주는 설탕 같은 단맛이 나선 안 된다. 대신 보디가 원숙한 인상을 주고, 기분 좋은 단맛이 살짝 감돌아야 한다. 쓴맛은 보통 두 스타일 모두 적고, 홉 향기는 약하거나 아예 없다. ABV는 3.0~7.0%로, 밀크 스타우트 쪽이 보통 알코올 도수가 더 낮다. 더블 오트밀 스타우트는 도수를 높여 훨씬 독한 맥주로 만든다. 밀크 스타우트는 25IBU를 좀처럼 넘지 않는 반면, 오트밀 스타우트는 40IBU까지 이를 수도 있다. 두 스타일 모두 최고의 맥주는 입 안을 꽉 채우는 매끄러움과 농후함이 있으며, 짙은 색 맥아의 산미는 전혀 나타나지 않는다.

브리스톨 비어 팩토리 밀크 스타우트Bristol Beer Factory Milk Stout

브리스톨, 영국
ABV : 4.5%
홉 : 챌린저, 푸글

브리스톨은 사과주로 유명한 웨스트컨트리(West Country)의 국제적 중심지로, 술과 음식에서 최고의 명망을 누리는 도시 중 하나로 발전했다. 그 중에서도 눈부시게 훌륭한 브리스톨 비어 팩토리가 주도하는, 끊임없이 성장하고 있는 맥주가 대표적이다. 브리스톨 비어 팩토리에서 2005년 이래로 맥주를 양조하고 있는 건물은 2세기에 걸친 맥주 역사를 가지고 있다. 이곳은 애쉬튼 게이트 브루잉 컴퍼니(Ashton Gate Brewing Company)의 본거지였기 때문이다. BBF는 다양한 종류의 뛰어난 맥주들을 만든다. 이 중에는 미국에서 영향을 받은 사우스빌 홉(Southville Hop)과 ABV 6.5%를 가진 IPA인 인디펜던스(Independence), 아마릴로·캐스케이드·센테니얼 홉으로 가득 한 ABV 4.6%의 아메리칸 페일 에일이 있다. 밀크 스타우트 광인 내가 거듭해서 찾는 밀크 스타우트가 바로 이 맥주이다. 굉장히 매끄러운 이 맥주는 섬세하게 스치는 단맛과 크림 같은 보디가 만들어내는 고급 초콜릿과 헤이즐넛 쉐이크 같은 맛을 균형 잡힌 베리의 쓴맛이 마무리 짓는다. 칠리와 함께 마시면 아주 좋다.

포츠머스 오트밀 스타우트

Portsmouth Oatmeal Stout

포츠머스, 뉴햄프셔
ABV : 6.0%

내가 오트밀 스타우트를 사랑하는 것은 이 맥주 때문이다. 그레이트 브리티시 비어 페스티벌(Great British Beer Festival)은 언제나 다양한 미국 맥주를 소개하는데, 보통 영국에서는 일찍이 본 적 없는 맥주들이 나온다. 그래서 우리는 온종일 미국 맥주 가판대를 얼쩡거렸다. 나는 포츠머스 오트밀 스타우트를 주문하고, 친구는 포츠머스의 IPA를 주문한 다음, 몇 분간 각자 마시고 있는 맥주에만 완전히 몰두했다. IPA의 새콤한 탠저린과 망고 덕분에 그날의 으뜸은 IPA였다. 그러나 오트밀 스타우트는 내가 지금도 그 맛을 생생히 떠올릴 수 있는 그런 맥주였다. 혀에서 사르르 녹는 밀크 초콜릿처럼 감미롭고, 헤이즐넛의 단맛이 나며, 초콜릿 같은 귀리 맛만이 오래 남을 뿐, 쓴맛이라곤 찾아볼 수 없는 정말 부드러운 피니시를 가졌다. 무엇보다 홉의 오렌지 향이 아주 살짝 자취만 남기면서 맥주에 예상치 못한 훌륭한 무언가를 가미한다. 세상 모든 오트밀 스타우트가 딱 이런 맛이 났으면 좋겠다.

엘리자베스 스트리트 브루어리 대디스 초콜릿 밀크Elizabeth Street Brewery Daddy's Chocolate Milk

샌프란시스코, 캘리포니아
ABV : 5.0%
홉 : 클러스터, 골딩

리처드 헤이(Richard Hay)는 말 그대로 양조기술자와 결혼했다. 그의 아내는 앨리 브루어(Allie Brewer)로, 둘은 현재 '브루어 헤이(Brewer-Hey)'라는 이중 성(姓)을 쓴다. 나는 언젠가 리처드가 양조장을 열 것이라 확신하지만 아직까지는 샌프란시스코의 자기 집에서 양조를 한다. 따라서 이 맥주는 여기 실린 다른 모든 맥주와는 좀 다르다. 그는 자택 2층에서 양조를 한 다음, 지하에 있는 영국 스타일 펍에서 양조한 맥주를 따라준다. 정식 허가를 받은 양조장이나 바는 아니라서 마시는 사람들에게 돈을 받을 수는 없다. 대신 그는 자기 마음대로 맥주를 따라주고, 사람들은 보통 나가면서 20달러짜리 모자를 산다. 아니면 팁을 후하게 낸다. 대디스 초콜릿 밀크는 환상적인 맥주이다. 이름만으로도 마시고 싶어지는 이 맥주는, 구운 듯한 쓴맛이 가미된 초콜릿 우유의 걸쭉하게 진한 맛이 난다. 리처드에게 이메일을 보내, 언제 다음 케그가 그의 집에 있는 은밀한 지하 작업실에서 만들어지는지 물어보라.

DADDY'S CHOCOLATE MILK
NOE VALLEY - SAN FRANCISCO

타이니 레블 더티 스톱 아웃Tiny Rebel Dirty Stop Out

뉴포트, 웨일즈
ABV : 5.0%
홉 : 콜럼버스, 스티리안 골딩, 캐스케이드

타이니 레블은 남반구 홉을 첨가한 몇 가지 우수한 맥주를 만든다. 이 중에 '마오리 페일 에일(Maori Pale Ale)'인 풀 넬슨(Full Nelson)과 오스트레일리아산 홉만 넣은 페일 에일인 빌라봉(Billabong)이 있다. 둘 다 신선한 홉 향기가 폭발적인데, 캐스크 맥주에서 특히 돋보이는 일종의 가볍고 새콤하고 우아한 신선함이다. 쿠취(Cwtch)도 있다. 웨일즈어로 기분 좋게 늘어지거나 편히 쉬는 것을 의미하는데, 안전한 곳에서 느끼는 포근함 같은 것을 나타낸다. 이 맥주는 사랑과 관심으로 만드는 웰시 레드 에일(Welsh Red Ale)로, 일종의 쿠취라고 할 수 있는, 토스트에 바른 마멀레이드를 떠올리게 한다. 더티 스톱 아웃은 달콤하게 훈연한 맥아를 첨가해서 매끄러운 맥주에 모카, 꽃향기와 함께 옅은 장작불 냄새를 가미한 오트밀 스타우트이다. 벨기에 초콜릿이 들어간 초코홀릭(Chocoholic)을 마셔봐도 좋다. 후드를 뒤집어 쓴 반항적인 말썽꾼 곰돌이를 조심하라.

비어베르크 알드울프Bierwerk Aardwolf

웨스턴 케이프, 남아프리카공화국
ABV : 8.5%

남아프리카공화국은 환상적인 와인을 많이 만드는 나라이지만 맥주 문화는 낙후되어 있다. 비어베르크 같은 신흥 맥주 양조업체들이 변화를 가져오고 있지만 말이다. 흥미롭게도 아프리카는 카리브 해 국가들과 마찬가지로 스위트 스타우트의 단맛을 좋아한다. 그래서 기네스 골리앗(Guinness Goliath)을 크래프트 맥주로 변주한 버전을 만나볼 수 있어서 좋다. 알드울프는 독한 스위트 스타우트로, 아프리카 커피 원두로 만들며 맥주 일부를 프랑스 오크통에 숙성했다가 다시 섞어 넣는다. 가장자리로 붉은색이 감도는 검은색인 이 맥주는 따르면 기름같이 걸쭉하며 초콜릿, 캐러멜, 바닐라 같은 오크 느낌을 풍긴다. 이런 풍미 아래로 구운 맛과 짙은 색 과일 향미 층이 쫙 깔린다. 순한 단맛이 숙성된 강렬한 커피 맛과 섞인 다음, 매우 장엄하게 어우러진다. 더 많은 남아프리카공화국산 홉을 첨가한 맥주를 기대해도 좋다. 남아프리카공화국의 홉 재배 면적이 늘어나고 있기 때문이다. 품종으로는 서던 프라미스(Sothern Promise), 서던 스타(Southern Star), 서던 브루어(Southern Brewer)가 있다.

르 브루어리 오도Le Brewery Odo

주에 뒤 브와, 프랑스
ABV : 6.6%
홉 : 챌린저, 스티리안 골딩, 콥

밀크 스타우트는 맥커슨스에서 처음 만들었다. 현재는 어디서나 양조되지만 원래는 1907년에 켄트 주 하이드(Hythe)에서 양조되었다. 그것은 유쾌하고 사랑스러운 ABV 3.0%의 단 맥주로, 크림처럼 매끄럽고 약간 캐러멜 입힌 초콜릿 맛이 난다. 르 브루어리는 스티브 스큐스(Steve Skews)가 2001년에 세웠으며, 그는 사과주만 홀짝이는 노르망디에 훌륭한 맥주를 선사하는 것을 사명으로 삼았다. 그리고 10년이 지난 지금, 그는 성공했다고 말해도 좋을 것이다. 스티브는 양조장에서 좀처럼 볼 수 없는 옛날 영국 품종인 콥(Cobb)을 포함한 여러 홉을 양조장에서 직접 재배하기까지 했다. 오도는 매끈한 맥아 풍미가 진한 밀크 스타우트인데, 진한 구운 맛을 갖고 있다. 풍선껌과 루트비어의 단맛과 톡 쏘는 구운 향이 있으며, 입 안에 오래 남는 허브의 향신료 맛 덕분에 복합적인 성격을 갖는다. 근방에서 만든 카망베르 치즈와 함께 마시면 환상적이다. 특히 구운 카망베르 치즈라면 더 좋다. 부드럽게 녹은 치즈를 맥주의 농후한 구운 맛이 두텁게 감싸주기 때문이다.

브루피스트 피어Brewfist Fear

코도뇨, 이탈리아
ABV : 5.2%
홉 : 매그넘

내 친구 레오는 로마에 갔을 때 들러야 할 곳을 적은 기나긴 목록을 우리에게 주었다. 그는 점심은 꼭 바티칸 시국 성곽 바로 밖에 있는 피자리움(Pizzarium)에 가서 먹어야 한다고 했다. 아주 무더웠던 날, 우리는 이 역사적 도시를 걸어서 몇 번 길을 잘못 든 끝에 조그만 피자 가게를 찾아냈다. 여기 피자는 내가 꼽은 3대 피자에 들어갈 만큼 믿을 수 없을 정도로 훌륭해서, 다시 가서 한 조각을 더 시킬 수밖에 없었다. 이번에는 감자와 치즈 토핑을 얹은 피자를 시켰고, 대담한 라벨이 붙은 맥주 중 한 병을 냉장고에서 꺼내 뚜껑을 따고 바로 병째 꿀꺽꿀꺽 마셨다. 감자가 듬뿍 들어간 진하고 기름진 치즈가 토핑 되어 있으면서도 가볍고 바삭바삭한 이 피자는 밀크 초콜릿 스타우트의 매끈하고 달콤하며 견과류 맛 나는 초콜릿 같은 농후함과 더할 나위 없이 완벽하게 어울렸다. 우리는 다음 날 다시 피자리움을 찾았지만 이 맥주도, 그 감자 피자도 없었다. 뜻밖의 행운 같은 맥주와 음식이었다.

자신이 마시는 스타우트 앞에 밀크 · 스위트 · 오트밀 · 아메리칸 · 임페리얼이란 접두사가 붙어 있지 않은데, '크림 같은 거품이 덮인 흑맥주가 담긴 잔'이라는 상징적인 모습을 하고 있다면 그것은 아마도 드라이 스타우트일 것이다. 19세기 초에 런던에서 가장 큰 양조장 중 하나였던 바클레이 퍼킨스(Barclay Perkins)가 페일 스타우트를 만들었다. 당시에 '스타우트'란 단순히 독한 맥주를 의미할 뿐 색깔과는 아무 관계가 없었다. 즉 마시는 사람들에게 그들이 평소 마시는 맥주보다 더 독한 것을 주문하고 있다는 것을 알려주는 접두사였다. 종류를 나누자면 당시에는 페일 스타우트나 브라운 스타우트, 스타우트 포터를 살 수 있었다. 1840년대에 스타우트는 어두운색의 독한 맥주로 알려지게 되었고, 더 이상 연한 색 스타우트는 없었다. 그 후 60년이 지날 동안 스타우트는 독한 것과는 상관이 없어졌고 그저 흑맥주를 뜻하게 되었다. 런던에서 시작된 스타우트는 아일랜드에서 더 유명해졌다. 그곳에서 스타우트 스타일들은 각기 따로 발전했다.

드라이 스타우트

드라이 스타우트는 색깔이 진갈색에서 검은색에 이른다. 기네스 스타일처럼 포장 전에 질소를 주입할 수도 있다. 질소는 이산화탄소보다 기포가 더 작아서 맥주를 마시면 더 풍성하고 더 크림처럼 느껴지기 때문이다. 이 맥주에는 구운 것 같은 쓴맛이 있는데, 이 쓴맛이 홉의 쓴맛을 만나 쓴맛 수치가 높아지면서 40~60 IBU까지 도달하기도 한다. 커피의 볶은 향미와 다크 초콜릿 맛이 맥주에 가득 넘치며, 이와 함께 어두운색 과일, 캐러멜, 거친 향미, 때로는 약간의 훈연 향미도 느껴진다. 피니시는 단맛이 아주 적고 쌉쌀하며 맥아 산미가 약하게 느껴지기도 한다. ABV는 보통 4.0~5.5%로, 중간 정도이다. 런던에서 태어난 드라이 스타우트는 더블린에서 성장했고, 지금은 전 세계를 누비고 있다.

던가반 블랙 록 스타우트Dungarvan Black Rock Stout

던가반, 아일랜드
ABV : 4.3%
홉: 노던 브루어

아일랜드에서 양조하는 스타우트는 한 종류만 있는 것이 아니다. 누구나 마시는 흔한 맥주에서 눈길을 돌려보면 완전히 새로운 부류의 맥주가 눈에 들어온다. 예를 들어 최상급 스타우트인 포터하우스가 있다. 이 맥주는 특별한 질감이 살아 있고 농후하며 순수하고 풍미가 가득하다. 오하라(O'Hara)의 아이리시 스타우트는 쌉쌀하고 어두운색에 화려하다. 한편 트러블 브루잉(Trouble Brewing) 같은 업체는 옆으로 한 발짝 물러나 포터를 만든다. 그리고 던가반의 블랙 록 스타우트가 있다. 항해사들이 아일랜드의 남동쪽 해안의 던가반 항구로 입항하거나 출항할 때 보게 되는, 랜드마크 역할을 하는 바위에서 이름을 따왔다. 처음부터 이 맥주는 차별화된 홉을 사용한 덕분에 두각을 나타낸다. 한 모금 마시면 풋풋하게 생기 넘치고 풀냄새와 허브 향 나는 홉이 입 속에서 내내 존재감을 드러낸다. 그런 다음 부드러운 초콜릿 맛과 희미한 바닐라 퍼지 맛이 감돌다가 구운 맛이 나타나 입 안에 오래 남는 쌉쌀한 쓴맛으로 이어진다. 이때 맥아와 홉이 다시 만나 길게 울려 퍼지는 앙코르 곡을 연주한다. 이런 훌륭한 크래프트 아이리시 스타우트가 스타우트의 전통에 새 역사를 추가한다.

브라세리 생엘렌 블랙 맘바Brasserie Sainte Hélène Black Mamba

비르통, 벨기에
ABV : 4.5%
홉 : 시트라, 심코

브라세리 생엘렌은 1999년에 맥주를 시판하기 시작해서 해마다 차츰 성장해, 2011년에는 세련되고 대담한 새 디자인으로 브랜드 이미지를 쇄신했다. 또한 맥주 병입 설비를 추가해서 품질, 속도, 일관성을 높여 더욱 발전했다. 이목을 끄는 새 라벨이 시각적 충격을 안긴다면 안에 든 맥주는 혀에 충격을 안긴다. ABV 5.5%의 라 그로냐드(La Grognarde)는 벨기에 블론드로, 브루어스 골드와 사츠 홉을 첨가했다. 그래서 풀냄새 같은 신선한 향기와 혀에 달라붙는 강한 쓴맛을 가졌다. 트리펠인 집시 로즈(Gypsy Rose)는 ABV가 9.0%임에도 우아한 가벼움을 느끼게 하며, 베리와 아몬드에 이어 입 안에 오래 남는 과일 같은 쓴맛이 마무리 짓는다. 블랙 맘바는 미국산 홉을 첨가한 드라이 스타우트로, 구운 시트러스 껍질과 신 커피·검게 탄 나무·진한 코코아·미묘한 토피 향미가 나다, 마지막에는 홉이 혀를 아리게 한다. 홉과 짙은 색 맥아가 기분 좋게 섞인 맥주로, 둘이 뭉쳐서 ABV와 상반되는 풀 보디를 만들어낸다.

펠리컨 쓰나미 스타우트Pelican Tsunami Stout

퍼시픽 시티, 오리건
ABV : 7.0%
홉 : 매그넘, 윌러멧

펠리컨 펍&브루어리에는 그저 좋은 맥주와 음식 이상의 무엇인가가 존재한다. 맥주는 아주 훌륭하며, 음식은 정말 맛있고, 무엇보다 눈부시게 아름다운 전망이 있다. 뒤편에 있는 케이프 키완다 주립 자연보호 지역에 둘러싸인 해안가에 앉아, 해변에서 약 800m 정도 떨어진 곳에 있는 바다 속에서 장엄하게 솟아오른 헤이스톡 바위를 바라보며, 탄성이 절로 나오는 자연 풍경과 가까이서 부서지는 파도와 함께 맥주를 마실 수 있다. 퍼시픽 시티(Pacific City)에 가면 산길을 걸으며 배고픔과 갈증이 쌓이게 한 다음, 펠리컨을 찾아 야외 좌석에 앉도록 하자. 전망을 즐기며 마시는 맥주보다 더 좋은 것은 없으니까 말이다. 쓰나미 스타우트는 강렬한 드라이 스타우트이다. 흑색을 띠며, 초콜릿의 부드러움이 입 안을 꽉 채우고, 약한 볶은 커피·토피·감초·코코넛·말린 과일이 느껴지다가 정말 매끄러운 피니시가 나타나 음식과 아주 잘 어울리는 맥주가 된다. 펠리컨은 궁합이 좋은 맥주와 요리를 추천해주는 것도 전문인데, 이 맥주에는 쓰나미 스타우트 칠리나 프라이팬에 튀긴 굴을 권한다.

미노 스타우트Minoh Stout

호쿠세츠, 일본
ABV : 5.5%
홉 : 펄, 이스트켄트 골딩

1997년에 오시타 마유코와 오시타 가오리의 아버지가 양조장을 하나 사서 둘에게 운영을 맡겼다. 이들이 처음 보인 반응은 이들의 성(姓)과 같았을지도 모르겠다. (Oh-Shit-ta. 발음하면 '이런(Oh), 젠장(Shit)'이란 뜻의 영어 표현과 비슷하게 들린다—역자) 그러나 그 후, 두 사람은 미노를 일본에서 가장 흥미롭고 가장 많은 상을 받은 맥주 양조업체 중 하나로 만들었다. 폭포와 야생 원숭이로 유명한 북부 오사카의 한 아름다운 지역에 위치한 미노에서 생산하는 맥주도 그런 아름다움과 장난기를 똑같이 갖고 있다. 현지에서 나는 복숭아로 만든 바이젠이든 유자로 만든 위트든 말이다. W-IPA는 9.0%의 ABV를 가진 더블 IPA로, 캐스케이드 홉이 잔뜩 들어 있다. 카베르네(Cabernet)는 카베르네 소비뇽(Cabernet Sauvignon) 포도즙으로 양조한다. 한편 이들이 만드는 스타우트도 당연히 유명하다. ABV 8.5%의 임페리얼 스타우트가 쓴맛 나는 초콜릿으로 만든 초콜릿 트러플처럼 아주 기분 좋게 부드럽고 진한 맛이라면, 일반적인 스타우트는 여전히 크림 같으면서도 더 담백한 질감을 가졌으며 두터운 거품이 덮이고, 볶은 커피, 바닐라가 들어간 황설탕, 마지막에 느껴지는 강렬한 허브 같은 맵싸함을 풍부하게 갖고 있다.

달링 브루 블랙 미스트Darling Brew Black Mist

케이프 타운, 남아프리카공화국
ABV : 5.0%
홉 : 서던 프라미스, 캐스케이드

남아프리카공화국에서 양조한 '느린 맥주(slow beer)'이다. 크래프트도, 소규모도 아닌 바로 이것이 달링 브루의 모토이다. 이들은 천천히 나아간다. 달링은 이 마을의 이름이며 느리게 간다는 것은 좋은 생각이다. 맥주는 만드는 데 시간이 걸리므로 서두른다고 될 일도 아니고 다 때가 되어야 완성되는 법이라, 그 과정을 찬찬히 즐겨야 한다. 달링 브루는 근사한 바를 갖고 있는데, 갖가지 맥주를 맛보기에 최적의 장소이다. 라거, 브라운 에일, 위트와 스타우트가 있다. 시음용 세트를 시켜 천천히 홀짝이며 음미해보라. 블랙 미스트는 잔에 따르면 거의 검은색에 가까우며 보디는 상큼하게 가볍고, 진하고 쌉쌀한 피니시를 가졌다. 이 모든 것이 섞여 과음한 다음 날 아침 같은 맛을 낸다. 커피, 담배, 한바탕의 건배, 달콤한 향수, 막 싹튼 사랑, 쓰라린 이별의 입맞춤 같은 맛 말이다. 오직 블랙 미스트와 함께 했을 때만이, 연락할 테니 언제 다시 데이트하자는 약속이 진심일 수 있다.

캠든 잉크
Camden Ink

런던, 영국
ABV : 4.4%
홉 : 노스다운, 퍼시픽 젬

기네스가 전 세계 스타우트 시장을 장악하게 된 이유는 뭘까? 묵직하고 풍성한 질감을 가졌으면서도 향미로 가득 찬, 훌륭한 대안은 없을까? 이런 생각을 계기로 캠든 타운은 아주 멋진 맛이 나는 드라이 스타우트를 만들었다. 그리고 바에 가서 맥주 세계의 어두운 진영에서 고를 만한 또 다른 선택지를 런던에 선사했다. 스타우트는 런던에서 탄생해서 더블린으로 옮겨갔다. 그리고 아일랜드에서 세계를 지배하게 된다. 캠든 잉크는 스타우트를 다시 런던으로 데려와 새롭고 대담한 맛을 낸다. 탱크에서 질소를 주입받은 이 맥주는 크림 같은 보디를 가졌으며 거품이 위에 덮이면서 섹시하게 자리 잡는다. 볶은 맛이 아주 풍성하며 다크 초콜릿 및 밀크 초콜릿 맛이 나지만 감동적으로 부드럽고, 이어서 홉과 구운 쓴맛이 나타난다. 퍼시픽 젬이 마지막에 폭발적인 블랙베리 향과 경쾌한 풀냄새를 더한다.

인버카르길 피치 블랙
Invercargill Pitch Black

인버카르길, 뉴질랜드
ABV : 4.5%
홉 : 퍼시픽 젬

인버카르길 브루어리는 부자 간인 제리(Gerry)와 스티브 낼리(Steve Nally)가 운영한다. 1999년에 낙농장 창고였던 곳에 양조장을 차렸고, 이후 공간이 비좁아지자 2005년에 새 양조장으로 옮겼다. 낼리 부자는 맥주 뿐 아니라 인버카르길을 시작한 이래로 동일한 이름의 사과주도 만든다. 그래니 스미스(Granny Smith)와 브레이번(Braeburn)을 섞어 만든 ABV 5.0%의 이 사과주는 달콤하고 새콤하게 시작했다가 상큼한 산미로 끝난다. 다시 맥주로 돌아가, 피치 블랙은 잔에 따르면 이름에서 짐작할 수 있듯이 칠흑같이 새까만 색이다. 처음에는 초콜릿이 화려하게 존재감을 알리고, 거친 향미의 커피 원두, 희미하게 느껴지는 달콤한 바닐라 토피, 풍부한 크림 느낌이 나타났다 피니시로 퍼시픽 젬의 나무 향 나는 베리 향미가 희미한 자두 및 체리와 함께 치고 올라온다. 인버카르길은 유명한 블러프 굴의 고향인 블러프 항구(Bluff Harbor) 옆에 있으므로 현지 음식과 맥주는 더할 나위 없이 잘 어울린다.

임페리얼화化

대체 가능한 용어인 임페리얼, 더블이란 접두사가 붙은 스타일은 아주 센 것을 만날 것에 대비해 몸을 풀고 혀를 좀 스트레칭 해두라는 말이라고 생각하면 된다. 이 이름은 러시안 임페리얼 스타우트에서 전해진 것이다. 어두운색의 독한 이 맥주는 '엑스트라 스타우트 포터'로 알려져 있었으며 18세기 말에 런던에서 양조해 동쪽으로 수출했다. 러시아의 여제 예카테리나 2세의 궁정에서 인기를 모아 이런 이름이 붙었다.

미국 크래프트 맥주가 급속도로 발전하면서 양조기술자들은 기존 스타일을 더 강화한 버전을 만들어, 누구나 마시는 따분한 라거들과는 거리가 아주 먼, 대담한 향미를 추구하기 시작했다. 일반적인 스타일을 더 강화한 임페리얼 스타우트에 대해 알게 됐고, 이 이름을 자신들의 스타일 이름으로 슬쩍 가져갔다.

이렇게 특화된 맥주들은 크래프트 맥주의 왕인 IPA부터 시작되었다. 양조업자들은 6% 버전에 주목했고, ABV를 1~2% 올리고 더 많은 홉을 솥에 투하했다. 이후로 이런 방식은 페일 에일, 헤페바이젠, 브라운 에일, 필스너, 위트, 헬레스, 레드 등 거의 모든 스타일로 퍼져나갔다. 전통적인 벨기에 스타일 중 다수는 이런 임페리얼로 강화되는 과정을 모면했지만 말이다. (더블 두벨? 임페리얼 람빅? 말이 안 된다.) 개럿 올리버(Garrett Oliver)는 《옥스포드 맥주 안내서》에서 "기껏해야 알코올과 함께 기존 맥주 스타일이 가진 긍정적인 특징 중 일부가 강화된, 기존 맥주 스타일의 메아리 같은 것이나 기대할 수 있을 뿐이다"라고 말한다. 많은 양조업자들의 의도는 스타일은 익숙한 그대로 두면서 그저 강화만 하려는 것뿐이다. 그렇게 해서 맥아나 홉, 이스트의 각기 다른 특징을 과시하는 한편, 미각과 선입견에 도전하고 과감하게 호기를 부린다. 임페리얼이란 라벨을 붙이는 것에는 마초적인 상술이란 측면도 존재한다. 버거에 대입해서 생각해보라. 보통 버전과 임페리얼 버전 중 어느 쪽을 택하겠는가?

보디까지 더 육중해지게 만드는, 높아진 알코올 도수와 균형을 맞추려면 홉의 첨가량이 늘어난다. 이때 양조기술자들은 보통 전통적인 품종을 빼고 신대륙 품종을 들여와 다른 특징을 첨가할 기회를 잡는다. 현대 임페리얼 맥주 세계의 영웅인 더블 IPA의 경우, 때로는 더 강화된 많은 맥주들이 탄생한 이유가 더블 IPA와 또 다른 스타일의 조합은 어떤 맛이 날지 궁금해한 양조기술자 때문인 것처럼 느껴지기도 한다. 미국산 홉의 과감한 사용은 전형적인 임페리얼 맥주의 특징이다. 그러나 미국산 홉이 꼭 필요한 전제 조건은 아니다. 가장 흥미로운 임페리얼의 대표적 예들은 전통적인 재료를 여전히 쓰면서 그냥 모든 것을 양적으로 더 늘린 결과이기도 하다. 풍선에 얼굴 하나를 그린 다음 바람을 불어넣는다고 상상해보라. 똑같은 일이 맥주 재료에서도 벌어지는 셈이다. 전통적인 재료를 넣는다 해도 단순히 규모를 더 키우는 것만으로도 향미는 바뀐다.

맥주 스타일과 관련해서 중요한 것은 '스타일은 유동적이며 얼마든지 다른 해석이 가능하다'는 것이다. 이런 측면 덕분에 맥주 스타일은 흥미롭고 다채롭다. 필스너가 어떤 맛이 나는지 우리는 안다. 그렇다면 그것의 임페리얼 버전은 어떤 맛이 날까? 전통적인 노블 홉을 더 많이 넣으면 무슨 일이 일어날까? 최종적으로 어떤 향미 프로필을 갖게 될까? 또 여전히 그 스타일의 특징을 유지할까, 아니면 극적으로 변할까?

나는 맥주 스타일의 임페리얼 버전을 좋아한다. 모든 임페리얼 버전이 훌륭한 것은 아니다. 너무 독하거나 쓰거나 달거나 불균형할 수 있다. 그러나 아주 흥미롭고 정말 맛있어서 미각과 상상력을 확장시킬 수도 있다. 게다가 임페리얼 버전은 더 많은 다양성으로 맥주 세계를 더 폭넓게 만든다. 두 배의 하어파이브를 임페리얼 버전에 보내는 바이다.

아메리칸 스타우트

밀크와 오트밀 스타우트는 자장가처럼 평온하며 부담 없는 단맛과 크림 같은 포근한 질감을 갖고 있다. 드라이 스타우트는 깊이 있는 구운 맛과 쌉쌀한 쓴맛이 추운 밤에 지핀 석탄불을 떠올리게 한다. 임페리얼 스타우트는 깊이 있고 복합적이며 농후하고 독한 맥주이다. 그에 비해 아메리칸 스타우트는 귀에다 대고 소리를 지르고, 발을 콱 밟고, 팔꿈치로 허를 찌는 것 같은 맥주이다.

아메리칸 스타우트는 맥주 스타일이 미국화될 때 기대할 수 있는 바로 그것으로, 확실하게 아메리칸 IPA 개념에서 영감을 받아 그것을 오직 스타우트에만 적용한 경우이다. 어깨가 축 늘어지도록 기를 죽이는, 과시적인 이 맥주는 거침없이 볶은 짙은 색 맥아와 적극적으로 사용한 미국산 홉을 섞어 쓴맛이 이중으로 공격해온다. 혀를 강타하고 팡파르를 빵빵 울리는 미국적인 맥주로, 블랙 IPA와 별로 다르지 않다. 박력 있는 홉 향기는 보통 향긋한 꽃이나 소나무, 구운 시트러스 향을 풍기는데, 쓴맛과 더불어 이 스타일을 특별해지게 하는 주역이 바로 이 향기이다. ABV가 6.0~9.0%인 데다 IBU도 홉의 마천루라 할 만큼 높아, 둘이 합쳐져 엄청나게 강렬한 흑색 향미 폭탄을 만든다. 그러면서도 최고의 아메리칸 스타우트는 매끄럽고 묵직한 풀 보디의 농후함을 유지해서 모든 홉을 견고하게 떠받친다.

그린 플래시 더블 스타우트

Green Flash Double Stout

샌디에이고, 캘리포니아
ABV : 8.8%
홉 : 이스트켄트 골딩

내 생각에 이 맥주는 아메리칸 스타우트의 정수이다. 잔에 따르면 불투명한 흑색을 띠고 맨 위에 아름답게 안착하는 어두운색 거품을 가졌으며, 바탕에 깔리는 약간의 소나무 향과 함께 헤이즐넛, 달콤한 커피 향기를 풍긴다. 보디는 강력하고 대담하며 농후하다. 토피처럼 달고 커피처럼 쓰다. 베리와 체리류, 크림 같은 볶은 견과류 맛이 나며, 신선하고 활기를 북돋우는 홉 향미가 배경을 이룬다. 이런 새콤한 가벼움은 유별나게 진한 색깔 및 보디와 상반된다. 한편 달콤함이 쓴맛을 누그러뜨려 단숨에 한 잔을 비우게 될 정도로 맛이 좋은, 마시기 부담 없는 맥주가 된다. 초록빛으로 타오르는 노을은 한 번도 본 적 없지만 나로선 그런 것이 보일 때까지 기꺼이 더블 스타우트 몇 병을 들고 캘리포니아 해변을 매일 저녁 찾을 생각이 있다.

비치우드 킬고어 스타우트Beachwood Kilgore Stout

롱비치, 캘리포니아
ABV : 7.1%
홉 : 치누크, 콜럼버스, 센테니얼, 캐스케이드

'포크(Fork)가 돼지고기(Pork)를 만나는 곳' 나는 이런 슬로건을 내건 곳을 존경한다. 여기서 환상적인 맥주들도 양조한다면 더 존경하게 될 것이다. 이곳은 바비큐 맛도 괜찮은 것 같지만 (아직까지 먹어본 적은 없다), 맥주는 정말 훌륭하다. 너클헤드 레드(Knucklehead Red)는 ABV 5.7%이며 미국산 홉만 쓴 한 접시의 과일 모둠 같은 맥주로, 나무 향 나는 허브 같은 맵싸한 맛에 감싸인·복숭아와 오렌지 향을 가졌다. 폼 탑(Foam Top)은 아메리칸 크림 에일로, 풀냄새 나고 깔끔하며 마시기 편하다. 킬고어는 아주 위력 있는 아메리칸 스타우트이다. 감초·토스트·커피·진한 코코아·캐러멜이 사방에서 나타나다 쓴맛이 혀에 누워 일어날 생각을 않는다. 여기에 자몽·커피·태운 토스트·맥주를 넣어 구운 바비큐를 곁들이면… 내겐 '챔피언들의 아침식사(Breakfast of Champions, 커트 보네거트의 소설 제목—역자)'나 다름없다. 아마도 이런 면이 이 맥주의 이름을 커트 보네거트의 작품과 결부시켰을 것이다(커트 보네거트의 <제 5 도살장>이란 작품의 주인공 이름이 킬고어 트라우트이다—역자).

식스포인트 디젤
Sixpoint Diesel

브루클린, 뉴욕
ABV : 6.3%
홉 : 센테니얼, 콜럼버스, 노던 브루어

식스포인트의 겨울 한정 맥주가 디젤이다. 아메리칸 스타우트, 블랙 IPA, 홉 지옥의 불타는 구덩이 사이 어디쯤에 있는 이 거칠고 공격적인 검은색 맥주는, 입 속을 성대하게 가득 채우는 느낌과 함께, 혀가 목구멍에 수류탄을 투척하려는 독한 맥주 부대에 맞서 싸우는 것 같은 느낌을 주는 피니시를 가졌다. 아주 유쾌한 맥주 중 하나로, 향미가 하도 풍부해서 중간에는 제발 멈춰달라며 자비를 빌고 싶다가도 마침내 그것이 얼마나 끝내주게 훌륭한지 깨닫게 된다. 이때가 되면 그저 더 마시고픈 심정이 될 뿐이다. 쓴 볶은 맛이 처음에 포탄처럼 투하됐다가 허브 향 나는 홉과 감초가 나타나서, 잔 속에서 소나무 숲이 불타다가 다크 초콜릿으로 불길이 잡히는 것 같은 느낌이다. 나는 이 맥주를 브루클린의 바케이드에서 아케이드 게임을 하며 마셨다. 그곳에서 느껴지는 어둠과 빛의 대조가 맥주와 게임 둘 모두를 더 재미있게 만들었다.

윌리엄스 브로스 프로패너티 스타우트
Williams Bros Profanity Stout

알로아, 스코틀랜드
ABV : 7.0%
홉 : 넬슨 소빈, 퍼스트 골드, 센테니얼, 아마릴로

아름답게 생긴 병에서 맥주를 따르면 거의 불투명에 가까운 두꺼운 흑색 거품이 덮인다. 먼저 향기가 치고 올라오는데 홉의 과일향이 구운 포도, 시트러스 껍질, 멀리서 바람에 실려 오는 것 같은 희미한 향긋한 꽃향기로 넘쳐흐른다. 스타우트에서는 자주 접하지 못하는 종류의 향기이다. ABV 7.0%의 스타우트가 으레 그렇듯 묵직하고 매끄러우며 고급 초콜릿, 과일 향 나는 커피, 약간의 콕 쏘는 알코올이 느껴져 볶은 (절대 떫지는 않음) 맛이 나다가 홉의 두 번째 물결이 꽃, 나뭇진, 쌉쌀한 쓴맛으로 혀를 덮친다. 이 맥주의 레시피는 헤리엇 와트(Heriot-Watt) 대학교에서 맥주 양조 학위 과정을 이수한 두 학생이 개발했다. 이들은 대학교 시절에 대해 상당히 자부심을 가져도 좋을 것이다. 내가 대학교에서 공부하는 동안 가장 잘한 일이라곤 보드카 젤리를 만든 것뿐이었다. 비록 그 젤리가 맛있긴 했지만 프로패너티 스타우트만큼은 아니었다.

포터 : 이동의 역사

포터는 최초의 맥주 스타일이자 가장 중요한 맥주 스타일 중 하나이다. 처음 이름이 붙은 맥주 중 하나이고, 미국 · 오스트레일리아 · 발트 3국 · 인도를 여행한 첫 맥주 중 하나이며, 산업 규모로 제조된 최초의 맥주 중 하나이다. 포터는 역사적 사실과 허위 사실의 소용돌이이자, 정체성이 너무 자주 바뀌어서 따라잡기 힘든 맥주이기도 하다.

포터는 정체가 모호한, 형태가 계속 바뀌는 브라운 에일의 뒤를 이어 나타났으며, 이 갈색 맥주가 더 독해지고 홉이 더 많이 들어가고 더 숙성된 버전이다. 이름은 런던 포터에서 따왔다. 포터(porter)란 런던 시내를 돌아다니며 물건을 운송해서 생계를 꾸리던 사람을 가리킨다. 처음에 이 맥주는 배에서 짐을 내리고 화물을 운반했던 포터에게 인기를 모았다. 이들은 이런 고된 노동을 해야 했기에 원기 회복을 위한 휴식과 하루 종일 버틸 힘을 줄 먹을 것이 필요했다. 그래서 짐을 부려놓고 펍에 가서 맥주를 한 잔 마신 다음 다시 일을 시작했다.

처음에는 포터가 은어였다. 그러나 1760년대에는 양조업자들도 노동자들이 너무나 좋아하는 짙은 색 맥주를 이 이름으로 불렀다. 포터는 원래 최대 2년까지 숙성을 시켜서 짜릿하게 시고 퀴퀴한 향미를 냈다. 바에 가면 보통 이 맥주 옆에는 숙성하지 않은 '순한(mild)' 버전이 놓여 있었다. 항간에 널리 퍼진 이야기에 따르면 포터는 '세 종류'로 만들어진 맥주였다. 즉 하나는 신선한 맥주, 하나는 숙성된 맥주, 하나는 짜릿하게 신 맥주로, 각각 훈연 맛과 구운 맛과 신맛이 나는 진한 색 에일이었지만 어느 시점에 '하나의' 에일이 되었고, 그냥 잔에서 섞는 대신 따로 양조하게 되었다. 이것이 포터의 기원을 설명하는 데 가장 흔히 쓰이는 이야기이긴 하지만 그렇다고 해서 반드시 사실이라는 것은 아니다.

기원이 어떻든 18세기 말에 가면 대부분의 포터가 혼합하지 않고 처음부터 '순한' 것으로 나왔을 가능성이 높다. 이때부터 포터는 영국에서 가장 인기 있는 맥주 스타일로서, 약 100년 동안 마치 디킨스의 소설처럼 굉장히 씁쓸하고 향미와 특징과 깊이가 농후한 어두운색 맥주의 세계를 지배했다. 미국에는 식민지 때 들어가, 독일 라거 양조업자들이 왕좌를 승계할 때까지 오랜 세월 동안 최고의 술로 자리매김했다. 페일 에일과 마찬가지로 포터도 장군들이 마실 수 있도록 인도로 보냈다. 발트 3국에서 인기가 있었고, 그 지역에서 유명해진 임페리얼 스타우트와도 역사가 일부 겹친다. 영국으로 돌아오면, 이제 이야기는 스타우트의 탄생으로 넘어간다. 이들 '스타우트 포터(Stout Porter)'는 포터의 더 독한 버전이었다가 스타우트가 자립했고, 그러다 마침내 이 두 종류의 어두운색 맥주 중에서 인기가 더 높아져, 20세기 들어서는 수십 년간 마일드, 페일 에일, 스타우트가 포터를 훨씬 앞서 나갔다. 이 무렵 포터는 1, 2차 세계 대전 동안 맥아 부족과 세금 인상으로 순한 스타일이 되면서 치명타를 입었다. 심지어 각 통마다 500만 잔(pint) 넘게 들어가는 용량의 거대한 탱크를 보유한 대형 런던 포터 양조업체들도 만들기를 포기하면서 실질적으로 이 스타일은 2차 세계대전 이후 수십 년간 자취를 감춰서, 이 맥주가 이름을 따온 길거리 포터들과 동시에 사라졌다.

현재 포터는 부활해서 크래프트 맥주 중 가장 주목받는 맥주 스타일로 번창하고 있으며 전 세계에서 만들어지고 있다. 영국 맥주 양조업자들이 1970년대에 먼저 포터를 찾았고, 1980년대에 미국 맥주 양조업자들이 나타났다. 지금 우리가 볼 수 있는 것은 브라운 포터, 발틱 포터(Baltic Porter), 로버스트 포터(Robust Porter), 임페리얼 포터, 아메리칸 포터 등이 있다. 여전히 발전하고 있는 스타일로, 지난 3세기 동안 변화한 방식과 일관성을 가지면서도 앞으로도 훨씬 오랫동안 계속해서 바뀌어갈 것이다.

포터 vs 스타우트

스타우트는 19세기 초에 나타났다. 한편 포터는 그보다 한 세기 전에 나왔다. 스타우트가 탄생한 이래로 두 스타일은 나란히 성장하면서 각기 수없이 변화를 겪었다. 포터와 스타우트 간의 차이점을 알아내려는 시도는 빠르게 움직이는 과녁에서 말도 안 되게 작은 중심점을 맞추려고 노력하는 것과 같다.

'스타우트'라는 단어가 처음 맥주와 관련해서 사용되었을 때는 독한 맥주를 뜻했고, 어떤 스타일이나 색깔의 맥주도 이렇게 부를 수 있었다. 구분을 짓기 위해 양조업자들은 자신의 맥주를 '페일 스타우트'나 '브라운 스타우트', '스타우트 포터'라 불렀다. 이중에서 스타우트 포터는 일반적인 포터를 더 독하게 만든 버전이었다. 19세기 중반에 스타우트는 어두운색의 독한 맥주를 뜻했다. 포터가 여전히 당시에 가장 총애를 받는 맥주이긴 했지만 말이다. 포터와 스타우트는 사이좋게 함께 움직여 레시피가 발전하고 융합되어가다, 20세기 초에 모든 것이 바뀌기 시작했다. 그때까지 스타우트는 그저 어두운색 맥주를 의미했지, 반드시 독한 맥주일 필요는 없었다. 달콤한 스타우트가 등장해 '쌉쌀한' 런던 및 더블린 버전과 거리가 먼 하위 스타일을 창출했다. 이때 스타우트는 유행에 따라 건강에 도움을 주는 술이 되기도 했다. 반면 포터는 과거의 유물이 되었다. 전쟁이 발발해 맥아가 배급 품목이 되자 스타우트는 가능한 한 기존 스타일에 가깝게 유지됐지만 포터는 레시피가 순해진 바람에 2차 세계 대전이 끝났을 무렵에는 자취를 감추는 지경에 다다르고 말았다. 반면 스타우트는 그 후로도 내내 살아남았다.

포터 스타일은 1970년대에 재기해서 한 번 더 인기를 얻었고, 가장 인기 있는 어두운색 맥주로 스타우트와 어깨를 나란히 하게 되었다.

이렇게 '어두운색 맥주들'은 오늘날 한 부류로 묶어도 될 만큼 서로 가깝다. 어떤 현대식 포터도 이제는 거대한 통에서 여러 달 숙성하지 않아서, 잔에 따라도 초창기 포터처럼 톡 쏘는 냄새가 나지 않는다. 옛날 맥주보다 더 순한 버전 같은 맛이 좀 날 수도 있지만 그 시절 맥주가 어땠는지 확실히 알긴 어렵다. 따라서 현존하는 포터 레시피는 옛 스타일의 현대적 해석으로 보아야만 한다. 마찬가지로 스타우트도 200년간 많이 변해서 이들의 발전상을 간단히 정의한다는 것은 불가능하다. 두 스타일 모두 긴 역사를 가지고 있으며 서로 복잡하게 얽히고 융합이 일어났다. 둘 다 유명한 맥주 스타일로서 지내던 시간 동안 많은 변화를 겪었다.

스타우트와 포터 간에 차이가 있냐고? 아니다. 드라이 스타우트와 로버스트 포터처럼 '기본' 맥주들은 현재 비슷한 ABV와 향미 프로필을 가졌으며 하위 스타일만이 눈에 띄게 달라 보일 뿐이다. 스타일 지침서조차 둘을 좀처럼 구별하기 어려워해서 차이점은 스타우트에서는 볶은 보리 같은 쓴맛이 더 강한 반면, 포터는 ABV가 더 높다는 말을 넌지시 할 뿐이다. 그러나 현실적으로 양조업자는 자기들이 만든 흑맥주를 스타우트나 포터라 부를 수 있으며, 뭐라고 부르든 그들이 틀린 것이 아니다.

250년 전에 양조됐던 포터는 150년 전이나 오늘날의 포터와는 아주 달랐을 것이다. 포터는 한때 어두운색에 훈연 향미가 있고, 양조장에서 출하하기 전 오랜 시간 숙성한 덕분에 약간 신맛이 났다. 그러다 한때는 순하고 시지 않고 가볍게 홉이 첨가된 어두운색 맥주였다. 또 어떤 시기에는 '순한' 채로 나왔고 홉의 톡 쏘는 자극적인 맛과 함께 볶은 맛이 나는 어두운색 맥주였다. 현재는 진한 색 맥아, 커피, 초콜릿, 캐러멜, 때로는 희미하게 풍기는 연기 냄새가 풍부한 맥주이다.

포터

로버스트 포터와 브라운 포터는 가장 인기 많은 '표준' 포터이다. 차이는 로버스트 버전이 더 볶은 맛이 난다는 점이다. 그러나 둘은 아주 비슷해서 구분할 필요는 거의 없다. ABV는 5.0%와 7.0%, IBU는 40까지 갈 수도 있으며 전통적으로 블랙커런트와 꽃 향미 프로필을 가진 영국산 홉을 사용한다. 홉과 볶은 보리의 쓴맛은 보통 목 넘김이 불편하지 않지만 예외는 존재해서 커피 원두를 씹는 것 같을 때도 있다. 약간의 맥아 산미가 있을 수도 있다. 발틱 포터(Baltic Porter)도 눈에 띌지 모른다. ABV는 6.0~9.0%로 독하며, 전통적으로 차가운 온도에서 라거 이스트로 발효하지만 현대 버전은 상면 발효 이스트를 택하는 경향이 있고, 유럽산 홉으로 양조하며 쓴 볶은 맛과 쓴 홉 맛은 적고 살짝 숙성해서 와인 같은 특징을 더한다. 포터는 과거에 그랬듯이, 앞으로도 전 세계에서 양조되는 폭넓고 흥미로운 스타일일 것이다. 짤막한 한 줄 설명으로는 절대 포터의 위대한 역사나 범위를 담을 수 없다.

민타임 런던 포터Meantime London Porter

런던, 영국
ABV : 6.5%
홉 : 푸글

런던은 가장 유명한 세 가지 맥주 스타일을 창출했다. 바로 포터, 스타우트, 인디아 페일 에일이다. 그리고 민타임은 이 세 가지 모두를 새롭게 해석한 맥주이다. 인디아 페일 에일은 옛 영국 스타일의 탁월한 버전이다. 식물 같고 거친 향미에, 찰기가 있으면서도 마시기에 가볍고 신선하다. 런던 포터는 놀랍도록 복합적인 맥주이다. 향기로는 다크 초콜릿, 볶은 커피, 흙내 나는 과일, 불에 까맣게 태운 견과류, 희미한 훈연 향이 소용돌이친다. 기분 좋은 기억을 떠오르게 하는 향기로, 호가드(Hogarth, 1697~1764, 영국의 풍속화가—역자)가 그린 〈맥주 거리(Beer Street)〉의 이미지가 얼핏 떠오르지만 배경에는 디킨스 작품에 나오는 지저분한 악당들이 추가된다. 깊이 있는 볶은 맛과 함께 입에 닿으면 매끈한 느낌이 나고, 어두운 베리 같은 과일·황설탕·장작불 향미가 나타난 다음, 맥아와 홉의 쓴맛이 합쳐져 쌉쌀한 피니시를 만들어낸다. 런던 맥주 양조업자 단체인 런던 맥주 양조업자 연합은 런던 포터의 역사성과 독특한 이야기를 가지고 런던 포터에 원산지 표시 보호를 획득하는 것을 목표로 하고 있다. 이 맥주는 이런 주장을 뒷받침하는 모범적인 사례일 것이다.

배드 애티튜드 투 페니 포터

Bad Attitude Two Penny Porter

스타비오, 스위스
ABV : 8.15%
홉 : 아마릴로, 치누크, 윌러멧

배드 애티튜드는 우아하게 생긴 뭉툭한 병 뿐 아니라, 두어 가지 맥주를 캔에도 담아서 판다. 커트(Kurt)는 뉴질랜드 홉으로 양조한 페일 에일이며, 듀드(Dude)는 '거의 더블에 가까운' 아메리칸 IPA이다. 배드 애티튜드의 맥주에 대해 내가 정말 좋아하는 점은 대단한 맛도 맛이지만 매장에서 봤을 때 끝내주게 멋져 보인다는 것이다. 투 페니는 런던에서 영감을 얻고 스위스적인 정확함으로 만들어낸 미국 스타일 포터이다. 엄청나게 매끈한, 커피 맛 나는 보디와 다크 초콜릿 브라우니·바닐라·박력 있는 감칠맛 같은 맛이, 블랙커런트의 쓴맛과 중과피 향기, 마지막에는 톡 쏘는 허브 맛을 더하는 과감한 미국 홉에 의해 전방위 공격을 받는다. 76IBU에 이르는 쓴맛을 내는 데 도움을 주기 위해 1차 맥아즙 분리물에 홉을 첨가한다. 나는 기꺼이 2페니 이상을 지불해 내 냉장고를 이 맥주로 채울 마음이 있다.

8 디그리스 녹밀다운 포터

8 Degrees Knockmealdown Porter

미첼스타운, 아일랜드
ABV : 5.0%
홉 : 어드미럴, 푸글

따르면 걸쭉한 검은 액체에 모카색 거품이 산더미같이 덮인다. 이 맥주는 아일랜드 산맥에서 이름을 따왔기 때문에 그런 거품이 딱 어울린다. 녹밀다운(Knockmealdown)을 잔에 담아 놓으면 근사해 보인다. 강렬한 다크 초콜릿·가죽·코코아로 덮인 베리·캐러멜 향미와 깔끔한 복잡함을 가진 이 맥주는 볶은 맥아의 아리게 콕 쏘는 맛은 없다. 대신 줄곧 아주 기분 좋게 부드럽고, 꽃향기와 거친 향미 나는 홉의 피니시가 오랫동안 이어진다. 이 양조장을 시작한 오스트레일리아인 캠(Cam)과 뉴질랜드인 스캇(Scott)은 왜 자신들의 양조장 이름이 8 디그리스가 되었는지에 대해 몇 가지 그럴듯한 이유를 들어 설명한다. 서경 8°는 아일랜드를 관통하는 경도이다. 8°C는 이곳 맥주들을 낼 때 최적의 온도이다. 또 하느님이 7일 동안 열심히 일하고 푹 쉰 후 8일째에 맥주를 만들었다. 내가 제일 좋아하는 가설은 이것이다. 8 디그리스 맥주를 한 잔 마시면서 편하게 늘어질 때 몸을 8° 젖히게 된다는 것이다. 물론 8 디그리스 맥주는 경도 8°에 서서 차가운 8°C 상태로 나온 맥주를 마시는 것이 가장 좋긴 하다.

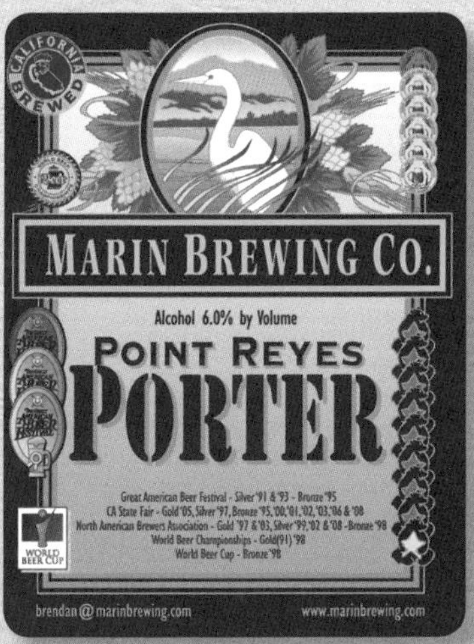

마린 브루잉 포인트 레이스 포터

Marin Brewing Point Reyes Porter

락스퍼, 캘리포니아
ABV : 6.0%
홉 : 이스트켄트 골딩, 챌린저

여러분은 어떨지 모르지만 브루마스터가 내 머릿속을 들여다보고 내 꿈의 맥주를 만들어내기라도 한 것 같은 맛이 나는 맥주가 더러 있다. 내 생각에는 마린에서 포인트 레이스 포터로 그런 일을 해낸 것 같다. 샌프란시스코에서 샌프란시스코 만을 건너는 연락선을 타면 락스퍼에 도착하는데, 여기서 잠깐 더 걸으면 마린 브루어리가 나온다. 들어가면 양조용 맥아즙 통과 솥이 왼편에 보이며 공간 전체에 달콤한 맥주 양조 냄새가 가득하다. 맥주 시음 세트를 마시고 나서 버거 한 개를 먹은 우리는 떠나기 전 맥주를 한 잔 마실 시간이 있었다. 나는 포터를 택했다. 너무 훌륭해서 한 잔 더 마시지 않고는 그냥 갈 수 없었기 때문이다. 지금까지 먹어본 최고의 모카 밀크셰이크 같은 크림 맛과 강렬한 볶은 맛이 난다. 보디의 묵직한 농후함이 멋지게 빚어낸 베리의 단맛과 락틱산처럼 톡 쏘는 신맛, 훈연 맛, 볶은 견과류 맛, 쌉쌀한 피니시를 가졌다. 내가 생각하는 완벽한 포터의 본보기이다.

홀게이트 템트러스Holgate Temptress

우드엔드, 오스트레일리아
ABV : 6.0%
홉 : 토파즈

네덜란드 코코아와 바닐라 열매를 주입한, 농후하고 감미로운 이 어두운색 포터는 확실히 '템트러스('요부'라는 뜻—역자)'라는 이름을 가질 만한 자격이 있다. 가장자리로 붉은색이 감도는 어두운 갈색에 크림 같은 거품이 덮이며 코코아와 바닐라 향기가 먼저 나타난다. 고급 초콜릿 상자를 막 열었을 때처럼 말이다. 그런 다음 커피와 고소한 향, 진한 황설탕, 약간의 허브와 향긋한 향신료, 초콜릿 브라우니, 희미한 구운 무화과 향이 등장한다. 즉 디저트 같은 냄새가 나는데 이 맥주는 바로 그렇게 디저트로 간주하면 된다. 저녁 식사 후에 병을 따서 단독으로 내고 잔은 두 잔 준비한다. 유혹의 도구로 쓰기에 가장 좋은 맥주이니까 말이다. 입에 닿는 느낌이 매끈하며, 깊이 있는 코코아와 커피가 아주 희미한 쓴맛을 제공하고, 어두운색 과일에 더해 바닐라의 꽃향기 같은 즉시 풍겨오는 향이 템트러스를 진정한 만족감을 안겨주는 맥주로 만든다. 이 양조장에는 레스토랑과 호텔도 구내에 있으므로 일이 엄청나게 잘 풀린다면 위층에 방들이 있다는 사실을 참고하자. 퇴폐적인 취침 전에 한 잔 마실 수 있도록, 올라가는 길에 한 병을 더 챙겨라.

내르케 블랙 골딩 스타크포터

Narke Black Golding Starkporter

외레브로, 스웨덴
ABV : 7.2%
홉 : 이스트켄트 골딩

발틱 포터는 런던에서 양조해서 발트 해 항구로 실어 보낸 포터의 독한 버전으로 시작했다. 이 강렬한 포터들을 19세기부터 발트 해 지역에서 골라 양조했다. 이외에도 핀란드, 스웨덴, 러시아, 폴란드 모두 이 스타일을 만들었다. 런던 버전은 상면 발효 에일 이스트로 양조했을 테지만 하면 발효 이스트가 추운 발트 해 나라에 도입되면서 차가운 온도에서 라거 발효를 하고 오랜 숙성 시간을 갖게 바뀌었다. 내르케는 스웨덴에서 가장 저명한 양조장 중 하나로, 주로 술통 숙성한 임페리얼 포터, 스톰막스포터(Stormaktsporter)와 이곳 맥주들이 가진 희귀성 때문이다. 이들의 스타크포터는 발틱 전통을 진한 맥아의 풀 보디, 강렬한 코코아, 커피, 캐러멜과 볶은 견과류 향미를 가지고 발전시켰다. 놀라울 정도로 간결하고 극도로 복잡한, 끝내주게 진귀한 맥주이다.

리뎀션 펠로우십 포터Redepmtion Fellowship Porter

런던, 영국
ABV : 5.1%
홉 : WGV(Whitbread Golding Variety), 리버티, 캐스케이드

런던 거리와 강을 누비던 포터는 두 부류로 나뉘었다. 하나는 지금의 우편배달부 같은 존재인 티켓 포터(ticket porter)로, 편지부터 무거운 상자까지 온갖 것을 운반했다. 또 하나는 펠로우십 포터(fellowship porter)로, 대규모 납품업체에서 나온 맥아와 석탄 같은 것을 운반했다. 양조장들은 포터에게 중요한 고용주로, 원재료를 배달하고 도시 여기저기로 술통을 옮기는 데 포터를 필요로 했다. 갈증으로 유명했던 포터들은 고된 하루를 버티기 위해 펍에 정기적으로 들러 포터를 크게 한 잔 들이켠 다음, 다시 일을 하러 나갔다. 리뎀션의 펠로우십 포터는 감초, 초콜릿, 커피 향미로 가득하다. 약간의 밀, 훈연, 블랙베리도 느껴지며 희미하게 나타나는 씁쌀한 쓴맛으로 끝난다. 일요일 점심 같은 맥주로, 로스트 비프와 함께 마시면 완벽하다. 리뎀션은 꾸준히 훌륭한 맥주를 내놓고 있다. 트리니티(Trinity)도 마셔보자. ABV 3.0%에 홉 함량이 높은 맥주이다. 빅 치프(Big Chief)는 ABV 5.5%에 홉 풍미가 강한 아메리칸 페일 에일이다. 홉스퍼(Hopspur)는 트리니티와 빅 치프 둘 사이에 위치한 페일 에일이다.

네게브 포터 알론
Negev Porter Alon

키르얏 갓, 이스라엘
ABV : 5.0%
홉 : 매그넘, 푸글

이 맥주는 병이 얼마나 수려한지 모른다. 이스라엘에서 양조한다는 사실이 맥주를 두 배로 매력적이게 만든다. 이스라엘 남부를 뒤덮고 있는 사막에서 이름을 딴 이 맥주는 대량 생산된 라거와 대조를 이루며 마치 오아시스처럼 아련하게 빛난다. 포터 알론은 잔에 부으면 칠흑 같은 검은색에 크림 같은 거품이 덮인다. 감초의 쓴맛, 커피의 볶은 맛, 밀크 초콜릿, 자두, 희미한 바닐라가 느껴진다. 숙성 때 넣은 오크 칩 덕분이다. 매끄럽게 시작해서 사막처럼 건조하고 갈증을 풀어주는 느낌으로 끝난다. 우연히 네게브 사막에 가게 된다면 이 맥주도 괜찮긴 하다. 그러나 나라면 네게브의 파시플로라(Passiflora)를 택하겠다. 패션프루트로 양조한 가벼운 골든 에일이다. 양조 때 지침으로 삼을 만한 아무런 유산이 없는 상황에서 흥미진진한 신흥 이스라엘 맥주 양조업자들은 이 나라의 크래프트 맥주를 발전시켜 나가면서 새로운 역사를 쓰고 있는 셈이다.

요호 도쿄 블랙
Yoho Tokyo Black

가루이자와, 일본
ABV : 5.0%
홉 : 캐스케이드, 펄

나란 사람은 캔 맥주의 유혹에는 질 수밖에 없다. 맥주를 캔으로 마시는 것은 특별한 매력이 있다. 마치 1980년대 영화에 나오는 인물 같은 느낌이 들어서이다. 이런 별난 연상 작용이 어쩌다 생겼는지는 모르겠지만. 요호에서 나오는 맥주들은 일본 최고의 위스키 생산지 중 한곳에서 만들며 맥주 양조업자와 위스키 제조업자 둘 다 우수한 현지 물을 양조용 맥아즙을 만드는 원료로 쓴다. 일본에서 어두운색 맥주의 인기가 높아지자 도쿄 블랙은 탁월한 크래프트 포터로서 이 시장에 뛰어들었다. 런던 스타일을 원형으로 삼아 미국 레시피를 따르고 현지 입맛에 맞게 몇 가지 수정을 가했다. 가장자리가 붉은색을 띠는, 거의 흑색에 가까운 맥주이다. 코코아와 캐러멜 향기가 난 다음, 중간에는 매끈한 초콜릿 같은 깔끔한 보디가 나타나고, 약한 볶은 쓴맛과 향긋한 꽃향기 나는 홉 향미와 희미한 레몬 껍질 향을 가졌다. 슈발츠비어와 비슷하다.

메이플라워 포터 Mayflower Porter

플리머스, 매사추세츠
ABV : 6.0%
홉 : 필그림, 글라시어

뱃멀미를 하며 항해를 한 지 66일이 지나 맥주는 다 떨어져가는 상황에서 메이플라워호에 타고 버지니아로 가던 청교도 이주민들은, 마침내 머물 만한 적당한 장소를 찾아내 매사추세츠 주 플리머스 만에 정박했다. 겨우 겨울을 나고 목숨을 부지한 이들은 1년 후에 합동으로 추수감사절 연회를 열었고, 이때 맥주 한 통을 따서 따랐다. 어두운색에 뿌연 맥주를 마시는 것이 어두운색에 뿌연 물을 마시는 것보다 안전하기도 했고 흥을 돋우기 위해서기도 했다. 포터란 직업은 미국에 없었지만 맥주인 포터는 있었던 셈이다. 1세기 후에 포터는 런던에서 배를 타고 미국에 도착해 미국 역사상 가장 많이 언급되고 잘 알려진 맥주가 된다. 메이플라워에서 나오는 포터는 거의 검은색에 강하게 볶은 향이 나며 초콜릿과 어두운색 과일 향으로 꽉 차 있고 피니시로 달콤 씁쓸한 맥아와 필그림 홉을 적절히 사용한 홉 맛이 오래 입 안에 남는다. 또 한 가지, 역사에 흥미를 더하는 이야깃거리가 있다. 이 양조장은 메이플라워호에 탔던 술통 제조업자인 존 앨든(John Alden)의 10대손이 시작했다.

임페리얼 스타우트와 포터

예카테리나 2세가 러시아 황실에서 선택한 술은 '엑스트라 스타우트 포터'로, 런던에서 양조해서 동쪽으로 운송한 어두운색의 독한 맥주였다. 인디아 페일 에일처럼 현재 임페리얼 스타우트에 관련된 이야기와 인식은 이 스타일을 현대 소비자들에게 낭만적으로 다가오게 한다. 18세기에 런던 양조업자들에게 발트 해 연안 국가들은 좋은 시장이었다. 이 스타일의 배경이 된 신화에 따르면 오랜 여정을 견디게 하기 위해 독하게 만들고 홉도 많이 첨가했다고 한다. 그러나 그보다는 이들이 겨냥한 시장이 독하고 풍미 강한 스타우트를 원했기 때문이었을 가능성이 더 높다. 닭이 먼저냐, 달걀이 먼저냐는 식의 논쟁이 어딘가에서 벌어지겠지만 말이다. 임페리얼이란 단어는 소비자에게 그것이 한 양조장에서 만드는 맥주 중 가장 강렬한 맥주라고 알려주기 위한 것이었으며, 당시에는 어떤 유형의 맥주에도 붙일 수 있는 말이었다. 현재 임페리얼 스타우트는 세계에서 가장 인기 있는 스타일 중 하나이다.

이 스타일 맥주들은 레슬링을 하는 러시아 독재자처럼 강렬하고 독하며 농후하다. 색은 짙은 갈색에서 불투명한 검은색에 이르고, 보디는 중간 보디부터 풀 보디까지 있다. 맥아가 볶은 맛, 캐러멜, 커피, 초콜릿, 때로는 훈연한 맛과 어두운색 과일의 깊이 있는 맛으로 전면에 나선다. 어떤 것은 아주 쌉쌀하게 끝나는 반면, 단맛으로 끝나는 것도 있다. 홉은 50~100IBU에 달하는 아주 강한 쓴맛과 함께 품종에 따라 다른 향미도 약간 난다. 홉 향기가 나는 것이 일반적이진 않지만 말이다. ABV는 8.0%이며 끝없이 높아질 수도 있다. 그러나 이런 맥주는 독한 술맛이 확 나진 않는다. 대신 알코올이 잘 녹아들어 부드럽게 느껴진다. 임페리얼 스타우트는 보통 버번 통에서 숙성하며 '가장 좋아하는 맥주' 목록에서 상위를 차지하곤 한다.

더 커널 임페리얼 브라운 스타우트The Kernel Imperial Brown Stout

런던, 영국
ABV : 10.1%
홉 : 푸글

임페리얼 브라운 스타우트를 통해 커널은 바클레이 퍼킨스(Barclay Perkins)의 기록에 나오는 맥주 하나를 되살렸다. 이 말은 이 맥주가 원래의 독한 런던 스타우트에서 났던 맛을 해석한 것이라는 뜻이다. 재료는 단순하다. 마리스 오터(Maris Otter), 앰버 브라운, 블랙이 양조용 곡물 구성(grain bill)을 이루고, 푸글만 솥에 들어간다. 이 네 가지가 함께 경이로운 맥주를 만들어낸다. 임페리얼 브라운 스타우트는 따르면 걸쭉하며 검은색으로, 이름처럼 갈색은 아니다. '스타우트'가 독한 맥주를 의미하던 시절의 유산으로, '페일'이나 '브라운'이란 접두사를 붙이거나 '스타우트 포터'라 불러서 구분했다. 초콜릿, 토스트, 캐러멜 향미가 느껴지지만 볶은 맛이 강하진 않아서 벨벳처럼 반질거리는 느낌이다. 홉은 흙내와 함께 희미한 산울타리 관목 향도 내며, 이런 관목 향은 블랙베리와 자두 향에 의해 돋보이게 된다. 옛날 런던 맥주를 런던 최고의 신진 맥주 양조업체 중 한 곳에서 아주 멋지게 재현해냈다.

혼비어 블랙 매직 우먼Hornbeer Black Magic Woman

키르케 하일링, 덴마크
ABV : 9.9%
홉 : 콜럼버스, 센테니얼, 아마릴로

브뤼셀에서의 아주 늦은 밤이었다. 얼마나 늦었는지는 모르겠다. 동행 중 한 사람은 테이블에서 잠이 들었고 또 한 사람은 간장 맛이 나는 아주 오래된 맥주에 20유로를 막 쓴 참이었다. 술친구인 존이 블랙 매직 우먼을 한 병 샀다. 이름도 그렇고, 냉장고 속에 있는 병의 생김새를 보고 도저히 참을 수 없어서였다. 이미 맥주를 마신 상태였는데도 불구하고, (아니면 그 때문이었는지) 이 맥주는 매끈한 다크 초콜릿 맛과 부드러운 볶은 맛, 묵직한 보디, 코코아를 뿌린 크랜베리, 검게 탄 나무에서 하늘하늘 피어오르는 연기, 입 안에 오래 남는 쓴맛으로 단박에 우리를 사로잡았다. 향미와 깊이로 꽉 찬 이 맥주는 예상을 가뿐히 뛰어넘어 잔 속에 담긴 마법에 넋을 잃게 만드는 그런 맥주 중 하나였다. 1년 후에 한 병을 마셔보니, 이 맥주가 실로 얼마나 매혹적인지 확실히 알 수 있었다.

제스터 킹 블랙 메탈Jester King Black Metal

오스틴, 텍사스
ABV : 9.3%
홉 : 밀레니엄, 이스트켄트 골딩

제스터 킹은 텍사스에 있는 농장형 양조장으로, 제반 환경을 철두철미하게 활용한다. 자체 우물물을 이용하거나 주변에서 얻은 이스트 균주를 배양하는 등으로 말이다. 다스 분더킨트(Das Wunderkind)를 구해서 마셔보라. 바로 그런 이스트로 양조한 신맛 나는 세종이다. 이들은 수 년 전부터 농장에서 얻은 영감을 적극적으로 받아들여 다양한 맥주에 반영하고 있다. 노블 킹(Noble King)은 홉과 맵싸한 이스트의 반복 악절 같은 맥주로, 한 부대의 홉, 꽃, 오렌지 향과 선연한 풀냄새가 나며 이 모두가 혀에 강렬하게 달라붙어 오래 남아 있다. 크래프트 맥주에서는 보기 드문 테이블 맥주인 르 프티 프린스는 꿀꺽꿀꺽 편하게 넘어가는 2.9%의 ABV를 가졌으며, 홉과 농장 이스트가 우아하게 균형을 이루고 있다. 블랙 메탈(Black Metal)은 팜하우스 임페리얼 스타우트이다. 후추와 향신료 맛에 쌉쌀한 피니시를 가진 이스트가, 강렬한 어두운색 맥주의 단맛을 헤치고 등장한다. 깊이 있는 강한 볶은 향미가 있고, 강렬한 다크 초콜릿, 담배, 감초가 가득하다가 점점 단맛이 사라지고 쌉쌀해져 후추 같은 끝 맛으로 이어진다.

두게스 이디엇!Dugges Idjit!

란드베터, 스웨덴
ABV : 9.5%
홉 : 브루어스 골드, 치누크

두게스 에일&포터브뤼그예리(Dugges Ale&Porterbryggeri)가 온전한 이름이다. 밝은 파스텔색 라벨은 안에 담긴 강렬한 맥주와 대조적인 부드러운 면을 보여준다. 예테보리 바로 외곽에서 양조하는 두게스는 2012년에 생산 용량을 늘려 계속 늘어나는 맥주 수요를 감당하고 있다. 생산하는 맥주 중 일부는 국제적으로도 유통하고 있다. 여기서 가장 유명한 것은 미국에서 영감을 받은 맥주로 구성된 '스스로를 표현하라!(express yourself)' 시리즈의 일부로, 세 가지 아메리칸 IPA인 '홀리 카우(Holy Cow! '저런!'이란 뜻—역자)', '발럭스(Bollox! '헛소리'라는 뜻—역자)', '하이 파이브!'와 지금 소개하는 '이디엇(Idjit! '바보'라는 뜻의 idiot을 발음 나는 대로 쓴 소위 '시각 사투리'—역자)'이 있다. 바보가 아니고서야 분명 이디엇을 좋아할 것이다. '정말이라니까!(hell, yeah!)'라고 소리 지르는 것 같은 임페리얼 스타우트인 이디엇은 에스프레소, 당밀, 진한 코코아 느낌이 나는 기름진 맥주이다. 와인 같은 깊이를 더하는 꽃과 과일 같은 무화과 향미가 나는 농후한 풀 보디를 가졌다. 완벽한 이디엇은 통 숙성 버전으로, 베이스 맥주 위로 바닐라와 토피가 나타난다. 1/2 이디엇도 있다. ABV 7.0%의 로버스트 포터로, 감초·무화과·아니스가 더 많이 나타나고, 볶은 향미는 적으며 톡 쏘는 커피 같은 과일 향미로 끝난다.

프리츠 에일 임페리얼 스타우트 Fritz Ale Imperial Stout

본, 독일
ABV : 9.7%
홉 : 심코

미국 크래프트 맥주에서 영감을 얻은 프리츠 에일은 아메리칸 IPA · 임페리얼 IPA · 임페리얼 · 스타우트를 포함한 다양한 맥주를 생산하며, 모두 미국산 홉 품종을 아낌없이 쏟아 부은 맥주들이다. 이들의 벨기에 IPA는 미국산 주재료에 벨기에 이스트로 흥취를 돋워 열대 과일 · 바나나 · 구운 사과 · 시트러스 향을 내다가, 콕 쏘는 후추 맛으로 끝난다. 임페리얼 스타우트는 강렬한 맥주이다. 깊이 있는 볶은 맛과 진한 에스프레소 향이 가득하며 아주 진한 다크 초콜릿의 신맛과 약간의 구운 자두 맛이 나다가, 뒤이어 어마어마하게 들어간 미국산 홉이 소나무 · 가죽 · 화원에서 타오르는 희미한 가을날의 모닥불 향을 낸다. 또 다른 독일 임페리얼 스타우트도 구해보라. 프로펠러의 나흐트플룩(Propeller's Nachtflug), 즉 야간비행이란 이름의 맥주로, 보디는 가볍고 고혹적인 구운 맛 · 바닐라 향 · 에스프레소에 빠진 블랙베리 같은 깊이 있는 꽃향기 나는 향미를 가졌다.

안타레스 임페리얼 스타우트
Antares Imperial Stout

마르 델 플라타, 아르헨티나
ABV : 8.5%
홉 : 아폴로, 골딩, 푸글

전갈자리에 속한 초거성의 이름을 딴 안타레스는 1998년 이래로 아르헨티나에서 양조하고 있으며, 더 나은 맥주를 마시고 싶었던 세 친구가 창업했다. 마르 델 플라타에서 양조장을 시작한 이들은 회사가 성장하면서 아르헨티나 전역에 많은 브루 펍을 열었다. 쾰슈, 크림 스타우트, 발리 와인, 정기적으로 나오는 특별판과 함께 안타레스는 이런 스타일 전반에 걸쳐 다양한 맥주를 내놓고 있다. 이곳을 방문한다면 판매 중인 모든 맥주를 맛볼 수 있는 시음 쟁반을 주문하자. 임페리얼 스타우트는 거의 검은색에 가까운 색에 바위처럼 반질거리는 단단한 황갈색 거품이 덮인다. 볶은 모카와 어두운색 과일 향이 예상되며, 그런 다음 시가 상자 · 체리 · 맵싸하고 거친 향이 나는 홉이 나타난다. 보디는 가벼워서 이 맥주를 마시기 편하게 만드는 동시에 마지막에는 아르헨티나 말벡에 가까운 복잡한 산미를 두드러지게 만들기도 한다.

네일 클라우트 스타우트
Nail Clout Stout

퍼스, 오스트레일리아
ABV : 10.6%
홉 : 골딩, 프라이드 오브 링우드

네일 브루잉은 2000년에 존 스톨우드(John Stallwood)가 창립했다. 그는 다른 사람들처럼 소규모 자가 양조 키트로 시작했다. 그러나 양조장의 역사는 네일의 슈퍼스타인 오트밀 스타우트처럼 그리 부드럽게 흘러가지 않았다. 존이 2004년 4월에 거리에서 싸우고 있던 사람들을 말리려다 공격을 당한 후 어쩔 수 없이 양조를 중단해야 했던 것이다. 목숨은 건졌지만 일은 할 수 없게 된 존은 양조장을 팔고 몸조리에 집중했다. 2006년 5월에 네일 에일이 바에 돌아왔고, 1년 후에는 모든 맥주 생산이 가능해졌다. 아름다운 750ml 병에 들어 있는 클라우트 스타우트는 1년에 한 번씩 나오는 특별판이다. 쉽게 어디서나 구할 수 있는 오스트레일리아산 프라이드 오브 링우드 홉으로 만드는 오스트레일리아 페일 에일인 네일 에일과 달리, 클라우트 스타우트는 좀 더 시간과 숙고를 요한다. 풀 보디에 초콜릿과 커피 맛이 농후하며 달콤한 자두, 구운 견과류, 바닐라 향미가 있다. 복잡하고 훌륭하며 특별한 이 맥주는 존의 인생 모토를 멋지게 반영하고 있다. 즉 절대 포기해선 안 된다는 것이다.

드리프트우드 싱귤래러티Driftwood Singularity

빅토리아, 캐나다
ABV : 14.0%
홉 : 쓴맛을 내기 위한 홉만 넣음

임페리얼 스타우트는 버번 통에서 가장 자주 잠드는 스타일이다. 맥주가 가진 초콜릿과 캐러멜의 농후함과 버번이 가진 바닐라, 토피, 향신료 향을 떠올리면 둘을 조합한 이유가 금방 납득이 간다. 드리프트우드 싱귤래러티는 몇 달 동안 버번 통에 머문 후에 1년에 한 번, 극소량만 출시되어 소비자들의 쟁탈전으로 아수라장이 벌어지는 초대형 성공작이 된다. 검은색에 대담한 이 맥주는 잔에 따르면 당밀 액처럼 흘러나오고, 나무에서 비롯된 알코올 향취가 많이 느껴지는 바닐라 향기가 즉시 '버번'이라 외친다. 그러나 그런 다음에는 베이스 맥주가 배후에 희미하게 깔리는 증류주 느낌과 함께 우세해진다. 두툼한 다크 초콜릿·당밀·바닐라·아니스 열매·향신료 맛으로 묵직하며 버번을 탄 리스트레토(평상시보다 절반 적은 양의 물만 통과시켜 추출한 아주 소량의 에스프레소—역자) 같은 피니시를 갖고 있다. 이 맥주의 출시를 기다리는 동안 드리프트우드에서 나오는 팻 텀 IPA(Fat Tug IPA)를 마셔보라. 신선한 만다린, 자몽, 소나무 향이 폭발적인 맥주이다. 아니면 팜하우스 맥주인, 맵싸하고 상큼한 세종도 있다.

더럼 템테이션Durham Temptation

더럼, 영국
ABV : 10.0%
홉 : 타겟, 골딩

'전통과 함께 하는 혁신'이 더럼의 모토이다. 이렇게 더럼은 위대한 영국 맥주 스타일을 재창조하는 데 집중한다. 봄베이 106(Bombay 106)은 영국 스타일 IPA로, 거칠고 찌르는 듯 자극적인 홉이 강렬하다. 그런가 하면 이븐송(Evensong)은 아주 멋진 비터 맥주로, 맥아 풍미가 농후하면서도 상쾌한 홉 향미를 가졌다. 템테이션은 빵처럼 시작해서 토스트 같다가 견과류, 구운 것, 초콜릿으로 옮겨가는 스타우트이다. 약간의 바닐라와 와인 같은 과일 향미, 살짝 스쳐가는 단맛, 풍부한 다크 초콜릿 맛이 나다, 거친 향미의 피니시에 이어 나무 향 나는 쌉쌀함이 모든 것을 마무리 짓는다. 더럼은 몇 가지 다른 맥주도 만들고 있다. 디아볼러스(Diabolus)는 ABV 9.5%의 사우어 스타우트(Sour Stout)로, 강렬한 산미를 가진 다크 초콜릿 같지만 그보다 훨씬 더 복잡하고 흥미롭다. 그리고 이들이 만드는 화이트 스타우트(White Stout)는 이 이름의 유래를 다시 돌아보게 만든다. 연한 색의 독한 맥주로, 소량의 강렬한 콜럼버스 홉을 사용해 현대적으로 만들었다.

오스카 블루스 텐 피디Oskar Blues Ten Fidy

롱몬트, 콜로라도
ABV : 10.5%
홉 : 콜럼버스

오스카 블루스 양조장에 한 번 가본 적이 있다. 구석에 농구장이 있고 반대편에는 기다란 캔 맥주 생산 라인이 있으며, 앞쪽에는 마치 큰 맥주 캔처럼 보이는 거대한 은색 탱크들이 있다. 멋진 곳이다. 특히 시음장이 그렇다. 텐 피디 뚜껑 고리에 엄지손가락을 넣어 와삭 하고 캔을 따면, 케이크 가게·다크 초콜릿·바닐라·구운 베리 향기가 난다. 보디는 충분히 묵직해서 마시면 혀에 특별한 충만감이 느껴진다. 브라우니 같은 단맛이 있고, 마지막에 나타나는 볶은 맛은 지나치게 압도적인 대신 진한 초콜릿 같으며, 홉의 신선함이 그 맛에 활기를 불어넣고 가볍게 만들어서 균형을 잡는다. 임페리얼 스타우트와 캔의 조합에는 아주 근사한 무엇인가가 존재한다. 기차에서 마시고 싶어지는 그런 조합이다. 모두 내가 청량음료를 마시고 있다고 생각하지만 실은 세계 최고의 스타우트 중 하나를 들이켜고 있는 것이다. 버스에서 로브스터 샌드위치를 먹는 것과 비슷하다.

술통 숙성 맥주

나무 술통은 더 싸고 실용적인 스테인리스 스틸이 쓰이기 전까지 오랫동안 맥주 용기로 선택되었다. 나무통을 사용하는 경우는 숙성용 통으로 쓰거나 바까지 맥주를 담아 운반할 때 뿐이었다. 양조업자들은 술통이 맥주에 어떤 향미도 제공하길 원치 않아서 나무의 특성이 술로 옮겨지는 것을 막기 위해 가공 처리를 했다. 반면 오늘날의 양조업자들은 타닌 질감, 달콤한 바닐라, 페놀 같은 맵싸함, 훈연 맛, 맥주 이전에 통에 들어 있었던 어떤 증류주의 특징이라도 맥주에 더할 수 있기 때문에 특별히 나무 술통을 원한다.

대부분의 나무 술통은 전에 뭔가 다른 것이 들어가 있었을 것이다. 버번, 위스키, 와인이 제일 흔하다. 럼, 포트와인, 셰리, 칼바도스, 코냑, 데킬라를 담았던 통도 양조장에 공급되긴 한다. 이런 나무 술통에 들어간 맥주는 전에 담겼던 술의 향미에 더해 나무에서 나오는 향미까지 얻는다. 이런 요소가 맥주에 새로운 복잡함을 더한다. 어떤 것은 신맛도 더할 것이다. 좋게 작용하느냐, 나쁘게 작용하느냐는 양조기술자의 의도 여부에 달려 있지만 말이다. 독한 맥주들이 가장 흔히 쓰인다. 숙성을 더 오래 견딜 수 있어서 더 많은 향미를 끌어들이기 때문이지만, 나무 술통이 강렬하고 독한 맥주에만 쓰이는 것은 아니다. 예를 들면 람빅과 구에즈가 그렇다. 나무 술통 숙성 스타일은 포괄 범위가 아주 넓어서 가벼운 것에서부터 시게 만든 밀 맥주들을 전부 거쳐, 강력한 임페리얼 스타우트까지 다양하다. 오크통만 쓰는 것은 아니지만 오크가 가장 흔한 술통용 목재이다. 주로 프랑스산이나 미국산을 쓴다. 최고의 나무 술통 숙성 과정은 베이스 맥주의 특성을 너무 해치지 않으면서 특별한 깊이와 향미, 질감을 더해준다.

브루도그 패러독스BrewDog Paradox

프레이저버러, 스코틀랜드
ABV : 10~15%(때에 따라 다름)
홉 : 갈레나, 브람링 크로스

패러독스 시리즈는 한 회 출시 분량마다 다른 증류소에서 가져온 다른 술통을 사용한다. 이 맥주는 임페리얼 스타우트로 시작해 위스키 캐스크로 옮겨서, 뭐든 그 전에 통에 담겼던 위스키의 특성이 발현되게 한다. 브루도그의 위치가 스코틀랜드의 외딴 곳이란 것을 감안하면 대부분의 맥주 양조장보다 많은 위스키 증류소가 가까이 있어서, 이곳에서의 맥주 양조는 거대한 스코틀랜드적 프로젝트의 일부가 되는 셈이다. 서로 다른 위스키가 동일한 베이스 맥주에 각각 어떤 특성을 갖게 하는지 알아보는 재미가 있다. 아일레이 캐스크는 훈연 향, 흙내, 짠 냄새로 맥주에 자기 흔적을 아로새긴다. 주라(Jura)는 핵과씨, 과일, 토피 향을 낸다. 아일 오브 애런(Isle of Arran)은 생강, 향신료, 바닐라 향을 제공한다. 베이스 맥주는 매끄럽고 진한 초콜릿과 함께 균형 잡힌 쓴맛이 난다. 이처럼 베이스 맥주는 술통 향미를 덧입힐 커다란 검은색 캔버스가 된다. 패러독스는 맥주를 담아 숙성한 술통에 들어 있었던 위스키 한 모금과 함께 마시면 가장 제대로 즐길 수 있다. 또 귀리, 크림, 라즈베리, 꿀, 위스키를 넣어 만든 스코틀랜드 디저트인 크라나챤(cranachan)과 함께 마셔보라.

쿠카파 데킬라Cucapá Tequila

멕시칼리, 멕시코
ABV : 10.0%
홉 : 센테니얼

위스키 통은 한 번이나 두 번 쓰는 것이 보통이며, 버번은 새 통을 한 번 쓰고 끝이다. 버번 통은 흔히 스코틀랜드로 보내 다시 채워서 한 번 사용한다. 그러나 데킬라는 몇 번이고 사용할 수 있다. 이 말은 데킬라 제조업자들이 나무통을 주길 꺼린다는 뜻이 된다. 멕시코에서 데킬라 통은 분명 크래프트 맥주 양조업자들이 독한 맥주를 가장 담고 싶어 하는 곳이다. 그래서 쿠파카 사람들은 열심히 노력해 캐스크 몇 통을 얻어냈다. 여기에 쿠파카의 발리 와인을 담아 놓으면 다섯 달 후 목재의 멋지고 독특한 특성을 가진 진갈색 맥주가 나온다. 황설탕, 캐러멜, 오크 향이 맥주와 목재에서 나오며 증류주가 가진 신선한 꽃, 열대 과일, 톡 쏘는 경쾌한 식물성 향이 나고 데킬라 향이 아주 풍부하게 난다. 또 숙성된 데킬라의 매끄럽고 깊이 있는 맛이 섞인, 라임즙과 흡사한 시트러스 향도 이끌어낸다. 놀랄 만큼 멋진 향미의 전이다.

드 스트루이스 판네폿 리제르바
De Struise Pannepot Reserva

우스트블레테렌, 벨기에
ABV : 10.0%
홉 : 챌린저, 매그넘

판네폿은 비할 데 없는 복잡함을 가진, 믿기지 않을 만큼 훌륭한 맥주이다. 강렬하게 만든 벨기에 쿼드루펠을 떠올리게 하는데 그보다 더 나은 점만 있다. 승리의 한 수는 맥아 보디이다. 말린 과일·무화과·바닐라·구운 자두·콜라·코코아·풀냄새 나는 신선한 맛과 홍차의 맥아 풍미와 꽃향기를 가졌다. 맥주에 들어간 향신료가 이 모든 것에 활기를 불어넣어, 감초·너트멕·계피·간 후추가 느껴진다. 판네폿은 정말 놀라울 정도로 복합적이지만 이 맥주를 특히 훌륭하게 만드는 것은 입에 닿는 느낌이다. 입에 넣으면 정말 풍성하고 충만하게 느껴진다. 구할 수만 있다면, 이 맥주보다 더 좋은 것이 판네폿 리제르바이다. 오크통에서 숙성해서 바닐라, 캐러멜의 단맛, 맥주의 바탕이 되는 향미와 더없이 잘 어울리는, 쌉쌀하면서 입 안에 오래 남는 허브 맛 피니시를 더한다. 이 맥주 라벨에는 생산연도를 표시한다. 잘 보관하면 약 5년 후에는 맛이 더 좋아질 것이다. 병을 따지 않고 그렇게 오랜 시간 버틸 수만 있다면 말이다.

할러타우 포터 누아 피노 누아Hallertau Porter Noir Pinot Noir

오클랜드, 뉴질랜드
ABV : 6.6%
홉 : 서던 크로스

탄탄한 몸을 가진 아도니스(Adonis)를 표현한 맥주의 영웅 시리즈(Heroic Serie)의 일부인 할러타우의 포터 누아는, 피노 누아 통에 브레타노미세스를 넣어 숙성한 포터이다. 와인 통과 야생 이스트는 전 세계에서 인기가 높다. 양조업자들이 둘이 내는 시큼함, 와인 같은 풍미, 퀴퀴한 냄새 같은 특징을 맥주에 불어넣고자 하기 때문이다. 이때 일부는 얼굴이 찌푸려지는 신맛이 날 때까지 두기도 하고, 어떤 경우에는 그저 강렬한 깊이가 추가되기에 충분한 시간만 두기도 한다. 포터 누아는 잔에 따르면 거의 검은색에 가까우며 즉시 술통과 브레타노미세스 향이 풍겨, 베리·흙·레몬 향에 이어 오크 향이 나타난다. 이런 면은 톡 쏘는 시큼한 맛을 가졌던 초창기 런던 포터를 연상시키기도 한다. 한 모금 마시면 맥주와 와인 사이를 정신없이 질주하는 느낌이며, 가벼운 질감이 이런 특징을 두드러지게 한다. 그래서 열대 과일, 초콜릿, 체리, 향신료와 술통의 달콤함, 거친 포도껍질의 쌉쌀함이 나타나며 마지막에는 소리 높여 대담한 주장을 하는 것 같은 신맛의 피니시가 이어진다. 아주 훌륭하게 만든, 최고의 맥주이다.

도그피시 헤드 팔로 산토 마론

Dogfish Head Palo Santo Marron

밀튼, 델라웨어
ABV : 12.0%
홉 : 워리어, 팰리세이드

팔로 산토 마론이 특별한 것은 천상의 향기 외에도 이 맥주를 담아 숙성했던 술통 덕분이다. 2006년에 볼티모어에 있는 바닥재 회사를 소유했던 존 개스패린(John Gasparine)은 파라과이에서 환경친화적 목재를 찾다가 현지 나무꾼들이 팔로 산토, 즉 '신성한 나무(holy wood)'를 사용하고 있는 것을 보게 되었다. 개스패린이 도그피시 사장인 샘 칼라조네(Sam Calagione)에게 이 나무에 대해 말하자 샘은 '금주법' 시대 이후로 '가장 큰 나무 술통' 만들기에 나섰다. 전체 이야기는 유명한 《뉴요커》지 기사에 나오니 찾아보길 바란다. 이 큰 술통은 두 개가 더 만들어져, 각 술통은 1회 생산분마다, 355ml짜리 10만 병에 해당하는 양의 맥주를 충분히 수용한다. 이 맥주는 대규모로 1년 내내 생산되는 미국산 크래프트 맥주 중 하나이다. 도그피시 헤드에서만 독점으로 사용하는 이 목재는 이곳의 독한 브라운 에일에 독특하게 멋진 향미(체리, 캐러멜, 황설탕, 거친 향미의 향신료, 코코아, 새콤한 베리류, 말린 과일)를 제공한다. 블루베리 팬케이크, 메이플 시럽과 함께 마시면 아주 좋다.

크로스 5

Kross 5

산티아고, 칠레
ABV : 7.2%
홉 : 글라시어, 호라이즌, 마운틴 후드, 캐스케이드, 골딩

이 구리색 맥주는 칠레 최초의 나무 술통 숙성 맥주이다. 칠레에서 와인이 가진 전반적인 영향력을 감안하면 맥주가 같은 경로를 따라 매장에서 두각을 나타내기까지는 시간이 좀 걸렸다. 나온 지 5년 된 '크로스 5'는 2008년에 근사한 760ml 병에 담겨 출시됐다. 칠레에서 가장 유명한 일부 화이트 와인 산지에 둘러싸인 지역에서 만든 이 맥주는 동네 반항아처럼 호기를 부린다. 풍미 넘치는 맥아가 캐러멜, 코냑, 건포도, 아몬드, 황설탕, 콜라 맛을 낸다. 오크 향도 나지만 지나치진 않아서, 틈틈이 바닐라와 나무 향이 새어나와 바탕에 미묘한 느낌을 더한다. 모든 것에 균형을 더하는 후추처럼 알싸한, 나무 향 나는 쓴맛으로 끝난다. 친구들과 음식을 함께 먹으며 마시면 어울리는 종류의 맥주이다.

파이어스톤 워커 애니버서리 에일

Firestone walker Anniversary Ale

파소 로블레스, 캘리포니아
ABV : 그때그때 다름(12.5% 정도)

런던의 옛 포터 양조기술자 뿐 아니라, 옛날과 현재의 벨기에 람빅·레드·브라운 양조기술자는 맥주를 섞는 기술을 배워야 했다. 오늘날 많은 맥주 양조기술자도 이 기술을 그들이 쌓아온 기술 목록에 추가해야 한다. 나무 술통에서 맥주를 숙성하는 작업은 아주 복잡해지고 심도 있게 연구되어, 어떤 양조장들은 생산연도가 각기 다르고 서로 다른 맥주들로 채워진 몇 백 통의 캐스크로 가득한 저장고를 갖고 있다. 술통들은 각각 따로 숙성하기 때문에 균형을 맞추려면 혼합이 필요하다. 파이어스톤 워커의 애니버서리 에일은 1년에 한 번 출시하는 맥주로, 2013년은 16(Sixteen)이 된다. 술통 보관실에서 최고끼리 혼합한 최상급 맥주로, 구체적인 혼합 내역서가 딸려온다. 이 말은 매년 혼합이 달라진다는 뜻이다. 잔에 따르면 오크·바닐라·버번·알코올·초콜릿·캐러멜·말린 과일 향이 난 다음, 희미한 시트러스 향이 나는 홉과 신선한 맥주 향이 나타난다. 놀랍도록 복잡하며 오크통 숙성에 부치는 송가 같은 맥주이다.

와일드 비어 컴퍼니 모두스 오페란디

Wild Beer Co. Modus Operandi

브리스톨, 영국
ABV : 7.0%
홉 : 매그넘, 푸글

와일드 비어 컴퍼니는 영국 웨스트컨트리의 한 시골 별장에서 2012년에 시작됐다. 이름은 이들의 현대적 영국 팜하우스 스타일에서 유래했으며, 이곳에서는 브리티시 람빅을 포함해 나무 술통과 야생 이스트에 주력한다. 페일 에일인 프레시(Fresh), 그리고 이스트가 맵싸한 맛을 내고 소라치 에이스 홉이 과일 향기를 내는 에픽 세종(Epic Saison)도 있다. 모두스 오페란디는 와일드 비어 컴퍼니의 대표 맥주이다. 1세기나 2세기 전, 초기 단계의 야생 이스트적 특징을 가진 영국 맥주에 영향을 받은 옛날 에일로 출발했다. 전통적인 방식으로 양조하고 발효한 다음, 레드 와인이나 버번 통으로 옮겨 브레타노미세스를 넣는다. 90일이 지난 후 맥주를 혼합해서 병에 넣고, 즉 병 속 이차 발효를 시킨 다음, 또 다시 한 달을 두어 양조장에서 숙성한다. 이전에 나온 분량들은 아주 놀라웠다. 체리 콜라, 캐러멜, 극도로 가벼운 보디, 희미하게 새콤한 베리, 거친 향미의 상쾌한 쓴맛을 갖고 있었다. 앞으로 와일드 비어 컴퍼니를 주시하자.

시드르 듀퐁 리저브Cidre Dupont Reserve

빅토트 퐁폴, 프랑스
ABV : 7.5%
홉 : 없음

그렇다, 이건 맥주가 아니다. 그러나 나무통 숙성을 하며 비범한 맛이 난다. 더욱 다양한 맥주를 마시고 싶어 하는 크래프트 맥주 소비자들이 갈수록 더 많이 사과주로 돌아서고 있다. 발랄하게 밝고 새콤달콤한 향미는 현재 전 세계에서 양조되는 자유분방하고 신맛 나는 맥주들과 비슷한 점이 있다. 도멘 듀퐁(Domaine Dupont)은 사과주, 칼바도스, 그리고 둘을 섞은 포모(Pommeau)를 프랑스 북서부에 있는 노르망디에서 만든다. 시드르 듀퐁 리저브는 칼바도스 통에서 여섯 달 동안 숙성한 다음 출시하며, 이 때문에 사과주는 우아함과 복잡함을 갖게 된다. 이 숙성을 통해 풋사과, 향기로운 시트러스, 짜릿하게 신 열대 과일, 지하 저장고 같은 퀴퀴한 냄새와 원숙한 깊이 있는 토피와 향신료 맛이 생긴다. 세련되게 생긴 병 뿐만 아니라, 생으로도 마실 수 있으며 미국에도 수출한다. 이 술을 마실 때면 나는 저런 술통에서 숙성한, 아마도 비에르 드 갸르드(Bière de Garde) 같은 맥주는 어떤 맛이 날까 궁금해진다.

에이버리 럼킨Avery Rumpkin

보울더, 콜로라도
ABV : 10~15%
홉 : 매그넘, 스털링

덴버로 당장 날아가 에이버리의 술통 보관실까지 차를 몰고 가서, 럼킨 통 마개를 열고 나무 술통에서 바로 따라 마시고 싶어지게 만드는 맥주이다. 이 맥주는 임페리얼 펌킨 에일(Imperial Pumpkin Ale)로, 너트멕·계피·생강으로 양념해 진한 색 럼주 술통에서 여섯 달 동안 숙성한다. 내가 알기로 와인, 포트, 럼, 버번 술통들이 섞여 있는 이곳 술통 보관실에는 와일드 에일부터 임페리얼 스타우트까지 다른 흥미진진한 맥주도 많다. 1년에 한 번 나오는 럼킨은 맥주만큼이나 칵테일, 디저트와도 가깝다. 잔에 따르면 호박 속 같은 호박색에 럼, 오크, 향신료, 황설탕 향이 먼저 나타난다. 마치 향신료를 넣은 럼 앤 코크 같다. 이 맥주는 한 모금 마시면 더 훌륭해져서, 마시멜로·구운 견과류·달콤한 호박·당밀·사랑스러운 알코올 향 감도는 크림 같은 코코넛이 느껴진다. 호박 파이와 함께 마셔보라.

역사적으로 중요한 재현

양조기술자들은 양조용 맥아즙 통에 들어가는 재료를 새로운 아이디어와 영감으로 발전시켜 나가기 때문에 과거의 맥주에 대한 관심이 높아지고 있다. 맥주는 수천 년 동안 제조되어 사람들을 취하게 만들었다. 문명이란 사냥이나 뭔가를 만들거나 농사를 짓거나 책상에 앉아 컴퓨터 문제를 해결해줄 IT 기술자를 기다리는 고된 하루가 끝날 때 마시는 맥주에 의해 진보했다고 할 수 있다. 과거를 돌이켜보면 많은 질문이 떠오른다. 미국 라거는 금주법 시행 이전에는 어떤 맛이 났을까? 1900년에 포터는 어땠을까? 1800년에는? 원래의 인디아 페일 에일은 어떤 맛이었을까? 1000년 전에 양조된 맥주는 무슨 맛이었을까? 6000년 전 맥주는? 초창기 식민지 시대 미국인들에게 더블 IPA를 맛보게 했다면 마음에 들어 했을까? 피라미드를 짓던 이집트인들은 배급받던 맥주보다 차가운 필스너를 좋아했을까?

양조 기록은 영국에서 깔끔하게 정리한 레시피 및 과정으로 잘 보존되어 있다. 마치 빅토리아 시대 양조기술자들이 미래의 양조기술자들을 염두에 두고 있기라도 했던 것 같다. 무엇을 만들었는지, 어떤 재료를 썼는지, 어떤 과정을 거쳤는지 이런 기록을 통해 알 수 있다. 이는 우리가 레시피를 보고 재현할 수 있다는 의미이기도 하다. 어떤 맥주들은 고대 전승이나 시(詩), 심지어 옛날 술잔을 분석해서 되살리기도 했다. 역사는 잔에 반영되어 있어서, 술 마시는 사람들이 아주 오래 전에 무엇을 즐겼는지 돌아볼 수 있는 대단히 환상적인 수단이 된다.

프로페서 프리츠 브리엠 13센처리 그루잇 비어 Professor Fritz Briem 13th Century Gruit Beer

프리징, 독일
ABV : 4.6%
홉 : 야생 홉들

맥주에는 단맛과 균형을 맞춰줄 쓴맛 나는 재료들이 필요하다는 말은 엄밀히 말하면 사실이 아니다. 대부분의 맥주들은 당분 대부분을 발효로 소비한다. 이 말은 단맛이 나지 않을 것이라는 뜻이다. 대신 홉의 진짜 목적은 조미를 하고, 향미와 균형을 더하는 것이다. 이밖에 역사적으로는 방부제 역할도 했다. 이런 요소들은 맛있는 술을 만드는 데 필수적이다. 수천 년간 그랬던 것처럼 사람들은 약용(藥用) 이상의 술을 원할 테니 말이다. 홉이 15세기와 17세기 사이에 주된 조미 역할을 맡기 전에는 허브, 향신료, 식물을 섞은 그루잇(Gruit)을 맥주에 넣어 고유한 맛을 냈다. 프로페서 프리츠 브리엠의 13세기 버전에는 말린 월계수 잎, 생강, 캐러웨이(caraway, 열매를 약재나 향신료로 쓰는 회향 풀의 일종—역자), 아니스, 로즈메리, 용담과 함께 야생 홉이 들어간다. 이때 홉은 그루잇 혼합물에 쓰였을 것이다. 탁한 연한 복숭아 색에 즉시 풍겨오는 향기는 이전에 만나본 어떤 맥주와도 다르다. 생강, 질긴 허브, 감초, 레몬, 입맛 당기는 맛있는 냄새가 난다. 톡 쏘게 새콤하고 식물 같은 맛에 보디는 빈약하다. 생강이 가장 두드러지지만 다른 허브들이 맛을 더해 씁쓸한 허브 같은 깊이 있는 맛으로 끝난다. 홉이 맥주 세계를 지배하게 된 데는 이유가 있다. 그러나 몇 세기 이전의 유물을 맛보는 것은 매혹적이다.

도그피시 헤드Dogfish Head

밀튼, 델라웨어

일반적인 맥주 시간 여행자들과 비교하면 도그피시 헤드는 시간적으로 또 공간적으로 제일 멀리까지 나아갔다. 도그피시 헤드는 술이 전공 분야인 생체 분자 고고학자인 패트릭 맥거번(Patrick McGovern) 박사의 도움을 받아 레시피를 찾아내거나 고대 양조용 용기들의 분석 결과를 해독해서 현대적 레시피로 바꿨다. ABV 10%인 샤토 지아후(Chateau Jiahu)는 9000년 전 중국까지 거슬러 올라가, 옛날 도기에 보존되어 있던 술을 분석한다. 재현 버전에는 현미 시럽, 오렌지 꽃 꿀, 머스캣 포도, 산사나무 열매가 들어 있으며 사케 이스트로 발효한다. ABV 9.0%인 마이다스 터치(Midas Touch)는 미다스 왕의 무덤 양식을 머스캣 포도, 꿀, 사프론이 들어간 금색 맥주로 되살린다. ABV 9.0%인 테오브로마(Theobroma)는 온두라스에서 나온 알코올이 들어간 고대 초콜릿 음료를 부활시켜, 아즈텍 코코아 가루·카카오씨의 떡잎·꿀·칠리·아나토(annatto, 열대 아메리카산 관목. 보통 과육에서 염료를 얻는다—역자) 씨앗으로 양조한다. ABV 9.0%인 사티(Sah'tea)는 호밀과 주니퍼로 만든 핀란드 맥주인 사티(sahti)를 재현한 것이다. 도그피시 버전은 주니퍼, 다량의 향신료, 홍차가 들어가며 바이젠 이스트로 발효한다. ABV 4.5%인 타 헨켓(Ta Henket)은 이집트 상형문자를 해석해서 카모마일, 대추야자와 비슷한 이집트 종려나무 열매, 중동산 허브들에 이집트 토착 이스트로 향미를 더한 장작불에 구운 빵으로 맥주를 만든다. 모두 마셔볼 만한 흥미로운 맥주들로, 의심할 여지없이 현대적인 맛이 나긴 하지만 맥주에 딸린 이야기와 양조 과정은 이 고대 에일 시리즈를 매혹적인 프로젝트로 만든다.

풀러스 패스트 마스터즈Fuller's Past Masters

런던, 영국

풀러 사에서 모아 놓은 옛 양조 기록을 되돌아보고 과거의 맥주를 되살린 다양한 풀러 맥주들이다. 풀러 사는 1845년에 양조를 시작해, 각 맥주마다 당시부터 현재까지의 기록이 남아 있다. 이 말은 처음 만들었을 때의 레시피까지 남아있단 뜻이다. 이런 양조 기록부에는 아주 오래 전 한 양조인의 삶을 들여다볼 수 있는 스냅사진들처럼 주석과 메모가 딸려 있다. 패스트 마스터즈는 이런 옛 레시피들을 재현하는 프로젝트이며 현재도 계속 진행 중이다. 가능한 한 원형에 충실하게 만들기 위해 양조기술자들은 당시 사용했던 정확한 재료들을 조달하고자 노력하고 있다. 그것이 희귀한 종류의 보리나 홉을 찾아야 한다는 것을 의미한다 해도 말이다. 이 시리즈 맥주들은 매번 딱 한 회분만 양조하고 끝이니 눈에 보이면 일단 쟁여두자. 대부분은 숙성이 잘 될 것이다. ABV 7.5%의 독한 에일인 XX는 1891년 9월 2일에 처음 양조됐다. 맥아 풍미가 아주 진한 이 맥주는 후추처럼 알싸한, 거친 향미 나는 쓴맛이 한없이 이어진다. ABV 7.4%인 더블 스타우트는 1893년 8월 4일에 처음 양조된 맥주를 되살렸다. 짙은 색 맥아가 들어간 독하고 매캐하고 진한 맛이 나는 맥주이다. 세 번째 출하한 맥주는 올드 버튼 엑스트라(Old Button Extra)였다. 1931년 9월 10일 목요일에 처음 나온 맥주를 부활시켰다. ABV 7.3%인 이 버튼 에일은 푸글과 골딩 홉을 첨가해서 '이 스타일은 이제 더 이상 존재하지 않는다'는 사실처럼 씁쓸하고 달콤하다. 어쩌면 22세기에 풀러의 양조기술자들이 이 책을 찾아보고 벵갈 랜서나 ESB를 재현할지도 모른다. 그 맥주들이 현재 맛에 얼마나 근접할지 궁금하다.

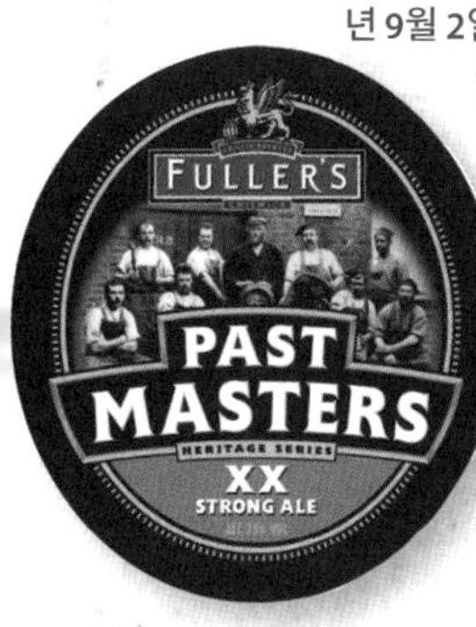

특별한 재료

물, 곡물, 홉, 이스트와 더불어 시간과 양조기술자가 맥주를 만든다. 그런 바탕 위에 양조기술자들은 무엇이든 원하는 것을 맥주에 더할 수 있다. 과일, 향신료, 허브, 꽃, 초콜릿, 커피, 바닐라, 채소, 차, 견과류, 생강, 그밖에 쇼핑 카트에 들어갈 만한 모든 것을 말이다. 어떤 재료는 베이컨처럼 아주 특이하지만 어떤 것은 커피처럼 아주 흔한 재료로, 맥주에 특별한 향미나 느낌을 더한다. 밀크 스타우트에 초콜릿, 세종에 허브처럼 기존의 특성을 강조하거나 IPA에 칠리, ESB에 생강처럼 완전히 다른 경험을 안겨주기도 한다.

홉이 맥주의 조미료 역할을 맡기 전에는 야생에서 자란 재료를 혼합해 사용해서 쓴맛을 더했을 것이다. 예를 들어 약쑥, 금작화, 민들레, 헤더, 주니퍼, 후추, 향신료로 말이다. 재료가 변화해감에 따라 알부 양조기술자들은 먼 옛 시절을 되돌아보고 있다. 인기 있는 재료는 호박이다. 식민지 시대 맥주들을 토대로, 과일을 사용해 맥주에 견과류의 단맛을 내는 크래프트 맥주 양조업자들이 부활시킨 재료로, 보통 호박파이에 쓰이는 향신료들이며 호박 풍미를 더욱 두드러지게 만든다.

전형적이지 않은 재료는 어떤 스타일의 어떤 맥주에도 첨가할 수 있다. 개방적이고 다양하며 규칙에 얽매이지 않고 때로는 이례적이기도 한 이런 재료의 사용은, 맥주가 가진 양조와 향미 가능성을 확장해서 흥미롭고 탁월한 맥주를 탄생시킬 수 있다. 그 중 최고의 맥주는 재료가 전체에 녹아들게 하면서 지나치게 압도적이지 않게 만드는 데 노련한 솜씨를 보여준다. 그러나 진기한 맥주는 조심해야 한다. 단지 주목을 끌려는 목적으로 무조건 얼토당토않은 재료를 사용하는 것은 좋지 않다.

5 래빗 후이치

5 Rabbit Huitzi

시카고, 일리노이
ABV : 9.0%
홉 : 글라시어
재료 : 히비스커스 꽃, 생강, 태국 종려당(糖), 시카고 꿀

'5 래빗'은 시카고를 본거지로 하는, 남미에서 영감을 얻은 세르베세리아(cerveceria), 즉 맥주 양조장이다. 여기 맥주들 대부분은 네 가지 기본 재료를 벗어난 재료를 쓴다. 패션프루트 과육이 들어간 미국 밀 맥주인 5 리자드(5 Lizard)나 남미 사탕수수 설탕인 필론시요(Piloncillo)로 양조한 짙은 색 에일인 5 벌처(5 Vulture)와 앤쵸 칠리(Ancho chilies)가 있다. 후이치는 독한 벨기에 에일로, 히비스커스 꽃, 생강, 태국 종려당, 시카고 꿀로 양조한다. 유쾌하면서 독특하고 예측 불허의 맛이 나는 맥주이다. 꽃과 오렌지 같은 맛으로, 단맛과 톡 쏘는 신맛이 난다. 한 향미에서 또 다른 향미로 옮겨가는 식으로 향미 간에 균형이 내내 맥주 안에서 유지된다. 즉 생강이 살며시 숨어들었다가 꿀이 꽃 같은 특징을 더하고 나면 홉이 시트러스 향을 내고, 이스트에서 나오는 향신료 맛이 나다가 끝에는 히비스커스가 더 많이 나타난다. 향기롭고 우아하며 놀라울 정도로 상쾌하다. 엔칠라다와 함께 마셔보자.

엘리시안 더 그레이트 펌킨Elysian The Great Pumpkin

시애틀, 워싱턴
ABV : 8.1%
홉 : 매그넘
재료 : 호박(여기에 계피, 너트멕, 정향, 올스파이스를 더함)

식민지 시대 미국 양조업자들은 맥주를 만들기 위해서라면 구할 수 있는 어떤 녹말이든 사용했다. 보리는 아직 널리 보급되지 않았고 충분한 양이 재배되지도 않았다. 한편 영국에서 수입한 것들은 도착이 느렸고 비쌌다. 호박은 미국에 충분히 많았던 데다 적당히 녹말을 함유하고 있어서 양조용으로 훌륭한 선택지가 되었고, 덕분에 미국 고유의 맥주 스타일 중 하나가 생겨났다. 그로부터 몇 백 년이 지나고, 호박은 양조장으로 되돌아와 일반적으로 추수기 무렵에 출하된다. 엘리시안은 호박 맥주 전문이다. 매년 10월마다 호박 맥주 축제를 열기까지 한다. 그레이트 펌킨 에일은 호박 속과 씨를 맥아즙에 첨가한 다음, 더 많은 과육을 솥과 발효조에 넣는다. 계피, 너트멕, 정향, 올스파이스로 양념도 한다. 호박 파이처럼 매끄럽고 아늑해지는 맥주이다. 희미한 파이 껍질, 황설탕, 달콤한 호박, 혀가 아릿해지는 가을 향신료, 놀라울 정도로 깊이 있는 향미가 난다.

쓰리 보이즈 오이스터 스타우트

Three Boys Oyster Stout

크라이스트처치, 뉴질랜드
ABV : 6.5%
홉 : 그린 불릿, 푸글
재료 : 굴

소금 한 줌을 다크 초콜릿에 넣으면 더 달아지고 초콜릿 맛이 더 진해진다는 사실을 알면 이 맥주에 대해 이해하기 쉽다. 스타우트와 포터는 19세기 말에 런던에서 가장 인기 있는 맥주였고, 그 당시에 굴은 지금처럼 값비싼 조개껍데기가 아니었다. 대신 양이 풍부했고, 저렴했으며, 바다에서 얼마든지 쉽게 채취할 수 있었다. 원래는 굴이 이 스타우트에 들어가지 않았다. 곁들여 내는 음식일 뿐이었다. 빅토리아 시대의 슬라이더(Slider)처럼 말이다. 그러다 어느 날 이 쌍패류 조개는 맥주 속으로 그야말로 슬라이딩해 들어갔다. 처음 굴을 넣은 것은 1929년에 한 뉴질랜드 양조장이었던 것으로 추정된다. 쓰리 보이즈 오이스터 스타우트의 경우, 솥에서 끓이는 도중에 블러프(Bluff) 굴을 집어넣는다. 잔에 따르면 칠흑 같은 검은색을 띠며, 모카색 거품이 생긴다. 향기는 초콜릿, 바닐라, 헤이즐넛, 달콤한 베리 향이다. 한 모금 마시면 격렬한 짠맛이 터져 나온다. 여기에 레몬과 후추처럼 알싸한 향미가 더해지고, 이 모든 것을 감미로운 초콜릿 맛이 감싼다. 이 맥주는 보디, 향미, 질감, 과일 풍미, 미묘함을 가졌다. 마치 진주같이 진기한 맥주로, 타바스코 소스를 뿌린 굴과 함께 하면 그만이다.

윌리엄스 브로스 놀릭

Williams Bros Nollaig

앨로아, 스코틀랜드
ABV : 7.0%
홉 : 센테니얼, 보벡, 서던 크로스
재료 : 크리스마스트리

윌리엄스 브로스는 많은 현대적 스타일 뿐 아니라, 현지에서 구할 수 있는 구대륙 양조 재료들로 전통적 스타일의 스코틀랜드 맥주를 다양하게 만든다. 프래오크(Fraoch)가 여기 속하는 유명한 맥주이다. 홉이 들어가지 않은 헤더 에일(Heather Ale)로, 스코틀랜드 토착 맥주 스타일 중 하나이다. 들버드나무도 들어가며 나뭇진 같지만 향기로운 꽃냄새가 나는 맥주이다. 켈피(Kelpie)는 해조류를 양조용 맥아즙 통에 넣어 신선한 바닷가 공기 느낌을 내서 스코틀랜드 연안의 양조업자들이 자신들의 밭에 해초로 비료를 주던 시절을 떠올리게 한다. 놀릭(Nollaig)은 이런 맥주 중 가장 재미있다. 크리스마스트리로 만드니까 말이다. 가짜 크리스마스 맥주들은 많지만 이건 산타 공인 맥주이다. 싱그러운 소나무 향이 나며 선물 위에서 깜박이는 꼬마전구들만큼 밝게 빛난다. 신선한 꽃 향미와 말린 허브, 약간의 자극적인 시트러스 향미가 일종의 잼 같은, 마멀레이드의 단맛과 함께 한다. 윌리엄스 브로스 맥주들은 희한해서 가치 있는 것이 아니다. 모두 아주 훌륭하기 때문에 가치가 있다.

밸러스트 포인트 인드라 쿠닌드라 Ballast Point Indra Kunindra

샌디에이고, 캘리포니아
ABV : 7.0%
홉 : 푸글
재료 : 마드라스 커리 가루, 카옌 고추, 커민, 구운 코코넛, 카피르 라임 잎

내가 마셔봤던 어떤 맥주와도 다르다. '인도 스타일 익스포트 스타우트(India-Style Export Stout)'이다. 그렇다고 이것이 IPA풍 맥주라는 의미는 아니다. 그런 맥주를 찾는다면 밸러스트 포인트의 스컬핀(Sculpin)과 빅 아이(Big Eye)를 마셔보라. 둘 다 최상급 아메리칸 IPA이다. 인드라 쿠닌드라는 어마어마하게 풍성한 향기가 나는, 향신료를 가미한 독한 스타우트이다. 이 맥주는 자가 양조자였던 알렉스 트윗(Alex Tweet)과의 협업으로 시작되었다. 서로가 정말 마음에 들었기 때문에 결국 알렉스는 이 양조장에서 상근을 했다. 인디아 쿠닌드라는 모든 향신료 맛을 하나하나 따로 느낄 수 있다는 점에서 경이롭다. 카옌과 커민이 거친 향미 나는, 후추처럼 알싸한 열감을 콧구멍에 전하고, 구운 코코넛이 초콜릿 같은 볶은 맛을 보완하고, 커리 가루가 특유의 향미와 깊이를 온전히 전달하고, 라임 잎이 홉 향기와 카옌의 매운맛과 섞여 마지막에 맥주를 경쾌하게 만든다. 탁월한 방식으로 향신료를 가미한, 터무니없을 정도로 특이한 맥주지만 설득력이 있다. 다만 섬세한 혀에는 맞지 않는 맥주이다.

도그피시 헤드 노블 롯
Dogfish Head Noble Rot

밀튼, 델라웨어
ABV : 9.0%
홉 : CTZ, 윌러멧
재료 : 발효 전 포도즙

많은 와인 양조장들이 맥주를 양조하며, 맥주 양조장들은 와인을 담았던 통에서 맥주를 숙성시킨다. 그러나 노블 롯만큼 포도와 곡물을 양조 과정에서 완벽하게 결합시킨 술은 별로 없다. 이 맥주를 위해 도그피시 헤드는 워싱턴 주에 있는 알렉산드리아 니콜 셀러스(Alexandria Nicole Cellars) 와인 양조장과 함께 작업한다. 홉을 첨가한 맥아즙에 어마어마한 양의 비오니에 포도즙을 섞는다. 이 포도즙은 의도적으로 보트리티스 시네레아(Botrytis cinerea), 즉 노블 롯(noble rot, 귀부 병. 포도에 곰팡이가 생겨 수분이 빠지고 당도가 높아진다—역자)에 감염시켜 당분과 산미가 응축되도록 해서 말린 살구나 마멀레이드 같은 깊이 있는 맛을 갖게 한다. 세종 이스트를 넣어 맥아와 포도의 당분을 먹어치우게 한 후, 피노그리(Pinot Gris) 포도즙을 추가한다. 베이스 맥주는 금색이며, 이스트와 과일 향이 포도 껍질·사과즙·복숭아·말린 살구·꽃·후추·바나나 향기로 환히 빛난다. 사과 껍질과 포도가 부드럽고 깊이 있는 맥아 향미와 세종 이스트의 향신료 맛과 섞여, 두 세계가 결합해 환상적인 맥주를 낳는다.

미켈러 비어 긱 브런치 위즐
Mikkeller Beer Geek Brunch Weasel

코펜하겐, 덴마크
ABV : 10.9%
홉 : 센테니얼, 치누크, 캐스케이드
재료 : 코피 루왁 커피

커피는 맥주 재료로 이례적인 것이 아니라서 스타우트, 포터, 보크처럼 많은 스타일에 들어간다. 이 맥주를 차별화하는 것은 여기에 쓰인 커피이다. 인도네시아의 사향 고양이가 먹었던 원두를 가지고 만든 커피를 쓰니 말이다. 사향 고양이, 즉 족제비는 원두를 소화시키지 못하고 그대로 배설해버린다. 이런 원두를 모아서 볶은 후, 전 세계에 판매한다. 미켈러의 비어 긱 브런치 위즐은 커피 및 오트밀 임페리얼 스타우트이다. 가능하다면 내가 크리스마스 날 아침에 마시고 싶은 맥주이다. 내가 1년 중 제일 좋아하는 날을 위한 선물 같은, 호사스러운 아침식사로 말이다. 잔에 따르면 걸쭉하고 기름진 검은색 맥주가 나오며 커피와 다크 초콜릿 향기가 나고, 커피의 달콤한 산미를 약간의 꽃과 과일 향 나는 홉이 강조한다. 입 속을 아주 꽉 채우는 풀 보디에 농후하고 볶은 맛, 강렬하고 희미한 캐러멜과 바닐라 느낌이 함께한다. 내가 사랑하는 맥주이다.

레드윌로우 스모크리스Redwillow Smokeless

맥클리스필드, 영국
ABV : 5.7%
홉 : 타겟
재료 : 치포틀 칠리

2010년에 자가 맥주 양조자였던 토비 맥켄지(Toby McKenzie)는 본업이던 IT 분야 일을 그만두고 직업적으로 양조를 시작하기로 결심했다. 탁월한 결정이었다. 레드윌로우는 단기간에 맥주에 정통한 영국 소비자들이 찾고 싶어 하는 양조장이 되었으니 말이다. 스모크리스는 훈연한 맥아와 치포틀 칠리로 만든다는 것을 감안하면 잘못된 이름이다. 칠리는 맥주를 불타는 물처럼 만들 수 있다. 그 뿐 아니라 신선한 상태에서는 달콤한 과일 맛을 내고, 말리면 거친 향미 나는, 가죽 같은 온기를 띠게 하기도 한다. 포터는 훈연 향 나는 초콜릿 같은 맛 덕분에 칠리의 매운맛을 잡는 데 아주 좋은데, 이 둘을 노련하게 결합한 것이 바로 스모크리스이다. 양조용 맥아즙 통과 솥에 들어가는 치포틀은 그을린 파프리카와 붉은 과일 맛을 내고, 이런 맛을 꽃향기 나는 맵싸한 홉이 강조한다. 그런 다음, 포터의 다층적인 볶은 맛 속으로 들어가 달콤한 훈연 향미를 내고, 입 안에 오래 남는 옅은 구운 과일 맛으로 끝난다. 양조장 이름은 토비의 아이들 이름에서 유래했다. 딸 이름이 소피 윌로우이고, 아들 이름은 제이크 레드이다.

브라쇠르 산 글루텐 아메리칸 페일 에일Brasseurs San Gluten American Pale Ale

몬트리올, 캐나다
ABV : 5.0%
홉 : 치누크, 캐스케이드, 센테니얼, 윌러멧
재료 : 기장, 메밀, 옥수수, 퀴노아

캐나다 최초의 무(無) 글루텐 전문 소규모 맥주 양조업체인 브라쇠르 산 글루텐은 일반적인 보리·귀리·호밀·밀이 들어가지 않는 대신, 기장과 다른 특수 곡물로 양조한 네 가지 맥주를 1년 내내 생산한다. 이 양조장은 쥘리앵 니케(Julien Niquet)와 데이비드 케이어(David Cayer)가 2010년에 쥘리앵처럼 전 세계 많은 사람들이 겪는 글루텐 불내증이나 셀리악병을 가진 사람들에게도 맥주를 마실 수 있는 선택권을 주기 위해 시작되었다. 글루텐버그 아메리칸 페일 에일(Glutenberg American Pale Ale)은 글루텐 무함유 맥주의 품질에 대한 많은 사람들의 생각을 바꿔놓을 것이다. 미국산 홉으로 깔끔하고 상쾌하고 쌉쌀하고 향기가 풍부해, 자몽과 복숭아 향이 나다가 쓴맛이 배어들어 오래 머문다. '글루텐버그 8(Glutenburg 8)'은 글루텐이 없는 여덟 가지 재료들인 기장, 볶은 메밀, 현미, 캉디 시럽, 퀴노아, 대추야자, 줄풀, 타피오카를 이용해서 이런 특수 분야에서의 장기를 과시한다.

혼브뤼예리 노르웨지안 우드 Haandbryggeriet Norwegian Wood

드람멘, 노르웨이
ABV : 6.5%
홉 : 노던 브루어, 센테니얼, 클러스터
재료 : 주니퍼 열매와 잔가지

노르웨이는 홉을 재배하기에는 너무 북쪽 끝에 있다. 그러나 주니퍼는 풍부해서 전통적으로 향미와 쓴맛을 제공하는 재료로 쓰인다. 노르웨지안 우드는 주니퍼 열매와 잔가지, 불로 건조한 맥아로 훈연 향미를 내서 맥주를 양조했던 옛 팜하우스 맥주를 재현한 맥주이다. 향긋하고 쓴 주니퍼도 맥주 보존에 도움이 되는 방부제 성질을 갖고 있다. 한편 열매에는 발효성 당분인 덱스트로오스가 들어 있다. 이 전통적인 맥주는 건초와 주니퍼 가지를 양조 용기 바닥에 깔아 여과기 역할을 하도록 하고, 열매는 끓이는 솥에 넣는다. 이 맥주는 주변에 탁탁 소리를 내며 타오르는 모닥불이 있는 소나무 숲을 거니는 것 같은 느낌을 준다. 주니퍼는 식물성 향, 후추와 과일 향과 함께 소나무 향을 더한다. 보디는 부드럽고 당밀과 허브 맛이 나며 훈연 향미가 배후에서 소용돌이친다.

익스트림 맥주

가능성, 미각, 마시는 사람의 사고를 확장하는 것이 목표인 양조에 있어 돌연변이 같은 스타일이다. 이런 익스트림 맥주들은 극도로 독하거나 터무니없을 만큼 쓰거나 특이한 재료로 만들거나 비전형적인 양조 과정을 거친다. 양조용 맥아즙 통에서든, 발효 탱크에서든, 양조기술자의 상상력 속에서든 갈 수 있는 한 가장 먼 곳까지 간다.

세상에서 가장 독한 맥주는 ABV 50%를 넘지만 논란의 대상이 되곤 한다. 보통 맥주처럼 양조한 다음, 부분적으로 얼려서 얼음 증류를 거친다. 물이 알코올보다 먼저 얼면 얼음 덩어리들을 제거해 맥주에서 알코올 비율을 늘린다. 이런 것도 여전히 맥주로 쳐야 할까? 나는 그렇다고 생각한다. 냉각은 완성품을 얻기 위한 맥주 생산의 또 다른 과정일 뿐이다. 나무 술통 숙성이나 드라이 호핑처럼 말이다. 정상적인 발효를 통해 생산한 독한 맥주들은 ABV가 약 28.0%에 이른다. 색다른 과정이나 재료도 극단적인 요소를 더한다. 이를테면 매운 칠리나 고기, 채소, 보통 약국에서 살 수 있는 것들 말이다. 그밖에 믿을 수 없을 만큼 쓴 맥주도 있다. 과학자들은 인간이 120IBU 이상의 쓴맛을 감지할 수 있다고 보지 않는다. 그 이상이 되면 그저 혀에 쓰라린 기미가 느껴질 뿐이라고 말이다. 그렇다 해도 일부 맥주는 이론상으로는 1000IBU가 넘는 수치를 기록한다. 일상적으로 마시라는 술로 나온 것이 아닌 일부 익스트림 맥주는 일종의 '내 것이 네 것보다 크다고 뻐기기(mine's-bigger-than-yours)'에 지나지 않는다. 반면 다른 맥주들은 맥주에 대한 진정 흥미롭고 유쾌한 개념을 보여주며, 이런 분야에서 최고의 맥주에는 어떻게, 또 왜 이런 맥주를 만들게 되었는지에 대해 아주 멋진 이야기들이 따라다닌다.

브루도그 택티컬 뉴클리어 펭귄

BrewDog Tactical Nuclear Penguin

프레이저버러, 스코틀랜드
ABV : 32.0%
홉 : 갈레나, 브람링 크로스

몇 년 전 위스키 통에서 숙성한 임페리얼 스타우트로 출발한 이 맥주를 브루도그가 현지 아이스크림 공장에 갖고 갔다. 이들은 이 ABV 10.0%의 맥주를 얼린 다음, 얼음을 제거하고 알코올은 남기는 과정을 3주 넘게 반복해가며 차츰 도수를 높여서 마침내 ABV 32.0%에 도달하는 맥주를 만들어냈다. 스코틀랜드 양조 형제뻘 되는, 이들이 만드는 위스키와도 비슷한 도수이다. 버번처럼 강한 술맛이 느껴지고, 위스키 통에서 비롯된 깊이 있는 향미가 바탕에 깔리면서 단맛과 훈연한 맛을 낸다. 모닥불 옆에서 쓴 초콜릿을 먹는 것처럼 진하게 볶은 맛이 난다. 가장 중요한 것은 이 맥주에서 여전히 맥주 같은 맛이 난다는 점이다. 영국 전역에 있는 브루도그 바에 가면 이 맥주를 소량 주문할 수 있다. 아니면 '싱크 더 비스마르크!(Sink the Bismarck!)'를 시켜도 좋다. 41.0%의 쿼드루펠 IPA로, 홉 기름 같은 냄새가 나며 걸쭉하고 술맛이 강하고 쓴 캐러멜 같은 맛이 난다. 디 엔드 오브 히스토리(The End of History)는 아마 들어본 적이 없을 것이다. ABV 55.0%인 맥주였다. 이 세 맥주는 각각 출시됐을 당시에는 세상에서 가장 독한 맥주였다. 그저 다른 것에 추월당했을 뿐이다.

트위스티드 파인 고스트 페이스 킬라

Twisted Pine Ghost Face Killah

보울더, 콜로라도
ABV : 5.0%
홉 : 윌러멧, 노던 브루어

하드코어 맥주가 가질 수 있는 최대의 하드코어 수준을 가졌다. 이제 막 불 속으로 걸어 들어가려는 위험한 사내를 떠올리면 된다. 즉 이 맥주는 무자비하게 맵다. 폭탄, 즉 베이스 맥주로 이어지는 도화선은 은은한 10IBU이다. 애너하임(Anaheim), 프레스노(Fresno), 할라피뇨(Jalapeño), 세라노(Serrano), 하바네로(Habanero), 스코빌(칠리의 매운맛을 나타내는 단위—역자)의 유령으로도 알려져 있으면서 너무 매워서 군사용 무기로 이용하는 부흐트 졸로키아(Bhut Jolokia), 이 여섯 종류의 칠리로 만들었다. 달콤하고 매캐하고 과일 향 나는 초록빛 칠리 향기가 다음에 나타날 것에 대한 경고를 속삭인다. 이 향기는 곧 목 안쪽에서 코로 올라가 폭발하는 너울거리는 불길로 대체되는 동시에, 슬래시 메탈 밴드가 "불이야!"라고 귀에 대고 외치는 것 같다. 섬세한 혀를 가진 사람에게는 맞지 않는 맥주이다. 열기가 향미를 제압해버린 상태에서 희미한 연기 향이 느껴져 혀가 연소되는 것은 아닌지 걱정하게 만들고, 눈물이 차오르고, 입술은 얼얼해진다. 한 모금 더 마시고 눈물을 닦아내고 숨을 내쉬어 불길을 내보낸다. 이 맥주를 '이쪽 지옥에서 가장 매운 맥주'라 부르는 이 양조업체는 우유나 아이스크림을 곁들여 열기를 식히라고 권한다. 아마 그럴 필요가 분명 있을 것이다.

미켈러 1000 IBU Mikkeller 1000 IBU

코펜하겐, 덴마크
ABV : 9.6%
홉 : 매그넘(추출액), 심코

궁극적 해결책이 필요한 홉 광을 위한 도전 기회 같은 맥주이다. 이 맥주는 이론상 1000IBU의 쓴맛을 가졌으니까 말이다. 저돌적이고 과격하면서도 위험할 정도로 중독적인 이 맥주는, 자신에게 나쁠 것이라는 사실을 분명 알면서도 도저히 마시지 않을 수 없는 맥주이다. 맹렬하게 발길질을 해대는 홉과 '얼굴 찡그리지 않고 마시기'에 도전하는 것이 너무 좋아서 말이다. 뇌는 아마도 이 맥주를 독에 오염됐다고 생각하고 삼엄한 경계 태세에 들어가 독소와 맞서 싸울 준비를 할 테고, 그러는 내내 혀는 이례적인 엄청난 쓴맛에 갈기갈기 찢기게 된다. 그렇다 해도… 어쩐지… 이 맥주는 믿을 수 없을 정도로 마시기 편하다. 홉들을 누그러뜨리는, 달래는 것 같은 기분 좋은 단맛이 풍부하며 콘서트에서 한쪽 귀를 스피커에 대고 있어도 음악이 들리는 것처럼 홉 맛을 느낄 수 있다. 즉 머릿속은 소음으로 가득 차지만 여전히 들리는 음악을 따라 부를 수 있는 것처럼 소나무와 중과피 느낌을 분간해낼 수 있다. ABV 9.6% 버전은 더블 IPA인 반면, 4.9%인 '라이트' 버전은 입 언저리를 찢어놓을 것처럼 훨씬 더 무자비하다. 최대치로 루풀린의 채찍질을 경험해보고 싶다면 신선한 상태로 마셔라.

IBU 측정

홉에 중독된 수학 광을 위한 공식이 하나 있다. 'IBUs = U% × A% × W / V × C'
U는 홉 활용 비율이며, A는 홉의 알파산 함량이다. W는 홉의 무게를 그램 수로 나타낸 것이다. V는 리터로 나타낸 맥주의 양이고 C는 당분 함량을 나타내는 비중이다. U는 여기서 중요한 변수다. 홉을 후반에 첨가한다면 홉 활용 비율에서 낮은 수치를 기록할 것이다. 이 경우, 향기를 위해서 넣는 것이지, 쓴맛 때문에 넣는 것이 아니기 때문이다. C도 변수이다. 비중이 낮을수록 감지 가능한 쓴맛은 더 높아진다. 반면 비중이 높을수록, 그래서 맥주에 단맛이 강해질수록, 쓴맛을 일정 부분 덮어버릴 것이다.

블록버스터 맥주

슈퍼스타 맥주들은 많은 기대를 불러일으키는 블록버스터 영화 같다. 곧 보게 될 것이라는 희망으로 사람들을 떠들고 들뜨게 만든다. 희귀한 맥주, 이야기를 가진 맥주는 맥주 바에서 이름이 널리 회자되고, 거기 얽힌 이야기는 아직 그 맥주를 맛보지 못한 사람들의 목구멍에 붙어 갈증을 불러일으키고, 마셔본 사람들은 자세를 약간 바로잡으면서 자기 경험을 전하게 된다. “내가 정한 꼭 마셔봐야 할 술 목록에서 1위야”, “세계 최고의 맥주이지”, “마셔봤어요?”, “어떻게 하면 구해서 마셔볼 수 있을까?”

맥주 순위를 매기는 웹사이트에서 1위 자리나 1위 근처에 있는 맥주들에 주목해보자. 그런 맥주는 구하기가 쉽지 않으며 이런 희귀성이 지명도를 높인다. 관련된 이야기와 맛을 보기 위해서 해야만 하는 수고가 맥주의 위상을 더욱 끌어올린다. 이런 맥주들은 대중의 열광과 기대에 둘러싸인 자리에 앉아 맛보고 싶다는 기대와 욕망을 고조시킨다. 1년에 한 번 나오든 더 자주 나오든 상관없이 언제나 믿기 힘들 정도로 손에 넣기 어려운 이 맥주들을 사람들은 뒤쫓고 갈망하고 찾아다닌다. ‘마셔본 것’ 목록에 적힌 이런 맥주 이름 옆에 굵은 체크 표시를 할 자격을 얻으려고 말이다. 희귀하고 구하기 힘든 맥주의 가장 좋은 점은 그 맥주를 마시기 위해서는 직접 찾아가야 한다는 것이다. 중요한 것은 이와 같은 경험이다.

베스트블레테렌 12 Westvleteren 12

베스트블레테렌, 벨기에
ABV : 10.2%
홉 : 현지 재배한 포페링게산 홉

수 년 동안, 베스트블레테렌 12는 ‘RateBeer.com’과 ‘BeerAdvocate.com’의 세계 최고의 맥주 순위에서 정상을 차지했다. 이 맥주는 가장 작은 트라피스트 양조장인 신트 식스투스(Sint Sixtus)에서 만든 벨기에 쿼드루펠이다. 정기적으로 만들지만 소량만 제조하기 때문에 마시고 싶으면 양조장에 직접 가서 한 상자를 가져와야 하며 예약 주문이 필수이다. 한 명당 한 달에 한 번만 주문할 수 있다. 양조장도 맥주를 확보해야 한다는 것을 감안해서 말이다. 비싸진 않지만 수중에 넣긴 어렵다. 때로는 수도원 반대편에 있는 카페에서 마실 수도 있지만 늘 그런 것은 아니다.

일단 앞에 이 맥주 한 잔이 놓인다면 아주 탁월한 뭔가를 기대해도 좋다. 차, 초콜릿, 달콤하게 구운 빵, 바닐라, 구운 견과류, 대추야자, 건포도 향이 난다. 진하고 매끄러우면서 가벼운 보디를 가졌고, 마시기 즐거운 맥주이다. 매우 훌륭한 맥주라는 데는 의심할 여지가 없다. 그래서 필히 세계 최고의 맥주에 대해 의견을 나누게 된다. 이런 경험은 맥주를 마시는 즐거움을 더 풍부하게 만든다. ‘이것이 세계 최고의 맥주인가?’, ‘최고의 맥주란 무엇인가?’, ‘그런 것이 존재하긴 할까?’ 생각하고 공유하고 대화를 나누게 하는 맥주이다. 2012년에는 포장이 된 다음 미국으로 발송되어 선물 세트로 팔렸다. 손에 넣을 확률이 증가하면 이 맥주는 더 인기 있어질 것인가, 아니면 구하기 어렵다는 데서 오는 매력이 점차 감소할 것인가?

쓰리 플로이즈 다크 로드Three Floyds Dark Lord

먼스터, 인디애나
ABV : 15.0%
홉 : 워리어

다크 로드는 아주 특별해서 이 양조장에서는 온전히 다크 로드를 위한 기념일이 있을 정도이다. 1년에 한 번, 4월의 마지막 토요일에 양조장은 다크 로드 4개들이 팩을 사러 모인 수천 명의 사람들에게 문을 연다. 나는 친구들과 시카고 여행을 예약한 다음, 다크 로드의 날이 여행일자와 우연히 겹친다는 사실을 알았다. 우리는 미리 예약 구매해야 하는 입장권을 용케 구해 기차를 타고 가서 택시로 먼스터까지 가서 3시간을 기다려야 하는 줄에 합류했다. 줄 서는 일은 짜증스러웠고, 다른 쓰리 플로이즈 맥주를 파는 바만이 위안이었다. 어쨌든 쓰리 플로이즈는 믿을 수 없을 만큼 훌륭한 맥주를 만드니까 말이다. 사람들은 도처에서 다크 로드를 마시거나 자기가 가져온 특별한 맥주를 함께 나누고 있었다. 라이브 밴드들이 여흥을 제공했고, 음식도 많았으며 손으로 만져질 것처럼 순도 높은 들뜬 분위기가 공기 중에 감돌았다. "우린 다크 로드의 날에 여기 와 있는 거야, 친구!" 같은 느낌이 말이다. 그건 그렇고, 사람들이 너무 붐볐다.
마침내 우리는 맥주를 받아들었고, 더 이상은 줄을 서지 않고 즉시 떠나기로 했다. 돌아오는 기차 안에서 우리는 맥주를 함께 마셨다. 다크 로드는 인텔리젠시아 커피(Intelligentsia coffee, 시카고에서 처음 문을 연 유명한 커피 로스터리 겸 카페—역자), 멕시코산 바닐라, 인도 설탕으로 만든 임페리얼 스타우트이다. 그래서 당밀처럼 걸쭉하고, 시럽처럼 달콤하며, 초콜릿처럼 진하다. 베리, 아이스크림, 심지어는 꽃향기 같은 폭발적인 향기가 난다. 거대하고 저돌적이며 아주 별나다. 솔직히 말하면 나는 이 맥주를 그렇게 좋아하진 않는다. 차라리 검볼헤드나 알파 킹을 내게 달라. 다만 다크 로드의 날은 재미있는 맥주 체험이다. 가능하다면 가보자.

러시안 리버 플리니 더 영거
Russian River Pliny the Younger

산타로사, 캘리포니아
ABV : 10.5%
홉 : CTZ, 심코, 센테니얼, 아마릴로, 치누크, CO2 추출물

1년에 한 번 양조하는 플리니 더 영거는 트리플 IPA이다. 러시안 리버의 강렬한 더블 IPA인 플리니 디 엘더(Pliny the Elder)를 더 강화한 버전이다. 2월 초에 영거가 출시되는 날에는 브루 펍에서부터 출발한 줄이 산타로사를 가로질러 구불구불 이어진다. 이 맥주를 찾기 가장 좋은 곳은 이곳 브루 펍이지만, 케그 몇 통쯤은 다른 바에도 들어간다. 다만 어딜 가든 앞서 말한 저런 긴 줄도 따라다닌다고 봐야 한다. 현장에서 생맥주로만 마실 수 있는 맥주이다. 양조장에서 테이크아웃용으로 그라울러(growler, 맥주를 담아 사갈 수 있는 재사용이 가능한 용기—역자)에 담아 팔기도 했지만 세계 도처에서, 또는 이베이에서 되파는 일이 생기면서 중단됐다.
이 맥주는 현지에서 신선하게 마셔야 한다. 나는 이 맥주가 출시되던 2010년에 샌프란시스코에 있었다. 거기서 그라울러를 채우러 비행기를 타고 날아온 스웨덴 남자를 만나, 그와 함께 집에 돌아와서 친구들과 맥주를 나눠 마셨다. 다른 사람들도 미국 전역에서 이 맛을 보러 비행기를 타고 온다. 트리플 IPA로서 향기는 어마어마하다. 끈적거리는 시트러스, 소나무 숲, 대마초 공장 같은 향기가 난다. 캐러멜과 토피 같은 맥아의 매끈한 보디 덕분에 목에서 부드럽게 넘어가며, 이런 보디는 마지막에 엄청난 강타를 날리는 쓴맛에 균형을 더해준다. 중독성이 있으면서 극단적인 구석이 있다. 즉 달콤하지만 무자비하고, 입맞춤이자 주먹질인 맥주이다. 이 맥주를 일단 발견하면, 곧 마실 수 있다는 데서 오는 흥분을 피하기 어렵다. 내가 정말 좋아하는 맥주이다.

구해볼 만한 다른 블록버스터 맥주들

벨스 홉슬람(Bells Hopslam) : 연초(年初), 풋힐스 섹슈얼 초콜릿(Foothills Sexual Chocolate) : 1월, 포츠머스 케이트 더 그레이트(Portsmouth Kate the Great) : 3월의 첫 번째 월요일, 시가 시티 후나푸스 임페리얼 스타우트(Cigar City Hunahpu's Imperial Stout) : 3월, 더 브루어리 블랙 튜즈데이(The Bruery Black Tuesday)

맥주는 무엇인가를 나누는 것이며 언제나 다른 사람들과 함께할수록 더 좋다. 이 책을 만드는 데도 많은 사람들의 정보와 의견이 들어갔다. 복잡한 양조 기술을 이해하는 데 도움을 주는 것이든 훌륭한 바나 맥주를 가르쳐 주는 것이든 간에 말이다. 먼저 맥주 양조장들에 감사의 말을 전한다. 대부분 질문에 아주 빨리 답변을 보내주었고 이 책에 관심을 보여주었으며 페이지를 빛낼 이미지를 제공해주었다. 내가 이들의 위대한 업적을 제대로 다루고 잘 전달했길 바랄 뿐이다. 최대한 정확히 쓰려고 노력했지만, 무엇이든 내가 잘못 이해한 것이 있다면 사과드린다.

전 세계에서 많은 사람들의 도움을 두루 받았다. 좀 더 자세히 언급하고 싶어도 지면상의 제약으로 그럴 수가 없다. 그러니 특별한 순서 없이 다음과 같은 분들에게 이렇게나마 감사를 전한다. 애드리언 티어니-존스, 알레시오 레오네, 켄 위버, 마크 플레처, 앤디 모그, 리 린리, 사이먼 존슨, 대런 팩맨, 펠레 스트리드, 프레드릭 브로베르크, 존 더피, 배리 매스터슨, 킴 스터다반트, 에번 레일, 알렉산드르 바조, 브라이언 해럴, 마크 멜리아, 존 킬링, 스티븐 보몬트, 팀 웹. 이 모든 분들에게 맥주를 한두 잔 빚졌다. 통찰이나 영감을 던져준 훌륭한 책이나 웹사이트와 관련해서는 다음과 같은 분들에게 감사한다. 니키 세그닛Niki Segnit, 나는《향미 유의어 사전The Flavour Thesaurus》을 정말 좋아한다. 누구나 갖고 있어야 할 책이다., 벤 맥팔랜드, 론 패틴슨, 마틴 코넬, 조슈아 번스타인, 앤디 크라우치, 제프 앨워스, 멜리사 콜, 피트 브라운, 팀 햄슨, 개럿 올리버, 랜디 모셔, 스탠 히에로니머스. 그리고 누구보다도 마이클 잭슨에게 감사를 바친다. 캠든 타운 브루어리에서 일하는 팀은 열정적인 하이파이브를 받아야만 하다. 매일 내 질문에 답을 해줘야만 했으니 말이다철저한 투명성을 위해 밝히자면 나는 이 책을 쓰는 동안 캠든 타운 브루어리에서 일했다. 내가 그곳에서 일을 시작했던 것은 맥주를 사랑하기 때문이었다. 그리고 켈리 라이언에게 특별히 감사한다. 뉴질랜드에서 가장 뛰어난 맥주 중 일부를 찾아내 주었을 뿐 아니라, 내 양조 지식이 엉터리가 아닌지 확인하는 데도 도움을 주었다. 해밀턴에 있는 굿 조지 브루잉Good George Brewing에 가면 그곳 탱크들에서 뉴질랜드 최고의 맥주 몇 가지를 발견할 수 있을 것이다.

도그 앤 본Dog 'n' Bone 팀은 크게 상찬받아 마땅하다. 마크 래터는 폴 틸비도 그랬듯, 디자인을 통해 내 글을 보기 좋게 만들어주었다. 캐롤라인 웨스트는 오자와 멍청한 실수를 모두 바로잡아주었다. 그럼에도 불구하고 어떤 사실 관계상 오류가 있다면 전적으로 내 잘못이다. 피트 조겐슨에게는 지도편달 및 인내심과 더불어 이 책을 시작하고 끝내게 해준 것에 갈채를 보낸다. 언제 맥주 한.잔 하러 갑시다.

친구이자 맥주 파트너인 매트 스톡스, 리 베이컨, 마크 샬우드, 크리스 페린, 숀 메이슨, 피트 브리센든에게 고마움을 전한다. 내가 20가지 임페리얼 스타우트, 스트롱 에일, 발리 와인을 그해 제일 무더운 날에 마셔야 했을 때도 다들 기꺼이 나서서 도와주었다. 매트는 나를 처음 맥주의 세계로 끌어들인 장본인이므로 이건 모두 그의 잘못이다.

어머니와 아버지께도 감사드린다. 언제나 지지해주시고 내가 필요로 할 때 언제나 곁을 지켜주셨으며 언제나 격려해주셨다. 그리고 아버지는 언제나 기꺼이 나와 맥주를 함께 마셔주셨다. 특히 조사를 위한 브뤼셀 여행에 동행해주셔서 감사하다. 두 분이 지금까지, 그리고 늘 베풀어주시는 모든 것에 정말 감사드린다. 비키와 대럴에게도 고맙다. 2027년에도 여기 나온 맥주 중 일부가 여전히 존재해서 프랭키와 함께 마실 수 있으면 좋겠다. 나를 가족으로 반갑게 맞아들여준 것과 모든 훌륭한 음식과 술, 좋은 시간을 함께 해준 데 대해 수와 닉에게 감사한다. 무엇보다 닉에게는 언제나 함께 맥주를 마셔준 것에 대해서도 감사한다.

그리고 로렌에게. 새벽 5시에 기상 알람이 울려도 불평하지 않아줘서 고맙다. 내 말을 귀 기울여 들어주고 기억해줘서 고맙다. 챙겨주고 사랑해줘서 고맙고, 더 열심히 노력하고 더 나은 사람이 되고 싶게 만들어줘서 고맙다. 이 책을 당신에게 바친다. 당신은 맥주를 좋아하지 않지만 말이다.

블로그

온라인에서 수많은 사람들이 맥주에 대해 써놓은 글을 찾아보라. 재미있는 대화와 흥미로운 내용, 새로운 맥주 리뷰, 뉴스가 있다. 거의 모든 나라에 온라인상에 맥주에 대한 글을 쓰고 있는 누군가가 존재한다. 실제로 2012년에 스웨덴은 현존하는 양조장 수보다 맥주 블로거 수가 더 많았다. 또 미국에는 1000개 이상의 맥주 블로그가 있다. 인터넷은 맥주 세계를 훨씬 작은 곳으로 만들었다. 전 세계에서 어떤 일이 벌어지고 있는지 알아보기 위해 구독하면 좋은 블로그들을 소개한다.

유럽

애드리언 티어니 존스 – Called to the bar
http://maltworms.blogspot.co.uk/

안드레아 투르코 (이탈리아) - Cronache di Birra
http://www.cronachedibirra.it/

앤디 모그 – Beer Reviews
http://www.beerreviews.co.uk/

배리 매스터슨 (독일) – The Bitten Bullet
http://thebittenbullet.blogspot.co.uk/

보크 앤 베일리 – Boak & Bailey's Beer Blog
http://boakandbailey.com/

크리스 톰슨 – Beer and Life Matching
http://www.beerandlifematching.com/

대런 팩맨 (스웨덴) – Beer Sweden
http://www.beersweden.se/

데 드 무어(Des de Moor) – Beer Culture
http://www.beerculture.org.uk/

윌 – Ghost Drinker
http://ghostdrinker.blogspot.co.uk/

지아니, 알베르토, 바네사 (이탈리아) - In Birrerya
http://www.inbirrerya.com/

제프 에반스 – Inside Beer
http://www.insiderbeer.com/

조 스탠지 – Thirsty Pilgrim
http://www.thirstypilgrim.com/

존 더피 (아일랜드) – The Beer Nut
http://thebeernut.blogspot.co.uk/

리 린리 – The Good Stuff
http://goodfoodgoodbeer.wordpress.com/

마크 샬우드 – Beer.Birra.Bier
http://www.beerbirrabier.com/

* 마크 드렛지 – Pencil&Spoon (바로 나다!)
http://www.pencilandspoon.com/

마크 플렛처 외 – Real Ale Reviews
http://real-ale-reviews.com/

마틴 코넬 – Zythophile
http://zythophile.wordpress.com/

마우리지오 마에스트렐리 (이탈리아)
http://birragenda.blogspot.co.uk/

매트 스톡스 – Beer & Food & Stuff
http://www.beerandfoodandstuff.blogspot.co.uk/

맥스 반슨 (체코 공화국) – Pivni Filosof
http://www.pivni-filosof.com/

닐 – Eating Isn't Cheating
http://eatingisntcheating.blogspot.co.uk/

피트 브라운 – Pete Brown's Beer Blog
http://petebrown.blogspot.co.uk/

피터 알렉산더 – Tandleman's Beer Blog
http://tandlemanbeerblog.blogspot.co.uk/

론 패틴슨 – Shut up about Barclay Perkins
http://barclayperkins.blogspot.co.uk/

잭 에이버리 – Are you tasting the pith?
http://thebeerboy.blogspot.co.uk/

북아메리카

앨런 맥리오드 – A Good Beer Blog
http://beerblog.genx40.com/

앤디 크라우치 – Beer Scribe
http://www.beerscribe.com/

브루퍼블릭(Brewpublic)
http://brewpublic.com/

애슐리 룻슨 –The Beer Wench

http://drinkwiththewench.com/

제이 브룩스 – Brookston Beer Bulletin

http://brookstonbeerbulletin.com/

제프 앨워스 – Beervana

http://beervana.blogspot.co.uk/

류 브라이슨 – Seen Through a Glass

http://lewbryson.blogspot.co.uk/

마리오 루비오 – Brewed for Thought

http://www.brewedforthought.com/

파인츠 앤 패널스

http://www.pintsandpanels.com/

스티븐 보몬트 – World of Beer

http://worldofbeer.wordpress.com/

스탠 히에로니머스 – Appellation Beer

http://appellationbeer.com/blog/

더 브루잉 네트워크

http://www.thebrewingnetwork.com/

벨키 알 – Fuggled

http://www.fuggled.net/

그 밖의 세계

에일 오브 어 타임(오스트레일리아)

http://aleofatime.com/

앨리스 갤러틀리 (뉴질랜드) – Beer for a Year

http://beerforayear.wordpress.com/

브루스 뉴스(오스트레일리아)

http://www.brewsnews.com.au/

재팬 비어 타임즈

http://japanbeertimes.com

로히아 세르베세라 (아르헨티나)

http://www.logiacervecera.com/

필 쿡 (뉴질랜드) – Beer Diary

http://philcook.net/beerdiary/

라파엘 파트리시오 – Cervesas Brasil Blog

http://cervejasbrasil.wordpress.com/

더 크래프티 파인트 (오스트레일리아)

http://craftypint.com/

Ratebeer.com 과 Beeradvocate.com도 맥주에 대해 이야기하고 싶다면 찾아볼 만한 아주 훌륭한 곳이다. 특히 포럼이 아주 활발하다.

자격증 취득

전 세계의 많은 공인 과정 중 하나에 등록해서 맥주에 대해 더 많이 배울 수 있다. 다음 과정들이 최고다.

Cicerone – *https://cicerone.org/*

Beer Judge Certification Program – *http://www.bjcp.org/index.php*

Beer Academy – *http://www.beeracademy.co.uk/*

Siebel Institute – *http://www.siebelinstitute.com/*

책

맥주에 대해서는 아주 많은 책이 나와 있으며, 나는 그 중에서 좋아하는 책을 몇 번이고 다시 찾아본다.
다음은 이 책을 쓰는 동안 도움이 된 책이다.

《앰버, 블랙, 골드 Amber, Black, Gold》,
마틴 코넬(Martyn Cornell)

《야심찬 양조맥주 Ambitious Brew》,
모린 오글(Maureen Ogle)

《맥주 지침서 Beer Companion》,
마이클 잭슨(Michael Jackson)

《맥주 크래프트 Beer Craft》,
윌리엄 보츠윅(William Bostwick)과 제시 라이밀(Jessi Rymill)

《수도사처럼 양조하라 Brew Like a Monk》,
스탠 히에로니머스 (Stan Hieronymus)

《양조에 눈뜨다 Brewed Awakening》,
조슈아 번스타인 (Joshua Bernstein)

《밀로 양조하기 Brewing with Wheat》,
스탠 히에로니머스 (Stan Hieronymus)

《브루마스터의 테이블 The Brewmaster's Table》,
개럿 올리버(Garrett Oliver)

《향미 유의어 사전 The Favour Thesaurus》,
니키 세그닛(Niki Segnit)

《홉을 위하여 For The Love of Hops》,
스탠 히에로니머스 (Stan Hieronymus)

《좋은 맥주 안내서 프라하 편 Good Beer Guide Prague》,
에번 레일(Evan Rail)

《멋진 미국 크래프트 맥주 Great American Craft Beer》,
앤디 크라우치 (Andy Crouch)

《멋진 영국 펍들 Great British Pubs》,
애드리언 티어니-존스 (Adrian Tierney-Jones)

《홉과 영광 Hops and Glory》,
피트 브라운(Pete Brown)

《북캘리포니아 크래프트 맥주 안내서 The Northern California Craft Beer Guide》, 켄 위버(Ken Weaver)

《옥스포드 맥주 안내서 The Oxford Companion to Beer》,
개럿 올리버 편집

《맥주 맛보기 Tasting Beer》,
랜디 모셔(Randy Mosher)

《곤드레만드레 Three Sheets to the Wind》,
피트 브라운

《세계 맥주 지도 The World Atlas of Beer》,
팀 웹(Tim Webb)과 스티븐 보몬트(Stephen Beaumont)

《세계 맥주 안내서 The World Guide to Beer》,
마이클 잭슨(Michael Jackson)

《세계 최고의 맥주들 World's Best Beers》,
벤 맥팔랜드(Ben McFarland)

《1001가지 맥주 1001 Beers》,
애드리언 티어니-존스 편집

《500가지 맥주 500 Beers》,
잭 에이버리(Zak Avery)

찾아보기

*나라별 순서로 정리.